计算机技术
开发与应用丛书

Java项目实战

深入理解大型互联网企业通用技术

进阶篇

廖志伟 ◎ 编著

清华大学出版社

北京

内 容 简 介

本书是一本高质量的实战指南，面向 Java 开发者，旨在帮助他们进阶成为资深开发者。作者结合多年一线开发经验，深度剖析大型互联网企业通用技术的进阶应用，提供丰富的实战经验和实用技巧。

本书共 9 章，第 1 章讲解项目管理经验，第 2 章从设计模式的角度提升代码复用、可维护性、扩展性等方面的经验。第 3 章深入讲解 Spring Boot 框架的原理和设计思想，帮助读者更加熟练地运用该框架。第 4 章主要讲解 Java 项目和中间件部署的相关方案，包括 CentOS 7、Docker、Docker-Compose、宝塔面板、Kubernetes 等。第 5～9 章分享调优方面的经验，涵盖了 JVM、MySQL、Redis、消息中间件和 Elasticsearch 等方面的知识。

本书内容丰富、实用，适合多个岗位的读者，包括 Java 开发者、技术管理人员、系统运维人员等。阅读本书后，读者能快速提升实战项目经验，熟练地运用这些技术，并在实际项目中取得更好的效果，因此，对于工作多年的开发者来讲，本书也有不可替代的参考价值。

图书在版编目(CIP)数据

Java 项目实战：深入理解大型互联网企业通用技术. 进阶篇/廖志伟编著. —北京：清华大学出版社，2024.3
（计算机技术开发与应用丛书）
ISBN 978-7-302-65853-5

Ⅰ.①J… Ⅱ.①廖… Ⅲ.①JAVA 语言－程序设计 Ⅳ.①TP312.8

中国国家版本馆 CIP 数据核字(2024)第 060777 号

责任编辑：赵佳霓
封面设计：吴　刚
责任校对：时翠兰
责任印制：丛怀宇

出版发行：清华大学出版社
　　　网　　　址：https://www.tup.com.cn，https://www.wqxuetang.com
　　　地　　　址：北京清华大学学研大厦 A 座　　　　　　　邮　　编：100084
　　　社　总　机：010-83470000　　　　　　　　　　　　　邮　　购：010-62786544
　　　投稿与读者服务：010-62776969，c-service@tup.tsinghua.edu.cn
　　　质量反馈：010-62772015，zhiliang@tup.tsinghua.edu.cn
　　　课件下载：https://www.tup.com.cn，010-83470236
印　装　者：三河市科茂嘉荣印务有限公司
经　　销：全国新华书店
开　　本：186mm×240mm　　印　　张：28.75　　　字　　数：645 千字
版　　次：2024 年 5 月第 1 版　　　　　　　　　　印　　次：2024 年 5 月第 1 次印刷
印　　数：1～2000
定　　价：109.00 元

产品编号：104003-01

前 言
PREFACE

在 Java 开发的项目设计、开发、部署和维护的过程中,不可避免地会遇到各种问题。这些问题的范围广泛,覆盖面也广泛,对于一些刚刚入门的读者来讲,应对各种实际场景和问题可能会感到无从下手。因此,本书特意从项目设计、管理、开发、部署和调优等方面给予了有针对性的建议和实用经验,并提供了有针对性的解决方案和实用技巧。通过阅读本书,Java 开发者可以更好地理解和应对各种问题,提高项目的开发和维护效率,并最终成功地实现项目。

本书全面介绍了 Java 项目的设计规划和管理、常用的设计模式、Spring Boot 框架的应用、Java 项目的部署方案、JVM 调优、MySQL 的调优、Redis 的调优、消息中间件的调优及 Elasticsearch 的调优方法等方面的知识,通过深入剖析各种实际应用案例和提供一些具体的代码实现思路和实用技巧,为开发者提供了一个系统性的 Java 项目实践指南。

这些内容涉及开发的方方面面,从设计到部署、从性能到可靠性等多个方面都提供了实用的技巧和方法。这些内容对于 Java 开发者来讲都是非常有价值的,可以帮助他们提高开发效率、优化系统性能、提高系统可靠性和稳定性等。

本书主要内容

第 1 章介绍 Java 项目的设计规划和管理,包括项目设计规划、注意事项、项目管理、项目定位、开发部署等方面的内容,帮助开发者建立完善的项目管理体系。

第 2 章介绍常用的设计模式,包括工厂模式、单例模式、代理模式等 23 种设计模式及实战场景运用,通过深入剖析各种设计模式的实际应用案例,为开发者提供一些具体的代码实现思路。

第 3 章讲解 Spring Boot 框架的应用,包括自动配置、依赖管理、实战集成、手写一个简易版的 Spring Boot 等,为开发者提供一个 Spring Boot 底层实现源码指导。

第 4 章介绍 Java 项目的部署方案,包括 CentOS 7、Docker、Docker-Compose、宝塔面板、Kubernetes,帮助开发者快速地部署和运行 Java 项目。

第 5 章讲解 JVM 调优的方法和技巧,包括 JVM 调优目的与原则、Full GC 发生的原因、常用的工具、JVM 排查、GC 场景(大访问压力下频繁进行 Minor GC、Minor GC 过于频繁引发 Full GC、大对象创建频繁导致 Full GC 频繁出现、Minor GC 和 Full GC 长时间停顿、由内存泄漏导致的 MGC 和 FGC 频繁发生而后出现 OOM)方面的内容,为开发者提供一些 JVM 调优的实用技巧。

第 6 章介绍 MySQL 的调优方法,包括表结构设计、SQL 优化、数据分区、灾备处理、高可用、异常发现处理、数据服务、读写分离等,帮助开发者提高 MySQL 的性能和稳定性。

第 7 章讲解 Redis 的调优方法,包括绑定 CPU 内核、使用复杂度过高的命令、大 key 的存储和删除、数据集中过期、内存到达上限(内存淘汰策略)、内存碎片(碎片整理)、申请内存耗时变长(内存大页)、数据持久化与 AOF 刷盘、网络因素(丢包/中断/CPU 亲和性)、操作系统 Swap 与主从同步、监控、高可用、缓存雪崩、穿透、击穿、热点缓存重构、缓存失效等,为开发者提供一些 Redis 调优的实用技巧。

第 8 章介绍消息中间件的调优方法,包括 Kafka、RabbitMQ、RocketMQ 等,帮助开发者实现高性能、高可靠的消息处理。

第 9 章讲解 Elasticsearch 的调优方法,包括 CPU 优化、内存优化、网络优化、磁盘优化、计算机系统优化、Elasticsearch 本身配置参数、GC 调优、索引优化设置、查询方面优化、数据结构优化、集群架构设计、慢查询优化、可用性优化、性能优化、执行引擎的优化、成本优化、扩展性优化、分析性能问题,为开发者提供一些 Elasticsearch 调优的实用技巧。

阅读建议

本书是一本综合性图书,作为进阶篇对 Java 开发人员掌握实战项目经验有着非常不错的指导作用。书中既包含深入的底层知识点,也有生动的故事情节和案例分析,同时提供了逐行的代码示例。本书对技术描述非常详细,同时力求精简,帮助读者理解内容并提升信心,轻松掌握底层工作原理并快速进入实战。

本书不适合零基础的读者阅读,建议已入门的读者学习进阶知识。阅读前,快速浏览目录和章节概览可帮助了解本书结构、内容和作者讲述的重点。了解自己希望从中获得什么样的知识或经验是非常重要的,可以指导阅读和吸收信息。建议在阅读时做笔记、思考问题、自我提问,以加深理解和吸收知识。阅读结束后,反思和总结所学内容,并尝试应用到现实工作中,有助于深化理解和应用知识。与朋友或同事分享所读内容,讨论细节并获得反馈,也有助于加深对知识的理解和吸收。

资源下载提示

素材(源码)等资源:扫描目录上方的二维码下载。

视频等资源:扫描封底的文泉云盘防盗码,再扫描书中相应章节的二维码,可以在线学习。

致谢

本书的完成离不开许多人的帮助和支持。在此,我要向那些给予我帮助的人们表示真挚的感谢。

衷心感谢读者对本书的支持和关注,同时欢迎您对本书提出建议和意见,我会认真听取并持续改进。

廖志伟

2024 年 1 月

目 录
CONTENTS

本书源代码

第 1 章

项目设计规划管理

任何项目的顺利实施都离不开充分的项目设计。在项目的初期,一份良好的规划能够帮助团队成员更好地理解项目,并避免返工,从而提高团队的效率。本章将首先从项目定位、项目管理、开发部署等方面介绍设计一款产品的关键要素。阐述读者在设计阶段需要做好的准备工作,以及在开发部署阶段应该注意的事项。同时,本章将分享一些项目管理经验。

1.1 项目设计规划/注意事项/项目管理

本节将通过一个案例来阐述项目设计规划、注意事项和项目管理的重要性及其相关知识点。该案例以具体的故事情节为主线,通过翔实的案例分析、理论解释和实践经验总结等方式,深入剖析项目设计规划、注意事项和项目管理在项目实施过程中的作用和价值。为读者提供全面、系统的项目管理知识,使读者在实际工作中能够更加有效地规划和管理项目,从而提高项目的成功率和价值。以下是案例的故事情节:

在一个阳光明媚的午后,一群富有才华和热情的程序员聚集在初创企业 Future Lab,共同针对一个名为"彩虹桥"的项目展开了热烈的讨论。该项目致力于创造一个全球性的社交平台,消除地域和语言的隔阂,将全世界人民紧密相连。

该项目设计师 Ashley 是一位外表优美的女性,她站在白板前向团队详细阐述了项目的核心理念,"彩虹桥"的目的在于搭建一座通向每个人内心的桥梁,消除地域和语言的屏障,让全球各地的人们紧密相连。Ashley 画出了项目的架构图,并解释了微服务架构在项目中的应用。项目被拆分为多个独立模块,每个模块负责特定功能,使系统更加灵活和可扩展。

随后 Ashley 详细介绍了每个模块的设计细节,例如用户模块具有用户注册、登录、好友管理等功能;社交模块则为用户提供发布动态、点赞、评论等互动功能,帮助人们轻松地互动和交流。接着,Ashley 解释了"彩虹桥"的数据存储架构,利用分布式数据库确保数据的可靠性和安全性。采用分区和分片技术,将数据分布在多个数据库节点上,以提高读写速度并增强系统的可用性。

最后,Ashley 强调了"彩虹桥"的安全策略,确保用户账户的安全性。采用多重身份验证机制，搭配加密算法保护用户数据在传输和存储过程免受黑客攻击。

在 Ashley 充满热情的演讲和团队成员的积极讨论中，"彩虹桥"项目的设计逐渐变得清晰。这些拥有聪明才智的程序员将齐心协力，共同打造一个将全球人民紧密相连的社交平台，让"彩虹桥"成为连接人心的桥梁。

项目设计规划是项目实施的关键，需要详细制定项目的目标、范围、资源、风险、时间、质量等方面的规划，并制定相关计划，以便于对项目的实施进行有效控制和管理。该过程能够帮助团队明确项目目标和范围，预测和识别可能出现的问题和挑战，并通过全方位的控制和管理确保项目顺利实施。项目实施过程中需要注意项目的质量要求、进度管理、风险控制等。项目管理起到了重要作用，可以将项目分解成可控制的阶段，通过全面控制和管理实现各阶段目标的落实，评估项目绩效，为后续项目提供有益的经验和参考。项目设计规划、注意事项及项目管理是保障项目成功实施的必要条件，项目管理者应认真贯彻这些理念，并灵活实践和探索，以更好地控制和管理整个项目的实施过程。

17min

1.2　项目定位

项目的成功实施需要对产品需求进行精确梳理。这包括确定客户的需求及产品能够提供的服务内容。淘宝、微信、支付宝、今日头条、美团等互联网产品都是根据不同领域的需求为用户提供不同的服务。本节从产品的角度介绍产品需求梳理、流程图、产品原型和页面UI 等方面。旨在帮助读者了解产品设计的基本概念，并通过实践手把手指导读者设计一款产品。

1.2.1　产品设计

产品设计是一个关键的过程，它对一个产品的品质、功能和用户体验具有重要影响。在进行产品设计时，设计师需要了解用户需求，同时考虑市场竞争和成本控制等因素。成功的产品设计能够提高产品的销量和用户满意度，同时也能增强品牌形象和竞争力，因此，在进行产品设计之前，企业和设计师需要对市场和用户进行调研和分析，制定出合理的设计方案和策略，以确保产品的成功。

1. 产品需求梳理

在实际项目中，当一个由 10 人组成的研发小团队需要从零开始设计一款产品时，需求梳理便成为其至关重要的一个环节。这个过程的主要目的是通过明确客户的需求，确保产品设计与客户期望保持一致。以下是一个实际案例：

在本案例中，甲方客户是一家电子元器件制造商，要求团队在 3 个月内仿照淘宝平台开发一款新产品。为了应对这一挑战，开发者需要通过产品需求梳理来找到解决方案。在软件产品的开发过程中，产品经理及其团队需要与客户进行多次交流和沟通，以了解客户的需求和期望，并将其转换为产品需求文档。在此基础上，产品经理还需要与开发者多次沟通，以确保开发团队准确理解客户需求，并在产品的开发过程中能够实现这些需求。这种持续的沟通和协作不仅能确保最终产品能够满足客户的期望和需求,还能够促进团队内部的协作和理解,从而提高产品开发效率和质量。

在进行需求梳理前,开发者需要对这款产品进行分析。由于客户要求开发的是一款能吸引电子元器件采购员或老板进行购买的产品,因此重点需求是具备基本购物流程功能。此外,由于用户群体较小且没有太大的并发量,开发团队可能只需开发 PC 端的产品,以减少安卓和 iOS 移动端的研发工作量。此外,此产品的购买和出售双方都需要有一个操作端,以电子元器件为主要销售对象。

接下来,开发者需要对客户需求的核心功能模块进行梳理。以选择商品为例,开发者需要明确用户选择商品的多种方式,如从首页直接单击进入商品选择页面,通过商品筛选列表页面单击选择,或从其他 App 或网站进入。

通过以上步骤的简单梳理,开发团队可以更好地理解客户需求。在实际项目中,产品需求分析要比上述案例复杂得多,因此,开发团队需要深度了解产品设计目的,以及客户需求的具体细节,以确保产品设计的准确性、完整性和逻辑性。这种深度理解将有助于开发出一款能够符合客户需求的产品,从而使客户感到满意和舒适。

2. 设计一款产品

随着互联网的发展,互联网产品已成为人们生活中重要的组成部分。如何设计出优秀的互联网产品是一个重要的问题。这需要团队成员具备相关的知识和技能,以满足用户需求和市场要求。

本节旨在为读者提供有关互联网产品设计的知识和技巧。首先,需要对产品需求进行梳理,并进行思考和创新。接下来,将进行实际操作,简单地设计一款产品,以帮助读者构建有效的产品设计。

1) 产品定位

当前,互联网最主要的用户群体是年轻人。这一用户群体普遍具有较强的分享欲望,善于表达情感,乐于展示自我,并倾向于寻找志同道合的朋友,因此,在这种情况下,产品的初步定位基本上已经形成,可首先将产品定位为社交类,其主要用户群体是年轻人。

传统的电商模式正在逐渐被一种全新的购物方式所取代:社交电商。这种购物方式将传统的电商模式与社交媒体相结合,通过社交网络的力量为用户提供更加便捷、互动和个性化的购物体验。

与传统电商平台不同的是,社交电商平台除了具备商品交易、支付结算等功能,还具备社交网络的社交功能。用户可以在社交电商平台上评论、点赞、分享,从而更好地交流及分享购物体验和商品信息。

社交电商平台的目标是通过社交网络的传播,增强用户黏性,提升用户的购买意愿和购买体验,促进消费者购买行为的转化和增长。在社交电商平台上,用户可以通过朋友推荐、分享、点赞等方式获得更多的购物体验和商品信息,从而更容易地做出购买决策。

在社交电商平台上,用户可以通过互动、分享、评论等方式,将购物体验变得更加有趣。社交电商平台使购物变得更加个性化,让用户更好地了解自己想要的东西,从而更容易找到适合自己的商品。

总之,社交电商平台已经成为新的购物趋势,它将传统的电商模式与社交媒体相结合,为用户带来了更加便捷、互动和个性化的购物体验。通过社交网络的力量,社交电商平台能够提升用户的购买意愿和购买体验,促进消费者购买行为的转化和增长。

2)产品需求

下面提供一个简化版的社交电商概述,在实际产品设计中,根据具体需求进一步拓展每个模块的功能和细节。

社交电商互联网产品的功能模块如下。

(1)首页:展示选品和优惠促销信息,以吸引用户浏览及购买。

(2)分类导航:将商品按不同类别分类展示,以便用户快速地找到所需商品。

(3)购物车:为用户提供比价、凑单等操作,以方便购物。

(4)我的:用户可在我的页面查看个人信息、订单管理、收藏夹、关注店铺等。

(5)社区:可以让用户分享购物心得、参与讨论,以提高用户黏性。

(6)消息通知:可推送商品促销、优惠活动、订阅内容等信息,以保持用户关注。

专门吸引男性用户的功能模块如下。

(1)运动和户外专区:这是一个展示各种运动装备和户外用品的专区,其商品非常适合男性。这个专区的商品种类繁多,可引起广大男性的兴趣。

(2)科技数码专区:提供最新款的科技产品,包括智能手机、计算机、智能手表等。该专区是科技爱好者的天堂。

(3)汽车和配件专区:提供各种汽车相关配件、汽车改装、汽车美容等商品。这个专区是汽车爱好者的必备之地,可以满足对汽车的一切需求。

(4)游戏和电子竞技专区:这是一个发布最新游戏信息、攻略、折扣优惠等内容的专区。该专区为游戏爱好者提供了一个非常好的交流平台,也提供了更多与游戏相关的信息和优惠活动。

(5)旅行和探险专区:提供各种旅行用品、户外运动装备、探险装备等。该专区是旅行者和户外爱好者的理想之地,提供各种高质量和实用的旅行和探险装备。

专门吸引女性用户的功能模块如下。

(1)时尚潮流专区:用户可以在时尚潮流专区浏览并购买当季流行的女装、鞋子、配饰等商品。

(2)美妆个护专区:用户可以找到各种美妆产品、护肤品、美发用品等。

(3)家居生活专区:提供家居用品、厨房用品、收纳用品等,为用户提供方便的购物体验。

(4)母婴用品专区:展示婴儿用品、儿童用品、孕妇用品等。

(5)健康与健身专区:提供运动服饰、运动器材、健康食品等商品,帮助用户保持良好的健康状况。

(6)生理期预测专区:通过提高预测准确性帮助女性更好地应对生理期,增加用户留存。

推广的功能模块如下。

（1）广告投放：在首页、分类导航、搜索结果页等位置投放广告，以引起用户的兴趣。

（2）优惠券和折扣：为了激励用户购买，电商网站还会提供多种优惠券、折扣码、满减活动等。

（3）推广活动：如红包雨、秒杀促销、砍一刀，定期举办限时抢购、团购、会员专享活动等，吸引用户参与。

（4）合作推广：通过与其他企业、网红、KOL等进行合作，利用他们的影响力来推广产品。

拉新的功能模块如下。

（1）邀请好友：用户可以邀请好友注册并完成首次购买，双方都可以获得奖励。

（2）新用户优惠：为新注册用户提供优惠券、免费试用、免费赠品等福利，鼓励新用户尝试产品。

（3）推荐有奖：如果用户推荐的好友成功地购买了商品，则可以获得积分或优惠券作为奖励。

（4）活动参与：鼓励用户参与官方举办的活动，如抽奖、竞猜等，以赢取丰厚奖励。

留存用户的功能模块如下。

（1）用户关怀：通过推送通知、邮件、短信等方式，提高用户的购物体验，提供售后服务。

（2）会员体系：设置会员等级、特权和优惠政策，鼓励用户成为忠实用户。

（3）用户成长体系：设计积分、等级、成就等激励体系，激励用户持续使用产品。

（4）购物评价：提供用户评价和打分功能，让其他用户了解产品的优缺点。

盈利的功能模块如下。

（1）广告收入：在首页、分类导航、搜索结果页等位置投放广告，获取广告收入。

（2）内购功能：提供会员服务、高级功能、专享商品等增值服务，获取收入。

（3）数据分析：分析用户行为数据，为商家提供精准营销建议，收取服务费。

（4）佣金抽成：为商家提供线上销售渠道，按照销售额的一定比例抽取佣金。

（5）实名认证：由于具备社交属性，可新增实名制相亲模块，收取一定认证费用。

（6）虚拟三维技术：提供虚拟小屋、人物捏脸、皮肤造型等功能，会员可使用。

（7）人像编辑：提供人脸年龄变化、人脸性别转换、美颜、试唇色、图片滤镜、人脸融合、人脸动漫化等玩法，会员可使用。

增加用户在线时长的功能模块如下。

（1）社区互动：鼓励用户在社区分享购物心得、讨论商品、参与话题等，增加用户黏性。

（2）动态分享：鼓励用户分享日常动态，类似于微信朋友圈，仅朋友可见，添加讨论度。

（3）直播和短视频：引入直播和短视频功能，让用户更直观地了解商品和购物过程。

（4）活动和比赛：定期举办线上活动和比赛，如知识问答、绘画比赛、购物比赛等，提高用户参与度。

（5）个性化推荐：通过分析用户的购物历史、浏览记录、搜索关键词、用户关系、用户行为等信息，为用户提供个性化的商品推荐、用户推荐、文章推荐、视频推荐、新闻推荐、天气预警等。

（6）关注模型：采用微博关注模型，为用户提供"我可能认识的人"和"我认识的人也认识他"等关注关系，逐渐形成新的社交网络。

（7）智能发布：当用户发布内容时，提供视频内容分析、视频封面选取、音视频字幕等功能，以便平台协助用户更好地进行内容创作，激发用户分享欲、创作欲，更好地推送优质内容。

（8）通信功能：提供 1V1 单聊、多人群聊等，方便用户之间沟通交流。

（9）地图定位：多人实时定位可以保证安全、提高效率、提高协调性和提高团队气氛。

其他功能模块如下。

（1）物流追踪：为用户提供实时的物流信息查询，让用户了解商品配送进度。

（2）退换货服务：提供便捷的退换货流程和售后咨询，保障用户权益。

（3）安全保障：采取多种安全措施，确保用户账户安全，如双因素认证、人脸识别等。

（4）支付方式：提供多种支付方式，如支付宝支付、微信支付、银联支付等，方便用户支付。

（5）多语言支持：提供多种语言选择，满足不同国家和地区用户的需求。

（6）审核机制：提供审核机制，以确保文本、声频、视频内容合规。

（7）智能客服：为了解决客服压力问题，平台引入了智能客服功能。

（8）智能风控：是利用人工智能和机器学习技术实现实时风险监测、风险预测和反欺诈警告等功能的风险管理工具。

在社交电商互联网产品的设计阶段，必须结合产品定位和目标用户，对功能模块进行调整和优化。例如，如果产品设计中功能模块过于烦琐，则开发团队的工作量将增加，而市场需求也是时刻变化的，因此需要对市场动态和用户核心需求进行深入研究。如果这些方面被忽略，则产品设计可能会失去市场竞争力，无法满足用户的期望，因此，为了提高产品的竞争力和用户满意度，设计过程中必须注重市场和用户需求的研究，以确定功能模块的调整和优化方案。同时，市场动态和用户需求的更新和完善也是至关重要的，其中关键环节包括市场需求、数据分析、市场营销和运营维护。

在市场需求方面，了解用户的需求、购买习惯和喜好是开发产品的前提。通过市场调研，可以了解目标用户群体的需求，从而设计出符合其需求的产品。

数据分析则是产品运营的重要组成部分。通过分析用户行为数据和销售数据等，了解用户的行为习惯，优化产品功能，提高用户体验，提升用户黏性和转化率。

市场营销是吸引用户和推动销售的有效策略。这包括广告投放、社交媒体营销、内容营销和联盟营销等。需要根据产品的特点和目标用户，选择最合适的营销策略。

最后，运营维护是用户服务、产品优化和数据分析的综合体。通过提供优质的用户服务来解决用户问题,从而提高用户满意度。不断地优化产品功能和用户体验,提高用户黏性,并通过持续的数据分析,了解用户需求变化,优化市场营销策略。

这4个环节相互关联,需要紧密合作,才能打造出成功的社交电商互联网产品。

3) 技术实现方案

根据所述产品需求,产品研发需要逐步完成多个功能,其中基础框架的搭建是必要的。用户产品体验是优先考虑的核心功能模块,随后再根据实际市场需求开发其余功能模块。对于庞大的互联网社交电商产品,设计完善的技术实现方案至关重要。系统架构、数据库设计、服务器配置、系统性能、安全性、用户体验等多个方面需要充分考虑。良好的技术实现方案可满足用户需求,保证系统稳定可靠,并可持续优化升级。缺乏完善的技术实现方案可能导致系统崩溃、数据泄露和用户流失等问题,影响整个产品和用户体验的负面影响,因此,在开发互联网社交电商产品前,需要充分地进行技术调研和规划,以确保产品的成功和持续发展。

在初期阶段,系统的主要目标是完成核心功能,因为尚无真实用户,因此系统的性能问题并不突出。系统的开发重心在于实现功能和快速迭代。随着产品上线,系统开始拥有一部分真实用户,因此需要关注服务器安全、用户真实体验与反馈及系统性能问题。在日常开发的基础上,需要及时处理线上问题。在后期,系统规模扩大,对系统性能、高可用性和高并发性有更高的要求。由于前期快速迭代可能会导致技术负债,因此除了研发新的功能模块外,还需处理线上Bug,解决系统存在的技术负债问题和调整系统架构等。这也是大多数国内互联网中小企业所面临的现状。

(1) 基础框架搭建。

当前,在互联网领域中,普遍采用以下技术实现方案的中小企业比较普遍。

在构建应用时,可以使用Spring Boot实现快速开发,选择Apache Mybatis作为持久层框架、使用Redis作为分布式缓存、数据库方面选择MySQL作为关系型数据库、日志收集方面采用Elasticsearch、Logstash和Kibana的组合、在高可用流量防护方面,引入Spring Cloud Alibaba Sentinel、微服务间的调用使用Spring Cloud Open Feign、作为网关服务选择Spring Cloud Gateway、统一认证中心方面使用Spring Cloud Security OAuth 2、微服务的注册和配置依赖Spring Cloud Alibaba Nacos、分布式任务调度方面选择xxl-job搭配Spring Cloud Alibaba Seata实现分布式事务、链路追踪方面利用Spring Cloud Skywalking进行监控。

(2) 项目部署。

Kubernetes、Docker、DockerCompose、宝塔面板、JAR打包部署。

(3) 功能的技术实现方案。

前文产品需求涵盖了众多功能模块,本节旨在介绍该产品的经典功能,以下将重点阐述几个典型的功能模块。

通过并集、交集和差集等集合操作实现关注模型功能。在实际应用中,Redis数据库通过提供SINTER、SUNION和SDIFF这3个命令来完美地实现关注模型功能。这些命令可用于计算集合之间的交集、并集和差集，从而为开发人员提供一种高效且可靠的方式来操作集合数据。注意到这些命令的使用可以大大地提高代码效率，避免开发人员重复编写复杂的算法和处理逻辑的情况。关注模型如图 1-1 所示。

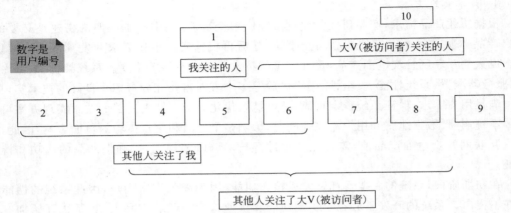

图 1-1　关注模型

在进行登录注册功能时，需要注意不同的情况，其中包括用户名和密码登录、手机验证码登录及第三方应用授权登录。为了确保用户信息的安全性，采用了加密的方式来存储用户的密码。

类似朋友圈的动态分享功能需要根据朋友们分享动态的先后顺序来展示。为了更加形象地说明这一点，以我（史蒂夫）为例，他有两个朋友分别是爱德华诺瓦和 Allen，他们都分享了动态，但是 Allen 分享的动态比爱德华诺瓦晚，因此，在史蒂夫的朋友圈中，Allen 的动态应该排在最上方，而爱德华诺瓦的动态则在 Allen 的下方。

为了实现这一功能，可以利用 Redis 提供的 list 列表结构。将朋友们分享的动态放入一个 list 列表中，并设置好时间戳，以此可以实现根据时间顺序展示动态的功能。当用户访问朋友圈时，可以使用 lrange 命令进行分页展示，这样可以避免加载速度过慢的问题。

Redis 还提供了一些其他的命令，例如栈和队列，可以用来实现先进后出和先进先出的数据结构，通过合理运用这些命令，可以更加高效地实现需要的功能。微信朋友圈如图 1-2 所示。

视频相关技术现在已经变得非常普遍。为了

图 1-2　微信朋友圈

提高用户体验和满足客户需求,智能化的功能已经成为一个非常重要的趋势。视频内容分析、视频封面选取、音视频字幕平台、内容审核、实时通信(包括 1V1 单聊和多人群聊)、智能客服、人像编辑(包括人脸年龄变化、人脸性别转换、美颜、试唇色、图片滤镜、人脸融合和人脸动漫化)、实名认证(类似实名制相亲)、虚拟三维技术(包括小屋、捏脸和皮肤造型)、地图定位(支持多人实时定位)及智能推荐新闻和天气等功能,可以通过第三方云服务厂商(如百度智能云、腾讯云和阿里云)提供的 API 实现。这些技术的引入可以非常有效地提高视频应用的智能化和用户体验,同时减少开发团队的工作量,也有助于增加客户的满意度和忠诚度。

推荐功能是一项智能服务,根据具体的需求,可采用机器学习技术或深度学习技术与神经网络实现。对于文本内容,可采用机器学习方法;对于图像类数据,可结合深度学习和神经网络技术。这些任务由算法工程师负责实现,包括预处理阶段的特征提取、缩放、选择、降维和抽样等步骤。最终,将结果以接口的形式提供给后端开发人员,以方便后端开发人员应用这些技术。

针对红包雨功能而言,该平台具有高并发量与复杂功能,因此需要保证高性能、高可靠性、高并发性。此外,该平台还需要对红包雨算法有充分的了解,并采取一系列风控防刷、提前压测、事后统计等措施,以确保该功能的成功实现。

在实际的开发过程中,开发者应该采用合适的技术手段和策略,以确保产品的高质量和用户体验。通过以上实践案例的分析,可以看出如何在实际项目中应对高并发量和复杂功能的挑战,并实现功能的高质量、高可靠性和高并发性。

1.2.2　流程图/产品原型/页面 UI

在数字化时代,设计工具已成为开发人员和设计师必不可少的利器。流程图、产品原型和页面 UI 设计在不同领域都有广泛应用,如软件开发、网络设计、应用商店等。流程图可帮助开发人员更好地理解产品功能流程和注意事项。产品原型则是一个可交互的模型,能够直观地展现产品的用户界面和交互操作。页面 UI 设计则提供更好的用户体验的设计工作,将产品视觉效果和用户交互功能相结合。

在实际工作中,流程图、产品原型和页面 UI 设计的应用是非常重要的。例如,在软件开发中,开发人员需要制定相应的流程图以确定重点,同时通过产品原型和页面 UI 设计展现产品的功能和用户体验。设计工具的选择也很重要,例如产品原型和页面 UI 设计所使用的 Sketch 和 Axure RP 等工具,流程图设计所用的 Visio 和 Lucidchart 等工具。总之,流程图、产品原型和页面 UI 设计在现代数字化时代中的作用非常重要。在实际工作中,应发挥这些设计工具的优势,选用合适的工具进行设计,以提高工作效率和产品质量。

1. 流程图

设计新功能时,首要任务是明确产品需求,并绘制流程图以更好地理解需求。流程图能够清晰地展现整个项目的业务逻辑,方便团队成员快速了解项目全貌。中小型企业通常对绘制流程图不够重视,而国内大型互联网企业和国外相关企业则重视这一步骤。绘制流程图后,应组织一个小型会议,向团队成员讲解所绘制的流程图,集思广益,查漏补缺,以确保团队成员对功能的理解一致,进而避免误解。这一过程也称为需求返讲。

以社交电商平台产品需求为例,为了提高用户使用体验和数据记录,需要增加一个匿名身份功能。用户进入 App 时,可以选择匿名身份进行点赞和收藏文章,并且这些操作的数据将被记录下来。如果用户登录第三方账户,则除了之前的点赞和收藏,还可以进行分享、评论和打赏等操作。此时,用户的账号将与之前的匿名身份进行同步,以便更好地记录和管理用户的数据。当用户退出登录时,系统会自动恢复匿名身份。

为解决同一用户在多个设备和账户上同时在线的问题,可能需要绘制多个流程图以梳理整个大流程。绘制流程图和需求返讲能协助梳理项目思路,找出潜在问题,统一团队成员的理解,并提高项目的稳定性和可扩展性,以确保产品质量和用户体验。例如用户第 2 次登录流程图示例,如图 1-3 所示。

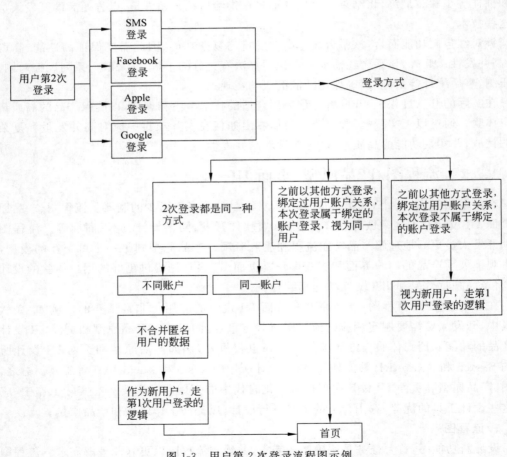

图 1-3 用户第 2 次登录流程图示例

2. 产品原型

在项目启动之前,通常会由产品经理绘制产品原型来展示产品的基本框架,其中包括各个页面的布局和交互逻辑。这个过程有助于深入梳理和细化功能模块。此外,产品经理还会组织团队成员开展会议讨论,听取他们的意见和建议,并根据讨论结果对功能细节进行调整。在需求反馈阶段通常在结合产品原型的情况下,确保团队成员对功能的理解一致,避免误解。例如,在文章详情页的产品原型中,应包含文章的详细内容、分享渠道及点赞数量等信息,如图 1-4 所示。

图 1-4　产品原型图

3. 页面 UI

一旦获得产品原型,UI 设计师得以根据页面的基本布局进行设计,以使其更具吸引力,同时能够准确地体现产品功能。有了 UI 设计,前端开发工程师即可开始开发页面。不过,产品原型与页面 UI 之间可能存在差异。原因是在软件产品开发中,通常会有产品原型的制作。该原型包含了产品的大致功能和展示形式,而后端开发工程师,则需要根据产品原型来设计数据库表结构,并根据接口的入参和返回参数进行开发。随后,前端开发人员也会按照 UI 进行开发,将页面展示出来。

在开发过程中,页面 UI 的完成时间大多较为靠后,因此,一旦 UI 完成后,后端开发人员需要对比页面 UI 与产品原型,判断哪些地方需要进行相应调整,以确保前后端的兼容性。这样做有助于提高整个项目的稳定性,并保证最终产品的质量,因此,产品原型的制作在整个软件产品的开发过程中扮演着重要的角色。

11min

1.3　项目管理

项目管理是一项复杂且非常重要的工作，涉及多个领域的知识和技能，例如计划、预算、资源分配、风险管理及沟通等方面。在当今竞争激烈的商业环境中，项目管理的重要性更加凸显。要实现一个成功的项目，需要一个有效的项目管理团队来规划、执行和管理。本节将深入探讨如何优化项目管理流程、组建高效的团队、使新成员熟悉项目及管理项目所需的文档，读者将会对项目管理有一个全面的认识。

1.3.1　项目流程

在当今商业环境中，成功的项目管理尤为重要，因为它有助于企业在竞争激烈的市场中立足。针对这一挑战，构建一个高效的项目管理团队来规划、执行和管理是至关重要的。本节将介绍如何优化项目管理流程、建立团队、新成员熟悉项目和管理所需的文档。通过本节，读者将全面了解项目管理的相关内容。

1. 产品需求讨论阶段

产品经理在明确产品需求后需要设计产品原型，并让 UI 设计师、前端开发人员、后端开发人员和测试人员了解需求，但团队成员之间可能存在理解差异，需密切配合后端开发人员，确保产品逻辑紧密贴合产品经理要求。

Java 开发人员获得产品原型后可根据功能绘制流程图，与团队成员进行需求返讲，确保大家对产品需求的理解保持一致。在需求返讲前，要了解产品经理关注的需求精细度，以避免遗漏，但需求讲得过于详细可能会导致会议时间过长，影响沟通效果。反之，如果讲得过于粗略，则会出现遗漏并影响项目进展。开发人员应确定产品经理需求，并根据项目类型进行初步判断。

2. 测试用例

测试在软件开发中扮演着重要角色，确保软件质量。测试用例是最关键的部分，帮助测试人员发现潜在问题、缺陷和提供解决方案。本节旨在讲解测试用例的概念、目的和设计原则。测试用例将由测试人员讲解，有些公司由产品经理和测试人员共同参与，而有些则会邀请开发人员和产品经理参与，确保开发人员理解测试要点。

测试用例是一组输入、操作或事件序列，用于评估软件系统的功能、性能或安全性，并比较预期结果与实际结果。测试用例的设计原则包括完整性、可重复性、有效性、可追溯性、易维护性和可读性。这些原则的目的是保证测试用例的全面性、稳定性、可靠性、可追溯性、易于维护和易于使用。

完整性要求测试用例设计者要覆盖软件系统的所有功能和场景，以保证全面测试。可重复性要求测试用例能够重复执行，以保证测试结果的稳定性和可靠性。有效性要求测试用例能够发现软件系统中的错误和缺陷，以提高质量。可追溯性要求测试用例与需求文档或其他测试文档相关联,以方便追溯测试历史。易维护性要求测试用例易于维护,以应对软件系统的变化。可读性要求测试用例易于理解和使用,以方便测试人员进行测试。

测试用例设计应遵循上述原则,以保证有效性和可靠性,为软件开发提供保障。

3. 工作任务评估排期

企业工作任务排期是企业管理中非常重要的一环,但也是存在着较大挑战的一个任务。当企业中的开发人员在面临各种可能出现的问题时,如服务器被黑、资源不足、代码丢失、团队成员隔离、自动化部署中断等,需要高效地应对,以确保任务按时完成,因此,正确的工作任务评估排期方法对于企业的发展非常关键。

在进行工作任务评估排期时,研发人员需要避免过于紧张或过于松散的情况。此外,为了避免未来可能发生的劳动纠纷,应提供充分的理由,以实际工作量为依据,并有效展示给领导和团队成员。以下是进行工作任务评估排期的简要步骤:

首先,列出需要完成的工作任务,并对它们进行评估和估算所需时间。此时,可以基于以往的经验和专业知识来确保时间估计充分和准确。其次,根据任务的优先级将其分级,确定哪些任务是必须优先完成的,哪些可以稍后完成。接着,为每个任务分配截止日期,并创建一个日历或时间表,用于跟踪任务的进度和状态。定期监测任务的进度和状态,并根据情况进行必要的调整。与团队成员或项目经理共享任务评估和排期,以确保每个人都能了解任务完成时间和优先级。最后,不断地评估和改进工作任务评估和排期方法,利用以前的经验和反馈来确保方法有效。

以上就是进行工作任务评估排期的基本步骤。正确的工作任务评估排期方法能够帮助企业高效地完成工作任务,从而提高工作能力和认可度。同时,也可以促进企业的发展,为企业带来更多的机遇和更高的市场竞争力。

4. 数据库表结构设计

传统软件开发通常的做法是从设计数据库表开始的,接着编写相应的代码实现表的操作,然而在领域驱动设计(DDD)中,开发人员将业务领域作为中心,着重于理解和建模业务逻辑。DDD开发的关键要点包括领域建模、聚合和实体设计、服务管理及领域事件同步等方面。开发人员利用这些要点来构建应用程序的各个组成部分,以支持业务流程。相较于传统的 MVC 架构,DDD 更难退化,并且需要更高的学习成本。对于小型项目而言,使用MVC 架构可以缩短开发周期,但在大型长期的项目中,DDD 的价值才可以得到充分发挥。DDD 的表现形式在不同技术体系下也会有所变化,但这取决于程序员的内功水平而非具体技术。本节将主要介绍如何设计高质量的数据库表结构,其中重点围绕传统开发方式展开阐述。从数据库表设计开始,本节会详细讲解设计的具体步骤和规范。

数据库表结构设计是一个关键的工作,需要考虑多方面的因素才能确保其效果。首先,必须遵循表结构设计的三大原则,即准确性、完整性和一致性。此外,还需要考虑未来的扩展性。为此,需要对产品经理、前端开发人员、测试员和项目团队进行协商,以确保能够有效地应对未来的扩展。

为了避免表结构设计中的常见问题,以下原则可以作为设计的参考:

（1）统一每张表的公共字段，如逻辑删除、创建时间、更新时间、创建人和排序号等，这可以确保表结构的一致性。

（2）避免单行数据的大小过大，尽可能减少大数据类型的字段，如 Text、Blob 或 Clob，以减少存储空间和提高读取速度。

（3）使用数字型字段，如 0/1 代替男/女这样的字符串字段，以增加同一高度下 B+树能容纳的数据量，从而提高检索速度。

（4）使用 varchar/nvarchar 代替 char/nchar，因为变长字段空间更小，所以可以节省存储空间。

（5）避免在数据库中存储大数据，如图片或文件，应使用第三方云存储，并在数据库中存储图片或文件的地址，以提高访问速度。

（6）对于金额字段，应该使用 decimal，并注意长度和精度。

（7）避免在数据库中使用 null 值，可在建表时设置非空约束，以减少存储空间的占用。

（8）对于可能成为大数据量的表，应提前考虑分库分表或使用其他数据库的情况，使用雪花算法生成主键 id，而不是使用 MySQL 自增长 id。

在进行数据库优化时，需要谨慎处理，并进行充分测试和备份，以保证数据安全和系统稳定。同时，需要加强监控和预警机制，以便及时发现和解决任何 DB 异常问题。

5. 接口文档讨论与落实

在接口文档讨论与落实阶段，团队成员需要对接口文档进行检查和评估，以确认其正确性、完整性和可操作性。成员需要先仔细阅读接口文档，然后记录任何问题和疑虑。接下来，团队成员一起讨论，解决所有问题和疑虑，并确保接口文档的一致性和准确性。如果必须更改接口文档，则团队成员进行协商并决定适当的更改。

团队成员还必须确保接口文档符合团队的技术需求和标准。在完成所有更改和调整后，团队成员会重新审查接口文档以确认文档的完整性和准确性。整个过程需要团队成员之间的协作和协调，以确保接口文档的正确性和可行性。

在开发过程中，合作是至关重要的一环。与前端开发人员就交互逻辑达成共识是必不可少的步骤之一。一旦达成共识，开发者需要结合 UI 图作为参考，并保证设计出的接口文档经过最小化修改，以保证后期的开发效率。页面的交互逻辑需要通过 UI 图与前端进行返讲，以实现从用户角度看到的顺畅操作流程。这种合作方式可以确保前端开发人员对文档的理解，并消除漏接口的问题。

企业使用的主流快速编写接口文档的工具是 Swagger。

6. 研发阶段需要自测

在产品或项目的研发阶段，内部测试是非常重要的质量控制措施。它可以帮助团队在产品发布之前发现潜在的问题并及时解决，从而降低风险，以提升客户满意度。以下是一些关于研发阶段内部测试的建议。

首先，制定一个详细的自测计划，确保团队成员理解和认同该计划。计划应包括测试时间表、测试方法和流程、测试要求和标准。其次，设计详细的自测用例，以便团队成员全面地测试产品。第 3 个建议是分配自测任务,确保每个人理解自己的职责和目标,以便更好地完成测试任务。

接下来执行自测,根据自测计划和用例,执行相应的自测任务,并记录测试结果。在自测过程中,定期进行质量审查,以确保产品的质量和性能符合预期。测试报告应详述测试结果、发现的问题及解决方案。

最后,根据测试结果和客户反馈,对产品进行迭代和优化。持续的内部测试是非常有必要的,以确保产品始终符合客户期望。在迭代和优化过程中,团队应该密切关注产品质量和性能变化的趋势,并不断改进测试方法和流程。通过以上措施,团队可以更有效地确保产品的成功。

此外,建议在开发新功能时,尽可能一次性编写并完成编码,特别是需要大量接口且存在先后调用关系的情况。这样可方便后期的接口调整,避免反复自测。在编写代码时,应当遵循规范,以确保代码质量。当需要处理长期固定的数据时,可以选择使用枚举类或数据库缓存存储。开发完成后,应当与前端进行联调,确保系统的正常运行。

7. 联调/提测/冒烟测试/改错/上线

在软件开发中,系统集成测试或联调阶段是将不同模块或子系统整合到一起进行功能性测试的关键阶段。这阶段的目的是确保组件间的协同工作并发现可能存在的系统问题。一旦联调完成,需要将版本发布到测试环境并进行基本功能测试或冒烟测试,以确保主流程不存在严重问题。测试或提测阶段是在功能开发完成后,将修改后的代码提交给测试团队进行测试。在此阶段,测试人员将验证系统的基本功能以确保其正常运作。在测试过程中,开发人员会收到关于代码错误、功能缺陷或其他问题的报告。开发人员需要修复这些问题,并通过单元测试或集成测试进行验证,以确保问题已得到解决。最后,在上线或部署至生产环境阶段,系统经过充分测试和修复所有已知问题后,团队将其部署至生产环境供客户使用,以确保系统具有稳定性、性能和安全性,并根据用户反馈进行持续改进。通过遵循这些阶段,并确保各项任务的顺利进行,团队可以确保产品具有高质量、性能和稳定性。

8. 项目上线与维护

在进行项目上线时,需要选择适合需求的服务器和服务商,配置相应的服务器环境,上传代码和资源并进行测试,并保证站点的安全性。为了保证系统的负载能力、稳定性和安全性,需要进行性能和安全测试,并进行系统监控和预警。最后,需要定期进行软件升级和漏洞修复。项目上线和维护是一个不断学习和适应新技术和新需求的过程,以确保项目的顺利运营和发展。

1) 项目上线

下面将通过一个小故事来简述项目上线流程的大致情况。

春天的一个清晨,Java 项目经理小明坐在一间安静的小隔间里,专注地盯着计算机屏幕查看项目的进展情况。项目团队经过辛勤付出,使项目准备就绪,然而,项目的上线并不仅是将代码部署到生产环境。在项目正式上线之前,小明组织团队成员进行全面审查和测试,以确保代码质量、可维护性和安全性。随后,优化了数据库结构和数据迁移,以确保数据完整性,并优化系统性能,从而提高响应速度。

在所有准备工作就绪后,小明实施了系统安全措施,例如安装防火墙和入侵检测系统,并定期检查和修复系统漏洞,以确保项目的网络、数据和应用得到充分保护。最后,团队编写了详细的用户手册和技术文档,并进行了全面培训。优秀的用户手册和技术文档对于项目的成功至关重要,而培训则是确保项目团队和用户熟悉新系统操作和维护的关键。

一切准备就绪后,小明制定了详细的上线计划,包括上线时间表、系统部署流程和测试策略。密切关注系统运行状况,确保上线的顺利进行。项目上线后,小明和团队成员进行实时监控,收集关键性能指标并快速定位和解决问题。设定了报警阈值,当关键性能指标超过设定阈值时,警报会及时响起,以便迅速处理问题。

项目上线后,实施了灰度发布和回滚策略。逐步将新功能或变更推向生产环境,如有问题,可迅速回滚到之前的版本,降低风险。上线后的一段时间里,定期更新用户手册和技术文档,确保其准确性和时效性,并整理知识库,方便团队成员和用户查阅。最后,收集用户反馈,并根据需求和问题进行持续改进。除此之外,定期评估项目性能、稳定性和安全性,以确保持续优化。

通过上述措施,小明和团队成员确保了 Java 项目在上线后能够稳定运行,满足用户需求,从而提高了用户满意度。根据项目的实际情况调整和优化维护策略,以持续提升项目的质量和用户体验。

2)项目维护

下面通过一个小故事简述项目维护整个流程的大致情况。

在快速发展的科技领域,有一个名为云兮的 Java 项目,备受公司及用户的重视。该项目维护团队通过收集用户反馈,制定项目改进计划。每隔一段时间,根据业务需求和用户反馈调整功能,确保每个功能可稳定运行,满足用户需求。

此外,维护团队负责修复现有功能问题,保证项目的稳定性。定期监控关键性能指标,调整系统性能,以确保项目稳定运行。负责备份和恢复数据、更新用户手册和技术文档、保证系统备份及恢复能力,以及更新项目知识文档。在团队背后,有一个名为知识库的智囊团,负责整理和更新项目知识文档,并提供在线文档,让用户方便查阅。团队的开发和测试环境高度一致,保证解决问题时避免环境差异导致的问题。团队执行严格的代码审查制度,从而提高了代码质量。

定期重构可以消除重复逻辑和冗余代码,使代码简洁、清晰且易于维护。组织知识分享和技术讨论,提高团队技术水平和协作能力。团队实施持续集成和持续部署(CI/CD)流程,以实现快速部署,提高软件交付速度和质量。建立有效的沟通机制和风险管理计划,确保信息及时传递和团队高效协作。

根据项目的具体情况灵活调整和优化维护策略,以确保项目稳定运行,满足用户需求,提升用户满意度。使云兮项目在各方面保持高水平,展示了公司的技术实力。总之,这支团队是云兮项目的守护者。

项目维护和项目上线密切关联,有很多相似的关注点需要开发者重点关注。

1.3.2　团队组建

团队组建在组织管理中扮演着重要的角色,其目的是建立和管理一个高绩效团队,以管理资源和员工。为确保团队组建成功,需要遵循以下关键步骤:首先,需要明确团队目标,确保所有成员朝着相同的方向努力,然后招募具备专业技能和协作能力的成员,为他们分配适当的角色和明确的责任和职责。另外,建立团队文化,共享价值观和认同感,创造积极的工作环境有助于促进有效的信息共享和团队合作。此外,为团队成员提供培训和发展机会,以提高专业技能和团队协作能力。最后,需要定期评估团队绩效和个人表现,提供反馈并制定改进计划,以确保团队组建成功。通过以上步骤,可以有效地组建和协作,实现共同目标,因此,团队组建是组织管理中非常重要的任务。

1. 岗位要求

(1)开发定位:对于岗位开发定位,要求能够独立完成模块的开发,包括从前端页面到后端基本逻辑。

(2)细心细致:开发人员需细心细致,多思考代码改动对相关功能的影响。

(3)理解任务:在开发过程中,开发人员应该在完全理解功能要求后再着手开发,识别任务的难点和要求。

(4)主动沟通:当遇到问题时,要积极主动与团队成员沟通解决。

(5)领取任务:对于任务领取,开发人员应该在理解任务之后,进行一次业务需求返讲,明确如何修改,并将开发思路写到任务单中。

2. 面试要求

(1)在面试中,"八股文"是一种常用的考察方式,可以帮助企业筛选出合适的人才。通过考察面试者的技术底子,企业可以更全面地评估其技术素养和综合能力,从而更准确地选择人才。

(2)敏捷开发是一种高效、灵活、高质量的软件开发方法。开发者需要具备多项技能,包括确定需求的优先级、持续集成和自动化测试经验、频繁的迭代和交付经验等。这些技能将有助于开发者反思和优化开发过程,提高开发效率和质量。

(3)面试者的沟通与应变能力是评估其综合素质的重要指标。在模拟功能场景时,面试者需要解决一些技术上的挑战,例如电商秒杀、红包雨、电信海量数据等场景。通过提供切实可行的解决方案和优化建议,面试者可以展示其解决问题的能力和综合素质。

(4)在面试过程中,面试者的问题解决能力是一个关键指标。通过提供在实际项目中遇到的问题,面试官可以考察面试者的解决问题的思路和方案。面试者需要根据实际情况进行灵活变通,从而提高开发效率和质量。

3. 新人入团熟悉项目

在长期的大型复制项目中,业务的复杂性和庞大性提出了更高的开发规则适用性要求。为了解决这些问题,可制定以下解决方案:首先,将系统功能点按难易程度和关联程度划分,时间可划分为1个月、3个月、6个月、1年等,以便更好地理解和掌握项目整体架构和业务要求。其次,制定一系列目标,使新员工快速适应工作环境,完成领导分配的任务,并且在数月内能够独立承担部分业务。逐步地,新员工需要主动分担更多工作,并明确工作独立完成和需要支持的工作。在经过训练和指导后,新员工应能够完全独立和完成系统中大部分复杂功能。最终,经过一年左右的时间,新员工应对整个项目有深入的理解,并能够改进项目架构。通过以上措施,帮助新员工适应工作环境,更好地理解项目整体架构和业务要求,并逐步熟悉开发规则,以实现项目高效开发和顺利交付。

4. 入职当天

为了让新员工快速适应公司环境,应提供相关介绍和培训,其中,重点向新员工介绍公司的业务情况、敏捷开发流程、系统功能、系统演示(视频)及当前敏捷流程。此外将给出以下要点。

(1)代码仓库:告知新员工代码仓库的地址、用户名和密码。同时,对代码提交规则、代码分支进行详细说明。

(2)业务流程:通过视频、文档、流程图和口述的方式,让新员工了解公司的业务流程。

(3)数据库表结构:提供数据库 ER 图和文档,让新员工掌握数据库表结构。

(4)项目管理:告知新员工公司使用的项目管理类型,如禅道、Coding 和 Jira 等,同时提供地址、用户名和密码等信息。

(5)项目文档:提供开发文档、产品文档和部署文档,以及服务器环境的说明,让新员工了解项目的相关文档和部署情况。

(6)自动化部署:提供自动化部署的地址、用户名和密码信息。

(7)团队成员介绍:将向新员工介绍团队成员,并邀请他们加入团队群。

(8)公司邮箱:提供公司邮箱的地址、用户名和密码。

(9)公司 WiFi 和安全策略:告知新员工公司的 WiFi 和安全策略,以及计算机是否需要安装杀毒软件和加入公司域等相关信息。

(10)项目代码结构:提供项目代码结构的文档、视频,让新员工掌握项目的代码结构和规范。

(11)Maven 设置文件:告知新员工是否需要替换项目中的 Maven 设置文件。

(12)前后端交互规则:介绍公司前后端交互的规则和注意事项。

(13)后端请求过滤规则:提供请求到后端是否有特殊的过滤规则(如自定义业务注解)的信息。

(14)公司人事联系方式:提供公司人事联系方式,方便新员工随时联系人事部门。

(15)劳动合同签约:对新员工进行劳动合同签约。

(16)试用期考核标准:告知新员工试用期考核标准。

(17)公司上下班时间:告知新员工公司的上下班时间。

(18)公司考勤制度:向新员工介绍公司的考勤制度。

(19)开发环境安装:帮助新员工安装开发环境,让新员工熟悉当前技术栈。

(20)运行项目:帮助新员工熟悉项目结构、代码规范,并让项目运行起来。

（21）视频演示：提供视频演示，让新员工用测试账号在 UAT 中完成操作流程。

（22）敏捷流程：详细介绍敏捷流程及使用的工具，如站会、Jira、禅道、Coding、GitLab、Gitee 等。这将有助于新员工快速融入团队和项目开发。

5. 入职第二天

为了使新员工能够快速融入公司的审核机制，可以采取以下一些方法。首先，可以提供一段代码，要求新员工进行 CodeReview，并优化它，这有助于让新员工了解公司的开发规范和标准。其次，公司应该明确开发规范的要求和说明，包括通用的编码规范、项目的业务和技术都需要具备的知识、发布流程（发布应用列表、变更 SQL、Jenkins、Jira）及 Sprint 的流程。这些规范和要求能帮助新员工快速融入公司的审核机制。此外，任务分配也是一种有效的方法。将一些简单的任务分配给新员工，例如开发单一功能的 Task，有助于新员工进行初步的开发角色学习。最后，公司应该注重基本工作思路和工作习惯等基本素质，对新员工进行培训和指导，以帮助他们更好地适应审核工作。这样，新员工就能快速适应审核机制，并且更好地融入公司的工作中。

6. 入职一周后

（1）新员工在逐渐建立自信之后，应提供一个复杂任务，以提升其独立完成任务的能力及信心。此举对于其职业发展具有积极的促进作用。

（2）实践是衡量学习成果的必要方式，新员工应通过实际操作来发现并弥补自己的不足之处，提高其实际技能水平和知识水平。

（3）希望在考察新员工时对其沟通能力、需求理解能力及解决问题能力进行重点关注。这有助于提升新员工的综合素质，为其未来的职业发展奠定坚实的基础。

7. 入职一个月后

在软件开发过程中，有时开发人员可能会遇到一些超出他们能力范围的任务。这时，新人的抗压能力就变得至关重要。让新人接手这些稍有难度的任务可以检验他们的工作能力和应对困难的能力，同时也有助于他们的职业成长，因此，为了促进整个团队的工作效率和新人的成长，团队应该适当安排一些对新人有一定挑战性的任务。这些任务不仅可以帮助新人适应和接受工作的压力和挑战，同时可以提高整个团队的工作效率。

8. 定期反馈

在 Sprint 的前期和后期，团队会收集新成员的反馈信息以了解其面临的困难和需要的帮助。为了提高团队合作的氛围，回顾会议中会组织整个团队与新成员互动，以帮助新成员培养合适的开发习惯。为了确保新成员能顺利地融入团队，团队还会为其安排具体的工作任务和反馈机制来帮助他们达到目标。这包括评估工作的复杂度、范围和类型等因素，以提供更具体的指导和支持。

9. 每日的工作完成情况和工作计划

在职场中，公司的早晚会议是一种常见的交流方式，可以帮助员工了解工作计划和完成情况。建议员工在会议前准备工作计划并发送给领导，以保证会议上能够明确展示工作进展。另外，编写周总结、月总结或年总结时，通过查询过去的电子邮件，确保工作记录完整，避免出现漏洞。如果需要加班，则应保留加班证据，以防止公司不支付相应的加班费。如果遇到在试用期或离职后未获得应得的加班费等情况，则可以在结清工资后申请劳动仲裁，以维护个人权益。

对于高效员工来讲，自我管理至关重要。首先，制定每日工作计划是必不可少的，以明确每日需要完成的任务和其优先级，并合理安排时间。其次，跟踪工作进展和及时沟通也是非常必要的，可以避免出现偏差或延误，并可以有效地解决问题。第三，掌握紧急情况可以避免出现更大问题，并确保工作能够顺利进行。最后，自我管理也非常重要，需要避免拖延和分心，保持专注和高效率，确保工作按计划顺利完成。

总体来讲，高效的工作和自我管理能力是职场中非常重要的技能。通过制定计划、跟踪进展、及时沟通、掌握紧急情况和自我管理，员工可以更好地管理工作进程，提高工作效率，同时也能够维护个人权益和积累职场经验。

1.3.3 项目文档

在项目开发中，项目文档被视为一项非常重要的资源。这是因为在项目执行期间，团队成员的变化是一个普遍的情况，新成员可能加入，旧成员可能离开。为了帮助团队成员快速熟悉项目，项目文档成了一个至关重要的媒介。

随着企业规模的扩大，项目文档的质量也逐渐变得更加完善。这反映了企业越来越正规化和规范化的趋势。项目文档是指在项目执行期间所记录的结果和成果的文件，它包括项目计划、需求文档、设计文档、测试文档、用户手册、运维手册、变更控制文档、会议纪要、产品流程图、数据库 ER 图、产品原型、页面 UI 和开发文档等内容。

项目计划包括项目目标、项目计划和时间表、资源分配和管理及成本控制等。需求文档是项目成功的基础，简述了项目需求和功能。设计文档描述了项目系统和应用程序的设计，包括信息结构、流程图、原型及技术细节。测试文档记录了测试计划和测试结果，包括测试用例、测试结果及缺陷报告。用户手册介绍了项目成果的使用和操作，为用户提供指导和帮助。运维手册涵盖了项目成果的部署和运维情况，包括应用程序的安装、配置及维护。变更控制文档记录了项目中发生的变更和变更的影响，并描述了变更的控制方式。会议纪要记录了项目团队和干系人的会议的重要讨论和决策。

此外，产品流程图是一种图形化的展现产品设计中各个环节及流程的图表。它可以帮助人们更好地理解产品的设计，包括用户需求分析、设计方案、开发流程等。数据库 ER 图是一种用图形来展示实体关系的模型图，它描述了实体、属性和关系之间的联系。ER 图在数据库设计中被广泛应用，它能够帮助人们更好地理解数据库中数据的组织和结构，促进数据库设计的合理性、可维护性和可扩展性。产品原型是一种基于实际功能的设计模型，它可以帮助人们更好地理解产品的功能和交互方式，从而提高产品的可用性和易用性。页面 UI 是指网页用户界面，它包括布局设计、颜色选择、图标和字体设计等方面，共同构成了一个页面的整体风格和视觉效果。开发文档记录了在开发过程中的设计、编写和测试过程，帮助开发团队更好地理解项目需求和开发过程。

总之,项目文档是项目管理的重要组成部分之一,具备记录项目生命周期的能力,方便回顾和总结已有的经验和教训,同时也为未来类似项目提供了可重用的模板,因此,企业应该重视项目文档的质量和完整性,为项目的成功实施提供有力的支持。

1.3.4　问题梳理

在 Java 项目开发中,问题梳理是保证项目顺利进行的重要工作。针对这一问题,开发者可以采用 5W2H 分析法实现。5W2H 分析法包含"什么、为什么、谁、何时、何地、如何、多少"这 7 个问题,是一种有效的问题分析方法。通过回答这些问题,开发者能够深入了解项目的目标、需求和实现过程中可能遇到的问题。在实际操作中,开发者可以结合具体实战案例来展示如何应用这一方法。这样,不仅能提高开发效率,还能够保证项目的质量和顺利完成。

1. 故障排除

问题描述:在一个在线教育平台中,用户反馈系统响应速度过慢,并且部分课程无法正常播放。

按照 5W2H 分析法梳理问题。

(1) 什么(What):系统响应速度过慢导致部分课程无法正常播放。

(2) 为什么(Why):可能的原因包括数据库性能瓶颈、缓存失效、系统资源不足、网络问题等。

(3) 何时(When):近期发生。

(4) 何地(Where):在线教育平台。

(5) 谁(Who):用户和运维团队。

(6) 如何(How):通过监控系统性能指标、检查日志并与运维团队协作排查等手段。

(7) 多少(How much):需要预计解决时间和修复成本等。

解决方案:在监测系统性能指标时,占用大量 CPU 资源的数据库读写操作被发现。同时,检查日志后发现缓存失效记录过多,可能影响系统响应速度。针对这些问题,与运维团队合作,排查了网络波动问题,发现可能对部分课程播放造成影响。为了解决数据库性能瓶颈,可以采取一系列措施,例如调整数据库索引及优化查询 SQL 语句等。为了解决缓存失效问题,可以采用合理的缓存设计和淘汰策略,提高缓存命中率。针对网络波动问题,可以优化网络设备配置,以降低网络波动对系统性能的影响。通过执行这些解决方案,可以帮助提高系统的稳定性和性能。

2. 性能优化

问题描述:在一家电商平台上,部分用户反映订单支付速度缓慢,导致购物体验不佳。

按照 5W 分析法,梳理出以下信息:

(1) 什么:订单支付速度较慢。

(2) 为什么:可能的原因有数据库性能瓶颈、并发请求过多、网络问题等。

(3) 何时:近期出现。

（4）何地：在电商平台上。

（5）谁：用户、运维团队、开发团队。

可以采取以下措施解决该问题：通过监控系统性能指标，发现数据库读写操作比较多，占用了大量 CPU 资源，这导致系统性能下降。为了解决这个问题，采用 SQL 优化工具对慢 SQL 进行定位，并进行优化。这种方法可以降低数据库的压力，提高系统性能。另外，检查系统日志，发现大量并发请求导致系统性能下降。为了解决这个问题，采用限流策略，控制同时处理的请求数量，从而降低系统负载。这种方法可以有效地保障系统的稳定性和可靠性。

在与运维团队协作排查问题时，发现网络存在一定的波动，可能会导致部分请求超时，因此优化网络设备配置，降低网络波动对系统的影响，从而提高系统的稳定性和可靠性。最后，为了进一步提高系统的性能和稳定性，开发团队对系统架构进行了调整，并引入了分布式缓存。这种方法可以加速数据访问速度，提高系统响应速度和吞吐量。综上所述，针对系统性能优化需求，采取了多种措施，包括 SQL 优化、限流策略、网络设备配置优化和系统架构调整等，从而提高了系统的性能和稳定性，因此，通过以上措施，有效地解决了该电商平台上订单支付速度缓慢的问题，从而提升了用户购物体验。

通过对上述两个实际案例的分析，开发人员可以学习到 5W2H 分析法在 Java 项目中的实际应用。当在项目中遇到问题时，如果按照这种分析法进行分析，则开发人员将能够更加清晰地梳理问题并可找到问题的根本原因，以便采取相应的解决措施。在整个项目的开发过程中，开发人员应该始终关注问题，不断优化项目结构和提高代码质量，以提高系统的稳定性和性能。

1.3.5 成本管理

在互联网 Java 项目中，成本管理对项目的成功至关重要。本节将通过两个实际案例，详细介绍如何有效地管理项目成本，从而降低风险。

1. 精细化成本预算与监控

电商平台项目在开发过程中，由于对成本预算和监控的忽视，导致项目成本超支、进度缓慢。为面对这一状况，项目负责人应采取一系列措施来精细化成本预算与监控。首先，在项目启动阶段，制定详细的成本规划，明确各项成本，包括人力成本、设备成本、外包成本等，并合理分配。其次，制定严格的成本预算执行计划，确保在项目各个阶段的成本支出都在预算范围内，避免超支。最后，定期对项目的成本进行监控和分析，识别潜在的成本风险，并采取相应措施进行应对。经过一系列的努力，项目的成本得到了有效的管理，项目进度得以加快，最终实现了预期目标。

2. 降低闲置成本

在一个社交媒体平台项目的开发过程中，由于资源利用率低下，项目成本变得十分高昂，同时进度也受到了很大的延误。为了高效地利用资源并降低闲置成本，项目负责人采取如下措施：首先，根据项目的需求和优先级，合理分配团队成员的工作任务，从而避免浪费和闲置资源。其次,采用敏捷开发方法,以及时调整项目计划,确保资源得到合理分配和利用。最后,对于处于闲置状态的资源,负责人及时进行调整和优化,将其分配到其他需要的团队或项目中,从而提高资源的利用率。这些措施的实施,将会为项目的开发过程提供更好的资源保障,降低成本,加快进度,从而让项目得到更好的实施和运营效果。

本节展示了互联网 Java 项目中有效管理成本和降低风险的方法。这些方法可以帮助项目团队更好地控制成本,提高资源利用效率以确保项目成功。两个实战案例也被总结和分享,它们起到了示范和指导作用。

1.4 开发部署

17min

本节旨在从开发部署的角度介绍编码规范、代码分支、发版规范,以期读者能对开发部署的规范有一定的认知。编码规范是为了确保代码具有可读性、可维护性和可扩展性而遵循的规范和标准,常见的有命名规范、缩进与空格、注释规范和代码格式化。代码分支包括主分支、开发分支、功能分支和修复分支,用于实现不同的功能或修复不同的问题。发版规范是在将代码发布到生产环境之前需要遵循的一些规范和流程,常见的有测试环节、版本控制、发布计划和回滚计划。

1.4.1 开发部署问题

在应用程序部署过程中,可能会出现多种问题,如编译、配置、依赖项、安全、性能、测试和版本管理等方面。编译可能因为不同环境的操作系统、编译器、库和依赖项等因素而导致问题。此外,不同的环境还可能导致配置文件、环境变量和系统设置不同,从而导致部署时出现问题。此外,应用程序的依赖项未正确安装或版本不兼容,也可能导致其无法正常工作。若未经过安全性测试,则应用程序可能存在漏洞和隐患,可能带来安全问题。在不同的环境中运行应用程序可能出现性能问题,例如服务器配置不足或网络连接不稳定等。如果在不同的环境中运行应用程序,则测试用例可能由于环境差异而出现问题。若版本控制不当,则可能出现代码冲突、代码丢失、版本混乱等问题。

在项目实战过程中,可能会遇到的问题包括以下几个。

1. 代码质量和文档

团队协作效率可能受到代码质量和文档不规范等问题的影响,从而导致团队成员无法迅速获取必要的信息,进而降低协作效率。此外,文档和知识库更新不及时可能迫使团队成员无法获取最新信息,从而影响项目进度。文档格式不统一、接口定义不明确等问题也可能导致团队协作效率低下。

为解决上述问题,应改进代码质量和文档,并及时更新知识库和用户手册,以减少技术债务和提高协作效率。此外,可通过知识传承和培训来提升团队成员的技术水平和协作能力。同时,制定统一的文档编写和接口规范,能确保团队协作的高效性。这些措施将极大地提高团队的协作效率,保证项目的顺利进行。

相关产品对比:Jira 是一个敏捷开发平台,可用于缺陷跟踪和项目管理。GitLab 类似于 GitHub,也是一个版本控制系统,适合代码托管和 CI/CD。GitHub 是全球最大的开源代码托管平台。Trello 可用于项目管理和任务跟踪,适合敏捷团队。SonarQube 是一个代码质量分析工具,可帮助团队发现潜在问题。Confluence 是一个集中式知识管理工具,支持团队协作和文档分享。Google Docs 是一个在线文档编辑工具,支持多人实时协作并提供了丰富的插件。

2. 性能监控与调优

为保障应用程序高效运行,性能监控和调优不可或缺。性能监控实时监测应用程序各项指标,如 CPU 使用率和网络延迟,以获得应用程序的运行状态。调优则依据监控数据找出潜在的性能问题,并采取相应措施优化应用程序的性能。以下是一些性能监控和调优的最佳实践:定期监控指标并设置警报机制、识别性能瓶颈并优化、评估资源使用并调整、优化代码质量和架构设计、优化数据库访问速度和布局索引、确保符合最佳实践、优化网络通信协议、自动扩展并进行全面的性能测试,然而,如果测试不全面,则可导致无法及时发现性能问题。为了解决这个问题,可使用全面的性能测试工具,如 Apache JMeter 和 Gatling 等,对系统进行压力测试,以便及时发现和解决潜在的性能问题。

3. 安全性

为了确保系统的安全性,必须及时发现并解决潜在的漏洞问题。为此,团队可以采取定期的安全漏洞扫描、修复发现的安全问题,以及制定详细的安全管理制度等措施,以此来加强对安全的重视。

在安全管理方面,团队可以使用一些工具来帮助管理和识别潜在的安全漏洞。例如,Security Compliance Framework 主要用于检查应用程序、系统和网络是否满足相关安全要求和法规。Vulnerability Manager 则可以帮助团队实现漏洞识别、漏洞优先级排序、漏洞修复跟踪等功能,适用于企业和组织的安全管理团队。

另外,为了实现 Web 漏洞扫描、应用程序安全审计等功能,可以使用 OWASP ZAP,而对于自动化数据集成和处理过程,则可以使用 Apache NiFi 进行数据集成、转换、过滤和分发等处理工作,以便更好地满足安全专业人士、开发人员和数据科学家等的需求。

综上所述,采取各种措施和工具来加强安全性管理,对系统的安全性有着重要的作用,可以有效地帮助团队识别和修复安全漏洞,以提高系统的安全性和可靠性,降低遭到攻击的风险。

4. 团队协作与沟通

团队协作和沟通是确保团队成功的关键要素,以下是一些建议,可以帮助团队成员更好地协作和沟通:

(1) 了解团队成员的背景和工作风格,可以建立更好的沟通和协作,确保每个人都能够在同一方向上努力。

(2) 在沟通过程中保持清晰和准确,避免误解和延误。

(3) 尊重和欣赏每个团队成员的观点和意见,确保每个人都有机会表达自己的想法。

（4）设定明确的目标和任务，确保团队成员知道在努力什么。

（5）分配任务和职责，确保每个人在团队中都扮演着重要的角色，并且任务能够得到高效和准确的完成。

（6）定期进行反馈和评估，以便团队成员可以知道哪些方面需要改进。

（7）在团队之外，举办一些社交活动，鼓励团队成员建立更加亲密的关系，建立更好的信任关系和友谊。

（8）若沟通不畅或会议效率低下，则可能会影响项目进展，从而导致工作受阻，因此，建议采用高效的沟通工具，如 Slack、Microsoft Teams 等，并定期进行沟通总结。同时，鼓励团队成员使用协作工具，如 GitHub Flow 等。

5. 风险管理与应急响应

风险管理过程，其主要是识别、评估和处理实现目标的概率与影响。这是企业与组织在追求利益最大化的同时，必然依赖的管理模式之一。风险管理包括风险识别、风险评估、风险决策、风险控制与监督等环节。

应急响应，则是在突发事件发生时，旨在保护生命与财产的安全、公共安全及国家安全的主动行为。它包括预案的制定、演练及预警系统等环节。应急响应的目的在于最大程度地减少损害、控制危机，并恢复生产和稳定社会秩序。

在实践中，风险管理与应急响应常常是相互关联且彼此依赖的。风险管理能够降低危险性，减少事故的频率和影响范围，从而减少应急响应带来的损失，而应急响应则是风险管理的一环，其能够有效地处理危机，尽可能减少损失与影响。

尽管风险管理计划可能存在某些不足，可能导致潜在风险未得到充分考虑。为了确保风险得到有效控制，建议制定全面的风险管理计划，并定期对应急预案进行评估与调整。为实现这个目标，可以利用 Apache Kafka、AWS CloudWatch 和 FireEye Mandiant RASP 等工具，帮助团队制定全面的风险管理计划，并及时发现和处理潜在风险。Apache Kafka 和 FireEye Mandiant RASP 主要聚焦于实时数据流与应用安全领域，适合于大数据处理、流处理及实时应用开发者和安全团队。AWS CloudWatch 则是一款全面的云服务监控与分析平台，适用于企业和组织的 IT 运维团队。

总体来讲，风险管理和应急响应都是企业和组织必备的关键管理手段，与安全生产和生活息息相关，需要高度重视和关注。

6. 代码审查与重构

代码审查是在软件开发过程中非常重要的一项实践，主要目的是帮助开发人员及时发现潜在的代码问题和缺陷。一旦代码审查工作不严格或复审不到位，则可能会导致代码质量无法得到保障。为了有效地提高代码质量，必须加强代码审查制度，并且鼓励团队成员参与代码的复审和单元测试。此外，还可以使用质量检查工具（如 SonarQube 等）来保证代码质量。

在代码审查的过程中，开发人员将主要关注代码结构、可读性、可维护性和可扩展性等方面，以保证代码的质量和稳定性。常见的代码审查流程包括以下步骤：

(1)检查代码风格,确保代码符合团队内部的编码规范,包括缩进、变量命名等。

(2)检查功能实现,以验证代码是否符合需求并能正常工作。

(3)检查性能问题,通过检查代码的性能瓶颈寻找优化机会。

(4)检查可读性,确保代码易于理解和维护,并包含良好的注释和文档。

另一方面,重构是对现有代码的改进,以提高代码的质量、可读性和可维护性。重构常见的操作包括以下几方面:

(1)简化代码,去掉重复、无用或已死代码,使其更易于理解和维护。

(2)提高可读性,通过改善代码的结构、变量命名和函数封装等来提高代码的可读性。

(3)提高可维护性,通过将复杂代码分解成小的独立的组件以降低代码的复杂度,从而使代码更易于维护和扩展。

(4)优化性能,通过重构代码来减少性能瓶颈,并提高代码的执行效率。

综上所述,代码审查和重构都是非常重要的开发实践。这些实践可以帮助开发人员提高代码质量、可读性和可维护性,减少错误和缺陷,从而提高开发效率和代码可靠性。

7. 持续集成与持续部署

持续集成和持续部署(CI/CD)是一种优秀的实践,旨在提高软件开发过程的质量和发布速度。持续集成的核心是频繁地将代码集成到共享的代码库中,并自动构建、测试和部署。这有助于早期发现和解决问题,减少代码冲突和错误。自动化测试覆盖率低和部署流程不规范会对软件交付质量造成影响。为了提高软件质量,需要提高自动化测试覆盖率并确保 CI/CD 流程的规范性和高效性。Jenkins、Travis CI、GitHub Actions 和 GitLab CI/CD 等工具可用于自动化测试和部署流程,以确保软件交付质量。

针对不同的需求,有不同的 CI/CD 工具可供选择。Jenkins 和 GitHub Actions 重点关注软件开发和开源项目的持续集成和部署,适用于开发团队、DevOps 团队和 IT 运维团队。Travis CI 和 GitLab CI/CD 则提供更便捷的 CI/CD 解决方案,适用于开源项目和 GitLab 仓库的所有者和开发者。

持续部署指的是当代码通过自动化测试后,能够自动地部署到生产环境中。这种方式可以实现快速交付、迭代和更新部署,从而更快地响应用户需求和反馈,并且可降低手动部署的错误率。CI/CD 是一种敏捷开发方法,它允许开发团队通过频繁地构建和部署改进产品,不断地推出新功能和服务,并快速响应市场需求。这种方法有助于提高生产效率、减少错误和降低成本,最终带来更好的用户体验和客户满意度。

8. 发布计划与部署策略

为确保项目能够按时发布并顺利部署,需要制定详细的发布计划和部署策略,同时要密切关注系统的运行状况,以应对可能出现的问题。发布计划的制定需要考虑项目的范围和复杂性、优先级、风险及系统的稳定性,而制定部署策略,则需要综合考虑系统的复杂性、可扩展性、可维护性和安全性,并选择最适合的部署策略。以下是几种通用的部署策略。

(1)蓝绿部署:将新版本和旧版本同时部署,确保业务不中断,同时用户可以方便地切换回旧版本。

（2）金丝雀发布：先发布新版本的一小部分，获取反馈后再进行全面发布，以减少发布风险。

（3）增量部署：只部署改变的部分，而不是整个系统，以减少部署的时间和风险。

（4）回退策略：预先制定回退计划，以便在发布出现问题时迅速回退到旧版本，确保业务的连续性。

（5）自动化部署：使用自动化工具和流程来部署软件，以减少手动部署带来的错误和风险，以提高部署效率。

在制定部署策略时，需要反复测试和验证，确保部署的质量。只有这样，才能让项目的发布和部署变得更加顺利和高效。

9．数据库

为了提升系统性能，建议在优化查询速度和系统性能时，优先关注数据库性能和可用性。当数据量较大时，可以考虑采用分表分库策略。关系型和非关系型数据库如 MySQL、PostgreSQL、MongoDB 和 AWS Redshift 等都可以满足不同场景下的数据库需求，并且优化数据库性能对系统运行至关重要。

不同的应用场景需要选择不同的数据库。MySQL 和 PostgreSQL 适合存储关系型数据和进行事务处理，可用于 Web 应用程序和中小型企业。MongoDB 则适用于大数据量和实时查询的场景，更适合大数据和 NoSQL 数据库开发者。AWS Redshift 是一个针对大规模数据分析而设计的数据仓库服务，适用于中大型企业和数据分析师。

10．系统架构与设计

不合理的架构设计或者未及时更新可能会导致系统无法满足业务需求，因此，在项目的开发过程中，需要不断地优化和调整架构，以适应持续变化的业务需求。为了实现这一点，可以选择适合的系统架构和设计方案，并借助工具（如 Ansible、Kubernetes、Docker、OpenStack 等）进行架构的优化和调整，以确保系统能够持续适应业务需求的变化。

在这些工具中，Ansible 和 Docker 主要关注自动化运维和容器化应用的部署和管理，适用于 DevOps 团队和容器化应用开发者，而 Kubernetes 则是一种强大的容器编排系统，适合容器化应用开发者和 DevOps 团队使用。OpenStack 则是一个云计算管理平台，适用于私有云和公有云服务提供商。

11．开发与测试流程

为确保软件质量，规范的开发与测试流程是必要的。敏捷开发和测试驱动开发都是良好的流程选择。此外，JUnit、TestNG、Postman 和 Mockito 等工具可用于提高软件质量和测试覆盖率。JUnit 和 TestNG 适用于 Java 测试框架，Postman 是一款广受赞誉的 API 调试和测试工具，而 Mockito 则是一款专门用于创建和模拟 Java 对象的 Java 库。这些工具不仅适用于开发人员和测试团队，也能为 API 开发者、测试人员和运维团队提供强大的支持。

12．可扩展性与微服务架构

可扩展性指系统能够通过增加硬件、软件或其他资源的方式来满足增长需求并保持性能和稳定性。在软件开发中，可扩展性指系统能够容易地增加新的功能和处理更多的工作负载。

微服务架构是一种架构风格，可以帮助实现可扩展性。该架构将应用程序分解成一组小型、单独部署的服务，每个服务都拥有独立的代码库和数据库。这些服务可以通过 API 接口进行通信，从而实现跨服务的功能集成。由于每个服务都是独立的，因此它们可以运行在不同的服务器上，并且能够更独立地进行扩展。

微服务架构的优点包括易于扩展、容错性更强、开发更快、可维护性更好、灵活性更好。为了确保系统在扩展时不会遇到困难，建议在设计阶段就注重系统的可扩展性，并选择合适的微服务架构。如果架构设计过度或不恰当，则可能会给系统扩展带来困难，因此，在开发过程中，应该持续优化和调整架构，以确保系统的可扩展性。为了轻松地扩展和维护项目，可以采用 Spring Boot、Spring Cloud、Kubernetes 和 Docker Swarm 等技术，在项目设计阶段注重可扩展性，并采用微服务架构实现。

1.4.2　编码规范问题

编码规范是指一套标准化的代码编写规则，旨在确保代码的质量、可读性、可维护性、可扩展性等方面的要求。遵守编码规范可以提高团队协作的效率，降低维护成本，保证代码的一致性和可靠性，因此，编码规范对于软件开发项目来讲非常重要。

1. 请求方法和返回实体方面的不统一

开发人员使用一致的请求方法和返回实体，以避免降低性能和可读性。据此，可以选择使用适当的请求方法，如 GET、POST、PUT 和 DELETE，以处理各种资源。例如，GET 用于获取资源，POST 用于新建或更新资源，PUT 用于更新资源，DELETE 用于删除资源。此外，为确保接口的可扩展性，应该在可能发生参数变化的情况下使用 POST 方法，以实现参数的灵活扩展。许多公司采用 POST 接口达到这个目的。

对于响应实体的处理，应在后端进行统一处理，避免开发人员各自创建响应实体。这种处理方式可以使前端开发人员更加简便地处理后端响应实体，从而使前端代码更加优雅和易于管理。综上所述，通过一致的请求方法和统一的响应实体处理方式，可以提高项目的可扩展性和可维护性，从而提高项目的性能和可读性。

2. 后端异常未被正确处理并直接抛给前端

若后端异常未被正确处理并抛给前端，则可能会带来多方面的问题。这种情况会导致前端页面出现错误信息或不稳定状态，降低用户的使用体验，因此，需要及时捕获和处理所有可能出现的异常，以避免异常未被处理而抛给前端。未处理异常会让前端开发人员花更多时间处理和响应这些异常情况，进而影响项目进度并阻碍前端开发进程。除此之外，未处理异常会增加问题的追踪和调试难度，增加开发者解决问题的难度，并增加项目出现错误的风险。此外，未处理异常还可能导致前后端数据不一致，从而影响前端展示数据与后端实际处理数据的匹配，降低应用功能和性能。更严重的是，异常处理不当还可能导致未经授权的访问或数据泄露等安全问题。

为解决这些问题，需要及时记录异常情况，并通过日志记录、异常处理框架或自定义异常处理方法等方式,协助开发人员快速定位和修复问题。同时,前端需要对接口返回的数据进行正确解析和处理,一旦发现异常情况,需要及时提示用户或进行异常处理。最后,开发人员需要进行测试,充分测试可能出现异常的情况,以确保系统的稳定性和可靠性。对异常情况进行正确处理可以提高用户体验、降低前端开发负担,提高项目的稳定性和安全性。

3. 命名规范、代码风格不一致

为了提高代码可读性和可维护性,建议团队成员在编写代码时遵循编程范式和设计模式。不一致的命名方式和编码风格可能增加修复 Bug 的难度,因此建议采用命名规范以确保一致性。建议使用驼峰命名、有意义的变量、函数和类名,并避免使用缩写、拼音或简写。使用一致的缩进和空格以增强代码的易读性。在代码中使用具有描述性的注释以帮助其他人理解代码,并使用空行和对齐的注释来组织代码块。为了保持代码风格的一致性,建议使用代码编辑器中的格式化选项。总之,代码风格和命名规范的一致性对于团队成员理解和维护代码、提高开发效率非常重要。

4. 代码结构混乱和重复代码

代码的可维护性和可扩展性对于软件开发至关重要,但是,混乱的代码结构和重复的代码会影响代码质量和可读性,导致出现问题的风险加大。此外,重复代码还会导致代码体积膨胀、维护困难,增加出错可能性和开发速度缓慢,因此,需要采取以下解决方法来解决这些问题:

(1)定期使用重构工具(如 CleanCode、Refactoring Toolkit 等)来消除重复的代码,从而提高代码的可复用性。

(2)运用设计模式来规避代码结构混乱和重复的代码。设计模式是一种经过实践验证的解决方案,它具有规范化的表达方式,可以指导程序员编写代码。

(3)如果在不同的地方编写相同的代码,则应该将其提取到一个公共函数或方法中,并在需要使用它的地方调用该函数或方法。

(4)尽量使用继承和多态,以避免代码重复。在继承中可以从父类中继承属性和方法,在多态中可以使用相同的接口实现不同的实现,从而增加代码的复用性。

(5)使用代码注释提高代码的可读性和可维护性。代码注释还可以记录关键信息,如代码的编写者、编写时间、修改内容等,方便程序员进行协作开发和代码维护工作。

(6)使用命名约定避免使用相同的名称来编写不同的代码,增加代码的可读性和开发人员的编写效率。

5. 注释不足或不准确

开发人员编写代码时需要添加注释,以便其他开发人员理解和维护代码。缺乏或不准确的注释可能会导致代码难以理解和维护,甚至出现错误。造成代码注释不足或不准确的原因包括时间紧迫、代码变更、难以理解和无意识等。为了避免这些问题,开发人员应该养成良好的编程习惯,例如在复杂部分添加注释、为代码块和函数添加简短解释、使用易于理解的注释及及时更新注释。此外,开发人员还应该为函数、类和变量添加详细注释,解释其功能、输入/输出和使用方法,帮助其他开发人员理解代码的工作原理。总之,开发人员应该将注释视为代码编写的重要组成部分，并确保注释充分、准确、易于理解和及时更新。

6. 不适当的缩进和空格

编写代码时，应该注意缩进和空格的使用，不当使用会影响代码的可读性和可维护性。以下是常见的缩进和空格问题及解决方法。

（1）缩进不一致：代码中的缩进数量不一致或混合使用空格和制表符会使代码难以理解和阅读。为了避免这个问题，可以使用编辑器的自动缩进功能。

（2）空格过多或过少：代码中使用过多或过少的空格也会影响其可读性。过多的空格会使代码混乱，而过少的空格会使代码难以阅读。为了避免这些问题，编写代码时应该遵循一致的空格规则，例如，在变量名和运算符之间放置一个空格。

（3）不正确的空格使用：应该使用空格来分隔关键字、变量名和运算符，但是，不正确地使用空格会导致代码出现错误。例如，在变量名和后面的括号之间放置空格可能会导致语法错误。为了避免这个问题，应该遵循正确的空格使用方法。

（4）缺少空格：代码中缺少必要的空格也会导致代码出现错误或难以阅读。例如，如果在代码中不使用空格来分隔运算符，则该运算符可能会与其他字符混淆。编写代码时应该注意添加必要的空格。

为了解决这些问题，可以使用缩进辅助工具来确保一致的缩进和空格符合规范，从而提高代码的可读性和可维护性。总之，在编写代码时应该遵循一致的缩进和空格规则，并注意避免上述常见的缩进和空格问题。

7. 未使用的代码

未经使用的代码可能会导致内存泄漏和资源浪费，具体表现为对性能产生负面影响并增加维护成本。为了解决这一问题，建议采取以下措施：定期审查代码，运用代码分析工具（如 Clang-Tidy、Coverity 等）进行代码分析，以及时发现并删除未经使用的代码。

8. 不安全的编码实践

使用有安全漏洞的编码实践可能会导致程序存在安全隐患，增加项目面临的安全风险。为了消除这些漏洞，建议进行代码审查和定期更新安全库和框架，以纠正潜在的安全风险并防范新的安全威胁，保护系统和数据免受数据泄露和系统崩溃的风险。

1.4.3　代码分支

在软件开发过程中，代码分支管理是非常重要的环节。它涉及版本控制、协作开发及项目维护，然而，在实际项目开发中，团队可能会遇到一些问题。以下是常见问题及其相应解决方案和优化建议。

1. 分支策略不明确

问题描述：团队成员缺乏有效指导，在分支管理和协作方面效率降低。

解决方案：明确分支策略，如采用功能分支、主干开发等，确保团队成员遵循统一的分支管理规范。

2. 分支命名不规范

问题描述：混乱的分支命名导致代码可读性差、难以识别。

解决方案：制定统一的分支命名规范，如使用有意义的命名、遵循驼峰命名法等。

3. 分支合并冲突

问题描述：分支合并过程中出现冲突，可能导致合并失败或需要手动解决冲突问题。

解决方案：在合并分支前进行代码审查以确保质量，合并时使用适当的合并工具简化冲突解决过程。

4. 分支维护困难

问题描述：分支管理混乱，难以找到和维护不再使用的分支。

解决方案：建立分支生命周期管理机制，定期清理不再使用的分支并合并新功能分支。确保分支的有效管理和维护。

5. 代码审查执行不足

问题描述：团队成员代码审查参与度低，导致代码质量下降。

解决方案：加强代码审查并让团队成员参与审查，推荐使用自动化代码审查工具以提高审查效率。

6. 权限管理不当

问题描述：团队成员对分支权限理解不清，可能导致误操作或恶意修改。

解决方案：建立严格的分支权限管理制度，确保只有授权成员能进行分支操作。

7. 分支策略变更时的困扰

问题描述：当分支策略发生变化时，团队成员难以适应新的管理方式。

解决方案：在分支策略变化时，进行充分沟通和培训，确保团队成员了解并遵循新的分支管理规范。

针对上述问题，以下是优化分支管理的几个方面：

（1）使用分支管理工具，例如 GitFlow 和 FeatureBranching 等，以提高分支管理的效率和准确性。

（2）定期举办代码质量的培训和分享，以提高团队成员的代码审查能力和质量意识。

（3）建立有效的分支生命周期管理机制，适时合并新功能分支，以确保代码质量和项目进度。

（4）确立分支权限管理制度，明确团队成员的分支权限及职责，防止误操作和恶意篡改。

（5）引入分支合并自动化工具，以减少手动合并过程中的冲突解决时间，从而提高分支合并效率。

（6）实施分支策略变更时，进行充分沟通和培训，确保团队成员能迅速适应新的分支管理模式。

（7）定期对代码审查结果进行分析，找出潜在的代码问题并优化分支管理策略。

（8）制定详细的分支管理文档，方便团队成员熟悉并遵循分支策略。

（9）企业通常对代码进行分支管理。分支命名通常以环境前缀和日期后缀为特征，如 dev-230101。为确保备份，中间会加入备份标识，如 dev-release-master-230101。开发人员创建的分支以其中文名字拼音缩写开头，中间包含其工作内容，后缀加上环境和日期，如廖志伟存储开发环境 2023 年 1 月 1 日的分支：lzw-storage-dev-230101。发版分支主要以日期为依据，发版日需将已通过测试环境的分支合并至发版分支。此举旨在简化分支管理，确保不同分支间的代码稳定。

通过实施上述优化措施，可以进一步提高代码分支管理的效率和质量，从而提升项目开发的整体效率和成功率。

1.4.4　版本/Bug 处理/环境

在开始处理 Bug 之前，需要先确定当前软件的版本号及所处环境。这是因为软件版本和环境都会对 Bug 的表现和处理方式产生影响。在进行 Bug 处理时，应该尽可能明确 Bug 的表现、触发条件、影响范围等信息，同时也需要记录处理过程中的每个步骤和结果，以便后续跟踪和排查。在处理完 Bug 后，应该及时更新版本号，并对环境进行测试，确保 Bug 已经被完全修复。

1. 版本

在开发过程中，如果团队成员在生产环境中发现新版本的关键功能存在问题，则应尽快解决。团队成员需要定位问题原因，通过查阅日志和性能数据，并将其与测试环境的数据进行对比，确定问题可能源于新版本中的某项功能。接着，团队成员将着手修复问题，并在测试环境中重新测试以确保问题已解决。修复后，团队成员还需对其他关键功能进行测试，以确保没有其他问题出现。为确保应用在修复问题后能顺利回到之前的稳定版本，团队可采取回滚策略。将应用回滚至之前的稳定版本后，团队成员可进行重新部署。随后，团队可发布新版本以解决生产环境中的问题。

完成修改后，团队可通过邮件、推送通知和社交媒体等多种渠道，向用户通告新版本的问题及其解决方案，以及详细的更新说明，帮助用户了解新版本的功能和改进。同时，团队设立专门的故障处理和问题解决流程，以便在出现问题时迅速响应并解决。这些要素有助于确保软件大小版本的顺利上线，为用户提供稳定的服务。

在进行版本发版时，为了方便协调，团队可以将正式发布定为周五，并将本周的测试环境发布时间定为周三，测试人员需要有足够的时间进行全面测试，开发人员也有足够的时间进行 Bug 修复，以确保功能的完整性和准确性。在测试过程中，测试人员将重点关注功能及数据库中的数据校验，同时将专注于周三之前的功能测试。此后的功能将安排在下周的周三进行发布测试。

2. Bug 处理

团队为确保应用的高质量和稳定性，应在软件大小版本上线前建立一套完善的 Bug 处理流程，包括以下 3 个步骤。

（1）优先级划分：将 Bug 根据其严重性和对用户体验的影响分为不同的优先级。在生产环境中发现的 Bug 优先级最高,应立即通知开发人员进行修复。在演示环境中出现的 Bug 优先级较高,需要重新安排开发人员和测试人员以确保在合理时间内对 Bug 进行修复。对于测试环境或优先级不高的 Bug,则可以留待下个迭代进行排期。

（2）任务分配与协作:在 Bug 管理系统中记录每个 Bug 的详细信息,包括发现时间、描述、复现步骤和优先级。团队成员可在系统中查看和处理分配给他们的任务,需要密切合作,确保 Bug 能迅速得到修复。

（3）测试与验证:在修复 Bug 后,开发人员需将修复的代码合并至主分支并进行重新测试。测试人员需要验证修复后的 Bug 是否已解决,以确保应用在发布到生产环境或其他环境之前是稳定且无其他问题的。

通过这些步骤,团队可以有效建立 Bug 处理流程,合理安排各环境版本的发布时间,并及时修复不同环境中发现的问题,从而提高软件质量和用户体验。

3. 环境

开发环境是为了进行软件开发、测试和调试而设计的。该环境为开发人员提供了随时修改代码并观察代码更改影响的便利。开发环境的发布周期可以根据项目需求进行调整。

测试环境则用于软件版本的功能和性能测试,以确保其质量能够达到发布要求。测试人员对新版本进行全面测试以寻找和记录潜在问题。测试环境的发布时间通常在开发环境测试完成后进行,具体时间取决于测试进度。

预发布环境位于开发环境和生产环境之间,可用于提前进行线上功能验证。团队成员会在预发布环境中对新版本进行最后的测试和验证,以确保其在生产环境中的表现。预发布环境的发布时间通常在测试环境测试完成后进行,具体时间取决于测试进度和验证周期。

生产环境则是软件应用为外部用户提供服务的环境。在该环境下,团队成员需要密切关注系统性能、稳定性和安全性,确保新版本能够稳定运行。生产环境的发布时间通常在所有环境的验证完成并得到充分确认后进行,具体时间取决于项目进度和安全检查周期。

设 计 模 式

16min

设计模式通过提高代码的可重用性、可维护性和系统的可靠性,以及促进团队协作来优化软件开发过程,但学习成本高、过度使用和不适用于所有情况是需要注意的问题,可通过合适的学习和使用方式来解决。本节将介绍 23 种设计模式及实战中如何使用设计模式。

2.1 设计模式介绍

通过设计模式可以降低开发人员的编码难度,同时也可以提高软件质量和开发效率。设计模式的理念是将实现细节与抽象概念隔离开来,使系统更易于维护和扩展。具体来讲,模式强调了封装、继承和多态等面向对象的基本概念,同时也强调了松耦合、开闭原则等软件设计的重要原则。通过设计模式可以使软件系统更加灵活、可扩展和易于维护。

2.1.1 工厂方法模式

在《大雄的机器猫》中,研发部门采用了工厂方法模式来创建不同特性的机器猫。例如,当小夫需要更强大的能力时,研发部门通过调用小夫机器猫工厂来创建具有增强能力的小夫机器猫。当胖虎需要更强大的力量时,研发部门会调用胖虎机器猫工厂来创建相应的机器猫并进行调整。通过工厂方法模式,研发部门可以根据客户的具体需求来创建不同属性的机器猫,从而提高生产效率和产品质量。

工厂方法模式是一种创建型设计模式,其核心思想是提供一个创建对象的接口,但是让子类决定具体实例化哪个类。具体实现时,为每个不同的产品提供一个对应的工厂类,该工厂类负责创建该产品的实例。

在大雄的机器猫中,每个机器猫都有一个对应的工厂类,这些工厂类通过一个共同的接口实现机器猫的创建。下面是一个简单的 Java 示例,实现了小夫机器猫工厂和胖虎机器猫工厂的创建过程,代码如下:

```
//第 2 章/2.1.1 工厂方法模式
//机器猫接口
interface RobotCat {
```

```
        void introduce(); //介绍方法
}
//小夫机器猫实现
class XiaoFuRobotCat implements RobotCat {
    @Override
    public void introduce() {
        System.out.println("我是小夫机器猫,可以变身成各种形态!"); //实现介绍方法
    }
}
//胖虎机器猫实现
class PangHuRobotCat implements RobotCat {
    @Override
    public void introduce() {
        System.out.println("我是胖虎机器猫,可以增强力量和耐力!"); //实现介绍方法
    }
}
//机器猫工厂接口
interface RobotCatFactory {
    RobotCat createRobotCat(); //创建机器猫方法
}
//小夫机器猫工厂
class XiaoFuRobotCatFactory implements RobotCatFactory {
    @Override
    public RobotCat createRobotCat() {
        return new XiaoFuRobotCat(); //实现创建机器猫方法
    }
}
//胖虎机器猫工厂
class PangHuRobotCatFactory implements RobotCatFactory {
    @Override
    public RobotCat createRobotCat() {
        PangHuRobotCat panghuRobotCat = new PangHuRobotCat(); //创建对象
        //对胖虎机器猫进行相应调整
        //...
        return panghuRobotCat; //实现创建机器猫方法
    }
}
//测试代码
public class Test {
    public static void main(String[] args) {
        RobotCatFactory xiaofuRobotCatFactory = new XiaoFuRobotCatFactory();
//实例化小夫机器猫工厂
        RobotCat xiaofuRobotCat = xiaofuRobotCatFactory.createRobotCat();
//调用小夫机器猫工厂创建机器猫
        xiaofuRobotCat.introduce(); //介绍小夫机器猫
        RobotCatFactory panghuRobotCatFactory = new PangHuRobotCatFactory();
//实例化胖虎机器猫工厂
        RobotCat panghuRobotCat = panghuRobotCatFactory.createRobotCat();
//调用胖虎机器猫工厂创建机器猫
```

```
        panghuRobotCat.introduce(); //介绍胖虎机器猫
    }
}
```

上述示例介绍了工厂方法模式及其应用。该模式主要涉及机器猫接口和具体的机器猫实现，其中包括小夫机器猫和胖虎机器猫。每个机器猫实现了 introduce 方法，用于介绍自己。此外，还定义了机器猫工厂接口，以及小夫机器猫工厂和胖虎机器猫工厂两个具体的机器猫工厂，用于创建机器猫实例并返回。

在测试代码中，使用小夫机器猫工厂和胖虎机器猫工厂来创建相应的机器猫实例，并调用其 introduce 方法来介绍自己。该测试代码展示了工厂方法模式的运用，即通过工厂方法创建具有不同特性的机器猫实例，以提高生产效率和产品质量。

工厂方法模式的优势在于，它可以将对象创建和使用的逻辑分离开来，从而实现更好的代码组织并可降低耦合度。在大型项目中，使用工厂方法模式可以更好地管理和维护代码，以及更容易实现代码的扩展和重用。

2.1.2 抽象工厂模式

在星球大战中，不同阵营的武器装备需要不同的生产方式，例如银河帝国和反抗军就存在不同的生产方式。抽象工厂模式能够根据不同阵营的需求创建不同的生产线，以满足不同的生产要求，从而提高生产效率和产品质量。

抽象工厂模式是一种创建型设计模式，其主要目的是让客户端代码使用抽象接口来创建一组相关或依赖的对象，而不需要指定其具体类。在该模式中，存在一个抽象工厂类，其中声明了一组用于创建不同产品的方法。这些方法的具体实现由工厂子类完成，以创建特定类型的产品。工厂子类可以根据需要实现多个接口，并且每个接口都可以生产一类特定的产品。一旦实现了这些接口，就可以根据业务需求来创建相关联的产品。

抽象工厂模式的核心思想是"工厂工厂"，即工厂本身也可以由另一个工厂创建。这种关系可以嵌套下去，以达到创建更加复杂的对象的目的。这种设计模式能够有效地隔离不同产品之间的变化，从而提高系统的可扩展性和可维护性。

下面是一个简单的 Java 示例，用于说明抽象工厂模式如何在星球大战中使用。

首先定义一个武器接口 Weapon 和一个装备接口 Equipment，它们是要生产的不同产品类型，代码如下：

```
//定义武器接口
public interface Weapon {
    void fire(); //开火方法
}
//定义装备接口
public interface Equipment {
    void use(); //使用方法
}
```

然后定义两个不同阵营的武器装备工厂类 ImperialFactory 和 RebelFactory,它们分别实现了抽象工厂接口 WeaponFactory 和 EquipmentFactory,并实现了不同的工厂方法来创建对应的产品,代码如下:

```java
//第2章/2.1.2 抽象工厂模式 ImperialFactory 和 RebelFactory
//此接口定义了一个武器工厂
public interface WeaponFactory {
    Weapon createWeapon(); //创建武器的方法
}
//此接口定义了一个装备工厂
public interface EquipmentFactory {
    Equipment createEquipment(); //创建装备的方法
}
//ImperialFactory 类实现了 WeaponFactory 和 EquipmentFactory 接口
public class ImperialFactory implements WeaponFactory, EquipmentFactory {
    public Weapon createWeapon() {
    //实现了 WeaponFactory 接口的方法,创建了一个 Blaster 类的对象
        return new Blaster();
    }

    public Equipment createEquipment() {
    //实现了 EquipmentFactory 接口的方法,创建了一个 AdvancedArmor 类的对象
        return new AdvancedArmor();
    }
}
//RebelFactory 类实现了 WeaponFactory 和 EquipmentFactory 接口
public class RebelFactory implements WeaponFactory, EquipmentFactory {
    public Weapon createWeapon() {
    //实现了 WeaponFactory 接口的方法,创建了一个 Lightsaber 类的对象
        return new Lightsaber();
    }

    public Equipment createEquipment() {
    //实现了 EquipmentFactory 接口的方法,创建了一个 PersonalizedArmor 类的对象
        return new PersonalizedArmor();
    }
}
```

最后定义不同的武器装备产品类,例如银河帝国的 Blaster 和 AdvancedArmor,以及反抗军的 Lightsaber 和 PersonalizedArmor,代码如下:

```java
//第2章/2.1.2 抽象工厂模式 Blaster 和 AdvancedArmor
//Blaster 类实现了 Weapon 接口
public class Blaster implements Weapon {
    //实现 Weapon 接口中定义的方法
    public void fire() {
        System.out.println("银河帝国的 Blaster 发射!");
    }
}
```

```
//AdvancedArmor 类实现了 Equipment 接口
public class AdvancedArmor implements Equipment {
    //实现 Equipment 接口中定义的方法
    public void use() {
        System.out.println("银河帝国的 AdvancedArmor 使用!");
    }
}
//Lightsaber 类实现了 Weapon 接口
public class Lightsaber implements Weapon {
    //实现 Weapon 接口中定义的方法
    public void fire() {
        System.out.println("反抗军的 Lightsaber 发射!");
    }
}
//PersonalizedArmor 类实现了 Equipment 接口
public class PersonalizedArmor implements Equipment {
    //实现 Equipment 接口中定义的方法
    public void use() {
        System.out.println("反抗军的 PersonalizedArmor 使用!");
    }
}
```

现在，可以在客户端代码中使用这些工厂和产品来创建不同阵营的武器装备。例如，如果要创建银河帝国的武器装备，则可以使用以下代码，代码如下：

```
//第 2 章/2.1.2 创建银河帝国的武器装备
//创建一个银河帝国的武器工厂实例
WeaponFactory imperialWeaponFactory = new ImperialFactory();
//利用银河帝国的武器工厂实例创建一个武器实例
Weapon imperialWeapon = imperialWeaponFactory.createWeapon();
//发射银河帝国的武器
imperialWeapon.fire();   //银河帝国的 Blaster 发射
//创建一个银河帝国的装备工厂实例
EquipmentFactory imperialEquipmentFactory = new ImperialFactory();
//利用银河帝国的装备工厂实例创建一个装备实例
Equipment imperialEquipment = imperialEquipmentFactory.createEquipment();
//使用银河帝国的装备
imperialEquipment.use();   //银河帝国的 AdvancedArmor 使用
```

同样地，如果要创建反抗军的武器装备，则可以使用以下示例，代码如下：

```
//第 2 章/2.1.2 创建反抗军的武器装备
//创建一个 RebelFactory 的武器工厂
WeaponFactory rebelWeaponFactory = new RebelFactory();
//使用 RebelFactory 的武器工厂来创建武器
Weapon rebelWeapon = rebelWeaponFactory.createWeapon();
//使用反抗军的武器进行攻击
rebelWeapon.fire(); //反抗军的 Lightsaber 发射
//创建一个 RebelFactory 的装备工厂
EquipmentFactory rebelEquipmentFactory = new RebelFactory();
```

```
//使用 RebelFactory 的装备工厂来创建装备
Equipment rebelEquipment =rebelEquipmentFactory.createEquipment();
//使用反抗军的装备进行防御
rebelEquipment.use(); //反抗军的 PersonalizedArmor 使用
```

通过抽象工厂模式可以根据不同阵营的需求来生产不同的武器装备,这样可以提高生产效率和产品质量。如果需要添加新的武器装备类型或者新的阵营,则只需新增对应的工厂和产品类,不需要修改现有代码,这样也可以提高代码的可扩展性和可维护性。

2.1.3　单例模式

单例模式是一种被广泛使用的设计模式,其主要目的是确保系统中特定的类只存在一个实例,从而保证程序中某些资源的唯一性和准确性。

以下是一个简单的线程安全的懒汉式单例模式的 Java 示例,代码如下:

```
//第 2 章/2.1.3　线程安全的懒汉式单例模式
/**
 * 数据库类
 */
public class Database {
    private static volatile Database instance =null;
    //静态实例变量,用 volatile 修饰以确保线程的可见性
    private Database(){} //私有构造函数,只能在本类中调用
    /**
     * 获取单例对象的方法
     */
    public static Database getInstance() { //公有的 getInstance()方法,供其他类调用
        if(instance ==null) { //懒汉式单例模式:如果 instance 为 null,则需要创建对
                            //象,否则直接返回已有对象
            synchronized (Database.class) { //给类对象加锁,防止同时创建多个对象
                if(instance ==null) { //二次判断,多线程情况下需要保证线程安全
                    instance =new Database(); //创建唯一的对象
                }
            }
        }
        return instance; //返回单例对象
    }
}
```

为了保证该实例在多线程环境下的可见性和禁止指令重排序,静态实例变量使用了 volatile 关键字进行修饰。同时,为了保证该类不能在外部通过 new 方式创建实例,私有构造函数被实现。为了保证线程的安全性,公有的 getInstance 方法采用了懒汉式单例模式,同时使用双重检查锁和同步代码块。使用单例模式可以避免数据冲突和错误,从而提高程序的效率和稳定性。

2.1.4 建造者模式

在《我的世界》游戏中,建造者模式是一种用于构建不同建筑的设计模式。该模式通过将建筑的构建过程分解为多个简单对象的构建过程,并将这些简单对象组合成复杂对象,实现建筑的灵活组合和调整。建造者模式包含 4 个角色:抽象建造者、具体建造者、指挥者和产品。抽象建造者定义了建造过程的接口,具体建造者实现了具体的建造过程,指挥者协调建造过程,而产品是最终的建筑物。使用建造者模式可以根据不同的建筑需求创建不同的建筑,从而提高建筑的创建效率和灵活性,因此,建造者模式是一种简单易用且灵活的创建型设计模式,在实际编程中被广泛应用。

可以通过以下方式实现建造者模式。

定义产品(Product),代码如下:

```java
public class Building {
    private String buildingType;      //建筑类型
    private String material;          //建筑材料
    private int height;               //建筑高度
    //getter/setter 方法
}
```

定义抽象建造者(Builder),代码如下:

```java
//第 2 章/2.1.4  定义抽象建造者
//建立 BuildingBuilder 接口
public interface BuildingBuilder {
    //设定建筑类型
    void setBuildingType(String buildingType);
    //设定建筑材料
    void setMaterial(String material);
    //设定建筑高度
    void setHeight(int height);
    //获取建筑
    Building getBuilding();
}
```

创建具体建造者(ConcreteBuilder),代码如下:

```java
//第 2 章/2.1.4  创建具体建造者
//定义一个公共类 CastleBuilder 实现 BuildingBuilder 接口
public class CastleBuilder implements BuildingBuilder {
    //定义一个私有成员变量 building,表示建筑物
    private Building building;
    //构造函数
    public CastleBuilder() {
        //初始化 building 对象
        this.building = new Building();
    }
```

```
    //设置建筑类型的方法
    @Override
    public void setBuildingType(String buildingType) {
        //调用building对象的setBuildingType()方法,并将建筑类型参数传入
        building.setBuildingType(buildingType);
    }
    //设置建筑材料的方法
    @Override
    public void setMaterial(String material) {
        //调用building对象的setMaterial()方法,并将材料参数传入
        building.setMaterial(material);
    }
    //设置建筑高度的方法
    @Override
    public void setHeight(int height) {
        //调用building对象的setHeight()方法,并将高度参数传入
        building.setHeight(height);
    }
    //返回建筑物对象的方法
    @Override
    public Building getBuilding() {
        //返回building对象
        return building;
    }
}
```

创建指挥者(Director),代码如下:

```
//第2章/2.1.4  创建指挥者
/**
 * 创建指挥者(Director),用于构建不同类型的建筑物
 */
public class BuildingDirector {
    /**
     * 构建城堡(Castle)
     * @return  返回构建好的城堡对象
     */
    public Building constructCastle() {
        BuildingBuilder builder =new CastleBuilder();  //创建城堡建造者
        builder.setBuildingType("Castle");             //将建筑类型设置为城堡
        builder.setMaterial("Stone");                  //将建筑材料设置为石头
        builder.setHeight(100);                        //将建筑高度设置为100
        return builder.getBuilding();                  //返回构建好的城堡对象
    }
    /**
     * 构建房屋(House)
     * @return  返回构建好的房屋对象
     */
    public Building constructHouse() {
```

```
            BuildingBuilder builder =new HouseBuilder();      //创建房屋建造者
            builder.setBuildingType("House");                 //将建筑类型设置为房屋
            builder.setMaterial("Wood");                      //将建筑材料设置为木头
            builder.setHeight(10);                            //将建筑高度设置为10
            return builder.getBuilding();                     //返回构建好的房屋对象
        }
    }
```

客户端示例，代码如下：

```
//第 2 章/2.1.4 客户端示例
//定义客户端类
public class Client {
    public static void main(String[] args) {
        //创建建筑指导者对象
        BuildingDirector director =new BuildingDirector();
        //构建城堡
        Building castle =director.constructCastle();
        //构建房子
        Building house =director.constructHouse();
        //输出城堡的建筑类型、材料和高度
        System.out.println(castle.getBuildingType() +" is built with " +castle.
getMaterial() +", height is " +castle.getHeight());
        //输出房子的建筑类型、材料和高度
        System.out.println(house.getBuildingType() +" is built with " +house.
getMaterial() +", height is " +house.getHeight());
    }
}
```

在这段代码中，创建了一个名为建筑指挥者（BuildingDirector）的对象。该对象被设计用于根据不同的需求创建不同类型的建筑，例如城堡和房屋。该对象具有设置不同建筑类型、材料和高度等属性的功能。该对象通过传入具体的建造者对象（如 CastleBuilder 和HouseBuilder），能够创建不同类型的建筑对象。最终，客户端代码可以获取不同类型的建筑对象，并输出它们的属性信息。

2.1.5　原型模式

原型模式是一种被广泛地应用于软件设计中的创建型设计模式。在《火影忍者》中，原型模式被用来复制忍者的影分身。使用原型模式，忍者可以通过复制自己的影分身来创建多个具有相同外观和能力的分身，从而在战斗中更加灵活多样。通过调用对象的 clone 方法，原型模式可以在不从头开始构建所有对象的情况下克隆现有对象，并将所有属性复制到新的副本中。这样能够极大地提高程序的效率和灵活性，避免了构建大量相似对象的开销，因此，原型模式在软件设计中具有重要意义和应用价值。

下面是一个简单的 Java 示例，用于演示如何使用原型模式创建一个 Student 类的副本，代码如下：

```java
//第 2 章/2.1.5 原型模式
//定义一个学生类
public class Student implements Cloneable {
    private String name;   //学生姓名
    private int age;        //学生年龄
    //构造方法,用于初始化学生对象
    public Student(String name, int age) {
        this.name =name;
        this.age =age;
    }
    //获取学生姓名
    public String getName() {
        return name;
    }
    //获取学生年龄
    public int getAge() {
        return age;
    }
    //设置学生姓名
    public void setName(String name) {
        this.name =name;
    }
    //设置学生年龄
    public void setAge(int age) {
        this.age =age;
    }
    //实现 Cloneable 接口中的 clone() 方法
    //用于创建学生对象的副本
    @Override
    protected Object clone() throws CloneNotSupportedException {
        return super.clone();
    }
}
//主类
public class Main {
    public static void main(String[] args) throws CloneNotSupportedException {
        //创建原始学生对象 original
        Student original =new Student("张三", 20);
        //使用 clone() 方法创建 Student 类的副本 clone
        Student clone =(Student) original.clone();
        //输出原始对象的信息
        System.out.println("原始对象:");
        System.out.println(original.getName() +", " +original.getAge());
        //输出副本对象的信息
        System.out.println("副本对象:");
        System.out.println(clone.getName() +", " +clone.getAge());
        //修改原始对象的属性值
        original.setName("李四");
        original.setAge(22);
```

```
            //输出修改后的原始对象信息
            System.out.println("修改后的原始对象:");
            System.out.println(original.getName() +", " +original.getAge());
            //输出未受影响的副本对象信息
            System.out.println("未受影响的副本对象:");
            System.out.println(clone.getName() +", " +clone.getAge());
    }
}
```

在以上代码段中定义了一个名为 Student 的类,并实现了 Cloneable 接口,以便使用 clone 方法创建其副本。在 main 函数中,首先创建了一个 Student 类的原始对象 original, 然后使用 clone 方法创建了一个副本 clone。接下来,输出了原始对象和副本对象的属性 值,此时两个对象的属性值应该是相等的。随后,修改了原始对象的属性值,但是这并不会 影响副本对象的属性值。最后,再次输出两个对象的属性值,确认修改原始对象的属性对副 本对象没有影响。

总体来讲,在使用原型模式时,需注意修改一个对象实例不会影响其他实例,因为它们 是相互独立的。同时,对象的 clone 方法也需要正确实现,以确保创建的副本与原始对象 相同。

2.1.6　适配器模式

在《拳皇》游戏中,玩家可以从众多不同的角色中选择其一进行游戏,每个角色都有其独 特的攻击和防御动作,然而,有些玩家可能更喜欢某个角色的防御动作,但是在实际游戏中 需要使用攻击动作进行战斗。此时,适配器模式可以帮助玩家实现这种转换。例如,一个适 配器可以将某个角色的防御动作转换为另一个角色的攻击动作,让玩家可以更自由地选择 自己喜欢的动作,从而提高游戏的乐趣和策略性。

适配器模式是一种结构型设计模式,它用于将不兼容的接口转换为另一个接口,以使两 个不相容的接口可以协同工作。适配器模式的主要目的是增强现有类的复用性,并为现有 系统提供新的功能。在《拳皇》游戏中,适配器模式可以用于实现将某个角色的防御动作转 换为另一个角色的攻击动作。例如,假设有一个名为"防御高手"的角色,它可以使用一个名 为"防御动作适配器"的适配器来转换为"攻击高手",并使用"攻击动作适配器"实现攻击动 作。这样,即使玩家更喜欢"防御高手"的防御动作,也可以使用"攻击高手"的攻击动作进行 游戏。综上,适配器模式可以让不兼容的对象之间进行适当转换,让其能够协同工作,从而 提高系统的灵活性和可扩展性。

下面是一个简单的 Java 示例,它演示了如何使用适配器模式实现拳皇游戏中的上述转 换,代码如下:

```
//第 2 章/2.1.6　适配器模式
//定义角色接口
interface Character {
```

```
        void attack(); //定义攻击方法
}
//定义一个角色实现类
class DefenseMaster implements Character { //防御高手类实现角色接口
    public void attack() { //实现角色接口的攻击方法
        System.out.println("使用防御动作"); //输出防御动作
    }
}
//定义一个攻击动作适配器
class AttackAdapter implements Character { //攻击动作适配器实现角色接口
    private DefenseMaster character; //引用防御高手角色实例

    public AttackAdapter(DefenseMaster character) { //构造函数,传入防御高手角色实例
        this.character =character; //初始化防御高手角色实例
    }
    public void attack() { //实现角色接口的攻击方法
        character.attack(); //调用防御动作,以便转换为攻击动作
    }
}
//主函数
public class Main {
    public static void main(String[] args) {
        DefenseMaster defense =new DefenseMaster(); //实例化防御高手角色
        AttackAdapter adapter =new AttackAdapter(defense);
        //实例化攻击动作适配器,传入防御高手角色实例
        adapter.attack(); //调用适配器执行攻击动作
    }
}
```

在上述示例代码中,首先定义了一个角色接口 Character,其中包含一个攻击方法 attack。随后,创建了一个 DefenseMaster 类,实现了 Character 接口,并定义了一个防御动作 attack 的实现,然后创建了一个名为 AttackAdapter 的适配器类,实现了 Character 接口,并在构造函数中引用了 DefenseMaster 的实例。最后,创建了一个 AttackAdapter 实例,调用其 attack 方法来执行转换后的攻击动作。

适配器模式是一种常用的设计模式,在实际开发中有广泛的应用。例如,当需要将一个旧的接口或类转换为一个新的接口或类时,适配器模式就可以派上用场了。此外,适配器模式还可以用来实现不同框架和库之间的兼容性。

2.1.7　桥接模式

在《宝可梦》游戏中,存在着多种不同类型的神奇宝贝,每个宝贝都有着独特的属性和技能。为了让游戏更有趣和更有挑战性,玩家可以使用桥接模式将神奇宝贝与其特殊技能联系起来。例如,火属性的宝贝可以通过桥接模式获得能喷射火焰的技能,从而提高其攻击力和威力。桥接模式的应用可以将系统的抽象部分与实现部分分离开来,使它们能够独立变化,从而提高系统的灵活性和可扩展性。总之,桥接模式为玩家提供了更多的策略和可能

性,让游戏更加丰富多彩。

下面给出一个简单的 Java 示例,以说明桥接模式是如何应用的。

创建一个实现类,用来表示神奇宝贝的属性和特殊技能,代码如下:

```java
//定义 Pokemon 接口
public interface Pokemon {
    //抽象方法,用于返回 Pokemon 的属性
    public void properties();
    //抽象方法,用于展示 Pokemon 的特殊技能
    public void specialSkills();
}
```

创建一个实现类,用来表示具体的神奇宝贝,代码如下:

```java
//第 2 章/2.1.7  桥接模式 Charmander 类
/**
 * Charmander 类实现了 Pokemon 接口
 */
public class Charmander implements Pokemon {
    /**
     * 实现了 Pokemon 接口中的 properties 方法,输出 Charmander 的属性
     */
    public void properties() {
        System.out.println("火属性");
    }
    /**
     * 实现了 Pokemon 接口中的 specialSkills 方法,输出 Charmander 的特殊技能
     */
    public void specialSkills() {
        System.out.println("喷射火焰");
    }
}
```

创建一个抽象类,用来表示特殊技能,代码如下:

```java
//第 2 章/2.1.7  桥接模式 Skills 类
//技能抽象类
public abstract class Skills {
    protected Pokemon pokemon; //技能所属的宝可梦
    //技能构造方法,接收一个宝可梦对象作为参数
    protected Skills(Pokemon pokemon) {
        this.pokemon =pokemon;
    }
    //技能使用方法,需要在每个子类中进行具体实现
    public abstract void useSkill();
}
```

创建一个实现类,用来表示具体的特殊技能,代码如下:

```java
//第 2 章/2.1.7  桥接模式 FlameThrower 类
```

```
//定义一个名为 FlameThrower 的类,继承 Skills 类
public class FlameThrower extends Skills {
    //构造函数,传入一个 Pokemon 类型的参数
    public FlameThrower(Pokemon pokemon) {
        //调用父类的构造函数
        super(pokemon);
    }
    //定义 useSkill()方法
    public void useSkill() {
        //调用父类的 specialSkills()方法
        pokemon.specialSkills();
        //输出字符串"使用火焰喷射技能"
        System.out.println("使用火焰喷射技能");
    }
}
```

在客户端中使用,代码如下:

```
//第2章/2.1.7 以桥接模式定义一个测试类 Test
public class Test {
    //主方法
    public static void main(String[] args) {
        //创建一个 Charmander 对象,并赋值给 Pokemon 类型的 charmander 变量
        Pokemon charmander =new Charmander();
        //创建一个 FlameThrower 对象,并传入 charmander 变量,赋值给 Skills 类型的
        //flameThrower 变量
        Skills flameThrower =new FlameThrower(charmander);
        //调用 flameThrower 对象的 useSkill 方法
        flameThrower.useSkill();
    }
}
```

在上述代码中,定义了一个名为 Pokemon 的接口,用以表示神奇宝贝的属性和特殊技能。接着,定义了一个名为 Charmander 的类,实现了 Pokemon 接口,用以表示一个火属性的神奇宝贝。随后,定义了一个名为 Skills 的类,用以表示特殊技能,该类包含一个 Pokemon 对象。最后,定义了一个名为 FlameThrower 的类,实现了 Skills 类,用以表示一种可以喷射火焰的特殊技能。在测试客户端中,使用 Charmander 对象来实例化 FlameThrower 对象,并调用其 useSkill 方法,以输出火焰喷射技能。该代码使用了桥接模式,将神奇宝贝和特殊技能分离开来,使它们能够独立变化,进而提高系统的灵活性和可扩展性。

2.1.8 装饰器模式

装饰器模式是一种常用的设计模式,其在《超级马里奥》游戏中也可得到应用。该模式允许玩家使用各种不同的装饰器来为马里奥增加各种能力和外观,例如红色蘑菇可以使马里奥变成超级马里奥,绿色蘑菇可以使马里奥变成火焰马里奥。装饰器可以灵活地进行组

合,创建出不同的马里奥形象,并提供不同的能力和功能,从而让玩家自由地进行创造并提高自己的游戏体验。

在 Java 中,装饰器模式通常通过实现同一个接口或继承同一个父类来完成。被装饰者是原有对象,负责提供基本的功能,而装饰者则负责给被装饰者添加额外的功能。通过该模式可以在不改变原有对象的基础上,动态地添加额外的功能和属性,让其更加灵活和可拓展。以下是一个简单示例,使用装饰器模式给一杯咖啡添加不同的调料。

首先定义一个接口,表示咖啡,代码如下:

```java
public interface Coffee {
    String getDescription();      //获取咖啡描述
    double getCost();             //获取咖啡价格
}
```

然后定义一个实现了 Coffee 接口的具体咖啡类,代码如下:

```java
//第 2 章/2.1.8  装饰器模式 Espresso 类
//Espresso 类实现了 Coffee 接口,表示这是一种咖啡
public class Espresso implements Coffee {
    //覆写 getDescription() 方法,返回咖啡的描述信息
    @Override
    public String getDescription() {
        return "Espresso";
    }
    //覆写 getCost() 方法,返回咖啡的价格
    @Override
    public double getCost() {
        return 1.99;
    }
}
```

然后定义装饰器类,实现 Coffee 接口并持有一个 Coffee 对象,代码如下:

```java
//第 2 章/2.1.8  装饰器模式 CoffeeDecorator 抽象类
//声明一个名为 CoffeeDecorator 的抽象类,实现了 Coffee 接口
public abstract class CoffeeDecorator implements Coffee {
    protected Coffee coffee;
    //声明一个 protected 类型的 Coffee 成员变量,用于保存被装饰的对象
    //构造函数,用于初始化被装饰的对象
    public CoffeeDecorator(Coffee coffee) {
        this.coffee =coffee;
    }
    //实现 Coffee 接口中的 getDescription 方法,返回被装饰对象的描述
    @Override
    public String getDescription() {
        return coffee.getDescription();
    }
    //实现 Coffee 接口中的 getCost 方法,返回被装饰对象的价格
    @Override
```

```
    public double getCost() {
        return coffee.getCost();
    }
}
```

最后定义具体的调料类,继承自 CoffeeDecorator,并覆盖 getDescription 和 getCost 方法,代码如下:

```
//第 2 章/2.1.8 装饰器模式 Milk 类
//Milk 类继承 CoffeeDecorator 类
public class Milk extends CoffeeDecorator {
    //构造函数,接收一个 Coffee 对象
    public Milk(Coffee coffee) {
        super(coffee);
    }
    //重写 CoffeeDecorator 中的 getDescription 方法,返回原始咖啡的描述信息并加上 "Milk"
    @Override
    public String getDescription() {
        return coffee.getDescription() +", Milk";
    }
    //重写 CoffeeDecorator 中的 getCost 方法,返回原始咖啡的价格加上 Milk 的价格 0.5
    @Override
    public double getCost() {
        return coffee.getCost() +0.5;
    }
}
```

使用方式,代码如下:

```
Coffee espresso =new Espresso();
Coffee milkEspresso =new Milk(espresso);
System.out.println(milkEspresso.getDescription() +" $ " +
milkEspresso.getCost());
```

输出:

```
Espresso, Milk $2.49
```

可以看到,在不改变 Espresso 对象的基础上,动态地添加了 Milk 调料,并且输出了新的描述和价格。总之,装饰器模式是一种非常灵活的设计模式,可以为已有对象添加额外的功能和属性,而不需要修改已有对象的代码。

2.1.9 组合模式

在游戏《仙剑奇侠传》中,采用了组合模式,玩家可以通过将不同的技能和装备进行组合,创建出自己独特的角色和战斗策略。举例而言,玩家可以选择不同的武器、技能和防具来配合角色,以应对不同的战斗任务和挑战,同时提高角色的战斗能力和灵活性。此外,在游戏中,玩家还可以使用组合模式,创建出自己的队伍,以更好地协同作战和完成任务。

总体而言,组合模式可以将多个对象组合成一个整体,让其能够以相同的方式进行处

理,从而提高系统的简洁性和灵活性。作为一种结构型设计模式,组合模式的核心思想是将对象组合成树状结构,以显示"部分-整体"的层次结构。通过组合模式,客户端可以对待单个对象和组合对象进行统一处理,从而提高代码的复用性和可扩展性。在组合模式中,通常会有两种基本类型的对象,即叶子对象和组合对象。叶子对象是无法再被组合的最小单位,而组合对象则由多个叶子对象和/或组合对象组合而成,形成一个完整的树状结构。

以下是一个简单的 Java 示例,用于说明如何使用组合模式来表示角色和装备的关系,代码如下:

```java
//第 2 章/2.1.9  组合模式
//定义一个公共接口,表示角色和装备的基本操作
public interface RoleEquipment {
    void display();   //显示角色和装备的信息
}
//定义角色类,实现角色和装备的基本操作
public class Role implements RoleEquipment {
    private String name;   //角色名称
    private String occupation;   //职业
    public Role(String name, String occupation) {   //构造函数,初始化角色名称和职业
        this.name =name;
        this.occupation =occupation;
    }
    @Override
    public void display() {   //实现显示角色和装备信息的方法
        System.out.println("角色名称:" +name +"\n 职业:" +occupation);
    }
}
//定义装备类,实现角色和装备的基本操作
public class Equipment implements RoleEquipment {
    private String name;   //装备名称
    private String type;   //装备类型
    public Equipment(String name, String type) {   //构造函数,初始化装备名称和装备类型
        this.name =name;
        this.type =type;
    }
    @Override
    public void display() {   //实现显示角色和装备信息的方法
        System.out.println("装备名称:" +name +"\n 类型:" +type);
    }
}
//定义组合对象,表示一个装备套装
public class EquipmentSet implements RoleEquipment {
    private List<RoleEquipment>equipmentList;   //装备套装中包含的角色和装备列表
    public EquipmentSet() {   //构造函数,初始化装备套装列表
        equipmentList =new ArrayList<>();
    }
    public void addEquipment(RoleEquipment equipment) {
    //将角色和装备添加到装备套装中
```

```
            equipmentList.add(equipment);
        }
        public void removeEquipment(RoleEquipment equipment) {
        //将角色和装备从装备套装中移除
            equipmentList.remove(equipment);
        }
        @Override
        public void display() {    //实现显示角色和装备信息的方法
            System.out.println("该装备套装包含以下物品:");
            for (RoleEquipment equipment : equipmentList) {
            //遍历装备套装中的角色和装备列表,调用它们的 display()方法显示信息
                equipment.display();
            }
        }
    }
//客户端代码
public class Client {
    public static void main(String[] args) {    //主函数
        Role role =new Role("张三", "战士");    //创建一个角色
        Equipment sword =new Equipment("破脑剑", "武器");
        //创建一个武器装备
        Equipment armor =new Equipment("圣光之铠", "防具");
        //创建一个防具装备
        EquipmentSet equipmentSet =new EquipmentSet();    //创建一个装备套装
        equipmentSet.addEquipment(sword);    //将武器装备添加到装备套装中
        equipmentSet.addEquipment(armor);    //将防具装备添加到装备套装中
        //将角色和装备套装组合在一起
        EquipmentSet roleEquipment =new EquipmentSet();
        roleEquipment.addEquipment(role);
        roleEquipment.addEquipment(equipmentSet);
        roleEquipment.display();    //显示角色和装备信息
    }
}
```

在以上代码中,使用接口定义了角色和装备的基本操作,并分别实现了角色类和装备类。此外,定义了一个装备套装类,其中包括多个装备或装备套装。最终,客户端代码创建了一个装备套装,并将其与一个角色组合在一起,形成了一个完整的角色和装备的结构。需要注意的是,虽然组合模式可以提高代码的复用性和可扩展性,但也可能增加代码的复杂度。在使用组合模式时,需要权衡和折中,避免过度设计和不必要的复杂度。

2.1.10 外观模式

在《魔兽世界》中,玩家可以使用外观模式来简化游戏操作和交互。例如,玩家可以通过一个简单的界面来查看自己的角色属性、装备和技能,而不需要深入地了解游戏的底层逻辑和操作方式。这种方法非常方便和易于上手,让玩家可以更快速地进入游戏,并享受其中的挑战和乐趣。

总之，外观模式可以让系统的一部分接口更加简单和易于使用，让用户可以更快速地完成操作和交互，从而提高系统的可用性和用户体验。下面是一个简单的 Java 示例，演示了如何使用外观模式来简化对魔兽世界玩家属性的访问，代码如下：

```java
//第 2 章/2.1.10  外观模式
//玩家属性子系统
class PlayerAttributes {
    private int level;     //玩家等级
    private int health;    //玩家血量
    //构造函数,初始化玩家等级和血量
    public PlayerAttributes(int level, int health) {
        this.level =level;
        this.health =health;
    }
    //获取玩家等级
    public int getLevel() {
        return this.level;
    }
    //获取玩家血量
    public int getHealth() {
        return this.health;
    }
}
//外观类,封装玩家属性子系统
class PlayerFacade {
    private PlayerAttributes attributes;     //玩家属性
    //构造函数,创建玩家属性对象
    public PlayerFacade(int level, int health) {
        this.attributes =new PlayerAttributes(level, health);
    }
    //提供简单的接口供用户使用,获取玩家属性
    public String getAttributes() {
        return "Level: " +this.attributes.getLevel() +", Health: " +this.attributes.
getHealth();
    }
}
//用户代码
public class Demo {
    public static void main(String[] args) {
        //使用外观模式获取玩家属性
        PlayerFacade facade =new PlayerFacade(10, 100);
        String attributes =facade.getAttributes();
        System.out.println(attributes); //输出 "Level: 10, Health: 100"
    }
}
```

在这个示例中，PlayerAttributes 代表玩家属性的子系统，它封装了玩家的等级和血量等信息。PlayerFacade 则是一个外观类，它通过构造方法接收 PlayerAttributes 实例，并提供了一个 getAttributes 方法，使客户端能够获取玩家属性而无须了解 PlayerAttributes 的

具体实现细节。通过外观模式,系统的一部分得到了简化的接口,用户能够更加轻松地完成操作和交互。该设计模式在 Java 中得到广泛应用,能够提高系统的可维护性和可扩展性。

2.1.11　代理模式

代理模式在《英雄联盟》中扮演着重要的角色。每个玩家的游戏客户端都需要频繁地发送和接收数据,而游戏服务器必须处理大量的数据请求。如果服务器处理速度慢,就会导致游戏出现卡顿或延迟的情况。为了提高游戏的流畅性和稳定性,开发者采用了代理模式。

代理模式有多种实现方式,其中之一是使用数据缓存。当玩家请求数据时,代理服务器会先检查本地缓存是否已经有该数据。如果有,就直接返回数据,不需要向游戏服务器发送请求,从而提高了请求的响应速度。另一个常见的代理模式是负载均衡。当一个游戏服务器负载过高时,代理服务器会将部分请求转发到其他游戏服务器上进行处理,从而平均分配服务器负载,提高了游戏的稳定性和流畅性。

总之,代理模式适用于需要处理大量请求或者需要提高系统稳定性和流畅性的场景。通过代理服务器来缓存数据、负载均衡和请求分发,可以减轻游戏服务器的压力,提高游戏的性能和用户体验。在实际应用中,代理模式是一种常用的设计模式,可以提高系统性能和稳定性。

下面是一个简单的代理模式 Java 示例,通过代理模式实现数据缓存功能,代码如下:

```java
//第 2 章/2.1.11　代理模式
//抽象主题角色
interface IData {
    void request();
}
//真实主题角色
class Data implements IData {
    @Override
    public void request() {
        //从游戏服务器获取数据
        System.out.println("从游戏服务器获取数据...");
    }
}
//代理主题角色
class ProxyData implements IData {
    private Data data;
    private List<String>cache =new ArrayList<>(); //缓存已经获取的数据
    public ProxyData() {
        this.data =new Data();
    }
    @Override
    public void request() {
        //先从缓存中查找数据
        if (!cache.isEmpty()) {
            System.out.println("从缓存中获取数据...");
```

```
                for (String str : cache) {
                    System.out.println(str);
                }
        } else {
            //如果缓存中没有数据,则从游戏服务器获取数据,然后加入缓存
            data.request();
            System.out.println("将数据加入缓存...");
            cache.add("数据 1");
            cache.add("数据 2");
        }
    }
}
//客户端代码
public class Client {
    public static void main(String[] args) {
        IData proxy = new ProxyData();
        proxy.request(); //第 1 次调用,从游戏服务器获取数据,加入缓存
        proxy.request(); //第 2 次调用,从缓存中获取数据
    }
}
```

在上述示例中,Data 类具有真实主题角色的职责,即从游戏服务器获取数据,而 ProxyData 类则扮演着代理主题角色,其职责是缓存数据。在客户端代码中,可以通过调用代理对象的 request 方法,实现从缓存中获取数据或从游戏服务器获取数据并加入缓存的功能。

值得注意的是,上述示例只是代理模式的一个简单示例。在实际应用中,代理模式的实现方式可能更加复杂,需要根据具体情况进行设计。同时,代理模式也存在一些缺点,例如增加系统复杂度和降低系统吞吐量等,因此,需要在权衡利弊后再进行选择。

2.1.12　模板方法模式

在《大航海时代》游戏中,玩家需要建造自己的船只以便探索海洋,然而,每个船只的建造需要耗费大量的时间和资源。为了提高玩家的建造效率,游戏开发者采用了模板方法模式。该模式定义了一个模板和一些可选的实现方法。在船只建造中,开发者提供了多种船只建造模板,如皮艇、货船、战斗船等,每种模板都有不同的建造材料、工序和时间。玩家可以根据自己的需求选择一个合适的模板,然后根据模板提示完成建造即可。这种方法简化了游戏建造过程,同时也保证了游戏的平衡性和公正性。

总结来看,模板方法模式适用于提高生产效率、简化流程和提高用户体验的场景。通过提供多种模板和可选的实现方法,可以让用户根据自己的需求进行选择,同时也可以保证游戏的平衡性和公正性。模板方法模式是一种行为型设计模式,它定义了一个算法的骨架,并将一些步骤延迟到子类中实现。这些步骤包括一些公共的操作和一些可变的操作。模板方法模式可以有效地提高代码的复用性和可维护性。

在 Java 中,可使用抽象类或接口实现模板方法模式。具体的实现方式可在抽象类或接

口中定义一个模板方法,该方法包含一些固定的步骤和需要延迟到子类中实现的步骤。随后,在子类中实现这些步骤,以完成对算法的定制化。

下面是一个简单的示例,用来演示模板方法模式在 Java 中的实现,代码如下:

```java
//第 2 章/2.1.12 模板方法模式
//抽象类,定义了模板方法和抽象方法
abstract class BoatBuilder {
    //模板方法,定义了船只建造的流程
    public final void buildBoat() {
        prepareMaterials();
        buildStructure();
        addEquipment();
        testBoat();
    }
    //抽象方法,需要在子类中实现
    abstract void prepareMaterials();
    //抽象方法,需要在子类中实现
    abstract void buildStructure();
    //具体方法,已经实现,不需要在子类中实现
    void addEquipment() {
        System.out.println("Adding equipment to the boat");
    }
    //具体方法,已经实现,不需要在子类中实现
    void testBoat() {
        System.out.println("Testing the boat");
    }
}
//具体子类,实现了抽象方法
class KayakBuilder extends BoatBuilder {
    void prepareMaterials() {
        System.out.println("Preparing materials for a Kayak");
    }
    void buildStructure() {
        System.out.println("Building the structure of a Kayak");
    }
}
//具体子类,实现了抽象方法
class CargoShipBuilder extends BoatBuilder {
    void prepareMaterials() {
        System.out.println("Preparing materials for a Cargo Ship");
    }
    void buildStructure() {
        System.out.println("Building the structure of a Cargo Ship");
    }
    //重写了具体方法,实现了自己的逻辑
    @Override
    void addEquipment() {
        System.out.println("Adding specialized equipment to the Cargo Ship");
```

```
        }
    }
//客户端代码,使用模板方法模式建造船只
public class Main {
    //定义主方法
    public static void main(String[] args) {
        //创建 KayakBuilder 对象并赋值给 builder 变量
        BoatBuilder builder =new KayakBuilder();
        //调用 builder 的 buildBoat 方法,建造皮艇
        builder.buildBoat();
        //创建 CargoShipBuilder 对象并赋值给 builder 变量
        builder =new CargoShipBuilder();
        //调用 builder 的 buildBoat 方法,建造货船
        builder.buildBoat();
    }
}
```

在这个示例代码中,抽象类 BoatBuilder 定义了模板方法 buildBoat 和一些抽象方法 prepareMaterials、buildStructure。具体子类 KayakBuilder 和 CargoShipBuilder 分别实现了这些抽象方法,以完成对模板方法的实现。最后,客户端代码使用模板方法模式建造船只,选择不同的船只模板进行建造。

2.1.13 迭代器模式

在《魔塔游戏》中,玩家需要探索各种地牢和收集道具,以完成游戏目标。为了方便玩家查看游戏进展和道具情况,游戏开发者使用了迭代器模式。该模式定义了一种遍历方式,允许玩家以一种统一的方式访问所有地牢和道具,而不需要了解集合的具体实现。

迭代器模式的优点在于提高了用户体验和游戏可玩性,同时也避免了将集合的底层实现暴露给客户端代码。该模式适用于需要方便地遍历集合或对数据进行统计和分析的场景。在 Java 中,可以使用 Iterator 接口实现迭代器模式。该接口定义了遍历集合的方法,包含 hasNext 和 next 等方法,可以方便地遍历集合中的元素。以下是一个简单的 Java 示例,用于演示如何使用迭代器模式遍历集合中的元素,代码如下:

```
//第 2 章/2.1.13  迭代器模式
//引入 java.util 包中的 ArrayList 和 Iterator 类
import java.util.ArrayList;
import java.util.Iterator;
public class Example {
    public static void main(String[] args) {
        //创建一个 ArrayList 对象,用来存储字符串类型的元素
        ArrayList<String>list =new ArrayList<>();
        //向集合中添加 3 个元素
        list.add("apple");
        list.add("banana");
        list.add("orange");
```

```
            //使用迭代器遍历集合中的元素
            Iterator<String>iterator =list.iterator();
            //当集合中还有元素时,进入循环
            while(iterator.hasNext()) {
                //获取下一个元素
                String element =iterator.next();
                //输出当前元素
                System.out.println(element);
            }
        }
    }
```

在以上例子中,首先创建了一个 ArrayList 集合并向其中添加了 3 个元素,然后使用 iterator 方法获取一个 Iterator 对象,并使用它遍历集合中的元素。在每次迭代中,使用 hasNext 方法检查是否还有下一个元素可用,并使用 next 方法获取下一个元素的值。最后打印每个元素的值。迭代器模式是一种常见的设计模式,它可以使代码更加简洁易懂、可读性更高,并且有助于提高代码的可维护性和可扩展性。在 Java 中,迭代器模式得到广泛应用。

2.1.14　策略模式

在游戏《战争中心》中,玩家需要制定和执行各种不同的战略,以应对不同的战场环境和敌人。为了让玩家更好地了解游戏规则和要求,游戏开发者采用了策略模式。策略模式是一种软件设计模式,它定义了一组算法和一种上下文环境,可以让用户根据自己的需求选择不同的算法来执行。在游戏中,玩家可以根据需要选择不同的战略,例如攻击、防御、侦察等,以应对不同的场景和敌人。这种设计模式非常实用,因为它可以让玩家更好地了解游戏规则和要求,同时也有助于提高用户体验和游戏可玩性。

综上所述,策略模式适用于需要制定和执行多种策略的场景,并且可以提高用户体验和游戏可玩性。在游戏《战争中心》中,策略模式被成功地应用,使玩家可以根据自己的需求选择不同的战略,从而更好地应对游戏中的各种挑战。

策略模式是一种行为型设计模式,其主要目的是将不同的算法封装在不同的类中,从而使算法能够在运行时动态地替换。在策略模式中,存在 3 个重要的角色。首先是策略接口 (Strategy),该接口定义了一个共同的算法接口,用于定义不同的算法类;其次是具体策略类(Concrete Strategy),该类实现了策略接口,并提供了具体的算法实现;最后是上下文类 (Context),该类持有一个策略对象,并利用策略对象来执行具体的算法。

下面是策略模式的 Java 示例,代码如下:

```
//第 2 章/2.1.14　策略模式
//策略接口
public interface Strategy {
    void execute(); //定义策略执行方法
```

```java
    }
    //具体策略类：攻击策略
    public class AttackStrategy implements Strategy {
        @Override
        public void execute() {
            System.out.println("攻击敌人"); //实现攻击策略
        }
    }
    //具体策略类：防御策略
    public class DefenseStrategy implements Strategy {
        @Override
        public void execute() {
            System.out.println("防御自己"); //实现防御策略
        }
    }
    //上下文类
    public class GameContext {
        private Strategy strategy; //持有一个策略实例
        public void setStrategy(Strategy strategy) { //设置策略
            this.strategy = strategy;
        }
        public void executeStrategy() { //执行策略
            strategy.execute();
        }
    }
    //客户端代码
    public class StrategyPatternDemo {
        public static void main(String[] args) {
            GameContext context = new GameContext(); //创建上下文实例
            //使用攻击策略
            context.setStrategy(new AttackStrategy()); //将策略设置为攻击策略
            context.executeStrategy(); //执行策略
            //使用防御策略
            context.setStrategy(new DefenseStrategy()); //将策略设置为防御策略
            context.executeStrategy(); //执行策略
        }
    }
```

上述代码实现了策略模式。首先定义了一个策略接口（Strategy），然后定义了两个具体策略类（AttackStrategy 和 DefenseStrategy），它们分别实现了攻击和防御策略。接着，定义了一个上下文类（GameContext），它持有一个策略对象，并使用策略对象来执行具体的算法。最后，编写了客户端代码（StrategyPatternDemo），用于测试不同的策略实现。策略模式具有动态切换算法的优点，同时能够避免过多的条件语句，提高代码的可维护性和可扩展性。如果应用程序需要根据不同情况执行不同的算法，则使用策略模式是一个很好的选择。

2.1.15　命令模式

在《雷电战机》游戏中,每个玩家需要控制自己的飞机进行战斗,包括控制航向、发射导弹、躲避敌机等各种操作。为了改善用户体验,游戏开发者通常采用命令模式,该模式定义了一组命令和一个命令执行者,可以让玩家通过简单的指令来控制飞机进行操作。在《雷电战机》中,玩家可以通过按键来控制飞机执行各种操作,并使游戏更加流畅和自然。命令模式适用于需要简化用户操作、提高游戏流畅性的场景。通过定义一组命令和一个命令执行者,可以让用户通过简单的指令来控制游戏操作,从而提高用户体验和游戏可玩性。

命令模式是一种行为型设计模式,它用于将请求封装为对象,从而解耦请求的发送者和接收者。该模式包括 4 个关键角色:命令接口(Command)、具体命令类(ConcreteCommand)、接收者类(Receiver)和请求者类(Invoker)。命令接口定义了命令的基本方法,具体命令类实现了命令接口并封装了命令的操作,接收者类执行具体的操作,而请求者类则包含了一个命令接口的实例并调用它的方法。

下面是一个简单的命令模式 Java 示例,模拟《雷电战机》中通过按键来控制飞机的航向和发射导弹的操作,代码如下:

```java
//第 2 章/2.1.15　命令模式
//定义命令接口
public interface Command {
    void execute(); //执行方法
}
//具体命令: 改变航向的命令
public class ChangeDirectionCommand implements Command {
    private Receiver receiver; //接收者对象
    public ChangeDirectionCommand(Receiver receiver) {
        this.receiver =receiver; //构造方法,将接收者对象传入
    }
    @Override
    public void execute() { //实现执行方法
        receiver.changeDirection(); //调用接收者对象的改变航向方法
    }
}
//具体命令: 发射导弹的命令
public class FireMissileCommand implements Command {
    private Receiver receiver; //接收者对象
    public FireMissileCommand(Receiver receiver) {
        this.receiver =receiver; //构造方法,将接收者对象传入
    }
    @Override
    public void execute() { //实现执行方法
        receiver.fireMissile(); //调用接收者对象的发射导弹方法
    }
}
```

```java
//接收者类：实现具体的操作
public class Receiver {
    public void changeDirection() {
        //改变航向的具体实现
    }
    public void fireMissile() {
        //发射导弹的具体实现
    }
}
//请求者类：包含一个命令接口实例并调用 execute()方法来执行命令
public class Invoker {
    private Command command; //命令接口对象
    public Invoker(Command command) {
        this.command = command; //构造方法,将命令接口对象传入
    }
    public void executeCommand() {
        command.execute(); //调用命令接口对象的执行方法
    }
}
//客户端代码
public class Client {
    public static void main(String[] args) {
        Receiver receiver = new Receiver(); //创建接收者对象
        Command changeDirectionCommand = new ChangeDirectionCommand(receiver);
        //创建改变航向命令对象
        Command fireMissileCommand = new FireMissileCommand(receiver);
        //创建发射导弹命令对象
        Invoker invoker = new Invoker(changeDirectionCommand);
        //创建请求者对象,并将改变航向命令对象传入
        invoker.executeCommand(); //执行命令
        invoker = new Invoker(fireMissileCommand); //将发射导弹命令对象传入请求者对象
        invoker.executeCommand(); //执行命令
    }
}
```

在上述示例中,Command 接口被定义为一个具有 execute 方法的接口,用于封装命令的操作。具体命令类 ChangeDirectionCommand 和 FireMissileCommand 分别实现了 Command 接口,并且调用 Receiver 类的方法来执行具体的操作。Receiver 类是接收者类,它封装了具体的操作,而 Invoker 类是请求者类,它包含了一个 Command 接口的实例,并通过调用 execute 方法来执行命令。为了控制飞机的航向和导弹发射,可以将这些操作绑定到具体的命令类上,并使用 Invoker 对象根据按键来执行相应的 Command 对象,从而实现对飞机的控制。在客户端代码中,首先需要创建 Receiver 对象,然后创建 ChangeDirectionCommand 和 FireMissileCommand 对象,将它们分别绑定到 Invoker 对象上,并且执行它们的 execute 方法。

2.1.16 责任链模式

在古代王朝中,每个官员都有自己的职责和权限,他们需要处理各种不同的政务和事件,但是,如果某个事件需要多个官员共同协作来处理,则可能会出现任务分配不清、责任推卸等问题,从而导致事件得不到妥善处理。为了避免这种问题,王朝采用了责任链模式,它可以将任务和事件顺序地传递给各个官员来处理,这样可以保证任务和事件得到妥善处理,同时也可以有效地提高工作效率和协调能力。责任链模式可以避免任务分配不清、责任推卸等问题,能够保证任务和事件得到妥善处理,同时也可以有效地提高工作效率和协调能力。

在责任链模式中,通常会有一个抽象处理者和多个实际处理者。抽象处理者定义了处理请求的接口,而实际处理者则实现了这个接口,并且可以决定是否继续将请求传递给下一个处理者。下面是一个责任链模式的 Java 示例,代码如下:

```java
//第 2 章/2.1.16 责任链模式
//抽象处理者
abstract class Handler {
    protected Handler successor; //下一个处理者
    public void setSuccessor(Handler successor) {
        this.successor = successor; //设置下一个处理者
    }
    public abstract void handleRequest(int request); //处理请求的抽象方法
}
//具体处理者 A
class ConcreteHandlerA extends Handler {
    public void handleRequest(int request) {
        if (request >= 0 && request < 10) { //如果请求在 0~10,则该处理者处理请求
            System.out.println(this.getClass().getSimpleName() + " 处理请求 " +
request);
        } else if (successor != null) { //否则交给下一个处理者处理
            successor.handleRequest(request);
        }
    }
}
//具体处理者 B
class ConcreteHandlerB extends Handler {
    public void handleRequest(int request) {
        if (request >= 10 && request < 20) {
            //如果请求在 10~20,则该处理者处理请求
            System.out.println(this.getClass().getSimpleName() + " 处理请求 " +
request);
        } else if (successor != null) { //否则交给下一个处理者处理
            successor.handleRequest(request);
        }
    }
}
```

```
//具体处理者 C
class ConcreteHandlerC extends Handler {
    public void handleRequest(int request) {
        if (request >=20 && request <30) {
        //如果请求在 20~30,则该处理者处理请求
            System.out.println(this.getClass().getSimpleName() +" 处理请求 " +
request);
        } else if (successor !=null) { //否则交给下一个处理者处理
            successor.handleRequest(request);
        }
    }
}
//客户端代码
public class Client {
    public static void main(String[] args) {
        Handler handler1 =new ConcreteHandlerA(); //创建具体处理者 A
        Handler handler2 =new ConcreteHandlerB(); //创建具体处理者 B
        Handler handler3 =new ConcreteHandlerC(); //创建具体处理者 C
        handler1.setSuccessor(handler2); //将处理者 A 的下一个处理者设置为处理者 B
        handler2.setSuccessor(handler3); //将处理者 B 的下一个处理者设置为处理者 C
        handler1.handleRequest(5); //处理请求 5,应该由处理者 A 处理
        handler1.handleRequest(15); //处理请求 15,应该由处理者 B 处理
        handler1.handleRequest(25); //处理请求 25,应该由处理者 C 处理
    }
}
```

在上述示例中,抽象处理者定义了处理请求的方法 handleRequest,并且包含指向下一个处理者的引用 successor。具体处理者 A、B、C 分别实现了 handleRequest 方法,并根据自身的处理能力决定是否将请求传递给下一个处理者。在客户端代码的末尾创建 3 个具体处理者并依次设置它们之间的关系,然后将请求传递给第 1 个处理者。由于请求值在具体处理者 A、B、C 的处理范围内,故每个处理者都会处理请求。

需要注意的是,责任链模式不能保证每个请求都会被处理,因为具体处理者可以选择不处理某些请求。此外,如果处理请求的链过长,则可能会导致性能问题,因此,在使用责任链模式时,应根据实际情况进行权衡和选择。

2.1.17　状态模式

在神秘的魔法世界中,存在着一种叫作传送门的神奇物品,其状态可以分为 3 种,即打开状态、关闭状态和锁定状态。不同状态的改变会对传送门的使用产生影响,并对玩家的游戏体验产生影响。为了保持游戏的公平性和平衡性,该魔法世界采用了状态模式。状态模式的作用在于依据传送门的状态来判断其是否可以被使用,以及哪些玩家可以使用。状态模式将状态的变化封装在状态类中,每种状态对应着一组可行的行为,不同状态之间可以相互转换。在传送门的例子中,可定义 3 种状态类 OpenState、CloseState、LockState,分别对应着传送门处于不同状态时的行为。状态模式可以帮助游戏系统判断不同状态下的操作可

行性,从而保持游戏的平衡和公平性。

下面是一种状态模式的示例,代码如下:

```java
//第 2 章/2.1.17    状态模式
//抽象状态类
public abstract class State {
    protected TeleportDoor door; //传送门对象
    public void setDoor(TeleportDoor door) {
        this.door =door;
    }
    public abstract void enter(Player player); //进入传送门
    public abstract void exit(Player player); //离开传送门
}


//打开状态类
public class OpenState extends State {
    public void enter(Player player) {
        System.out.println(player.getName() +"进入传送门");
    }
    public void exit(Player player) {
        System.out.println(player.getName() +"离开传送门");
    }
}
//关闭状态类
public class CloseState extends State {
    public void enter(Player player) {
        System.out.println("传送门已关闭,无法进入");
    }
    public void exit(Player player) {
        System.out.println("传送门已关闭,无法离开");
    }
}
//锁定状态类
public class LockState extends State {
    private String password; //密码
    public LockState(String password) {
        this.password =password;
    }
    public void enter(Player player) {
        if (player.getPassword().equals(password)) {
            System.out.println(player.getName() +"输入正确密码,进入传送门");
        } else {
            System.out.println(player.getName() +"输入错误密码,无法进入传送门");
        }
    }
    public void exit(Player player) {
        System.out.println("传送门已锁定,无法离开");
    }
}
```

```java
//传送门类
public class TeleportDoor {
    private State state; //当前状态
    public TeleportDoor() {
        state = new CloseState(); //初始状态为关闭
        state.setDoor(this); //状态类中包含传送门对象的引用,用于状态切换
    }
    //设置状态
    public void setState(State state) {
        this.state = state;
        this.state.setDoor(this);
    }
    //进入传送门
    public void enter(Player player) {
        state.enter(player);
    }
    //离开传送门
    public void exit(Player player) {
        state.exit(player);
    }
}
//玩家类
public class Player {
    private String name; //名称
    private String password; //密码
    public Player(String name, String password) {
        this.name = name;
        this.password = password;
    }
    public String getName() {
        return name;
    }
    public String getPassword() {
        return password;
    }
}
//测试代码
public class Test {
    public static void main(String[] args) {
        TeleportDoor door = new TeleportDoor(); //创建一个传送门
        Player player1 = new Player("张三", "123"); //创建一个玩家,密码为 123
        Player player2 = new Player("李四", "456"); //创建一个玩家,密码为 456
        door.enter(player1); //传送门已关闭,无法进入
        door.setState(new OpenState()); //打开传送门
        door.enter(player1); //张三进入传送门
        door.enter(player2); //李四进入传送门
        door.setState(new LockState("789")); //锁定传送门,密码为 789
        door.enter(player1); //张三输入错误密码,无法进入传送门
        door.enter(player2); //李四输入错误密码,无法进入传送门
```

```
                door.enter(new Player("王五", "789")); //王五输入正确密码,进入传送门
        }
}
```

在这个示例中,介绍了一个 TeleportDoor 类,用于表示传送门,并定义了 OpenState、CloseState 和 LockState 共 3 种状态类,以对应传送门处于不同状态时的行为。在 TeleportDoor 类中通过 setState 方法来切换传送门的状态,接着调用 enter 和 exit 方法来执行相应的操作。此外,还介绍了 Player 类,包括玩家的名称和密码。

运行测试代码,输出如下:

```
传送门已关闭,无法进入
张三进入传送门
李四进入传送门
王五输入正确密码,进入传送门
```

通过分析 TeleportDoor 类的实现可以得知,该类利用状态模式,根据传送门的状态切换不同的状态类,有效地实现了传送门行为的变化。采用状态模式的优点在于,将与状态相关的行为和属性封装在对应的状态类中,进而提高了代码的可读性和可维护性。同时,状态模式也符合开闭原则,可以方便地引入新的状态类。

2.1.18　观察者模式

在《赛车》游戏中,玩家需要实时监测赛车的位置、速度和状态等信息,以便制定相应的策略。为了让玩家更好地了解比赛的情况,游戏采用了观察者模式。在该模式中,赛车游戏中的赛车信息为被观察者,而玩家则是观察者之一。玩家可以通过不同的视角观察比赛,并选择不同的信息窗口,以便实时了解赛车的状态和比赛的进展。当赛车的位置、速度或状态发生改变时,被观察者将自动通知其观察者,并触发观察者的特定方法以更新比赛信息。通过观察者模式,玩家可以更好地了解比赛的情况,从而制定更好的策略,因此,观察者模式在赛车游戏中为玩家提供了一种有效的信息展示方式,帮助玩家更好地了解游戏中的情况,从而制定更好的策略。

下面是一个简单的观察者模式 Java 示例,演示了如何实现观察者模式,代码如下:

```
//第 2 章/2.1.18  观察者模式
import java.util.ArrayList;
import java.util.List;
//被观察者接口
interface Subject {
    void registerObserver(Observer observer);      //注册观察者
    void removeObserver(Observer observer);         //移除观察者
    void notifyObservers(String message);           //通知观察者
}
//观察者接口
interface Observer {
    void update(String message);                    //更新消息
```

```
    }
//具体的被观察者类
class CarGame implements Subject {
    private List<Observer>observers =new ArrayList<>();        //观察者列表
    private String message;                                     //消息
    @Override
    public void registerObserver(Observer observer) {
        observers.add(observer);                                //添加观察者
    }
    @Override
    public void removeObserver(Observer observer) {
        observers.remove(observer);                             //移除观察者
    }
    @Override
    public void notifyObservers(String message) {
        for (Observer observer : observers) {
            observer.update(message);                           //通知所有观察者
        }
    }
    public void setMessage(String message) {
        this.message =message;                                  //设置消息
        notifyObservers(message);                               //通知观察者
    }
}
//具体的观察者类
class Player implements Observer {
    private String name;
    public Player(String name) {
        this.name =name;
    }
    @Override
    public void update(String message) {                        //更新消息
        System.out.println(name +"收到了消息:" +message);        //打印消息
    }
}
public class ObserverPatternExample {
    public static void main(String[] args) {
        CarGame game =new CarGame();                            //创建被观察者对象
        Player player1 =new Player("玩家 1");                    //创建观察者对象
        Player player2 =new Player("玩家 2");                    //创建观察者对象
        game.registerObserver(player1);                         //注册观察者
        game.registerObserver(player2);                         //注册观察者
        game.setMessage("赛车开始比赛了!");                        //设置消息
        game.removeObserver(player2);                           //移除观察者
        game.setMessage("赛车到达终点!");                         //设置消息
    }
}
```

在上述示例中，CarGame 类作为被观察者，承担着维护观察者列表的任务，同时实现了

Subject 接口中定义的注册、删除和通知观察者的方法。Player 类则是一个具体的观察者，它实现了 Observer 接口中的 update 方法。在主函数中，首先创建了一个 CarGame 对象和两个 Player 对象，并将这两个 Player 对象注册到 CarGame 对象中。接下来，调用 setMessage 方法来更改 CarGame 对象的状态，观察到玩家 1 和玩家 2 都收到了相应的通知。最后，从 CarGame 对象中移除了玩家 2，调用 setMessage 方法后，只有玩家 1 收到了通知。

2.1.19　中介者模式

在《世界末日》的生存游戏中，玩家需要面对各种不同的生存困境和资源竞争。为了保证游戏的平衡和公正性，游戏采用了中介者模式。该模式使不同的玩家在游戏中既可以进行合作和交易，又可以进行竞争和攻击。在游戏中，中介者会根据游戏规则和玩家的行为来判断不同决策是否合法和公正，并做出相应的处理。通过采用中介者模式，游戏的平衡和公正性得到了维护，同时玩家之间的交互和互动也得到了增强。

综上所述，中介者模式在软件设计领域中也是一种常见的模式。该模式通过引入中介对象来协调其他对象之间的交互，从而减少对象之间的耦合度，提高系统的可维护性和可扩展性。在中介者模式中，中介对象起到了集中控制的作用，封装了对象之间的交互细节，使各个对象之间通过中介者对象进行通信和交互，而不是直接相互作用。

下面是中介者模式的 Java 示例，代码如下：

```
//第 2 章/2.1.19　中介者模式
//定义玩家类,作为抽象类
public abstract class Player {
    protected Mediator mediator; //中介者
    protected String name; //玩家姓名
    public Player(Mediator mediator, String name) { //构造函数
        this.mediator =mediator; //传入中介者
        this.name =name; //传入玩家姓名
    }
    public abstract void send(String message); //抽象方法,发送消息
    public abstract void receive(String message); //抽象方法,接收消息
}
//定义中介者接口
public interface Mediator {
    void sendMessage(Player player, String message); //发送消息的方法
}
//定义生存游戏中介者类
public class SurvivalGameMediator implements Mediator {
    private List<Player>players; //玩家列表
    public SurvivalGameMediator() { //构造函数,初始化玩家列表
        this.players =new ArrayList<>();
    }
    @Override
```

```java
public void sendMessage(Player player, String message) {
    //实现发送消息方法
    for (Player p : players) { //遍历所有玩家
        if (!p.equals(player)) { //如果不是自己
            p.receive(message); //调用接收消息的方法
        }
    }
}
    public void addPlayer(Player player) { //添加玩家的方法
        players.add(player);
    }
}
//定义玩家类的具体实现
public class ConcretePlayer extends Player {
    public ConcretePlayer(Mediator mediator, String name) { //构造函数
        super(mediator, name); //调用父类构造函数
    }
    @Override
    public void send(String message) { //实现发送消息的方法
        System.out.println("Player " +name +" sends message: " +message);
        //输出发送消息的信息
        mediator.sendMessage(this, message); //调用中介者发送消息的方法
    }
    @Override
    public void receive(String message) { //实现接收消息的方法
        System.out.println("Player " +name +" receives message: " +message);
        //输出接收消息的信息
    }
}
//客户端代码
public class Client {
    public static void main(String[] args) {
        Mediator mediator =new SurvivalGameMediator(); //创建中介者
        Player player1 =new ConcretePlayer(mediator, "Tom"); //创建玩家 Tom
        Player player2 =new ConcretePlayer(mediator, "Jerry"); //创建玩家 Jerry
        mediator.addPlayer(player1); //将玩家 Tom 添加到中介者的玩家列表
        mediator.addPlayer(player2); //将玩家 Jerry 添加到中介者的玩家列表
        player1.send("Hello, Jerry!"); //Tom 向 Jerry 发送消息
        player2.send("Hi, Tom!"); //Jerry 向 Tom 发送消息
    }
}
```

以上是一个简单的中介者模式的 Java 代码示例，其中定义了玩家抽象类、具体玩家类、中介者接口和生存游戏中介者类，客户端通过中介者对象来协调玩家之间的交互，实现了玩家之间的协作和竞争，同时也维护了游戏的平衡和公正性。

2.1.20　访问者模式

访问者模式是一种常用于软件设计中的行为型设计模式，其作用在于定义操作和算法，

同时又不影响现有对象结构。在《太空世界》游戏中,为了让玩家拥有更全面的游戏体验,游戏采用了访问者模式。游戏中存在不同的游戏对象,如星球、飞船、生物等,每个对象具有不同的特性和功能。访问者模式允许玩家通过不同的手段和角度,访问不同的游戏对象,并了解它们的特性和功能,从而更好地探索太空世界。在该模式中,访问者是一个单独的类,被访问者是一个数据结构,其中包含不同的元素。被访问者可以将访问者应用于其元素,而又不暴露其内部结构。总体而言,访问者模式可以帮助玩家更好地了解游戏中的对象,从而提升游戏体验。该模式适用于数据结构稳定,但需要频繁添加新操作的场景。

以下是访问者模式的 Java 示例,代码如下:

```
//第 2 章/2.1.20    访问者模式
//访问者接口
interface Visitor {
    void visit(Planet planet);           //访问星球
    void visit(Spaceship spaceship);     //访问飞船
    void visit(BioSpecies bioSpecies);   //访问生物
}
//被访问者接口
interface SpaceObject {
    void accept(Visitor visitor);        //接受访问者访问
}
//星球类实现被访问者接口
class Planet implements SpaceObject {
    private String name;                 //星球名称
    private double radius;               //星球半径
    Planet(String name, double radius) {
        this.name =name;
        this.radius =radius;
    }
    public String getName() {
        return name;
    }
    public double getRadius() {
        return radius;
    }
    @Override
    public void accept(Visitor visitor) {
        visitor.visit(this);             //访问者访问星球
    }
}
//飞船类实现被访问者接口
class Spaceship implements SpaceObject {
    private String name;                 //飞船名称
    private int speed;                   //飞船速度
    Spaceship(String name, int speed) {
        this.name =name;
        this.speed =speed;
```

```java
    }
    public String getName() {
        return name;
    }
    public int getSpeed() {
        return speed;
    }
    @Override
    public void accept(Visitor visitor) {
        visitor.visit(this);        //访问者访问飞船
    }
}
//生物类实现被访问者接口
class BioSpecies implements SpaceObject {
    private String name;            //生物名称
    private String type;            //生物类型
    BioSpecies(String name, String type) {
        this.name =name;
        this.type =type;
    }
    public String getName() {
        return name;
    }
    public String getType() {
        return type;
    }
    @Override
    public void accept(Visitor visitor) {
        visitor.visit(this);        //访问者访问生物
    }
}
//玩家类实现访问者接口
class Player implements Visitor {
    @Override
    public void visit(Planet planet) {
        System.out.println("玩家访问了星球 " +planet.getName() +",半径为 " +
planet.getRadius() +"。");        //玩家访问星球
    }
    @Override
    public void visit(Spaceship spaceship) {
        System.out.println("玩家访问了飞船 " +spaceship.getName() +",速度为 " +
spaceship.getSpeed() +"。");        //玩家访问飞船
    }
    @Override
    public void visit(BioSpecies bioSpecies) {
        System.out.println("玩家访问了生物 " +bioSpecies.getName() +",类型为 " +
bioSpecies.getType() +"。");        //玩家访问生物
    }
}
```

```
//游戏类
class Game {
    private List<SpaceObject> spaceObjects = new ArrayList<>();
    //被访问者列表
    public void addSpaceObject(SpaceObject spaceObject) {
        spaceObjects.add(spaceObject); //向列表中添加被访问者
    }
    public void playerVisit(Player player) {
        for (SpaceObject spaceObject : spaceObjects) {
            spaceObject.accept(player); //访问者访问所有列表中的被访问者
        }
    }
}
```

在上述代码中,访问者模式通过 Player 类实现了游戏玩家访问游戏中的不同对象。玩家可以通过 visit 方法访问不同的游戏对象,并了解它们的特性和功能。游戏通过 Game 类管理所有的游戏对象,并提供 playerVisit 方法来让玩家访问游戏对象。

2.1.21 解释器模式

在一个神秘的幻想世界中,玩家需要解开许多谜团和任务,然而,这些任务可能会以不同的语言和文字形式呈现,这对于拥有不同语言和文化背景的玩家来讲可能产生障碍,因此,游戏使用解释器模式来帮助玩家更好地理解这些提示和线索。解释器模式是一种行为型模式,它允许定义一种语言,并解释相应的代码。在这个游戏中,这种语言就是任务的提示和线索。游戏会提供相应的解释器,帮助玩家理解这些提示和线索。这样,玩家就能更好地理解任务的要求,得到正确的答案和解决方案,因此,解释器模式适用于需要定义和解释语言的场景,并且可以帮助实现一个特定领域的语言,并提供相应的解释器来解释相应的代码。

解释器模式是一种行为型设计模式,它允许定义一种语言,并解释相应的代码。该模式主要涉及两个角色:抽象表达式和具体表达式。抽象表达式是一个抽象接口,其中包含 interpret 方法,该方法用于解释表达式。具体表达式实现了抽象表达式并提供了相应的解释方法,它们表示不同的终端表达式。使用解释器模式时,首先需要定义一种特定领域的语言,并提供相应的解释器来解释被定义的语言。这样可以帮助用户更好地理解任务的要求,得到正确的答案和解决方案。

下面是一个简单的解释器模式 Java 示例,演示了如何使用解释器模式,代码如下:

```
//第 2 章/2.1.21    解释器模式
//抽象表达式接口
interface Expression {
    int interpret();  //解释方法
}
//具体表达式类,表示一个数值
class NumberExpression implements Expression {
```

```
    private int number;
    public NumberExpression(int number) {          //构造函数,初始化数值
        this.number =number;
    }
    @Override
    public int interpret() {   //实现解释方法,返回数值
        return number;
    }
}
//具体表达式类,表示两个表达式相加
class AddExpression implements Expression {
    private Expression leftExpression;              //左表达式
    private Expression rightExpression;             //右表达式
    public AddExpression(Expression leftExpression, Expression rightExpression) {
        this.leftExpression =leftExpression;
        this.rightExpression =rightExpression;
    }
    @Override
    public int interpret() {   //实现解释方法,返回左右表达式的和
        return leftExpression.interpret() +rightExpression.interpret();
    }
}
//客户端代码
Expression expression =new AddExpression(
    new NumberExpression(5),                        //左表达式为 5
    new NumberExpression(3)                         //右表达式为 3
);
int result =expression.interpret();    //调用解释方法,计算表达式的值,输出:8
```

在这个示例中,抽象表达式为 Expression 接口,具体表达式为 NumberExpression 和 AddExpression,用于表示整数和加法表达式。在客户端代码中,首先用 NumberExpression 表示 5 和 3,然后用 AddExpression 将它们加起来。最后,调用 interpret 方法得到结果 8。

2.1.22　享元模式

在这个多人在线卡牌游戏中,玩家可以选择不同的卡牌进行战斗和冒险。游戏采用享元模式以确保卡牌的平衡和可玩性。享元模式是一种结构型设计模式,用于优化内存的使用。在该游戏中,所有的卡牌都基于同一个数据模板,并且相同卡牌的属性和效果都是一样的,因此,游戏只需维护一个卡牌模板,通过对该模板适当地进行属性和效果调整,便可满足玩家不同的选择。这样做可以减少游戏的内存使用,同时保证卡牌的平衡和可玩性。此外,享元模式还可以提高游戏的启动速度,因为游戏只需加载一个卡牌模板,而无须对每个卡牌都进行加载,因此,小结来看,享元模式可用于需要优化内存使用的场景,以减少重复对象的内存使用,并提高程序的载入速度。

在 Java 开发中使用享元模式需要创建两个类:享元类(Flyweight)和工厂类(FlyweightFactory)。享元类代表游戏中的卡牌,其包含内部状态和外部状态。内部状态

指卡牌的属性和效果,受到所有卡牌共享。外部状态指玩家的选择,每个卡牌都不同。为了有效地利用内存,只需在内存中存储一个卡牌模板,并在需要时将外部状态传递给享元对象进行属性和效果的调整。

下面是享元模式的 Java 示例,代码如下:

```
//第2章/2.1.22  享元模式
public interface Card {
    void play(String player);    //定义接口 Card,其中有一个 play 方法
}
public class CardTemplate implements Card { //定义实现 Card 接口的 CardTemplate 类
    private String name;         //私有字符串类型的 name 属性
    private int attack;          //私有整数类型的 attack 属性
    private int defense;         //私有整数类型的 defense 属性
    public CardTemplate(String name, int attack, int defense) {
        //定义 CardTemplate 类的构造方法,传入 3 个参数
        this.name = name;        //将传入的 name 参数赋值给该类实例的 name 属性
        this.attack = attack;    //将传入的 attack 参数赋值给该类实例的 attack 属性
        this.defense = defense;
        //将传入的 defense 参数赋值给该类实例的 defense 属性
    }
    @Override
    public void play(String player) { //实现 Card 接口中的 play 方法
        System.out.println(player + " plays " + name + " (ATK: " + attack + ", DEF: "
+defense +")");                  //输出玩家、卡牌名称、攻击力和防御力等信息
    }
}
public class CardFactory { //定义 CardFactory 类
    private static Map<String, Card>cards = new HashMap<>();
    //定义静态的 Map 类型的 cards 属性
    public static Card getCard(String name, int attack, int defense) {
    //定义静态的获取卡牌实例的方法,传入 3 个参数
        String key = name + "_" + attack + "_" + defense;
        //将 3 个参数拼接为 key 字符串
        Card card = cards.get(key); //从 Map 中获取该 key 对应的卡牌实例
        if (card == null) { //如果卡牌实例不存在
            card = new CardTemplate(name, attack, defense);
            //则创建一个新的卡牌实例
            cards.put(key, card);
            //将新创建的卡牌实例放入 Map 中,以便下次获取该卡牌实例
        }
        return card;              //返回获取的该卡牌实例
    }
}
```

以上代码涉及 3 个类:Card(享元接口)、CardTemplate(享元实现类)和 CardFactory(工厂类)。CardFactory 维护了一个 Map 数据结构,用于保存已经创建的享元对象。当客户端请求一个卡牌时,CardFactory 首先会在 Map 中查找是否已经存在具有相同属性的卡牌对象,如果存在,则返回该对象,否则创建一个新的卡牌对象,并将其保存在 Map 中供下

次使用。客户端通过 CardFactory 获取卡牌对象,并将外部状态(玩家的选择)传递给卡牌对象,从而进行属性和效果的调整。

以下是客户端代码示例,代码如下:

```
//第 2 章/2.1.22  享元模式 客户端
public class Client {
    public static void main(String[] args) {
        Card card1 =CardFactory.getCard("Dragon", 5, 5);
        Card card2 =CardFactory.getCard("Dragon", 5, 5);
        Card card3 =CardFactory.getCard("Beast", 4, 3);
        Card card4 =CardFactory.getCard("Beast", 4, 3);
        card1.play("Player 1");
        card2.play("Player 2");
        card3.play("Player 3");
        card4.play("Player 4");
    }
}
```

输出的结果如下:

```
Player 1 plays Dragon (ATK: 5, DEF: 5)
Player 2 plays Dragon (ATK: 5, DEF: 5)
Player 3 plays Beast (ATK: 4, DEF: 3)
Player 4 plays Beast (ATK: 4, DEF: 3)
```

从输出结果可以看出,card1 和 card2 是同一个卡牌对象,card3 和 card4 也是同一个卡牌对象,因为它们具有相同的属性。这样做可以节省内存的使用,同时保证卡牌的平衡和可玩性。

2.1.23 管理者模式

管理者模式:在《妖怪世界》中,玩家需要进行战斗和捕捉不同的妖怪。为了确保游戏的稳定性和可玩性,游戏采用了管理者模式。具体而言,管理者模式是一种行为型设计模式,其目的在于管理复杂的对象集合。在本游戏中,妖怪即为复杂的对象集合。为了监控玩家的行为和游戏情况,确保游戏的逻辑和效果均可预测,游戏使用管理者模式来管理妖怪的行为和状态。游戏提供相应的管理者对象,用于监控和管理妖怪的行为和状态,从而让玩家更加愉悦地游戏,并增加游戏的可玩性和趣味性。

管理者模式适用于需要管理复杂对象集合的场景。通过该模式可以监控和管理对象的行为和状态,以确保程序的逻辑和效果均可预测。管理者模式属于行为型设计模式,其主要作用是对复杂对象集合进行监控和管理。该模式适用于需要对多个对象进行集中管理的场景。在管理者模式中,通常会有一个管理者对象负责管理被监控的对象集合。该管理者对象提供了一系列的操作,如添加、删除、查询等,以便于对被监控的对象集合进行管理。同时,被监控的对象也需要实现一些接口或继承一些类,以便于管理者对象对其进行管理。

下面是一个简单的管理者模式 Java 示例,用于实现妖怪的管理者模式,代码如下:

```
//第 2 章/2.1.23　管理者模式
//定义妖怪接口
interface Monster {
    void attack();
    void defense();
    void run();
}
//定义具体的妖怪类
class Goblin implements Monster {
    @Override
    public void attack() {
        System.out.println("哥布林发起了攻击!");
    }
    @Override
    public void defense() {
        System.out.println("哥布林进行了防御!");
    }
    @Override
    public void run() {
        System.out.println("哥布林开始逃跑!");
    }
}
//定义妖怪管理者类
class MonsterManager {
    List<Monster>monsters =new ArrayList<>();
    public void addMonster(Monster monster) {
        monsters.add(monster);
    }
    public void removeMonster(Monster monster) {
        monsters.remove(monster);
    }
    public void printAllMonsters() {
        for (Monster monster : monsters) {
            monster.attack();
            monster.defense();
            monster.run();
        }
    }
}
//测试代码
public class Main {
    public static void main(String[] args) {
        MonsterManager manager =new MonsterManager();
        manager.addMonster(new Goblin());
        manager.addMonster(new Goblin());
        manager.addMonster(new Goblin());
        //管理者对象可以对妖怪的行为进行管理
        manager.printAllMonsters();
    }
}
```

在以上示例代码中,定义了一个妖怪接口和一个具体的妖怪类,并定义了一个妖怪管理者类。该管理者类包含一个妖怪对象集合,用户可以通过提供的操作接口对妖怪进行增、删、改、查等操作。在测试代码中,首先创建了一个妖怪管理者对象,并向其中添加了3个哥布林对象,然后调用了管理者对象的 printAllMonsters 方法,该方法会依次输出每个妖怪对象的攻击、防御和逃跑行为,方便进行管理和监控。总之,管理者模式可以有效地管理复杂对象集合,提高程序的可维护性和可扩展性。同时,该模式还可以提高游戏的可玩性和趣味性,让玩家更加喜欢和享受游戏体验。

2.2 设计模式使用场景

在前文社交电商的产品需求中有以下功能模块可以使用设计模式。

(1)首页、分类导航、购物车、我的、社区、消息通知:可以采用观察者模式实现用户的行为响应和推送通知功能,以增强用户的互动性和体验。

(2)社区互动、动态分享、直播和短视频、活动和比赛、个性化推荐、智能发布、通信功能、关注模型:可以采用发布-订阅模式实现实时消息推送、互动交流等功能,以提高用户的在线时长。

(3)邀请好友、新用户优惠、推荐有奖、活动参与:可以采用责任链模式实现奖励分配和活动参与等功能,以增加用户留存。

(4)用户关怀、会员体系、用户成长体系、购物评价、物流追踪、退换货服务、安全保障、审核机制、智能客服、智能风控、支付方式、多语言支持:可以采用工厂模式实现不同功能对象的创建和管理,在保证高效性的同时确保用户的权益和安全。

(5)广告投放、优惠券和折扣、推广活动、合作推广、内购功能、数据分析、佣金抽成、实名认证、虚拟三维技术、人像编辑:可以采用策略模式实现不同营销策略的切换,以提升用户黏性和盈利能力。

2.2.1 不同营销策略的切换场景

策略模式是一种行为型设计模式,它允许在运行时选择算法的行为。在本节中,可以使用策略模式实现不同的营销策略。具体实现方式如下。

创建一个营销策略接口,该接口定义了所有营销策略的通用方法,代码如下:

```
//声明一个营销策略接口
public interface MarketingStrategy {
    //定义一个执行方法,该方法用于实现具体的营销策略
    public void execute();
}
```

实现基于广告投放、优惠券和折扣、推广活动、合作推广、内购功能、数据分析、佣金抽成、实名认证、虚拟三维技术、人像编辑等不同营销策略的具体类,代码如下:

```
//第 2 章/2.2.1  不同营销策略的具体类
//定义广告投放策略类
public class AdvertisementsStrategy implements MarketingStrategy {
    @Override
    public void execute() {
        System.out.println("利用广告投放策略进行营销");
        //输出执行广告投放策略进行营销的信息
    }
}
//定义优惠券和折扣策略类
public class CouponsDiscountsStrategy implements MarketingStrategy {
    @Override
    public void execute() {
        System.out.println("利用优惠券和折扣策略进行营销");
        //输出执行优惠券和折扣策略进行营销的信息
    }
}
//定义推广活动策略类
public class PromotionActivitiesStrategy implements MarketingStrategy {
    @Override
    public void execute() {
        System.out.println("利用推广活动策略进行营销");
        //输出执行推广活动策略进行营销的信息
    }
}
//省略其他营销策略的实现代码
```

创建一个营销策略上下文类,该类包含不同营销策略的实现方式,并可以通过 execute 方法在运行时选择算法的行为,代码如下:

```
//第 2 章/2.2.1  营销策略上下文类
/**
 * MarketingContext 类,用于营销策略的执行
 */
public class MarketingContext {
    //策略成员变量
    private MarketingStrategy strategy;
    /**
     * 构造方法,初始化策略
     * @param strategy 营销策略对象
     */
    public MarketingContext(MarketingStrategy strategy) {
        this.strategy = strategy;
    }
    /**
     * 执行策略
     */
    public void execute() {
```

```
        strategy.execute();
    }
}
```

在应用中使用策略模式，根据不同的营销策略创建不同的 MarketingContext 对象，并调用其 execute 方法执行对应的营销策略，代码如下：

```
//第 2 章/2.2.1  使用策略模式
public class MarketingApp {
    public static void main(String[] args) {
        MarketingContext context =new MarketingContext(new AdvertisementsStrategy());
        context.execute(); //输出:利用广告投放策略进行营销
        context =new MarketingContext(new CouponsDiscountsStrategy());
        context.execute(); //输出:利用优惠券和折扣策略进行营销
        context =new MarketingContext(new PromotionActivitiesStrategy());
        context.execute(); //输出:利用推广活动策略进行营销
        //省略其他营销策略的实现代码
    }
}
```

以上就是一个简单的策略模式示例代码，可以根据具体需求进行修改和优化。同时，还可以拓展相关的设计模式以实现更复杂的营销策略，例如享元模式、观察者模式、组合模式等。

2.2.2　对象的创建和管理场景

电商平台的用户服务、会员体系、安全保障、智能客服等功能可以采用工厂模式实现对象的创建和管理。工厂模式是一种创建型模式，它定义了一个用于创建对象的接口，让子类决定实例化哪个类。工厂方法模式使一个类的实例化延迟到其子类。

以下是工厂模式的 Java 示例，代码如下：

```
//第 2 章/2.2.2  工厂模式
//抽象产品类,定义了产品的共同属性和抽象方法
public abstract class UserCare {
    public abstract void showCare();
}
//具体产品类,继承抽象产品类,实现抽象方法
public class VipUserCare extends UserCare {
    @Override
    public void showCare() {
        System.out.println("尊敬的会员,您好!");
    }
}
//具体产品类,继承抽象产品类,实现抽象方法
public class NormalUserCare extends UserCare {
    @Override
    public void showCare() {
```

```java
            System.out.println("尊敬的用户,您好!");
        }
    }
    //工厂类,定义了一个创建产品对象的工厂接口
    public interface UserCareFactory {
        public UserCare createUserCare();
    }
    //具体工厂类,实现了工厂接口,返回具体产品对象
    public class VipUserCareFactory implements UserCareFactory {
        @Override
        public UserCare createUserCare() {
            return new VipUserCare();
        }
    }
    //具体工厂类,实现了工厂接口,返回具体产品对象
    public class NormalUserCareFactory implements UserCareFactory {
        @Override
        public UserCare createUserCare() {
            return new NormalUserCare();
        }
    }
    //测试类,通过工厂方法创建具体产品对象
    public class Test {
        //声明一个公共的静态方法,名为 main,方法的参数为字符串类型的数组 args
        public static void main(String[] args) {
            //创建 VIP 用户工厂实例
            UserCareFactory factory = new VipUserCareFactory();
            //通过 VIP 用户工厂创建用户关怀实例
            UserCare userCare = factory.createUserCare();
            //调用用户实例的 showCare 方法,展示 VIP 用户
            userCare.showCare();
            //创建普通用户工厂实例
            factory = new NormalUserCareFactory();
            //通过普通用户工厂创建用户关怀实例
            userCare = factory.createUserCare();
            //调用用户实例的 showCare 方法,展示普通用户
            userCare.showCare();
        }
    }
```

在以上示例中,抽象产品类 UserCare 定义了产品的共同属性和抽象方法 showCare。具体产品类 VipUserCare 和 NormalUserCare 继承抽象产品类,实现抽象方法 showCare,以实现具体产品的功能。工厂类 UserCareFactory 定义了一个创建产品对象的工厂接口 createUserCare,该工厂接口提供了创建产品对象的规范,具体工厂类 VipUserCareFactory 和 NormalUserCareFactory 实现了工厂接口,返回具体产品对象。在测试类 Test 中,通过工厂方法创建具体产品对象,调用 showCare 方法输出不同的用户信息。通过工厂模式,可以轻松地创建和管理不同的对象,实现对用户的不同服务。

2.2.3　奖励分配和活动参与场景

责任链模式是一种常见的行为设计模式,其本质是将请求在一个处理者链中传递,直到其中一个处理者对其进行处理为止。该模式体现了松散耦合和高内聚的设计原则,使每个处理者都可以独立地处理请求,从而提高系统的灵活性和可维护性。在责任链模式中,每个处理者都持有对下一个处理者的引用,当请求到达某个处理者时,该处理者首先判断自己是否可以处理该请求,如果可以,则进行处理并返回结果,否则将请求传递给下一个处理者,直到请求被处理或到达处理者链的末尾。

在实际应用中,责任链模式可以被用于处理请求的分发、筛选和分类等场景。例如,对于一个电商网站,可以使用责任链模式来处理用户的各种操作,例如邀请好友、新用户优惠、推荐有奖、活动参与等功能,以增加用户留存率和购物体验。在这种应用场景中,每个服务模块都可以作为一个处理者,对应不同的用户请求,从而提高系统的性能和可扩展性。

下面是一个简单的责任链模式 Java 示例,它演示了如何使用责任链模式来处理用户的各种操作,代码如下:

```java
//第 2 章/2.2.3　使用责任链模式处理用户的各种操作

package com.example.designdemo.rewardactivity;

interface Handler {
    void handleRequest(Request request); //处理请求的方法
    Handler getNextHandler(); //获取下一个处理器的方法
    void setNextHandler(Handler nextHandler); //设置下一个处理器的方法
}

class InviteHandler implements Handler {
    private Handler nextHandler; //添加 nextHandler 属性

    @Override
    public void handleRequest(Request request) { //实现处理请求的方法
        if ("invite".equals(request.getType())) {
            System.out.println("邀请好友成功");
        } else if (getNextHandler() !=null) {
        //使用 getNextHandler 方法获取下一个处理器
            getNextHandler().handleRequest(request);
            //调用下一个处理器的 handleRequest 方法
        }
    }

    @Override
    public Handler getNextHandler() { //实现获取下一个处理器的方法
        return nextHandler;
    }

    @Override
```

```java
    public void setNextHandler(Handler nextHandler) {
        //实现设置下一个处理器的方法
        this.nextHandler =nextHandler;
    }
}

//定义一个请求类
class Request {
    private String type; //请求类型
    public Request(String type) { //构造方法
        this.type =type; //初始化请求类型
    }
    public String getType() { //获取请求类型的方法
        return type;
    }
}


//定义一个处理请求的实现类
class DiscountHandler implements Handler {
    private Handler nextHandler;

    @Override
    public void handleRequest(Request request) {
        if ("discount".equals(request.getType())) {
            System.out.println("新用户优惠成功");
        } else if (nextHandler !=null) {
            nextHandler.handleRequest(request);
        }
    }
    @Override
    public Handler getNextHandler() { //实现获取下一个处理器的方法
        return nextHandler;
    }
    @Override
    public void setNextHandler(Handler nextHandler) {
        this.nextHandler =nextHandler;
    }
}

//定义一个处理请求的实现类
class RewardHandler implements Handler {
    private Handler nextHandler;

    @Override
    public void handleRequest(Request request) {
        if ("reward".equals(request.getType())) {
            System.out.println("推荐有奖成功");
        } else if (nextHandler !=null) {
```

```java
                nextHandler.handleRequest(request);
            }
        }
    @Override
    public Handler getNextHandler() {  //实现获取下一个处理器的方法
        return nextHandler;
    }
    @Override
    public void setNextHandler(Handler nextHandler) {
        this.nextHandler = nextHandler;
    }
}

//定义一个处理请求的实现类
class ActivityHandler implements Handler {
    private Handler nextHandler;

    @Override
    public void handleRequest(Request request) {
        if ("activity".equals(request.getType())) {
            System.out.println("活动参与成功");
        } else if (nextHandler != null) {
            nextHandler.handleRequest(request);
        }
    }

    @Override
    public Handler getNextHandler() {  //实现获取下一个处理器的方法
        return nextHandler;
    }
    @Override
    public void setNextHandler(Handler nextHandler) {
        this.nextHandler = nextHandler;
    }
}

//定义一个责任链类
class HandlerChain {
    private Handler firstHandler;  //第 1 个处理器

    public void addHandler(Handler handler) {
        if (firstHandler == null) {
            firstHandler = handler;
        } else {
            Handler currentHandler = firstHandler;
            while (currentHandler.getNextHandler() != null) {
            //使用 getNextHandler 方法获取下一个处理器
                currentHandler = currentHandler.getNextHandler();
                //调用 getNextHandler 方法返回下一个处理器
```

```
                }
                currentHandler.setNextHandler(handler);
                //使用 setNextHandler 方法设置下一个处理器
            }
        }


        public void handleRequest(Request request) { //处理请求的方法
            if (firstHandler !=null) { //如果有第 1 个处理器
                firstHandler.handleRequest(request); //将请求传递给第 1 个处理器
            }
        }
    }
}

//使用责任链模式处理用户的各种操作
public class ChainOfResponsibilityPatternDemo {
    public static void main(String[] args) {
        HandlerChain handlerChain =new HandlerChain(); //创建一个责任链对象
        handlerChain.addHandler(new InviteHandler()); //添加一个邀请处理器
        handlerChain.addHandler(new DiscountHandler()); //添加一个新用户优惠处理器
        handlerChain.addHandler(new RewardHandler()); //添加一个推荐有奖处理器
        handlerChain.addHandler(new ActivityHandler()); //添加一个活动参与处理器
        handlerChain.handleRequest(new Request("invite")); //处理邀请请求
        handlerChain.handleRequest(new Request("discount")); //处理新用户优惠请求
        handlerChain.handleRequest(new Request("reward")); //处理推荐有奖请求
        handlerChain.handleRequest(new Request("activity")); //处理活动参与请求
    }
}
```

在以上代码中,定义了一个处理请求的接口 Handler 及 4 个具体的处理请求的实现类 InviteHandler、DiscountHandler、RewardHandler 和 ActivityHandler。每个实现类都有一个指向下一个处理者的引用 nextHandler,以实现责任链的传递。此外,还定义了一个 HandlerChain 类,它封装了整个责任链,并提供了 addHandler 方法和 handleRequest 方法来添加和处理请求。最后,在主函数中使用 HandlerChain 来处理用户的各种操作。责任链模式的优点是将请求的发送者和接收者解耦,增加了系统的灵活性和可扩展性,然而,缺点也很明显,可能会存在请求得不到处理或形成环路而导致系统崩溃等风险,因此,在实际应用中,需要根据具体情况进行权衡。

2.2.4 实时消息推送或互动交流场景

观察者模式又称发布-订阅模式或消息队列模式,是一种常用的软件架构模式。在该模式中,存在一条消息代理或中心,负责接收消息发布者的消息,并将其分发给订阅者。订阅者可以根据自身需求选择订阅感兴趣的消息类型,在消息发布者发布消息时即可实时接收相关消息。社区互动、动态分享、直播和短视频、活动和比赛、个性化推荐、智能发布和通信功能等均可采用观察者模式实现实时消息推送和互动交流等功能，从而提高用户在线时长。例如，设计一个社交平台，用户可以订阅自己感兴趣的话题，在该话题下发布相关动态，其他订阅该话题的用户即可及时收到动态并进行交流回复。

下面是一个简单的观察者模式 Java 示例，代码如下：

```java
//第 2 章/2.2.4  观察者模式
//引入 Java 集合框架中的 ArrayList 和 List 接口
import java.util.ArrayList;
import java.util.List;
//定义消息类
class Message {
    private String content;
    public Message(String content) {
        this.content =content;
    }
    public String getContent() {
        return content;
    }
}
//定义订阅者接口，确定订阅者需要实现的方法
interface Subscriber {
    void update(Message message);
}
//定义发布者类
class Publisher {
    private List<Subscriber>subscribers =new ArrayList<>();
     //定义一个保存订阅者的集合
    //订阅操作，将订阅者添加到集合中
    public void subscribe(Subscriber subscriber) {
        subscribers.add(subscriber);
    }
    //取消订阅操作，将订阅者从集合中删除
    public void unsubscribe(Subscriber subscriber) {
        subscribers.remove(subscriber);
    }
    //发布操作，向所有订阅者发送消息
    public void publish(Message message) {
        for (Subscriber subscriber : subscribers) {
            subscriber.update(message); //调用订阅者的 update 方法
        }
    }
}
//定义社交平台类
class SocialPlatform {
    private Publisher publisher =new Publisher(); //创建一个发布者对象
```

```java
        //用户订阅话题操作,将订阅者添加到发布者的订阅者集合中
        public void subscribeTopic(Subscriber subscriber) {
            publisher.subscribe(subscriber);
        }
        //用户取消订阅话题操作,将订阅者从发布者的订阅者集合中删除
        public void unsubscribeTopic(Subscriber subscriber) {
            publisher.unsubscribe(subscriber);
        }
        //用户发布动态操作,调用发布者的 publish 方法发送消息
        public void publishPost(Message message) {
            publisher.publish(message);
        }
}
//定义一个订阅了"Java 编程"这个话题的订阅者类,实现 Subscriber 接口
class JavaSubscriber implements Subscriber {
    private String name;
    public JavaSubscriber(String name) {
        this.name =name;
    }
    @Override
    public void update(Message message) {
        System.out.println(name +" 接收到消息:" +message.getContent());
        //输出订阅者接收的消息
    }
}
public class PubSubExample {
    public static void main(String[] args) {
        //创建社交平台对象
        SocialPlatform socialPlatform =new SocialPlatform();
        //创建一个订阅者 JavaSubscriber
        JavaSubscriber javaSubscriber =new JavaSubscriber("Java 爱好者");
        //用户订阅话题,将订阅者添加到发布者的订阅者集合中
        socialPlatform.subscribeTopic(javaSubscriber);
        //发布动态,发布者将消息发送给所有订阅者
        socialPlatform.publishPost(new Message("Java 15 发布了!"));
        //用户取消订阅话题,将订阅者从发布者的订阅者集合中删除
        socialPlatform.unsubscribeTopic(javaSubscriber);
    }
}
```

在代码中,定义了一个 Message 类以表示消息,定义了一个 Subscriber 接口和 JavaSubscriber 类以表示订阅者,定义了一个 Publisher 类以表示信息发布者,定义了一个 SocialPlatform 类以表示社交平台。一个用户可订阅一个话题,随后可发布动态,其他订阅了此话题的用户能接收到动态,同时可进行交流回复。在 main 函数中,创建了一个社交平台,并订阅了一个话题,然后发布了一条动态消息,在控制台输出了接收到消息的订阅者名字和消息内容。最后取消了订阅。

2.2.5 用户的行为响应和推送通知功能场景

应用程序拥有首页、分类导航、购物车、我的、社区、消息通知等功能，为了提高用户体验和互动性，可以采用观察者模式实现。观察者模式是一种对象之间的一对多关系，它定义了当一个对象的状态发生改变时，其所有依赖者都将收到通知并自动更新的机制，因此，在社交电商项目中，可以将用户行为视为被观察的对象，注册观察者对象以响应用户行为。例如，当用户进行操作（如单击分类导航或将商品添加到购物车）时，应用程序将通知所有已注册的观察者对象进行响应，以此实现用户体验优化和推送通知功能的目的。下面是观察者模式的实现示例。

创建一个观察者接口，代码如下：

```
public interface Observer {
    void update();
}
```

创建一个被观察者类，代码如下：

```
//第 2 章/2.2.5  创建一个被观察者类
import java.util.ArrayList;
import java.util.List;
public class Subject {
    //创建观察者列表
    private List<Observer>observerList =new ArrayList<>();
    //将观察者添加至列表
    public void attachObserver(Observer observer) {
        observerList.add(observer);
    }
    //将观察者从列表中移除
    public void detachObserver(Observer observer) {
        observerList.remove(observer);
    }
    //通知所有观察者进行响应
    public void notifyObservers() {
        for (Observer observer : observerList) {
            observer.update();
        }
    }
    //当用户单击分类导航时的行为
    public void onCategoryNavigationClicked() {
        //单击分类导航后的逻辑处理
        //...
        //通知所有观察者进行响应
        notifyObservers();
    }
    //当用户将商品添加到购物车时的行为
    public void onAddToCartClicked() {
```

```
            //将商品添加到购物车后的逻辑处理
            //...
            //通知所有观察者进行响应
            notifyObservers();
        }
        //其他用户行为方法
        //...
    }
```

创建具体的观察者类,代码如下:

```
//第2章/2.2.5  创建具体的观察者类
//NotificationObserver 是观察者类,用于观察推送消息通知
public class NotificationObserver implements Observer {
    @Override
    public void update() {
        //当被观察者通知后,执行此方法,推送消息,以便通知到用户
        //...
    }
}
//InteractionObserver 是观察者类,用于观察用户互动
public class InteractionObserver implements Observer {
    @Override
    public void update() {
        //当被观察者通知后,执行此方法,增强用户的互动性
        //...
    }
}
```

在应用程序中使用观察者模式,代码如下:

```
//第2章/2.2.5   在应用程序中使用观察者模式
//创建一个名为 MyApp 的公共类
public class MyApp {
    public static void main(String[] args) {
        //创建一个 Subject 对象
        Subject subject =new Subject();
        //将通知观察者和交互观察者注册到 Subject 对象中
        subject.attachObserver(new NotificationObserver());
        subject.attachObserver(new InteractionObserver());
        //当用户单击相应操作时,Subject 对象将执行对应的操作并通知所有观察者
        subject.onCategoryNavigationClicked(); //处理类别导航单击事件
        subject.onAddToCartClicked(); //处理添加到购物车单击事件
        //...
    }
}
```

通过观察者模式,可以实现用户操作后的响应和通知,增强用户的互动性和体验。同时,可以通过添加新的观察者来扩展应用程序的功能。

2.2.6　记录核心审计日志场景

一家社交电商公司需要记录核心审计日志,以确保其平台的安全性、可靠性和数据一致性。在该项目中,采用模板方法模式可以实现在用户注册、登录、购买商品及评价商品等业务场景下的日志记录操作。

具体而言,在用户注册时,需要记录用户的注册信息、注册时间及注册 IP 地址,在用户登录时,需要记录用户的登录信息、登录时间及登录 IP 地址,在用户购买商品时,需要记录购买的商品信息、购买时间及购买金额,在用户评价商品时,需要记录评价的商品信息、评价时间及评价内容等。通过模板方法模式,可以定义一个抽象的审计日志类,其中定义了记录日志的模板方法及一些抽象的方法或钩子方法,由具体的子类实现以完成具体的操作。

该设计模式的作用在于定义一个抽象类,在其中定义一个模板方法,该方法定义了核心的操作步骤,这些步骤在不同的场景下可能略有不同。同时,在抽象类中定义了一些抽象的方法或者钩子方法,这些方法由具体的子类实现,以完成具体的操作。这样可以避免重复的代码和复杂的逻辑判断,从而提高了代码的复用性和可维护性。

以下是一个通过模板方法模式记录核心审计日志的示例,代码如下:

```java
//第 2 章/2.2.6　通过模板方法模式记录核心审计日志
public abstract class AuditLogger {
    //处理核心审计日志的模板方法
    public void processAuditLog(String message) {
        //记录起始时间
        long startTime =System.currentTimeMillis();
        //处理日志
        doProcessAuditLog(message);
        //记录结束时间
        long endTime =System.currentTimeMillis();
        //计算处理时间
        long processingTime =endTime -startTime;
        //记录处理时间
        logProcessingTime(processingTime);
    }
    //子类实现具体的核心审计日志处理逻辑
    protected abstract void doProcessAuditLog(String message);
    //记录处理时间的方法
    private void logProcessingTime(long processingTime) {
        System.out.println("Audit log processing time: " +processingTime +"ms");
    }
}
```

在上述代码中,AuditLogger 是一个抽象类,定义了一个名为 processAuditLog 的模板方法,该方法接收一个核心审计日志的消息,并按顺序执行以下步骤:

(1) 记录起始时间。

(2) 调用 doProcessAuditLog 方法,该方法由子类实现,具体处理核心审计日志的逻辑由子类实现。

（3）记录结束时间。

（4）计算处理时间。

（5）记录处理时间。

doProcessAuditLog 方法是一个抽象方法，让子类实现具体的核心审计日志处理逻辑。

假设有一个名为 DatabaseAuditLogger 的子类，用于将核心审计日志记录到数据库中，代码如下：

```java
public class DatabaseAuditLogger extends AuditLogger {
    //实现具体的核心审计日志处理逻辑
    protected void doProcessAuditLog(String message) {
        //将核心审计日志记录到数据库中
        System.out.println("Logging audit log to database: " +message);
    }
}
```

在上述代码中，DatabaseAuditLogger 继承了 AuditLogger，并实现了 doProcessAuditLog 方法，将核心审计日志记录到数据库中。

使用该模板方法模式记录核心审计日志的示例代码如下：

```java
//第 2 章/2.2.6  使用模板方法模式记录核心审计日志
public class Example {
    public static void main(String[] args) {
        String message ="User login attempt with username: abc123";
        //创建 DatabaseAuditLogger 实例
        AuditLogger logger =new DatabaseAuditLogger();
        //处理核心审计日志
        logger.processAuditLog(message);
    }
}
```

在上述代码中，首先创建了一个 DatabaseAuditLogger 实例，然后调用 processAuditLog 方法，方法会按照模板定义的流程处理核心审计日志。运行该示例代码会输出以下内容：

```
Logging audit log to database: User login attempt with username: abc123
Audit log processing time: 1ms
```

2.2.7　商品多级分类目录场景

一个社交电商平台需要建立多级分类目录，方便用户快速找到所需商品。同时，需要支持管理员对分类进行增、删、改、查操作。使用组合模式可以将多级分类目录看成树状结构，每个节点都可以是分类或者子分类。这样可以方便地对分类进行增、删、改、查操作。使用访问者模式可以对每个节点进行操作，例如统计该节点下的商品数目、计算该节点下所有商品的总价等。在组合模式中，定义一个抽象类 Component 表示所有节点，包括分类和子分类。分类类继承 Component 类，子分类类也继承 Component 类，但是子分类类不再有子节点，只有商品列表。使用 Composite 类表示父节点，包含一个子节点列表，可以进行增、删、改、查操作。在访问者模式中，定义一个抽象类 Visitor 表示抽象操作，可以有多个具体访问者类，例如计算商品总价的 ConcreteVisitor 类。每个节点类都实现 accept 方法，接受访问者对象进行操作。通过组合模式和访问者模式的结合，可以实现方便的多级分类目录管理和节点操作。同时，这种设计模式也可以方便地扩展，例如增加新的具体访问者类，或者增加新的分类类别等。

以下是一个简单的组合模式＋访问者模式 Java 示例，代码如下：

```java
//第 2 章/2.2.7  组合模式+访问者模式
//定义节点接口
public interface Node {
    String getName();              //获取节点名称
    double getPrice();             //获取节点价格
    void accept(Visitor visitor);  //接受访问者访问
}
//商品节点
public class Product implements Node {
    private String name;           //商品名称
    private double price;          //商品价格
    public Product(String name, double price) {
        this.name =name;
        this.price =price;
    }
    @Override
    public String getName() {
        return name;
    }
    @Override
    public double getPrice() {
        return price;
    }
    @Override
    public void accept(Visitor visitor) {
        visitor.visitProduct(this);
    }
}
//分类节点
public class Category implements Node {
    private String name;               //分类名称
    private List<Node>children;        //子节点列表
    public Category(String name) {
        this.name =name;
        children =new ArrayList<>();
    }
    public void addChild(Node node) {
        children.add(node);
    }
```

```java
    @Override
    public String getName() {
        return name;
    }
    @Override
    public double getPrice() {
        double totalPrice = 0;
        for (Node node : children) {
            totalPrice += node.getPrice();
        }
        return totalPrice;
    }
    @Override
    public void accept(Visitor visitor) {
        visitor.visitCategory(this);              //访问分类节点
        for (Node node : children) {
            node.accept(visitor);                 //递归访问子节点
        }
    }
}
//访问者接口
public interface Visitor {
    void visitProduct(Product product);           //访问商品节点
    void visitCategory(Category category);        //访问分类节点
}
//访问者实现类:计算总价
public class PriceCalculator implements Visitor {
    private double totalPrice = 0;
    @Override
    public void visitProduct(Product product) {
        totalPrice += product.getPrice();         //累加商品价格
    }
    @Override
    public void visitCategory(Category category) {
        //do nothing
    }
    public double getTotalPrice() {
        return totalPrice;
    }
}
//访问者实现类:设置折扣
public class DiscountSetter implements Visitor {
    private String categoryName;                  //分类名称
    private double discount;                       //折扣率
    public DiscountSetter(String categoryName, double discount) {
        this.categoryName = categoryName;
        this.discount = discount;
    }
    @Override
```

```java
        public void visitProduct(Product product) {
            //do nothing
        }
        @Override
        public void visitCategory(Category category) {
            if (category.getName().equals(categoryName)) { //如果分类名称匹配
                double oldTotalPrice = category.getPrice(); //获取原始总价
                double newTotalPrice = oldTotalPrice * (1 - discount);
                //计算折后总价
                double discountAmount = oldTotalPrice - newTotalPrice;
                //计算折扣金额
                //打印折扣信息
                System.out.printf("Set discount %.2f for category %s, total price is
%.2f, discount amount is %.2f \n", discount, categoryName, newTotalPrice,
discountAmount);
            }
        }
}
//示例代码
public class Demo {
    //定义主函数
    public static void main(String[] args) {
        //创建分类目录，包括根节点和各个分类节点
        Category root = new Category("Root");              //根节点
        Category food = new Category("Food");              //食品分类节点
        Category beverage = new Category("Beverage");//饮料分类节点
        Category alcohol = new Category("Alcohol");    //酒类分类节点
        Category beer = new Category("Beer");              //啤酒分类节点
        Category wine = new Category("Wine");              //葡萄酒分类节点
        //将商品添加到分类目录，包括苹果、香蕉、橙汁、可乐、啤酒和葡萄酒
        Product apple = new Product("Apple", 2.5);        //苹果商品节点
        Product banana = new Product("Banana", 3.0);  //香蕉商品节点
        Product orangeJuice = new Product("Orange Juice", 5.0);
        //橙汁商品节点
        Product coke = new Product("Coke", 4.0);          //可乐商品节点
        Product beer1 = new Product("Beer1", 10.5);      //啤酒 1 商品节点
        Product beer2 = new Product("Beer2", 12.0);      //啤酒 2 商品节点
        Product wine1 = new Product("Wine1", 30.0);      //葡萄酒 1 商品节点
        Product wine2 = new Product("Wine2", 50.0); //葡萄酒 2 商品节点
        //将各个节点和商品连接起来形成树状结构
        root.addChild(food);
        root.addChild(beverage);
        beverage.addChild(alcohol);
        alcohol.addChild(beer);
        alcohol.addChild(wine);
        food.addChild(apple);
        food.addChild(banana);
        beverage.addChild(orangeJuice);
        beverage.addChild(coke);
```

```
        beer.addChild(beer1);
        beer.addChild(beer2);
        wine.addChild(wine1);
        wine.addChild(wine2);
        //计算树状结构中所有商品的总价,并输出结果
        PriceCalculator priceCalculator =new PriceCalculator();
        root.accept(priceCalculator);
        System.out.println("Total price: " +priceCalculator.getTotalPrice());
        //将啤酒分类设置为打折,折扣率为10%
        DiscountSetter discountSetter =new DiscountSetter("Beer", 0.1);
        root.accept(discountSetter);
    }
}
```

运行以上代码,输出的结果如下:

```
Total price: 178.00
Set discount 0.10 for category Beer, total price is 20.25, discount amount is 2.25
```

2.2.8 开具增值税发票场景

假设社交电商项目需要向用户提供购物结算功能,其中需要对用户购买的商品开具增值税发票。在这个场景中,建造者模式和原型模式可以被应用到以下业务流程中。

(1) 建造者模式:在使用建造者模式时,可以定义一个构建器类,用于构建增值税发票对象,并根据用户选择的商品信息设置增值税发票的属性(如商品名称、数量、金额等)。构建器类可以包含多个建造方法,用于设置不同的属性。通过这种方式,可以构建出一个复杂的增值税发票对象,而无须在客户端代码中编写多余的逻辑。

(2) 原型模式:在使用原型模式时,可以定义一个增值税发票原型对象,该对象包含增值税发票的所有属性和方法。客户端代码可以通过克隆原型对象来创建新的增值税发票对象,而无须重新构建对象和设置属性。在社交电商项目中,原型模式可以应用于处理大量的增值税发票请求,从而提高项目的性能和效率。

建造者模式和原型模式都可以帮助简化业务流程和提高代码复用性。建造者模式可以用于处理复杂的对象构建过程,而原型模式可以用于提高对象的创建效率和性能。在社交电商项目中,这两种设计模式都可以被应用到增值税发票场景中,从而提高项目的质量和效率。

下面是一个简单的建造者模式+原型模式 Java 示例,结合了建造者模式和原型模式来创建增值税发票对象。

增值税发票类,代码如下:

```
//第 2 章/2.2.8 建造者模式+原型模式:增值税发票类
//VATInvoice 类,实现 Cloneable 接口,可以被克隆
public class VATInvoice implements Cloneable {
    //发票抬头
```

```java
    private String title;
    //开票公司
    private String company;
    //发票号码
    private String invoiceNo;
    //发票金额
    private double amount;
    //设置发票抬头
    public void setTitle(String title) {
        this.title =title;
    }
    //设置开票公司
    public void setCompany(String company) {
        this.company =company;
    }
    //设置发票号码
    public void setInvoiceNo(String invoiceNo) {
        this.invoiceNo =invoiceNo;
    }
    //设置发票金额
    public void setAmount(double amount) {
        this.amount =amount;
    }
    //获取发票抬头
    public String getTitle() {
        return title;
    }
    //获取开票公司
    public String getCompany() {
        return company;
    }
    //获取发票号码
    public String getInvoiceNo() {
        return invoiceNo;
    }
    //获取发票金额
    public double getAmount() {
        return amount;
    }
    //重写 Object 类的 clone()方法,实现深复制
    @Override
    public VATInvoice clone() throws CloneNotSupportedException {
        return (VATInvoice) super.clone();
    }
}
```

增值税发票构建器,代码如下:

```java
//第 2 章/2.2.8  建造者模式 +原型模式:增值税发票构建器
```

```java
//创建一个增值税发票生成器的类
public class VATInvoiceBuilder {
    //创建一个增值税发票对象
    private VATInvoice invoice;
    //构造函数,初始化增值税发票对象
    public VATInvoiceBuilder() {
        invoice = new VATInvoice();
    }
    //设置增值税发票的抬头,并返回生成器对象
    public VATInvoiceBuilder setTitle(String title) {
        invoice.setTitle(title);
        return this;
    }
    //设置增值税发票的公司名称,并返回生成器对象
    public VATInvoiceBuilder setCompany(String company) {
        invoice.setCompany(company);
        return this;
    }
    //设置增值税发票的发票号码,并返回生成器对象
    public VATInvoiceBuilder setInvoiceNo(String invoiceNo) {
        invoice.setInvoiceNo(invoiceNo);
        return this;
    }
    //设置增值税发票的金额,并返回生成器对象
    public VATInvoiceBuilder setAmount(double amount) {
        invoice.setAmount(amount);
        return this;
    }
    //构建增值税发票对象并返回
    //注意:这里使用了克隆方法,返回的是一个新的对象,不会影响原有的增值税发票对象
    public VATInvoice build() throws CloneNotSupportedException {
        return invoice.clone();
    }
}
```

使用方法,代码如下:

```java
//第 2 章/2.2.8 建造者模式 +原型模式:使用方法
public class Main {
    //主函数
    public static void main(String[] args) throws CloneNotSupportedException {
        //创建增值税发票构造器对象
        VATInvoiceBuilder builder = new VATInvoiceBuilder();
        //使用构造器对象创建增值税发票 invoice1,并设置属性值
        VATInvoice invoice1 = builder.setTitle("增值税发票")
                .setCompany("ABC 公司")
                .setInvoiceNo("202101010001")
                .setAmount(1000)
                .build();
```

```
        //使用克隆方法创建增值税发票 invoice2,并修改其中的属性值
        VATInvoice invoice2 =invoice1.clone();
        invoice2.setInvoiceNo("202101010002");
        //输出增值税发票 invoice1,invoice2 的发票号码
        System.out.println("invoice1:" +invoice1.getInvoiceNo());
        System.out.println("invoice2:" +invoice2.getInvoiceNo());
    }
}
```

输出的结果如下：

```
invoice1:202101010001
invoice2:202101010002
```

在这个示例中，使用了建造者模式来创建 VATInvoice 对象。还使用了原型模式来克隆已经创建的对象，以便在运行时动态地更改属性。

2.2.9 订单状态场景

在处理订单状态的场景中，存在多种不同的订单状态，例如待支付、已支付、已发货、已完成等。每种状态都有对应的不同操作和行为。为了简化状态的处理逻辑，可以使用状态模式和观察者模式相结合的方式实现。

具体来讲，状态模式将每种订单状态抽象成一种状态类，并定义相应的行为。订单类持有当前状态对象的引用，当订单状态发生变化时，相应的状态对象会被创建和设置。这种设计可以使订单类与具体的状态行为解耦，从而简化了状态的处理逻辑。

同时，观察者模式可以让订单类成为被观察者，当订单状态发生变化时，会通知所有关注订单状态的观察者。观察者可以根据不同的角色和关注点实现不同的处理逻辑，例如用户可以收到订单状态变化的通知，商家可以对订单状态进行更新等。

因此，在订单状态场景中，状态模式和观察者模式可以一起使用，以实现订单状态的处理逻辑更加清晰、灵活和可扩展。

下面给出一个简单的订单状态场景 Java 示例。

订单状态接口类的代码如下：

```
//定义一个公共接口 OrderState
public interface OrderState {
    //定义一个处理订单的方法
    //参数为订单对象
    void handle(Order order);
}
```

订单类的代码如下：

```
//第 2 章/2.2.9  状态模式和观察者模式:订单类
//这是一个订单类的示例
import java.util.ArrayList;
```

```
import java.util.List;
//引入 ArrayList 和 List 这两个工具类库
public class Order {
    //定义订单 ID 和订单状态及观察者列表
    private String orderId;
    private OrderState state;
    private List<OrderObserver>observers;
    //构造函数,传入订单 ID,将订单状态设置为新订单状态,并创建一个观察者列表
    public Order(String orderId) {
        this.orderId =orderId;
        this.observers =new ArrayList<>();
        setState(new NewOrderState());
    }
    //获取订单 ID
    public String getOrderId() {
        return orderId;
    }
    //设置订单状态
    public void setState(OrderState state) {
        this.state =state;
        notifyObservers(); //通知观察者
    }
    //取消订单
    public void cancel() {
        state.handle(this); //处理订单状态
    }
    //添加观察者
    public void addObserver(OrderObserver observer) {
        observers.add(observer); //向观察者列表中添加观察者
    }
    //删除观察者
    public void removeObserver(OrderObserver observer) {
        observers.remove(observer); //从观察者列表中删除观察者
    }
    //通知观察者
    private void notifyObservers() {
        for (OrderObserver observer : observers) {
            observer.update(this); //通知观察者
        }
    }
}
```

订单状态实现类的代码如下:

```
//第 2 章/2.2.9  状态模式和观察者模式:订单状态实现类
/ *
NewOrderState 类实现了 OrderState 接口,表示订单的新状态,即刚被创建未处理
当调用 handle 方法时,将订单的状态设置为 CancelledOrderState,即被取消状态
* /
```

```java
public class NewOrderState implements OrderState {
    @Override
    public void handle(Order order) {
        order.setState(new CancelledOrderState());
    }
}
/*
ProcessingOrderState 类实现了 OrderState 接口,表示订单处理中的状态
当调用 handle 方法时,将订单的状态设置为 CancelledOrderState,即被取消状态
*/
public class ProcessingOrderState implements OrderState {
    @Override
    public void handle(Order order) {
        order.setState(new CancelledOrderState());
    }
}
/*
CompletedOrderState 类实现了 OrderState 接口,表示订单处理完毕的状态
当调用 handle 方法时,订单状态不改变,仍为完成状态
*/
public class CompletedOrderState implements OrderState {
    @Override
    public void handle(Order order) {

    }
}
/*
CancelledOrderState 类实现了 OrderState 接口,表示订单被取消的状态
当调用 handle 方法时,订单状态不改变,仍为取消状态
*/
public class CancelledOrderState implements OrderState {
    @Override
    public void handle(Order order) {

    }
}
```

订单观察者接口类的代码如下：

```java
//定义一个名为 OrderObserver 的接口
public interface OrderObserver {
    //定义一个名为 update 的方法,传入一个 Order 类型的参数
    void update(Order order);
}
```

订单观察者实现类的代码如下：

```java
//第 2 章/2.2.9  状态模式和观察者模式:订单观察者实现类
//定义一个 EmailNotificationObserver 类,实现 OrderObserver 接口
public class EmailNotificationObserver implements OrderObserver {
```

```
        //实现 OrderObserver 接口中的 update 方法,当订单状态发生变化时会调用此方法
        @Override
        public void update(Order order) {
                //输出订单取消的邮件通知信息
                System.out.println("Email notification: Order " +order.getOrderId() +
        " has been cancelled.");
        }
}
```

测试的代码如下：

```
//第 2 章/2.2.9  状态模式和观察者模式:测试
//定义一个公共的静态方法 main,入参为一个字符串类型的数组 args
public static void main(String[] args) {
        //创建一个订单对象,传递一个字符串参数(可以是订单号)
        Order order =new Order("123");
        //创建一个邮件通知观察者对象,并将其添加为订单对象的观察者
        order.addObserver(new EmailNotificationObserver());
        //取消订单,观察者会收到通知
        order.cancel();
}
```

输出的结果如下：

```
Email notification: Order 123 has been cancelled
```

在以上代码中,订单(Order)类被用来管理订单的不同状态,而状态模式(OrderState)则被用来管理订单状态的转换。为了实现订单状态的转换,订单类提供了 setState 方法和 cancel 方法,其中 cancel 方法用来请求取消订单,而 setState 方法则用来设置订单的新状态。观察者模式(OrderObserver)被用于在订单状态发生改变时通知相关的观察者,而 EmailNotificationObserver 类实现了 OrderObserver 接口,update 方法则在订单状态改变时用来发送电子邮件通知。在测试代码中,首先创建了一个新订单并添加了一个观察者(EmailNotificationObserver),然后请求取消了该订单。当订单状态发生改变时,观察者会收到通知并执行相应的操作,例如发送电子邮件通知。

2.2.10 平台积分红包发放场景

社交电商项目是一个跨足社交媒体和电商领域的平台,旨在将社交和电商结合起来,通过社交媒体的传播和影响力,推动商品的销售和推广。在这个平台中,积分和红包是经常使用的奖励方式,可以用于促进用户的参与和活跃度。装饰者模式是一种结构型设计模式,可以动态地为对象添加或删除职责,而不需要修改原始对象的代码。在社交电商项目中,装饰者模式可以用于实现积分和红包的发放和管理功能。具体的业务场景如下：

假设一个用户在该平台上购买了一件商品,根据平台的规定,该用户将获得一定数量的积分和一个红包。为了实现这一过程,需要执行以下步骤：

首先,创建一个基础的接口,用于发放积分和红包。其次,实现一个积分和红包发放的

基础类,在该类中可以定义积分和红包的数量,并提供发放接口进行操作。接着,创建一个装饰者类,用于实现给用户发放积分和红包的功能。该类可以接收一个基础的积分和红包发放类作为参数,并在发放积分和红包的同时,对用户的信息进行记录。最后,在用户购买商品时,调用装饰者类的发放积分和红包的方法,将积分和红包发放给用户,并记录该用户的购买信息。

通过装饰者模式,可以将发放积分和红包的功能和用户信息记录功能分离开来,这样可以更加灵活地管理这些功能,并且可以方便地扩展和修改这些功能。

平台积分红包发放场景可以采用装饰者模式实现,下面是装饰者模式的 Java 示例,代码如下:

```java
//第 2 章/2.2.10  装饰者模式
//抽象组件接口
public interface Bonus {
    int grant(int userId, int amount);
}
//具体组件,实现基础的积分发放功能
public class BaseBonus implements Bonus {
    @Override
    public int grant(int userId, int amount) {
        //实现积分发放逻辑
        return amount;
    }
}
//抽象装饰者,实现 Bonus 接口,内部持有一个 Bonus 对象
public abstract class BonusDecorator implements Bonus {
    private Bonus bonus;
    public BonusDecorator(Bonus bonus) {
        this.bonus =bonus;
    }
    @Override
    public int grant(int userId, int amount) {
        return bonus.grant(userId, amount);
    }
}
//具体装饰者 1,实现额外的 10%积分赠送
public class BonusExtraDecorator extends BonusDecorator {
    public BonusExtraDecorator(Bonus bonus) {
        super(bonus);
    }
    @Override
    public int grant(int userId, int amount) {
        int bonusAmount =super.grant(userId, amount);
        bonusAmount +=bonusAmount * 0.1;
        return bonusAmount;
    }
}
```

```
//具体装饰者 2,实现额外的 20%积分赠送
public class BonusSuperExtraDecorator extends BonusDecorator {
    public BonusSuperExtraDecorator(Bonus bonus) {
        super(bonus);
    }
    @Override
    public int grant(int userId, int amount) {
        int bonusAmount =super.grant(userId, amount);
        bonusAmount +=bonusAmount * 0.2;
        return bonusAmount;
    }
}
//使用示例
public class BonusExample {
    public static void main(String[] args) {
        //创建一个 BaseBonus 对象
        Bonus bonus =new BaseBonus();
        //为 BaseBonus 对象增加额外的 10%积分赠送
        bonus =new BonusExtraDecorator(bonus);
        //为 BaseBonus 对象再增加额外的 20%积分赠送
        bonus =new BonusSuperExtraDecorator(bonus);
        //使用增加了额外积分赠送的 Bonus 对象进行积分发放
        int userId =1;
        int amount =100;
        int bonusAmount =bonus.grant(userId, amount);
        System.out.println("用户" +userId +"获得的积分红包为" +bonusAmount);
    }
}
```

在以上代码示例中,BaseBonus 类被定义为组件接口的具体实现类,它实现了基础的积分发放逻辑。BonusDecorator 被定义为抽象装饰者,它实现了 Bonus 接口,并且内部拥有一个 Bonus 对象。BonusDecorator 的 grant 方法直接调用内部的 Bonus 对象的 grant 方法。BonusExtraDecorator 和 BonusSuperExtraDecorator 被定义为具体的装饰者,它们分别实现了额外的 10% 和 20% 的积分赠送逻辑。在它们的 grant 方法中,先调用内部的 Bonus 对象的 grant 方法,然后根据赠送规则对积分进行修改。最后,在使用时,可以通过创建不同的装饰器对象,实现不同的积分赠送规则。

2.2.11　业务投放场景

社交电商平台可能需要使用责任链模式来解决用户投诉的问题。例如,当一个用户投诉某个商品或者服务有问题时,这个投诉信息需要经过多个处理流程才可以得到解决,包括审核、转发、处理、解释等多个环节。责任链模式能够帮助平台将不同处理流程按照一定顺序排列,并且使每个流程只负责自己的部分,这样可以更加高效地处理大量的用户投诉信息,也可以让用户得到更好的体验。在责任链模式中,每个处理流程都是一个处理器,处理器之间通过指针进行连接,当一个处理器无法处理请求时,会将请求发送给下一个处理器,

直到请求被解决为止。这样,责任链模式可以帮助平台解决复杂的用户投诉问题,提供更好的服务。

下面是一个简单的责任链模式 Java 示例,展示了如何实现责任链模式。

首先,定义一个处理器接口,代码如下:

```java
/**
 * 处理器接口,定义了两种方法:setNext 和 handleRequest
 */
public interface Handler {
    /**
     * 设置下一个处理器
     * @param handler 下一个处理器
     */
    void setNext(Handler handler);
    /**
     * 处理请求
     * @param request 请求对象
     */
    void handleRequest(Request request);
}
```

然后创建一个具体的处理器类,它实现了处理器接口,代码如下:

```java
//第 2 章/2.2.11  责任链模式:创建一个具体的处理器类
//具体处理器类实现 Handler 接口
public class ConcreteHandler implements Handler {
    //下一个处理器
    private Handler nextHandler;
    //设置下一个处理器
    public void setNext(Handler handler) {
        this.nextHandler =handler;
    }
    //处理请求
    public void handleRequest(Request request) {
        if (request.needsProcessing()) {
            //如果需要处理,则进行处理
        } else if (this.nextHandler !=null) {
            //如果不需要处理且下一个处理器不为空,则将请求传递给下一个处理器处理
            this.nextHandler.handleRequest(request);
        } else {
            //如果不需要处理且下一个处理器为空,则无法处理请求
        }
    }
}
```

最后,创建一个请求类,并使用责任链模式将其发送到处理器,代码如下:

```java
//第 2 章/2.2.11  责任链模式:创建一个请求类
//定义一个请求类
public class Request {
```

```
        //检查是否需要处理请求
        public boolean needsProcessing() {
        }
    }
public class Main {
    public static void main(String[] args) {
        //创建 3 个具体的处理器实例
        Handler handler1 = new ConcreteHandler();
        Handler handler2 = new ConcreteHandler();
        Handler handler3 = new ConcreteHandler();
        //将 3 个处理器组合为一个处理器链
        handler1.setNext(handler2);
        handler2.setNext(handler3);
        //创建一个请求实例
        Request request = new Request();
        //提交请求实例,让处理器链处理请求
        handler1.handleRequest(request);
    }
}
```

在上述例子中,首先创建了 3 个处理器对象,接着使用 setNext 方法将它们连接在一起。最后创建一个请求对象并将其发送到第 1 个处理器。需要注意的是,在处理器链中,如果当前处理器无法处理请求,则该请求将被传递给下一个处理器,直到找到能够处理该请求的处理器。如果没有处理器能够处理该请求,则该请求将被忽略。

2.2.12 支付场景

策略模式是一种行为型模式,主要用于封装一组相似的算法,并将其封装在各自的类中,使它们可以相互替换。在社交电商项目的支付场景中,可以使用策略模式来封装不同的支付方式,例如支付宝支付、微信支付、银联支付等,以便于在不同的场景下进行选择和替换。

工厂模式是一种创建型模式,主要用于定义一个创建对象的接口,但由子类决定要实例化的类是哪一个。在社交电商项目中,可以使用工厂模式创建不同支付方式的实例,例如通过工厂方法获取支付宝支付、微信支付等实例,使程序可以更加灵活、易于扩展。

门面模式是一种结构型模式,主要用于为子系统中的一组接口提供一个一致的界面,以便于客户端使用。在社交电商项目中,可以使用门面模式来封装支付流程中的各个操作步骤,例如生成支付订单、调用第三方支付接口等,隐藏底层支付实现的复杂性,提供统一的接口供外部使用。

单例模式是一种创建型模式,主要用于确保一个类只有一个实例,并提供一个全局的访问点。在社交电商项目中,可以使用单例模式来管理支付系统的实例,以确保在整个系统中只有一个支付实例存在,避免资源浪费和重复建立支付链接的问题。

下面是代码策略模式+工厂模式+门面模式+单例模式的 Java 示例。

首先定义支付策略接口,代码如下:

```
//定义支付策略接口,接口中定义支付金额的方法
public interface PaymentStrategy {
    void pay(double amount);
}
```

然后实现不同的支付策略,代码如下:

```
//第 2 章/2.2.12  策略模式+工厂模式+门面模式+单例模式:实现不同的支付策略
public class AliPayStrategy implements PaymentStrategy {
    @Override
    public void pay(double amount) {
        //支付宝支付逻辑...
    }
}
public class WeChatPayStrategy implements PaymentStrategy {
    @Override
    public void pay(double amount) {
        //微信支付逻辑...
    }
}
```

接下来定义一个能够根据支付方式返回对应支付策略的工厂类,代码如下:

```
//第 2 章/2.2.12  策略模式 +工厂模式 +门面模式 +单例模式:支付策略的工厂类
import java.util.Map;
import java.util.concurrent.ConcurrentHashMap;
/**
 * 支付策略工厂类
 */
public class PaymentStrategyFactory {

    private  static  Map < Integer,  PaymentStrategy > paymentStrategies  = new
ConcurrentHashMap<>();
    /**
     * 支付方式常量:支付宝支付
     */
    public static final int ALI_PAY =1;
    /**
     * 支付方式常量:微信支付
     */
    public static final int WECHAT_PAY =2;
    /**
     * 获取支付策略
     * @param payType 支付方式
     * @return 对应的支付策略
     * @throws IllegalArgumentException 不支持的支付方式
     */
    public static PaymentStrategy getPaymentStrategy(int payType) {
        PaymentStrategy paymentStrategy =paymentStrategies.get(payType);
        if (paymentStrategy ==null) {
```

```
            synchronized (PaymentStrategyFactory.class) {
                paymentStrategy =paymentStrategies.get(payType);
                if (paymentStrategy ==null) {
                    switch (payType) {
                        case ALI_PAY:
                            paymentStrategy =new AliPayStrategy();
                            break;
                        case WECHAT_PAY:
                            paymentStrategy =new WeChatPayStrategy();
                            break;
                        default:
                            throw new IllegalArgumentException("不支持的支付方式");
                    }
                    paymentStrategies.put(payType, paymentStrategy);
                }
            }
        }
        return paymentStrategy;
    }
}
```

最后定义一个支付门面类，封装支付接口，代码如下：

```
//第 2章/2.2.12 　策略模式 +工厂模式 +门面模式 +单例模式:支付门面类
/ **
* 支付门面类,提供支付接口
* /
public class PaymentFacade {
    //单例模式
    private static volatile  PaymentFacade instance;
    //私有构造方法,保证只能通过 getInstance() 获取实例
    private PaymentFacade() {}
    /**
     * 获取 PaymentFacade 实例
     * @return PaymentFacade 实例
     * /
    public static PaymentFacade getInstance() {
        if (instance ==null) {
            synchronized (PaymentFacade.class) {
                if (instance ==null) {
                    instance =new PaymentFacade();
                }
            }
        }
        return instance;
    }
    /**
     * 支付
     * @param payType 支付方式
```

```
    * @param amount 支付金额
    */
   public void pay(int payType, double amount) {
       //根据支付方式获取支付策略
       PaymentStrategypaymentStrategy =
PaymentStrategyFactory.getPaymentStrategy(payType);
       //使用支付策略进行支付
       paymentStrategy.pay(amount);
   }
}
```

使用示例,代码如下:

```
//创建一个 PaymentFacade 实例
PaymentFacade paymentFacade = PaymentFacade.getInstance();
//使用支付宝支付策略,支付 100 元
paymentFacade.pay(PaymentStrategyFactory.ALI_PAY, 100.0);
//使用微信支付策略,支付 200 元
paymentFacade.pay(PaymentStrategyFactory.WECHAT_PAY, 200.0);
```

以上就是支付场景中策略模式＋工厂模式＋门面模式＋单例模式的代码示例。

第 3 章

Spring Boot

目前主流的互联网公司在开发 Java 项目时基本会使用 Spring Boot 快速构建应用,相比以前的项目,使用 Spring 开发需要一系列的配置,Spring Boot 提供了 Spring 运行的默认配置,相当于将汽车手动挡改为自动挡,这种方式旨在让开发者能够更专注于业务实现。本章从 Spring Boot 的实战集成入手,介绍集成 Spring Boot 的 3 种方式及 Spring Boot 底层运行的工作原理。希望读者能够对 Spring Boot 框架有一个清楚的认识,深入理解它的底层运行机制。

7min

3.1 自动配置/依赖管理

在古代的某个"Spring 村(春风村)",居民们过着平静的生活。随着时代的进步,人们对方便的生活方式的要求越来越高,为此,春风村推出了一种名为"春风吹又生"的新科技,让人们可以更轻松地完成每件事。Spring Boot 是一个开放源码的架构,旨在为 Spring 程序的创建、配置和运行提供更简单、更高效的方法。它可以让 Spring 程序更容易创建、配置和运行,同时也让 Spring 程序更加容易管理。有了 Spring Boot 的"冲锋枪",开发人员可以更快、更容易地完成事情。汤姆就是这样一个例子,他决定为自己的咖啡馆开发一款网络软件。他开始建立一个简单的 Maven 工程,很快就建立起了这个软件的基础结构,然后汤姆使用 Spring Boot 提供的自动设置功能设置应用中缺省的数据库连接和网络 MVC,实现了一个完整的网络应用。Spring Boot 也被称为 Starters,它可以使从属关系管理变得更简单。有了 Starters,Tom 可以简单地增加一个依赖性获取自己想要的类库和能力。Spring Boot 让汤姆在他的"咖啡屋"网络应用软件中变得更加容易工作,而不用去考虑那些烦琐的组态和从属关系管理。另外,"汤姆咖啡"网站的成功例子也使 Spring Boot 在春风村中变得非常有影响力。现在,Spring Boot 已成为开发人员最喜欢的框架之一,它可以让开发人员在不同的应用中更容易地进行开发和部署。

3.2 实战集成

快速构建一个 Spring Boot 项目,通常只需往 pom 文件中添加依赖。本节将介绍如何使用 spring-boot-starter-parent、spring-boot-dependencies、io.spring.pl at form 这 3 种方式

快速集成 Spring Boot 项目。

3.2.1 使用 spring-boot-starter-parent

Spring Boot 官方提供的示例项目依赖于 spring-boot-starter-parent 进行依赖管理,但在企业级微服务架构中,每个模块只能有一个 parent,多个微服务间的继承关系可能导致扩展性问题,开发者需要采取其他手段(如修改父类依赖项或通过 import 导入)实现。在 Spring Boot 的各个发布版本中包含了许多默认版本的依赖项,对开发者而言是一个便利,只需专注于核心功能的开发。

下面去证实这一说法:如何在 Spring Boot 项目中添加依赖。具体方法是新建一个继承 Spring Boot 的项目,并在 pom.xml 文件中添加依赖,代码如下:

```
//第 3 章/3.2.1 继承 spring-boot-starter-parent 代码
<parent>
    <groupId>org.springframework.boot</groupId>
    <artifactId>spring-boot-starter-parent</artifactId>
    <version>2.6.11</version>
    <relativePath/><!--lookup parent from repository -->
</parent>
```

在 IDEA 开发环境中,通过按住 Ctrl 键并同时单击 spring-boot-starter-parent,可以进入其对应的 pom.xml 文件进行查看。通过查看可知,spring-boot-starter-parent 作为一个父项目,它继承了 spring-boot-dependencies 作为其父依赖管理,代码如下:

```
//第 3 章/3.2.1 继承 spring-boot-dependencies 代码
<parent>
    <groupId>org.springframework.boot</groupId>
    <artifactId>spring-boot-dependencies</artifactId>
    <version>2.6.11</version>
</parent>
```

在 IDEA 开发环境中,按住 Ctrl 键并单击 spring-boot-dependencies,即可进入其对应的 pom.xml 文件进行查看。在该文件的 properties 部分,开发者可以发现许多与依赖管理相关的版本号配置,spring-boot-dependencies 管理版本号如图 3-1 所示。

这也是所有 Spring Boot 的 Starter 无须指定版本号的原因,但如果开发者不想使用默认版本号,则可以在项目中使用 property 的方式覆盖原有依赖项。

本节提到,企业级开发很少使用 spring-boot-starter-parent 作为依赖管理,因为企业通常定义自己的 parent,因此,在这种情况下,继承 spring-boot-starter-parent 并不适用。为了解决这个问题,开发者可以在 dependencyManagement 部分使用＜scope＞import＜/scope＞的方式进行依赖管理,代码如下:

```xml
<?xml version="1.0" encoding="UTF-8"?>
<project xmlns="http://maven.apache.org/POM/4.0.0" xsi:schemaLocation="http://maven.apache.org/POM/4.0.0 http://maven.apache.org/xsd/maven-4.0.0.xsd" xmlns:xsi="http://www.w3.org/2001/XMLSchema-instance">
  <modelVersion>4.0.0</modelVersion>
  <groupId>org.springframework.boot</groupId>
  <artifactId>spring-boot-dependencies</artifactId>
  <version>2.6.11</version>
  <packaging>pom</packaging>
  <name>spring-boot-dependencies</name>
  <description>Spring Boot Dependencies</description>
  <url>https://spring.io/projects/spring-boot</url>
  <licenses>
    <license>
      <name>Apache License, Version 2.0</name>
      <url>https://www.apache.org/licenses/LICENSE-2.0</url>
    </license>
  </licenses>
  <developers>
    <developer>
      <name>Pivotal</name>
      <email>info@pivotal.io</email>
      <organization>Pivotal Software, Inc.</organization>
      <organizationUrl>https://www.spring.io</organizationUrl>
    </developer>
  </developers>
  <scm>
    <url>https://github.com/spring-projects/spring-boot</url>
  </scm>
  <properties>
    <activemq.version>5.16.5</activemq.version>
    <antlr2.version>2.7.7</antlr2.version>
    <appengine-sdk.version>1.9.98</appengine-sdk.version>
    <artemis.version>2.19.1</artemis.version>
    <aspectj.version>1.9.7</aspectj.version>
    <assertj.version>3.21.0</assertj.version>
    <atomikos.version>4.0.6</atomikos.version>
    <awaitility.version>4.1.1</awaitility.version>
    <build-helper-maven-plugin.version>3.2.0</build-helper-maven-plugin.version>
    <byte-buddy.version>1.11.22</byte-buddy.version>
    <caffeine.version>2.9.3</caffeine.version>
    <cassandra-driver.version>4.13.0</cassandra-driver.version>
```

图 3-1 spring-boot-dependencies 管理版本号

```xml
//第 3 章/3.2.1 在 dependencyManagement 里面导入 import 代码
<dependencyManagement>
    <dependencies>
        <dependency>
            <groupId>org.springframework.boot</groupId>
            <artifactId>spring-boot-starter-parent</artifactId>
            <version>2.6.11</version>
            <type>pom</type>
            <scope>import</scope>
        </dependency>
    </dependencies>
</dependencyManagement>
```

然而,这种方法也存在一定的限制,因为它无法直接覆盖原始的依赖项配置。为了解决这个问题,开发者可以采用一种相对复杂的策略:将之前引入的依赖项移至自己的 dependencyManagement 部分,并使用 spring-boot-dependencies 进行替换,然而,这种方法在企业级开发中并不常见。

除了继承 spring-boot-dependencies 之外,spring-boot-starter-parent 还添加了一些默认配置,例如设置 JDK 版本、使用占位符@、指定编译和打包时使用的 JDK 版本及将编码设置为 UTF-8。具体示例,代码如下:

```xml
//第 3 章/3.2.1 spring-boot-starter-parent 默认配置代码
<properties>
    <java.version>1.8</java.version>
    <resource.delimiter>@</resource.delimiter>
    <maven.compiler.source>${java.version}</maven.compiler.source>
```

```
    <maven.compiler.target>${java.version}</maven.compiler.target>
    <project.build.sourceEncoding>UTF-8</project.build.sourceEncoding>
      < project. reporting. outputEncoding > UTF - 8 </project. reporting.
outputEncoding>
</properties>
```

此外，还设置了默认读取的配置文件目录和文件，以减少每个微服务都需要开发者自行设置配置文件目录和文件的工作量，代码如下：

```
//第 3 章/3.2.1 读取配置文件目录和文件代码
<resources>
    <resource>
        <directory>${basedir}/src/main/resources</directory>
        <filtering>true</filtering>
        <includes>
        <include>**/application * .yml</include>
        <include>**/application * .yaml</include>
        <include>**/application * .properties</include>
        </includes>
    </resource>
    <resource>
        <directory>${basedir}/src/main/resources</directory>
        <Excludes>
        <Exclude>**/application * .yml</Exclude>
        <Exclude>**/application * .yaml</Exclude>
        <Exclude>**/application * .properties</Exclude>
        </Excludes>
    </resource>
</resources>
```

spring-boot-starter-parent 还覆盖了 spring-boot-dependencies 中的某些插件。

3.2.2　使用 spring-boot-dependencies

spring-boot-dependencies 同样是通过继承 parent 和导入（import）实现的。

第 1 种方式是通过继承 Parent 实现，代码如下：

```
//第 3 章/3.2.2 继承 parent 代码
<parent>
    <groupId>org.springframework.boot</groupId>
    <artifactId>spring-boot-dependencies</artifactId>
    <version>2.6.11</version>
    <relativePath/><!--lookup parent from repository -->
</parent>
```

第 2 种方式是通过导入（import）的方式实现，代码如下：

```
//第 3 章/3.2.2 导入 import 代码
<dependencyManagement>
    <dependencies>
```

```
        <dependency>
            <groupId>org.springframework.boot</groupId>
            <artifactId>spring-boot-dependencies</artifactId>
            <version>2.6.11</version>
            <type>pom</type>
            <scope>import</scope>
        </dependency>
    </dependencies>
</dependencyManagement>
```

在引用 spring-boot-starter-web 时,可以省略版本号,具体示例,代码如下:

```
<dependency>
    <groupId>org.springframework.boot</groupId>
    <artifactId>spring-boot-starter-web</artifactId>
</dependency>
```

以上所述的依赖项涉及 Web 模块,该模块包含大量相关依赖,例如 Spring 相关库和内置的 Tomcat 服务器等。有了这些依赖,开发人员就能够使用 Spring Boot 进行 Web 开发。

Spring Boot 的 spring-boot-dependencies 引入了许多插件。在此,将简要介绍 3 个关键插件:maven-help-plugin 插件用于获取帮助信息;maven-resources-plugin 插件用于处理资源文件;maven-compiler-plugin 插件用于编译 Java 代码,具体示例,代码如下:

```
//第 3 章/3.2.2 maven-help-plugin 插件代码
<plugin>
    <groupId>org.apache.maven.plugins</groupId>
    <artifactId>maven-help-plugin</artifactId>
    <version>${maven-help-plugin.version}</version>
</plugin>
```

xml-maven-plugin 插件是用于处理 XML 的 Maven 插件,代码如下:

```
//第 3 章/3.2.2 xml-maven-plugin 插件代码
<plugin>
    <groupId>org.codehaus.mojo</groupId>
    <artifactId>xml-maven-plugin</artifactId>
    <version>${xml-maven-plugin.version}</version>
</plugin>
```

build-helper-maven-plugin 插件可以用来设置主源代码、测试源代码、主资源文件、测试资源文件等目录,代码如下:

```
//第 3 章/3.2.2 build-helper-maven-plugin 插件代码
<plugin>
    <groupId>org.codehaus.mojo</groupId>
    <artifactId>build-helper-maven-plugin</artifactId>
    <version>${build-helper-maven-plugin.version}</version>
</plugin>
```

综上可得出结论,spring-boot-dependencies 插件的主要作用是管理依赖项的版本号、管理插件的版本号及引入辅助插件。

3.2.3 使用 io.spring.platform

io.spring.platform 作为 Spring Boot 的基础平台,承担着继承 spring-boot-starter-parent 的角色。同时,spring-boot-starter-parent 继承了 spring-boot-dependencies,共同构成了 Spring Boot 项目的根依赖管理。在日常开发中,开发者经常需要处理多个依赖项的集成,很可能会遇到版本冲突或不兼容的问题。

为满足这种需求,一个重要目标是将已经过集成测试的依赖项整合在一起。由于这些依赖项都经过了全面的集成测试,因此在使用过程中出现问题的概率相对较低。这也是 io.spring.platform 诞生的背景。

实现这一目标的方式是通过继承 parent 和使用 import,以确保项目的依赖管理得到统一和优化。这种方法有助于简化开发者的工作流程,减少潜在的问题,并提高应用程序的稳定性和性能。

第 1 种方式是继承 parent,代码如下:

```
//第 3 章/3.2.3 继承 parent 代码
<parent>
    <groupId>io.spring.platform</groupId>
    <artifactId>platform-bom</artifactId>
    <version>Brussels-SR7</version>
</parent>
```

这种方式的缺点在于,需要明确地添加插件,因为它需要继承一些插件管理。以 Spring Boot 为例,需要显式地添加插件,代码如下:

```
//第 3 章/3.2.3 显式地添加 plugin 代码
<build>
    <plugins>
        <plugin>
            <groupId>org.springframework.boot</groupId>
            <artifactId>spring-boot-maven-plugin</artifactId>
        </plugin>
    </plugins>
</build>
```

第 2 种方式是通过导入(import)实现,代码如下:

```
//第 3 章/3.2.3 导入 import 代码
<dependencyManagement>
    <dependencies>
        <dependency>
            <groupId>io.spring.platform</groupId>
            <artifactId>platform-bom</artifactId>
            <version>Brussels-SR6</version>
            <type>pom</type>
```

```
        <scope>import</scope>
      </dependency>
    </dependencies>
</dependencyManagement>
```

Spring Boot 已集成了许多开源框架,旨在帮助开发者简化第三方依赖管理,然而,在实际开发过程中,仍有很多依赖未包含在内。在大型互联网项目中,各个模块之间的关系往往错综复杂,维护工作可能变得枯燥乏味且具有较高的工作量。

为解决这一问题,io.spring.platform 应运而生,它有助于连接各个依赖。例如,假设开发者需要升级某个依赖,只需更新相应的版本,无须担心版本兼容性问题。如今,一些大型互联网项目会维护自己的基础项目 platform。

3.3 手写一个简易版的 Spring Boot

许多开发者渴望了解 Spring Boot 框架的内部运行机制,但由于阅读源码能力有限,难以深入理解其底层工作原理。为帮助读者更好地理解 Spring Boot 框架,本节将通过手写一个简易版本的 Spring Boot 来阐述其底层运行原理。在学习本节内容之前,建议读者先熟悉 Spring MVC 的工作流程及 Spring IOC 的控制反转概念。

3.3.1 Java 代码直接启动 Tomcat

Spring Boot 框架以内置的 Tomcat 作为其 Web 容器,为 Web 应用提供服务,这是 Spring Boot 的一个显著特点。本节将通过一个简化的示例工程展示如何启动 Tomcat。

1. 工程介绍

先创建一个名为 simple-springboot 的父工程,然后构建两个模块:springboot-module 和 user-module。springboot-module 模块定义了一个自定义注解 ExampleSpringBootApplication,并创建了启动类 ExampleSpringApplication。user-module 模块在 UserApplication 中引入了 springboot-module 模块的注解和启动类。最后,通过 main 方法运行 user-module 模块。项目结构图如图 3-2 所示。

simple-springboot 的父工程需要将 springboot-module 模块和 user-module 模块添加到其依赖中。父工程的 pom.xml 文件示例,代码如下:

```
//第 3 章/3.3.1 在 simple-springboot 父工程将 springboot-module 模块和 user-module
//模块的依赖添加进来
<?xml version="1.0" encoding="UTF-8"?>
<project xmlns="http://maven.apache.org/POM/4.0.0"
xmlns:xsi="http://www.w3.org/2001/XMLSchema-instance"
xsi:schemaLocation="http://maven.apache.org/POM/4.0.0 http://maven.apache.
org/xsd/maven-4.0.0.xsd">
    <modelVersion>4.0.0</modelVersion>
    <groupId>org.example</groupId>
```

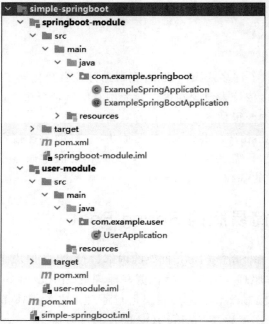

图 3-2　项目结构图

```xml
<artifactId>simple-springboot</artifactId>
<packaging>pom</packaging>
<version>1.0-SNAPSHOT</version>
<modules>
    <module>springboot-module</module>
    <module>user-module</module>
</modules>
</project>
```

user-module 模块的 pom.xml 文件需引入 springboot-module 模块的依赖，代码如下：

```xml
//第 3 章/3.3.1 在 user-module 模块的 pom.xml 文件中引入 springboot-module 模块的依赖
<?xml version="1.0" encoding="UTF-8"?>
<project xmlns="http://maven.apache.org/POM/4.0.0"
xmlns:xsi="http://www.w3.org/2001/XMLSchema-instance"
xsi:schemaLocation="http://maven.apache.org/POM/4.0.0 http://maven.apache.
org/xsd/maven-4.0.0.xsd">
    <parent>
        <artifactId>simple-springboot</artifactId>
        <groupId>org.example</groupId>
        <version>1.0-SNAPSHOT</version>
    </parent>
    <modelVersion>4.0.0</modelVersion>
    <artifactId>user-module</artifactId>
```

```
    <dependencies>
        <dependency>
            <groupId>org.example</groupId>
            <artifactId>springboot-module</artifactId>
            <version>1.0-SNAPSHOT</version>
        </dependency>
    </dependencies>
</project>
```

springboot-module 模块引入的是 Spring、Servlet 及与 Tomcat 相关的依赖。其 pom. xml 文件示例,代码如下 :

```
//第 3 章/3.3.1 springboot-module 模块引入了 Spring、Servlet 及与 Tomcat 相关的依赖
<?xml version="1.0" encoding="UTF-8"?>
<project xmlns="http://maven.apache.org/POM/4.0.0"
xmlns:xsi="http://www.w3.org/2001/XMLSchema-instance"
xsi:schemaLocation="http://maven.apache.org/POM/4.0.0 http://maven.apache.
org/xsd/maven-4.0.0.xsd">
    <parent>
        <artifactId>simple-springboot</artifactId>
        <groupId>org.example</groupId>
        <version>1.0-SNAPSHOT</version>
    </parent>
    <modelVersion>4.0.0</modelVersion>
    <artifactId>springboot-module</artifactId>
    <dependencies>
        <dependency>
            <groupId>org.springframework</groupId>
            <artifactId>spring-core</artifactId>
            <version>5.3.18</version>
        </dependency>
        <dependency>
            <groupId>org.springframework</groupId>
            <artifactId>spring-context</artifactId>
            <version>5.3.18</version>
        </dependency>
        <dependency>
            <groupId>org.springframework</groupId>
            <artifactId>spring-web</artifactId>
            <version>5.3.18</version>
        </dependency>
        <dependency>
            <groupId>org.springframework</groupId>
            <artifactId>spring-aop</artifactId>
            <version>5.3.18</version>
        </dependency>
        <dependency>
            <groupId>org.springframework</groupId>
            <artifactId>spring-webmvc</artifactId>
```

```
            <version>5.3.18</version>
        </dependency>
        <dependency>
            <groupId>javax.servlet</groupId>
            <artifactId>javax.servlet-api</artifactId>
            <version>4.0.1</version>
        </dependency>
        <dependency>
            <groupId>org.apache.tomcat.embed</groupId>
            <artifactId>tomcat-embed-core</artifactId>
            <version>9.0.60</version>
        </dependency>
    </dependencies>
</project>
```

2. 自定义注解

参考 Spring Boot 框架，可以自定义一个注解，该注解作用于启动类上。以下是该注解的示例，代码如下：

```
//第 3 章/3.3.1 向启动类添加自定义注解
package com.example.springboot;
import java.lang.annotation.*;
/**
 * 自定义注解:启动类注解
 */
@Target(ElementType.TYPE) //作用于类上面
@Retention(RetentionPolicy.RUNTIME)
@Documented
@Inherited//一个类用上了@Inherited 修饰的注解子类继承这个注解
public @interface ExampleSpringBootApplication {
}
```

3. 自定义启动类

当浏览器发送请求时，需要启动 Tomcat 才能接受请求。以下示例用于展示如何启动 Tomcat，代码如下：

```
//第 3 章/3.3.1 自定义启动类
package com.example.springboot;
import org.apache.catalina.*;
import org.apache.catalina.connector.Connector;
import org.apache.catalina.core.StandardContext;
import org.apache.catalina.core.StandardEngine;
import org.apache.catalina.core.StandardHost;
import org.apache.catalina.startup.Tomcat;
import org.springframework.context.annotation.Bean;
import org.springframework.web.context.WebApplicationContext;
import org.springframework.web.context.support.AnnotationConfigWebApplicationContext;
import org.springframework.web.servlet.DispatcherServlet;
```

```
import java.util.Map;
/**
 * 自定义启动类
 */
public class ExampleSpringApplication {
    public static void run(Class clazz){
        startTomcat();
    }
    private static void startTomcat(){
        Tomcat tomcat =new Tomcat();
        Server server =tomcat.getServer();
        Service service =server.findService("Tomcat");
        Connector connector =new Connector();
        connector.setPort(8080);
        Engine engine =new StandardEngine();
        engine.setDefaultHost("localhost");
        Host host =new StandardHost();
        host.setName("localhost");
        String contextPath ="";
        Context context =new StandardContext();
        context.setPath(contextPath);
        context.addLifecycleListener(new Tomcat.FixContextListener());
        host.addChild(context);
        engine.addChild(host);
        service.setContainer(engine);
        service.addConnector(connector);
        try {
            tomcat.start();
        } catch (LifecycleException e) {
            e.printStackTrace();
        }
    }
}
```

4. 自定义启动类

user-module 模块的启动类应该使用自定义的注解和自定义的启动类，在 main 方法中运行 run 方法。以下是该启动类的示例，代码如下：

```
//第 3 章/3.3.1 user-module 模块的启动类
package com.example.user;
import com.example.springboot.ExampleSpringApplication;
import com.example.springboot.ExampleSpringBootApplication;
@ExampleSpringBootApplication
public class UserApplication {
    public static void main(String[] args) {
        ExampleSpringApplication.run(UserApplication.class);
    }
}
```

5. 运行项目

启动项目后,可以在控制台查看日志,如图 3-3 所示。

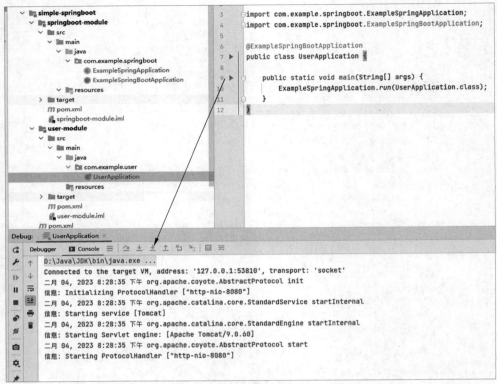

图 3-3　控制台日志

6. 请求处理流程

既然 Tomcat 已经成功启动,那么接下来就需要处理请求了。以下是处理请求的示例,代码如下:

```
tomcat.addServlet(contextPath,"dispatcher",new
DispatcherServlet(webApplicationContext));
context.addServletMappingDecoded("/*","dispatcher");//拦截所有请求给
//DispatcherServlet 处理
```

对于熟悉 Spring MVC 工作流程的开发人员可能会立即联想到前端控制器 DispatcherServlet。在该框架中,所有的请求都会先经过 DispatcherServlet 进行处理。

注意:为了防止一些读者不熟悉 Spring MVC 的工作流程,本节通过一个小故事进行阐述。在丰富多彩的互联网世界中,有一个名叫 Spring MVC 的小镇,其居民热情好客。这个小镇充满生机和活力,居民和谐相处,共同分享美好生活。某一天,一位名叫"请求"的游客慕名而来,想要参加一场特别的盛会。在这场盛会中,Spring MVC 小镇的居民需要设计出最美

的舞蹈和最华丽的舞池,以期望能够迎接这场难得的盛会。

作为小镇的前端控制,DispatcherServlet 以谨慎的态度接待请求。当收到请求时,DispatcherServlet 认识到其重要性,首先对请求进行详尽解析,将 URL 转换为 URI,并调用 HandlerMapping 将请求与相关的控制器和拦截器联系在一起。DispatcherServlet 将联系在一起的对象封装为 HandlerExecutionChain 对象,并选择一个适宜的 HandlerAdapter 处理请求。这位 HandlerAdapter 犹如专业的舞蹈教练,娴熟地将请求转换为优美的舞蹈。

在处理请求的过程中,HandlerAdapter 承担着关键的辅助工作,如数据转换、数据验证和消息转换,确保游客的请求以最佳形式呈现。经过一番努力,Handler 完成任务,向 DispatcherServlet 返回一个包含视图名的 ModelAndView 对象,表明舞池和舞蹈已经准备就绪。DispatcherServlet 根据 ModelAndView 对象中的视图名,选择合适的 ViewResolver 解析视图。这位 ViewResolver 犹如熟练掌握各种舞蹈的舞蹈指导,能够将游客的请求转换为各种美丽的舞蹈画面。

在解析视图名的过程中,ViewResolver 找到了一个最匹配的视图——一个名为 View 的小镇居民。View 利用模型数据(如舞池和舞蹈),渲染出美丽的舞蹈画面。在渲染过程中,View 与模型数据完美结合,精心布置了舞池,编排了一支优雅的舞蹈。游客们被这美丽的舞蹈所吸引,纷纷拿出相机记录下这难忘的时刻。渲染结束后,View 将渲染后的舞蹈画面传递给 DispatcherServlet。DispatcherServlet 将这些画面呈现在游客们的眼前,引发他们的欢呼雀跃,感叹小镇居民们的才华与热情。舞会结束后,游客们与 Spring MVC 小镇的居民们建立了深厚的友谊,这段美好的回忆成为永恒的佳话。从此,Spring MVC 小镇名声远扬,吸引了越来越多的游客,Spring MVC 的故事,也成了互联网世界中一段不朽的传奇。

在本流程中,DispatcherServlet 会对请求的 URL 进行解析,并查找对应的 Controller 方法。事实上,每个 Controller 都是 Spring 容器中的一个 Bean,因此,为了处理请求,需要将一个 Spring 容器传递给 DispatcherServlet。那么,这个容器从何而来呢?

通过查阅 Spring MVC 源代码,找到 DispatcherServlet 的有参数构造方法,代码如下:

```java
public DispatcherServlet(WebApplicationContext webApplicationContext) {
    super(webApplicationContext);
    this.setDispatchOptionsRequest(true);
}
```

在这种方法中,需要使用 WebApplicationContext 容器。了解应该使用哪种容器后,便可以直接创建一个 Spring 容器,并将 UserApplication 启动类注册进来,代码如下:

```java
//第 3 章/3.3.1  自定义启动类
package com.example.springboot;
import org.apache.catalina.*;
import org.apache.catalina.connector.Connector;
import org.apache.catalina.core.StandardContext;
import org.apache.catalina.core.StandardEngine;
import org.apache.catalina.core.StandardHost;
```

```java
import org.apache.catalina.startup.Tomcat;
import org.springframework.context.annotation.Bean;
import org.springframework.web.context.WebApplicationContext;
import org.springframework.web.context.support.AnnotationConfigWebApplicationContext;
import org.springframework.web.servlet.DispatcherServlet;
import java.util.Map;
/**
 * 自定义启动类
 */
public class ExampleSpringApplication {
    public static void run(Class clazz){
        //创建一个 Spring 容器
        AnnotationConfigWebApplicationContext webApplicationContext = new
AnnotationConfigWebApplicationContext();
        //注册启动类
        webApplicationContext.register(clazz);
        webApplicationContext.refresh();
        //启动 Tomcat
        startTomcat(webApplicationContext);
    }
    private static void startTomcat(WebApplicationContext webApplicationContext){
        Tomcat tomcat =new Tomcat();
        Server server =tomcat.getServer();
        Service service =server.findService("Tomcat");
        Connector connector =new Connector();
        connector.setPort(8080);
        Engine engine =new StandardEngine();
        engine.setDefaultHost("localhost");
        Host host =new StandardHost();
        host.setName("localhost");
        String contextPath ="";
        Context context =new StandardContext();
        context.setPath(contextPath);
        context.addLifecycleListener(new Tomcat.FixContextListener());
        host.addChild(context);
        engine.addChild(host);
        service.setContainer(engine);
        service.addConnector(connector);
        tomcat.addServlet(contextPath, "dispatcher",new DispatcherServlet
(webApplicationContext));
        //拦截所有请求,交给 DispatcherServlet 处理
        context.addServletMappingDecoded("/*","dispatcher");
        try {
            tomcat.start();
        } catch (LifecycleException e) {
            e.printStackTrace();
        }
    }
}
```

这样,在启动 Tomcat 时,容器会解析 UserApplication 类,并解析其上的自定义注解 ExampleSpringBootApplication,然后开发者将 @ComponentScan 注解添加到 ExampleSpringBootApplication 中,代码如下:

```
//第 3 章/3.3.1　自定义注解
package com.example.springboot;
import org.springframework.context.annotation.ComponentScan;
import java.lang.annotation.*;
/**
 * 自定义注解:启动类注解
 */
@Target(ElementType.TYPE)
@Retention(RetentionPolicy.RUNTIME)
@Documented
//@Inherited 是一个标识,用来修饰注解
@Inherited
//扫描 UserApplication 类所在的包路径
@ComponentScan
public @interface ExampleSpringBootApplication {
}
```

由于没有指定具体的扫描路径,所以容器会扫描 ExampleSpringBootApplication 注解作用的类 UserApplication,并解析其包路径 com.example.user。进一步将扫描范围扩大到该包下的所有 Controller。

为了测试上述处理过程,在 user-module 模块下创建一个 TestController,并编写一个简单的接口,代码如下:

```
//第 3 章/3.3.1　TestController 类
package com.example.user.controller;
import org.springframework.web.bind.annotation.GetMapping;
import org.springframework.web.bind.annotation.RestController;
@RestController
public class TestController {
    @GetMapping("/test")
    public String test(){
        return "test";
    }
}
```

运行项目,通过浏览器访问接口校验代码的正确性,如图 3-4 所示。

为了更好地理解整个流程,下面通过脑图进行总结,如图 3-5 所示。

3.3.2　多态实现 WebServer

在 3.3.1 节中,Spring Boot 使用的是一种固定的方式来启动 Tomcat,无法切换到其他 Web 容器,例如 Jetty。假设项目需要实现切换到 Jetty 容器的功能,应该如何实现呢?

首先,提供 Tomcat 和 Jetty 的依赖,然后根据依赖情况来确定项目中使用的是

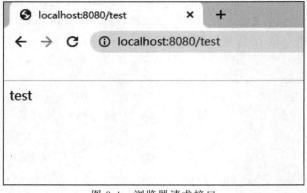

图 3-4　浏览器请求接口

图 3-5　请求处理流程脑图

TomcatWebServer 还是 JettyWebServer 的 Bean，进而决定使用哪种 Web 容器进行执行。在确保项目可以正常切换 Web 容器之后，再进行代码优化。这就是实现这一功能的基本思路。下面对 3.3.1 节的代码进行修改。

1. 引入 Jetty 依赖

在引入 Tomcat 依赖的 springboot-module 模块中，若要引入 Jetty 依赖，则需要在依赖中添加配置＜optional＞true＜/optional＞，表示该依赖不会被传递给调用服务，即 user-module 服务。由于 springboot-module 模块需要支持多种 Web 容器（Tomcat/Jetty），所以调用端只能使用其中一种，否则会出现错误，代码如下：

```
//第 3 章/3.3.2 引入 Tomcat 和 Jetty 依赖
<dependency>
    <groupId>org.apache.tomcat.embed</groupId>
    <artifactId>tomcat-embed-core</artifactId>
    <version>9.0.60</version>
```

```
</dependency>
<dependency>
    <groupId>org.eclipse.jetty</groupId>
    <artifactId>jetty-server</artifactId>
    <version>9.4.48.v20220622</version>
    <optional>true</optional>
</dependency>
```

Jetty 依赖应添加至 springboot-module 模块中，而 user-module 模块仅依赖于 springboot-module 模块，并默认使用 Tomcat 依赖，因此，Jetty 依赖无法传递至 user-module 模块。如果 user-module 模块需要使用 Jetty 依赖，就需要在 springboot-module 模块中排除 Tomcat 依赖，并添加 Jetty 依赖，代码如下：

```
//第 3 章/3.3.2 排除 Tomcat 依赖
<dependency>
    <groupId>org.example</groupId>
    <artifactId>springboot-module</artifactId>
    <version>1.0-SNAPSHOT</version>
    <!--排除 Tomcat 依赖-->
    <Excelusions>
        <Excelusion>
            <groupId>org.apache.tomcat.embed</groupId>
            <artifactId>tomcat-embed-core</artifactId>
        </Excelusion>
    </Excelusions>
</dependency>
<!--引入 Jetty 依赖-->
<dependency>
    <groupId>org.eclipse.jetty</groupId>
    <artifactId>jetty-server</artifactId>
    <version>9.4.48.v20220622</version>
</dependency>
```

2. 创建 WebServer 接口

已知该项目需要同时使用 Tomcat 和 Jetty 容器，为了避免在后续引入其他 Web 容器时产生混淆，开发者定义了一个 WebServer 接口，用于抽象出 Web 容器的启动功能，代码如下：

```
//第 3 章/3.3.2 创建 WebServer 接口
package com.example.springboot;
import org.springframework.web.context.WebApplicationContext;
/**
 * Web 服务接口
 */
public interface WebServer {
public void start(WebApplicationContext applicationContext);
}
```

3. 创建 TomcatWebServer 实现类

将 startTomcat 方法的实现移至实现类的 start 方法中，代码如下：

```java
//第3章/3.3.2 创建 TomcatWebServer 实现类
package com.example.springboot;
import org.apache.catalina.*;
import org.apache.catalina.connector.Connector;
import org.apache.catalina.core.StandardContext;
import org.apache.catalina.core.StandardEngine;
import org.apache.catalina.core.StandardHost;
import org.apache.catalina.startup.Tomcat;
import org.springframework.web.context.WebApplicationContext;
import org.springframework.web.servlet.DispatcherServlet;
/**
 * Web 服务:启动 Tomcat 相关代码
 */
public class TomcatWebServer implements WebServer{
    @Override
    public void start(WebApplicationContext applicationContext) {
        System.out.println("============启动 Tomcat=============");
        Tomcat tomcat = new Tomcat();
        Server server = tomcat.getServer();
        Service service = server.findService("Tomcat");
        Connector connector = new Connector();
        connector.setPort(9081);
        Engine engine = new StandardEngine();
        engine.setDefaultHost("localhost");
        Host host = new StandardHost();
        host.setName("localhost");
        String contextPath = "";
        Context context = new StandardContext();
        context.setPath(contextPath);
        context.addLifecycleListener(new Tomcat.FixContextListener());
        host.addChild(context);
        engine.addChild(host);
        service.setContainer(engine);
        service.addConnector(connector);
        tomcat.addServlet(contextPath, "dispatcher", new
DispatcherServlet(applicationContext));
        context.addServletMappingDecoded("/*", "dispatcher");
        try {
            tomcat.start();
        } catch (LifecycleException e) {
            e.printStackTrace();
        }
    }
}
```

4. 创建 JettyWebServer 实现类

Jetty 启动过程,代码如下:

```
//第 3 章/3.3.2 创建 JettyWebServer 实现类
package com.example.springboot;
import org.springframework.web.context.WebApplicationContext;
/**
 * Web 服务:启动 Jetty 相关代码
 */
public class JettyWebServer implements WebServer{
    @Override
    public void start(WebApplicationContext applicationContext) {
        System.out.println("启动 Jetty");
        //省略 Jetty 启动过程的代码,不重点讲解
    }
}
```

5. 改造 ExampleSpringApplication 类

获取 Tomcat 或者 Jetter 容器,代码如下:

```
//第 3 章/3.3.2 改造 ExampleSpringApplication 类
package com.example.springboot;
import org.springframework.web.context.WebApplicationContext;
import org.springframework.web.context.support.AnnotationConfigWebApplicationContext;
import java.util.Map;
/**
 * 自定义启动类
 */
public class ExampleSpringApplication {
    public static void run(Class clazz){
    //创建一个 Spring 容器 AnnotationConfigWebApplicationContext 支持 SpringMVC
        AnnotationConfigWebApplicationContext applicationContext =new
AnnotationConfigWebApplicationContext();
        applicationContext.register(clazz);//注册一个类进来
        applicationContext.refresh();
        //启动 Web 服务器(Tomcat、Jetty)
        WebServer webServer =getWebServer(applicationContext);
        webServer.start(applicationContext);
    }
    /**
     * 获取 Web 服务:获取 Tomcat 或者 Jetty 容器
     * @param applicationContext
     * @return
     */
    private static WebServer getWebServer(WebApplicationContext applicationContext) {
        Map< String, WebServer>beansOfType = applicationContext.getBeansOfType
(WebServer.class);
        //两个都没有定义:UserApplication 类中没有定义 TomcatWebServer 或者
        //JettyWebServer
```

```
        if (beansOfType.size() ==0) {
            throw new NullPointerException();
        }
        //定义了两个: UserApplication 类中有定义 TomcatWebServer 和 JettyWebServer
        //会报错
        if (beansOfType.size() >1) {
            throw new IllegalStateException();
        }
        //定义第 1 个: UserApplication 类中有定义 TomcatWebServer 或者 JettyWebServer
        //其中一个
        return beansOfType.values().stream().findFirst().get();
    }
}
```

6. 改造 UserApplication 类

在 UserApplication 类中只能定义 TomcatWebServer 或 JettyWebServer 其中之一,代码如下:

```
//第 3 章/3.3.2 改造 UserApplication 类
package com.example.user;
import com.example.springboot.ExampleSpringApplication;
import com.example.springboot.ExampleSpringBootApplication;
import com.example.springboot.JettyWebServer;
import com.example.springboot.TomcatWebServer;
import org.springframework.context.annotation.Bean;
/**
 * TomcatWebServer 和 JettyWebServer 只能定义其中一个。弊端:比较麻烦,需要有一个自动
 的配置类识别我要用什么类型的 Web 服务容器。解决方案:WebServerAutoConfiguration
 */
@ExampleSpringBootApplication
public class UserApplication {
    //@Bean
    //public TomcatWebServer tomcatWebServer(){
    //return new TomcatWebServer();
    //}
    @Bean
    public JettyWebServer jettyWebServer(){
        return new JettyWebServer();
    }
    public static void main(String[] args) {
        ExampleSpringApplication.run(UserApplication.class);
    }
}
```

7. 运行项目

启动项目并查看日志,如图 3-6 所示。

读者可以注释 JettyWebServer 或 TomcatWebServer,或同时使用它们,以检查功能是否可实现。

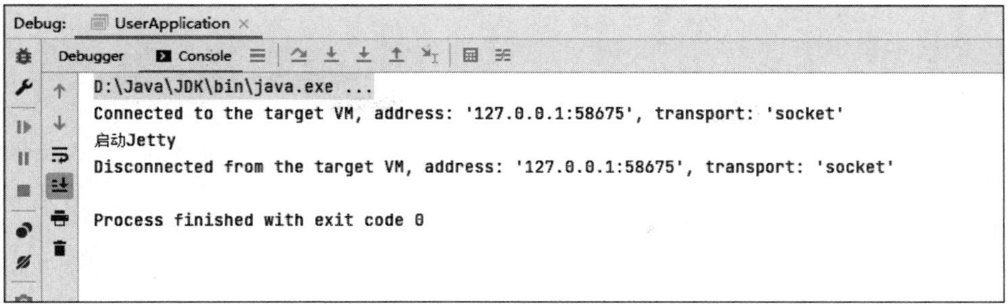

图 3-6　控制台日志

8. 总结

目前该项目已实现 Tomcat 或 Jetty 容器的启动功能，然而，该方案存在一定的局限性。在 UserApplication 类中，开发者需要手动为 JettyWebServer 和 TomcatWebServer 对象注入依赖，这与框架的预期不符合，因为这些对象对开发者来讲应该是无感知的，因此，在下一阶段开发中，开发者将对这一问题进行修正。

3.3.3　实现自动配置类

提供一个 WebServer 的自动配置类，帮助开发者自动注入 Tomcat 或 Jetty 容器。实现思路是首先移除 UserApplication 类中的 JettyWebServer 和 TomcatWebServer 两个 Bean 对象，接着创建一个自动配置类 WebServerAutoConfiguration，并在 ExampleSpringBootApplication 启动类上使用@EnableAutoConfiguration 注解，最后注入 Tomcat 或 Jetty 容器。接下来对 3.3.2 节的代码进行修改。

1. 恢复 UserApplication 类

恢复 UserApplication 类，移除 UserApplication 类中的 JettyWebServer 和 TomcatWebServer 两个 Bean 对象，代码如下：

```
//第 3 章/3.3.3 恢复 UserApplication 类
package com.example.user;
import com.example.springboot.ExampleSpringApplication;
import com.example.springboot.ExampleSpringBootApplication;
@ExampleSpringBootApplication
public class UserApplication {
    public static void main(String[] args) {
        ExampleSpringApplication.run(UserApplication.class);
    }
}
```

2. 在启动类注解中导入自动配置类

在 ExampleSpringBootApplication 启动类注解中导入 WebServerAutoConfiguration 类，代码如下：

```
//第 3 章/3.3.3 在启动类注解中导入自动配置类
package com.example.springboot;
import org.springframework.context.annotation.ComponentScan;
import org.springframework.context.annotation.Configuration;
import org.springframework.context.annotation.Import;
import java.lang.annotation.*;
/**
* 自定义注解:启动类注解
*/
@Target(ElementType.TYPE) //作用于类上面
@Retention(RetentionPolicy.RUNTIME)
@Documented
@Inherited //@Inherited 是一个标识,用来修饰注解。作用:如果一个类用上了@Inherited
           //修饰的注解,则其子类也会继承这个注解
@Configuration
@ComponentScan //找到被修饰的类(UserApplication),扫描当前包下的所有类
               //(com.example.user.*)
@Import(WebServerAutoConfiguration.class) //直接导入类,不够优雅,而且如果有很多个
                                          //配置类,则写在这里也不好
public @interface ExampleSpringBootApplication {
}
```

3. 创建自动配置类 WebServerAutoConfiguration

将原先 UserApplication 类中 JettyWebServer 和 TomcatWebServer 的两个 Bean 对象
移到配置类中,代码如下:

```
//第 3 章/3.3.3 创建自动配置类 WebServerAutoConfiguration
package com.example.springboot;
import org.springframework.context.annotation.Bean;
import org.springframework.context.annotation.Configuration;
/**
* Web 服务配置实现类,由于 ExampleSpringBootApplication 扫描的包是(com.example.
user.*),WebServerAutoConfiguration 配置类无法被扫描到,所以需要@Import 注解,将当
前类导进来,以便被扫描到
*/
@Configuration
public class WebServerAutoConfiguration implements AutoConfiguration{
    @Bean
    public TomcatWebServer tomcatWebServer(){
        return new TomcatWebServer();
    }
    @Bean
    public JettyWebServer jettyWebServer(){
        return new JettyWebServer();
    }
}
```

由于项目存在两个 WebServer,在执行 getWebServer 方法时会报错,因此需要判断这
两个 Bean 是否存在。这里可以利用 Spring Boot 的条件注解实现条件判断。

3.3.4　使用条件注解

Spring Boot 的 Condition 提供了一个 matches 方法,该方法可以获取容器中的上下文信息,以及被@Conditional 标注的对象上的所有注解信息。返回类型是 boolean 类型,返回值为 true 表示符合条件,返回值为 false 表示不符合条件,代码如下:

```
//第3章/3.3.4 使用条件注解
package org.springframework.context.annotation;
import org.springframework.core.type.AnnotatedTypeMetadata;
@FunctionalInterface
public interface Condition {
    boolean matches(ConditionContext context, AnnotatedTypeMetadata metadata);
}
```

为了判断是否存在 Tomcat 或 Jetty 的类,需要将 org.apache.catalina.startup.Tomcat 和 org.eclipse.jetty.server.Server 作为值传入条件注解中。Spring Boot 提供的 Condition 注解没有提供这样的方法,因此需要自定义一个条件注解。

1. 创建 ExampleConditionalOnClass 接口

创建 ExampleConditionalOnClass 接口,提供一个 value 方法,返回类型为字符串,并在接口上添加 ExampleCondition 自定义条件判断注解实现类,代码如下:

```
//第3章/3.3.4 创建 ExampleConditionalOnClass 接口
package com.example.springboot;
import org.springframework.context.annotation.Conditional;
import java.lang.annotation.ElementType;
import java.lang.annotation.Retention;
import java.lang.annotation.RetentionPolicy;
import java.lang.annotation.Target;
/**
 * 自定义注解:条件判断注解
 */
@Target({ ElementType.TYPE, ElementType.METHOD })
@Retention(RetentionPolicy.RUNTIME)
@Conditional(ExampleCondition.class)
public @interface ExampleConditionalOnClass {
    String value();
}
```

2. 创建 ExampleCondition 自定义条件判断注解实现类

由于 ExampleConditionalOnClass 中添加了@Conditional(ExampleCondition.class),因此带有 ExampleConditionalOnClass 注解的方法或对象都会执行一次 matches 方法,代码如下:

```
//第3章/3.3.4 创建 ExampleCondition 自定义条件判断注解实现类
package com.example.springboot;
import org.springframework.context.annotation.Condition;
```

```java
import org.springframework.context.annotation.ConditionContext;
import org.springframework.core.type.AnnotatedTypeMetadata;
import java.util.Map;
/**
 * 自定义条件判断注解实现类
 */
public class ExampleCondition implements Condition {
    @Override
    public boolean matches (ConditionContext context, AnnotatedTypeMetadata
metadata) {
        //条件判断有 ExampleConditionalOnClass 注解修饰的值(org.apache.catalina.
        //startup.Tomcat/org.eclipse.jetty.server.Server 的类)才会加载
        Map<String, Object>annotationAttributes =
metadata.getAnnotationAttributes(ExampleConditionalOnClass.class.getName());
        //取出 ExampleConditionalOnClass 注解中的值,也就是(org.apache.catalina.
        //startup.Tomcat/org.eclipse.jetty.server.Server)
        String className = (String) annotationAttributes.get("value");
        try {
            //加载(org.apache.catalina.startup.Tomcat/org.eclipse.jetty.
            //server.Server)的类
            context.getClassLoader().loadClass(className);
            //返回值为 true,符合条件
            return true;
        } catch (ClassNotFoundException e) {
            //找不到(org.apache.catalina.startup.Tomcat/org.eclipse.jetty.
            //server.Server)的类,返回值为 false,不符合条件
            return false;
        }
    }
}
```

3. 改造自动配置类 WebServerAutoConfiguration

在 TomcatWebServer 和 JettyWebServer 对象上添加@ExampleConditionalOnClass,
代码如下:

```java
//第 3 章/3.3.4 改造自动配置类 WebServerAutoConfiguration
package com.example.springboot;
import org.springframework.context.annotation.Bean;
import org.springframework.context.annotation.Configuration;
/**
 * Web 服务配置实现类,由于 ExampleSpringBootApplication 扫描的包是(com.example.
 * user.*),WebServerAutoConfiguration 配置类无法被扫描到,所以需要@Import 注解,将当
 * 前类导进来,以便被扫描到
 */
@Configuration
public class WebServerAutoConfiguration implements AutoConfiguration{
    @Bean
    @ExampleConditionalOnClass("org.apache.catalina.startup.Tomcat")
```

```
public TomcatWebServer tomcatWebServer(){
    return new TomcatWebServer();
}
@Bean
@ExampleConditionalOnClass("org.eclipse.jetty.server.Server")
public JettyWebServer jettyWebServer(){
    return new JettyWebServer();
}
}
```

3.3.5　注入自定义配置类

本节介绍如何利用自动配置类和条件注解实现 Tomcat 和 Jetty 的自动注入,并借助 @Import 导入 WebServerAutoConfiguration 类来模拟 Spring Boot 框架的实现方法,但是,这种方式并不够直观。对于 Spring Boot 框架来讲,它本身集成了许多第三方依赖并需要处理大量的配置类。在 ExampleSpringBootApplication 类中,如果使用 @Import 多次导入配置类,则显然无法实现。由于 @Import 不能在同一个类中使用多次,所以需要一种批量导入配置类的功能。

在 Spring Context 包中,提供了一种名为 SPI 的机制,这是 JDK 提供的服务发现机制。开发者可以在 MTEA-INF/services 路径下找到一个以接口名命名的配置文件。这个文件包含了开发者自行创建的配置类的全限定名。通过反射加载、实例化和缓存这些配置类,从而实现这一功能。

开发者可以通过实现 DeferredImportSelector 接口的 selectImports 方法,获取开发者自定义的自动配置类名称。Spring Boot 框架提供的 Spring Factories 机制类似于 SPI 机制,用于实现自动加载自定义的 Bean。两者的主要区别在于 Spring Factories 机制在 META-INF/spring.factories 文件中,以键-值对的方式,配置接口实现类的名称,并在程序中读取配置文件中的类名称并实例化。接下来,将使用 SPI 机制实现这一功能。

1. 定义 AutoConfiguration 接口

先定义一个空接口,代码如下:

```
package com.example.springboot;
/**
* @Description: 自动装配接口
*/
public interface AutoConfiguration {
}
```

2. 在 MTEA-INF/services 路径下创建文件

创建的文件名称一定是自动装配接口的全限定名 com.example.springboot.AutoConfiguration,文件中的内容也是开发者自定义批量导入类的全限定名,代码如下:

```
com.example.springboot.WebServerAutoConfiguration
```

3. 实现接口 DeferredImportSelector

创建 AutoConfigurationImportSelector 类，实现 DeferredImportSelector 接口的 selectImports 方法，代码如下：

```java
//第 3 章/3.3.5 实现接口 DeferredImportSelector
package com.example.springboot;
import org.springframework.context.annotation.DeferredImportSelector;
import org.springframework.core.type.AnnotationMetadata;
import java.util.ArrayList;
import java.util.List;
import java.util.ServiceLoader;
/**
 * 自定义批量导入
 */
public class AutoConfigurationImportSelector implements
DeferredImportSelector {
    //spring.factories 的原理也相似,不过这里的 String[]返回的是 Spring Boot 默认的+
    //第三方的 JAR 自动配置类的名字,而现在使用 SPI 机制,String[]返回的是开发者自己定义的
    //配置类,spring.factories 所有 JAR 下面所有的 META-inf/spring.factories 的 value,
    //它是 Spring Boot 提供的各种配置类的名字
    @Override
    public String[] selectImports(AnnotationMetadata importingClassMetadata) {
        //获取自动装配接口的实现类
        ServiceLoader < AutoConfiguration > serviceLoader = ServiceLoader.load
(AutoConfiguration.class);
        List<String>list =new ArrayList<>();
        for (AutoConfiguration autoConfiguration : serviceLoader) {
            //获取类名 com.example.springboot.WebServerAutoConfiguration
            list.add(autoConfiguration.getClass().getName());
        }
        return list.toArray(new String[0]);
    }
}
```

4. Spring factories 的工作原理

本节通过 SPI 机制实现自定义配置类的注入，进而了解 Spring factories 的工作原理。上述代码可以在 Spring Boot 框架源码中找到相似之处，查看@SpringBootApplication 源码，发现@EnableAutoConfiguration 和@ComponentScan 两个注解。

```java
//第 3 章/3.3.5 @SpringBootApplication 源码
@Target(ElementType.TYPE)
@Retention(RetentionPolicy.RUNTIME)
@Documented
@Inherited
@SpringBootConfiguration
@EnableAutoConfiguration
@ComponentScan(ExcludeFilters = { @Filter(type = FilterType.CUSTOM, classes =
TypeExcludeFilter.class),
```

```
@ Filter (type = FilterType. CUSTOM, classes = AutoConfigurationExcludeFilter.
class) })
public @interface SpringBootApplication {
......

    }
```

@ComponentScan 的作用是扫描@SpringBootApplication 所在的启动类包下符合扫描规则的类并装配到 Spring 容器中，@EnableAutoConfiguration 的作用是将 Spring Boot 项目中 pom 文件里面添加的依赖中的 bean 注入 Spring 容器中。查看@EnableAutoConfiguration 源码，发现@Import(AutoConfigurationImportSelector.class)同样导入了 AutoConfigurationImportSelector 类，进入该类查看关键源码，代码如下：

```
//第 3 章/3.3.5 @EnableAutoConfiguration 源码
@Override
public String[] selectImports(AnnotationMetadata annotationMetadata) {
    if (!isEnabled(annotationMetadata)) {
        return NO_IMPORTS;
    }
    AutoConfigurationMetadata autoConfigurationMetadata =
AutoConfigurationMetadataLoader.loadMetadata(this.beanClassLoader);
    //获取了 Spring Boot 项目中需要自动配置的项
    AutoConfigurationEntry autoConfigurationEntry = getAutoConfigurationEntry
(autoConfigurationMetadata,annotationMetadata);
    return StringUtils.toStringArray(autoConfigurationEntry.getConfigurations());
}
```

在 getAutoConfigurationEntry 方法中有个 getCandidateConfigurations 方法，它的作用是获取所有参与项目的候选配置 Bean，代码如下：

```
//第 3 章/3.3.5 getAutoConfigurationEntry 方法
protected AutoConfigurationEntry
getAutoConfigurationEntry(AutoConfigurationMetadata
autoConfigurationMetadata,
AnnotationMetadata annotationMetadata) {
    if (!isEnabled(annotationMetadata)) {
        return EMPTY_ENTRY;
    }
    AnnotationAttributes attributes =getAttributes(annotationMetadata);
    //获取所有参与项目的候选配置 Bean
    List<String>configurations =
getCandidateConfigurations(annotationMetadata, attributes);
    configurations =removeDuplicates(configurations);
    Set<String>Excelusions =getExclusions(annotationMetadata, attributes);
    checkExceludedClasses(configurations, Exclusions);
    configurations.removeAll(Exclusions);
    configurations =filter(configurations, autoConfigurationMetadata);
    fireAutoConfigurationImportEvents(configurations, Exclusions);
```

```
        return new AutoConfigurationEntry(configurations, Excelusions);
    }
```

在 getCandidateConfigurations 方法中有 SpringFactoriesLoader 类,它的作用是在类路径下的 META-INF/spring.factories 文件中获取工厂类接口的实现类,进行初始化并且保存在缓存中,提供给 Spring Boot,以便在启动过程的各个阶段进行调用,代码如下:

```
protected List<String>getCandidateConfigurations(AnnotationMetadata
metadata, AnnotationAttributes attributes) {
    //loadFactoryNames 方法是根据参数 getSpringFactoriesLoaderFactoryClass()获
    //取 spring.factories 下配置的所有实现类的全限定类名
    List < String > configurations = SpringFactoriesLoader. loadFactoryNames
(getSpringFactoriesLoaderFactoryClass(),getBeanClassLoader());
    Assert.notEmpty(configurations, "No auto configuration classes found in META-
INF/spring.factories. If you are using a custom packaging, make sure that file is
correct.");
    return configurations;
}
```

spring.factories 为 Spring Boot 的自动装配提供了方便。

通过本节了解了 Spring Boot 框架如何自动加载和配置第三方依赖,简化了开发者的工作流程。这种方法可以应用于其他项目,使开发者能够专注于业务逻辑的实现,而不是手动配置和管理第三方依赖。

3.3.6　Spring Boot 自动加载

自动加载功能可以通过 Spring Boot 的自动配置机制实现,Spring Boot 默认会根据 classpath 中的内容自动加载相应的组件和配置文件,并将它们注入应用程序中。在这个过程中,Spring Boot 会自动扫描 classpath 下的 JAR 包,查找是否存在符合条件的配置文件,并自动加载这些配置文件。

1. 经典场景

本节详细介绍 Spring Boot 框架的第三方依赖的自动加载和配置,以下列举几个典型场景。

(1)第三方库依赖:在实际项目中,开发者可能需要集成多个第三方库,如 Redis、MySQL、Log4j 等。Spring Boot 的自动装配功能使开发者能够轻松集成这些库,只需在项目中添加相应的 Maven 或 Gradle 依赖。Spring Boot 会自动为这些依赖注入相应的 Bean。

(2)应用配置:Spring Boot 的自动装配功能可为应用提供默认配置,同时允许开发者根据实际需求自定义配置。这样,开发者可以将更多精力投入核心业务逻辑的实现上,而无须应对烦琐的配置管理。

(3)Web 应用:在构建 Web 应用时,Spring Boot 的自动装配功能有助于快速启动并运行应用,无须手动配置和管理 Tomcat、Jetty 等 Web 服务器。同时,Spring Boot 提供了丰富的内置 Web 应用配置,如嵌入式 Servlet 容器、静态资源处理等。

（4）数据访问：Spring Boot 的自动装配功能简化了数据库连接和数据访问的配置。通过配置文件或注解，开发者可轻松地实现数据库连接池、事务管理、JPA/MyBatis 等数据访问技术的自动配置。

（5）监控和管理：Spring Boot 可与各种监控和管理工具集成，如 Prometheus、ELK Stack 等。自动装配功能使这些工具能够自动发现并注册 Spring 容器中的 Bean，从而实现更高效的监控和管理。

2. 核心原理

Spring Boot 自动装配是一种依赖于 SpringFactories 机制与 SPI 技术的核心原理。在 Spring Boot 项目中，第三方依赖和框架都有各自的配置类。Spring Boot 通过 SpringFactoriesLoader 类在类路径下的 META-INF/spring.factories 文件中查找这些配置类的工厂类接口实现类，并将它们加载到 Spring 容器中。接着，自动配置类选择并加载这些实现类，将第三方依赖的 Bean 自动注入 Spring 容器中。

SpringFactories 机制是一种服务发现机制，允许开发者在类路径下的 META-INF/spring.factories 文件中定义一组接口实现类的列表。Spring Boot 在启动时会扫描这些文件，并加载其中定义的实现类。这种机制可以将各框架与依赖的配置类解耦，使 Spring Boot 能自动配置和注入 Bean。

Spring Boot 提供了 AutoConfigurationImportSelector 自动配置类，可以根据配置文件（如 META-INF/spring.factories）自动选择和加载对应的实现类。开发者还可以通过 Java 注解明确指定需要自动装配的类，使 Spring Boot 能更好地组织和管理 Bean，以提升代码可读性和维护性。

在 Spring Boot 项目中，SpringApplication 是应用的主类，负责启动 Spring 容器。在初始化过程中，SpringApplication 加载配置文件、创建 Spring 容器和启动 Web 服务器等操作，这些操作均可自动完成，开发者无须手动实现。

综上所述，Spring Boot 自动装配的核心原理是基于 SpringFactories 机制和 SPI 技术实现的。自动配置类和 Java 注解简化了开发者的工作流程，提升了代码可读性和维护性。

3. 底层源码

在 Spring Boot 项目中，自动装配的底层原理主要依赖 SpringFactoriesLoader 类和 META-INF/spring.factories 文件。通过以下源码级别的分析，读者将深入了解 Spring Boot 自动装配的底层原理。

1）SpringFactoriesLoader 类

SpringFactoriesLoader 是 Spring 框架中的一个工具类，用于从类路径下的指定 JAR 文件中查找并加载配置文件。在 Spring Boot 项目中，它主要用于加载 META-INF/spring.factories 文件。

核心方法如下：

```
public static List<String> loadFactoryNames(Class<?> factoryType, @Nullable
ClassLoader classLoader) {
```

```
     String factoryTypeName =factoryType.getName();
      return loadSpringFactories (classLoader). getOrDefault (factoryTypeName,
Collections.emptyList());
   }
```

loadSpringFactories(classLoader)方法递归地从指定的类加载器中查找并加载 META-INF/spring.factories 文件。

2）META-INF/spring.factories 文件

在 Spring Boot 项目中,META-INF/spring.factories 是一种特殊的文件,它允许开发者在类路径下的 JAR 文件中定义一组接口实现类的列表。当 Spring Boot 启动时,会扫描这些 JAR 文件,并加载其中定义的实现类。

通常情况下,可以在 src/main/resources/META-INF/spring.factories 目录下找到这个文件。例如,在自动配置类 AutoConfigurationImportSelector 中就定义了一组自动配置类,它们的全限定名会被 loadSpringFactories(classLoader)方法加载,并注册到 Spring 容器中。

3）Spring Boot 自动装配

当 Spring Boot 启动时,它会扫描 META-INF/spring.factories 文件,并根据文件中定义的类的全限定名加载对应的自动配置类。每个自动配置类通常包含一组自动配置条件,只有在满足条件的情况下才会被启用。例如,AutoConfigurationImportSelector 的核心方法 getCandidateConfigurations 会加载所有注册到 SpringFactoriesLoader 的自动配置类,并筛选出符合条件的配置类。筛选条件通常包括排除不符合条件的自动配置类、排除已启用的自动配置类和排除已存在于父容器中的自动配置类。筛选后的自动配置类会被加载到 Spring 容器中,并根据条件进行启用。当满足条件的自动配置类被启用后,它们会自动将对应的 Bean 注入 Spring 容器中。

总之,Spring Boot 自动装配的底层原理是基于 SpringFactoriesLoader 类和 META-INF/spring.factories 文件实现的。通过在 META-INF/spring.factories 文件中定义一组自动配置类的实现类列表,Spring Boot 能够在启动时自动加载、实例化和缓存这些 Bean,从而实现了自动装配。这使开发者能够专注于实现业务逻辑,而无须关心底层配置。Spring Boot 的自动装配特性极大地简化了开发流程,提高了代码的可读性和可维护性。

部 署 方 案

在阅读本章节之前,建议读者事先了解基本的 Linux 操作和网络知识,以便更好地理解本节所述的内容。本章将介绍在 CentOS 7 上安装、配置和使用宝塔面板、Docker、DockerCompose 和 Kubernetes 的实用指南,深入了解它们的工作原理和优势。这些工具和技术是现代软件开发的基础,能为软件开发和部署工作带来极大的帮助和便利。

4.1　CentOS 7

远古时代,有一处被称为云之国的地方。在这片土地上,有一名年轻的服务器,它的名字叫 CentOS 7。云之国的居民们依赖 CentOS 7 来管理和运行网络服务,因为 CentOS 7 是一款非常稳定且可靠的操作系统。

CentOS 7 由 Red Hat 公司开发,秉承了 RHEL(Red Hat Enterprise Linux)操作系统的稳定性和可靠性。CentOS 7 在云之国的众多服务器任务中发挥着关键作用,如提供网页托管、电子邮件服务和数据处理等。CentOS 7 具备强大功能,成为云之国居民们的得力助手。首先,它支持多种编程语言和开发工具,为程序员提供便利,能轻松开发和部署应用程序。其次,CentOS 7 提供了丰富的软件包资源,居民们可以根据需求选择合适的软件包进行安装。此外,CentOS 7 具备强大的安全性能,可有效保护服务器免受网络攻击。当云之国居民遇到问题时,CentOS 7 总能迅速提供帮助。有一天,名叫小明的年轻人发现他的网站速度变慢,便求助于 CentOS 7。CentOS 7 迅速诊断问题,发现是内存占用过高。随后,CentOS 7 为小明提供了优化建议,使网站速度恢复正常。

CentOS 7 还拥有一个庞大的社区,这是一个由全球各地技术爱好者组成的社区。当云之国的居民遇到问题时,可以在社区论坛上寻求帮助,通常很快便可以得到其他人的宝贵建议和经验分享。在云之国居民们的共同努力下,CentOS 7 不断进行升级和改进,以更好地满足云之国居民们的需求。如今,CentOS 7 已成为云之国不可或缺的一部分,为云之国的繁荣发展做出了巨大贡献。

4.1.1　介绍

国内互联网公司喜欢用 CentOS,早年的服务器用的是 Red Hat 系统,CentOS 是基于

Red Hat 的社区版,这也导致绝大部分人是熟悉 CentOS 发行版的人,在这些人的普遍意识里会觉得 CentOS 比较稳定,对于版本而言,使用 CentOS 7 的用户群体较大,CentOS 7 算是中小型企业用得比较多的版本。

在这个系列中,开发者将深入探讨 CentOS 7 这一强大的开源操作系统。作为 Red Hat 企业级 Linux 的分支,CentOS 7 在与其他版本的兼容性、稳定性、社区支持和成本效益等方面展现出显著优势。

(1)兼容性:CentOS 7 基于 RHEL,它们保持了几乎相同的应用程序和服务兼容性,使 CentOS 7 成为应用部署的理想选择。

(2)稳定性:CentOS 7 以其稳定性著称,经过长时间的运行,系统仍能保持高效和可靠的性能,非常适合关键任务和企业级应用。

(3)社区支持:CentOS 7 由一个活跃的社区支持,用户能够轻松地获取技术支持和解决方案,这对于解决问题和提高工作效率至关重要。

(4)成本效益:CentOS 7 是免费的,对于寻求成本效益的企业来讲,这是一个极具吸引力的选择。

尽管 CentOS 7 在过去几年中取得了显著的市场份额增长,但由于 CentOS 8 的发布,CentOS 7 的市场份额可能受到一定程度的影响,然而,CentOS 7 仍然在企业和服务器领域拥有广泛的应用,尤其是在关键任务环境和成本敏感的场景中。

4.1.2 安装

安装 CentOS 7 需要提前准备好程序光盘映像文件(.iso),然后在启动 VMware Workstation 之后,单击"新建虚拟机"按钮,如图 4-1 所示。

图 4-1 新建虚拟机

进入"新建虚拟机向导"页面后,选择"典型(推荐)"模式安装,如图 4-2 所示。

单击"下一步"按钮,进入"安装客户机操作系统"页面,如图 4-3 所示。

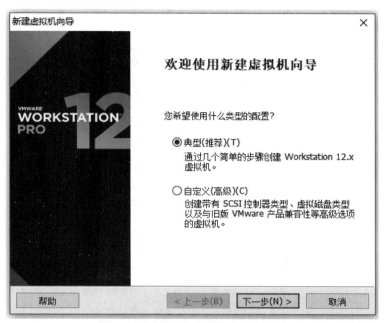

图 4-2 "典型(推荐)"模式安装页面

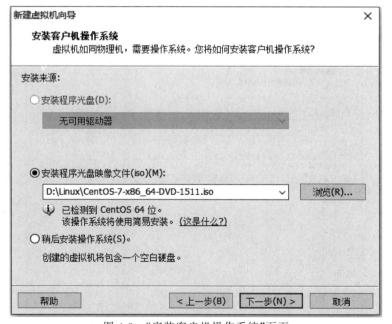

图 4-3 "安装客户机操作系统"页面

设置程序光盘映像文件路径之后，单击"下一步"按钮，进入"简易安装信息"页面，如图 4-4 所示。

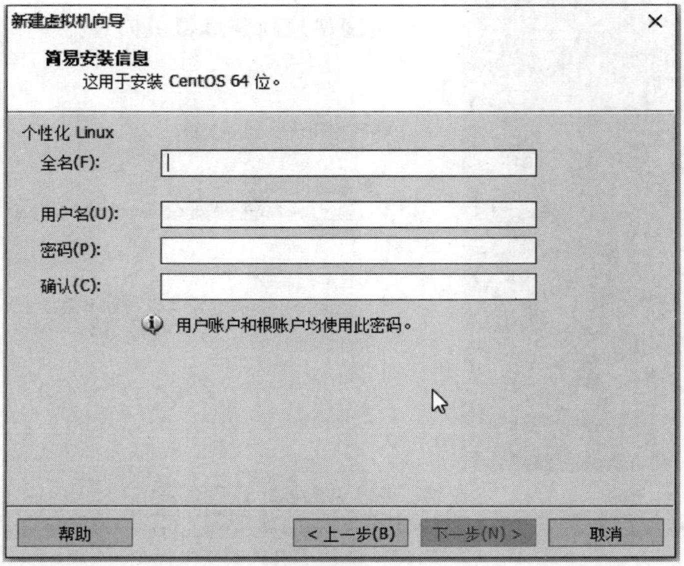

图 4-4　"简易安装信息"页面

单击"下一步"按钮，进入"命名虚拟机"页面，如图 4-5 所示。

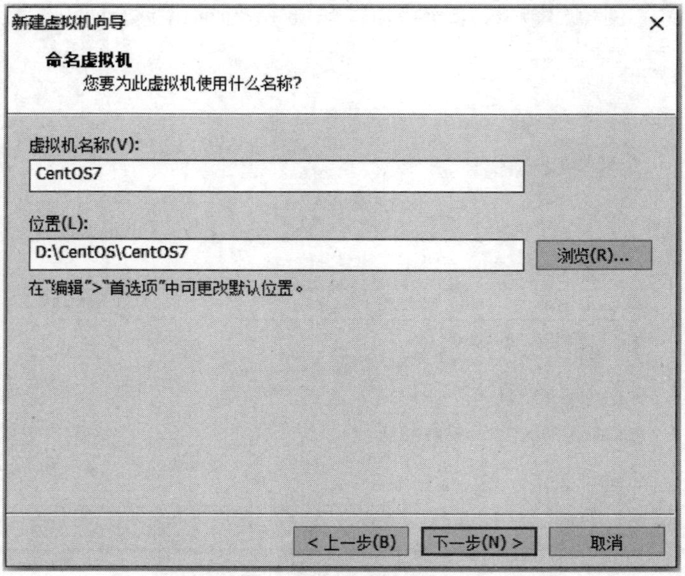

图 4-5　"命名虚拟机"页面

单击"下一步"按钮，进入"指定磁盘容量"页面，如图 4-6 所示。

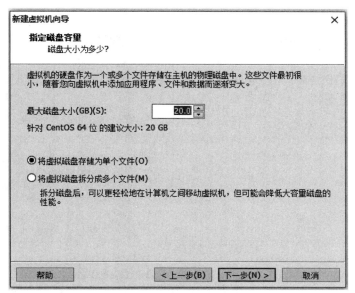

图 4-6 "指定磁盘容量"页面

单击"下一步"按钮,进入"已准备好创建虚拟机"页面,如图 4-7 所示。

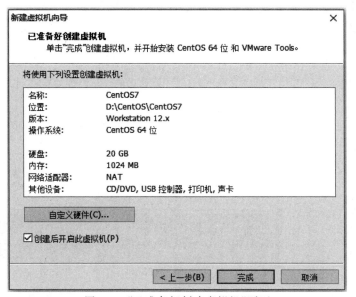

图 4-7 "已准备好创建虚拟机"页面

单击"自定义硬件"按钮,进入"硬件"页面,如图 4-8 所示。

单击"关闭"按钮后,会回到上一个"已准备好创建虚拟机"的页面,单击"完成"按钮,便可安装虚拟机,如图 4-9 所示。

图 4-8 "硬件"页面

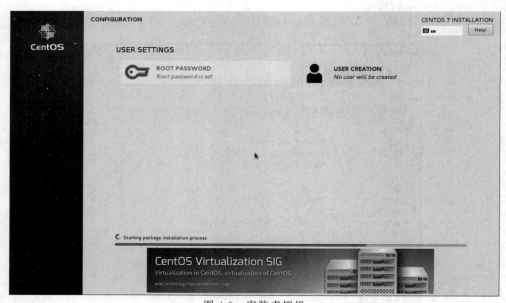

图 4-9 安装虚拟机

等待一段时间后，虚拟机就准备好了，这时需要通过用户名和密码登录系统，如图 4-10 所示。

输入用户名和密码登录，初次登录会有设置页面，首先是语言选择页面，如图 4-11 所示。

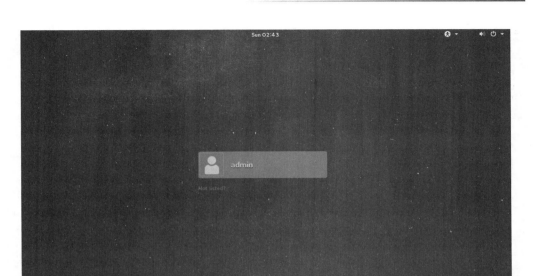

图 4-10　通过用户名和密码登录系统

图 4-11　语言选择页面

单击 3 个小点按钮后找到"汉语",如图 4-12 所示。

选择"汉语"后,单击"前进"按钮,需要登录在线账号,如图 4-13 所示。

这里可以单击"跳过"按钮,直接进入"准备好了"页面,如图 4-14 所示。

单击"开始使用 CentOS Linux"按钮,会弹出一个 Getting Started 小窗口,如图 4-15 所示。

图 4-12　汉语选择页面

图 4-13　"在线账号"页面

这时可以选择关闭，正式进入 CentOS 桌面，如图 4-16 所示。

4.1.3　配置

安装好 CentOS 后，可以对虚拟网络编辑器进行设置，如图 4-17 所示。

单击"虚拟网络编辑器"按钮，进入设置页面，首先选择"NAT 模式"，然后修改子网 IP 和子网掩码，勾选复选框中的两个选项，如图 4-18 所示。

图 4-14 "准备好了"页面

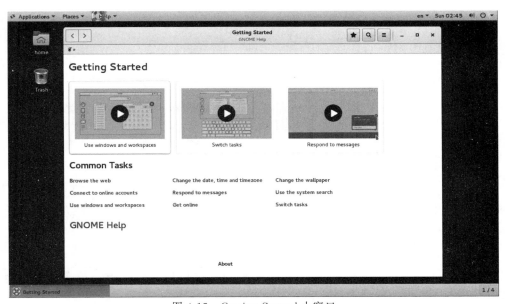

图 4-15 Getting Started 小窗口

接着单击"DHCP 设置"按钮,进入"DHCP 设置"页面,配置起始 IP 和结束 IP 地址即可,如图 4-19 所示。

接着单击右上角的小图标,选择小扳手图标,进入"设置"页面,如图 4-20 所示。

在"网络"→"有线"下,单击齿轮小图标,进入"网络"页面,如图 4-21 所示。

图 4-16   CentOS 桌面

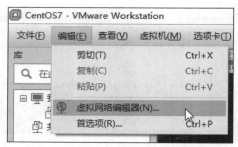

图 4-17   单击"虚拟网络编辑器"按钮

在 IPv4 下面选择"手动"，对 IP 地址、子网掩码、网关地址、DNS 进行设置，如图 4-22 所示。

4.1.4   复制迁移

将一个 CentOS 环境复制到另一个 CentOS，实现环境迁移或备份功能。以下是 CentOS 迁移示例：

VMware 中已存在一个 CentOS，这里将 CentOS 复制一份，并命名 CentOS2，如图 4-23 所示。

新建虚拟机，如图 4-24 所示。

单击"新建虚拟机"按钮，来到"新建虚拟机向导"页面，如图 4-25 所示。

选择"自定义（高级）"选项，单击"下一步"按钮，进入"选择虚拟机硬件兼容性"页面，如图 4-26 所示。

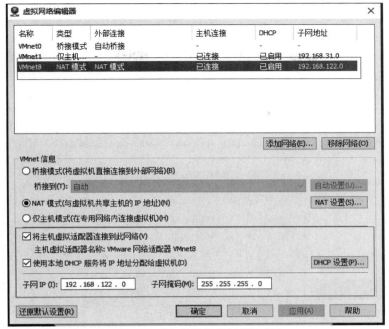

图 4-18　"虚拟网络编辑器"页面

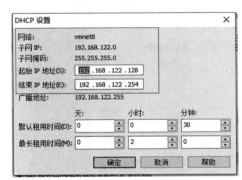

图 4-19　"DHCP 设置"页面

图 4-20　"设置"页面

　　直接单击"下一步"按钮,进入"安装客户机操作系统"页面,如图 4-27 所示。

　　选择"稍后安装操作系统",单击"下一步"按钮,进入"选择客户机操作系统"页面,如图 4-28 所示。

　　选择 Linux,单击"下一步"按钮,进入"命名虚拟机"页面,如图 4-29 所示。

　　将这里的名称改成 CentOS 2,后面的文件改名就是对应的这个名称。单击"下一步"按钮,进入"处理器配置"页面,如图 4-30 所示。

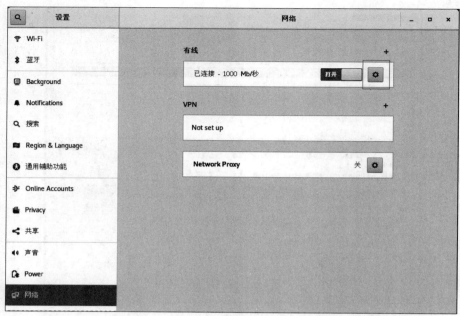

图 4-21 "网络"页面

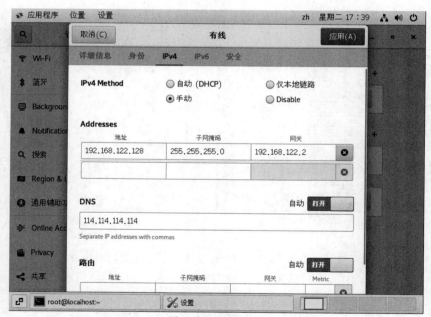

图 4-22 网络配置

图 4-23　VMware 中已存在的两个 CentOS

图 4-24　新建虚拟机

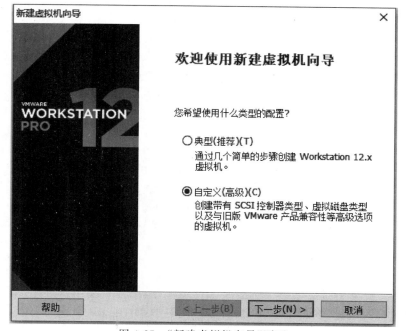

图 4-25　"新建虚拟机向导"页面

　　选择适合的处理器数量及每个处理器的核心数量,单击"下一步"按钮,进入"此虚拟机的内存"页面,如图 4-31 所示。

　　选择合适的内存容量,单击"下一步"按钮,进入"网络类型"页面,如图 4-32 所示。

　　选择默认的选项,单击"下一步"按钮,进入"选择 I/O 控制器类型"页面,如图 4-33 所示。

　　选择默认的选项,单击"下一步"按钮,进入"选择磁盘类型"页面,如图 4-34 所示。

　　选择默认的选项,单击"下一步"按钮,进入"选择磁盘"页面,如图 4-35 所示。

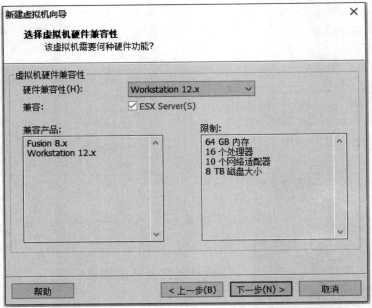

图 4-26　"选择虚拟机硬件兼容性"页面

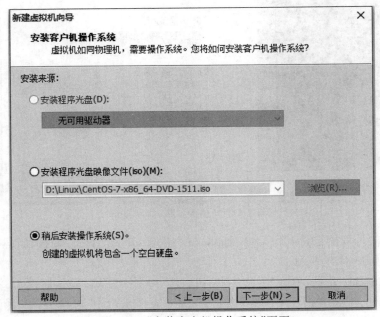

图 4-27　"安装客户机操作系统"页面

选择默认的选项,单击"下一步"按钮,进入"指定磁盘容量"页面,如图 4-36 所示。

选择"将虚拟磁盘存储为单个文件"选项,单击"下一步"按钮,进入"指定磁盘文件"页

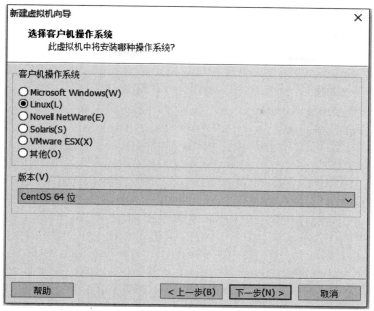

图 4-28　"选择客户机操作系统"页面

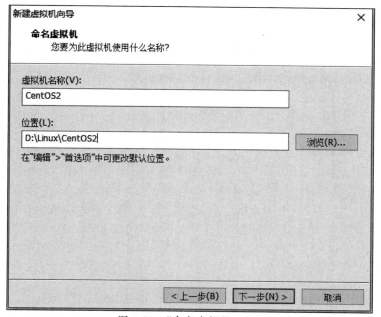

图 4-29　"命名虚拟机"页面

面,如图 4-37 所示。

　　单击"下一步"按钮,进入"已准备好创建虚拟机"页面,如图 4-38 所示。

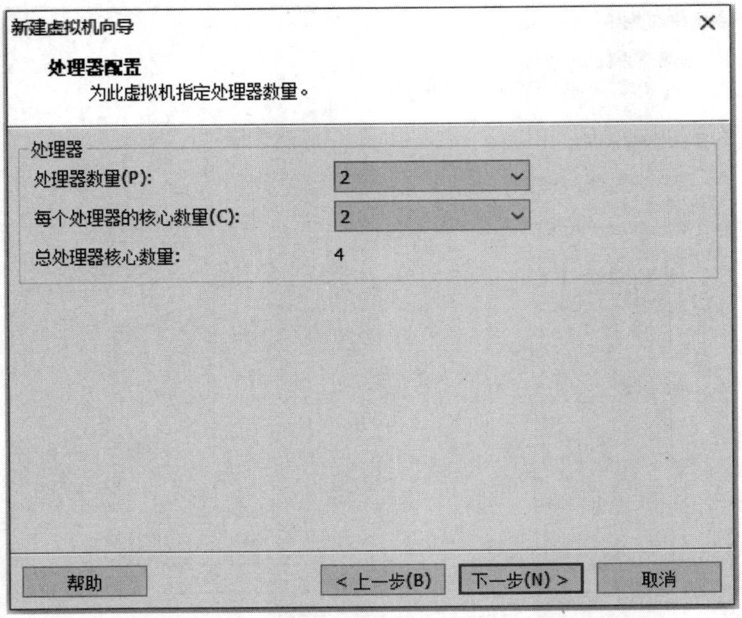

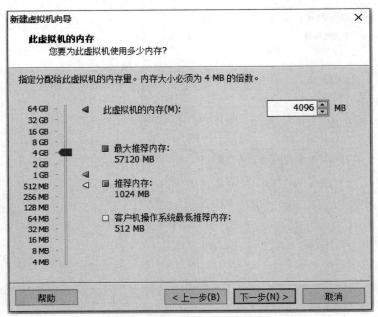

图 4-30　"处理器配置"页面

图 4-31　配置虚拟机内存页面

　　单击"完成"按钮，配置 CD/DVD，对 ISO 映像文件路径进行修改，建议每个 CentOS 单独用一个 ISO 映像文件，如图 4-39 所示。

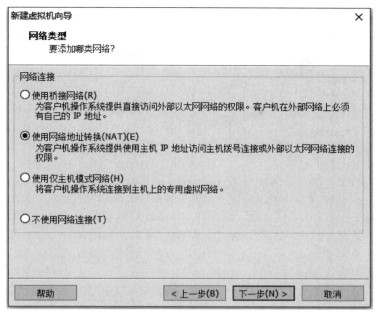

图 4-32　"配置网络类型"页面

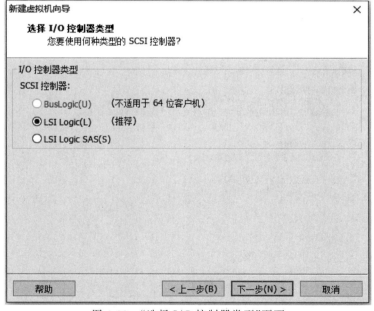

图 4-33　"选择 I/O 控制器类型"页面

单击 CD/DVD 按钮，选择"使用 ISO 映像文件"选项，如图 4-40 所示。

找到安装目录，删除刚刚安装好的 CentOS2.vmdk 文件，如图 4-41 所示。

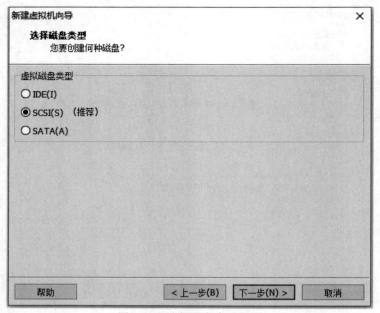

图 4-34　选择磁盘类型页面

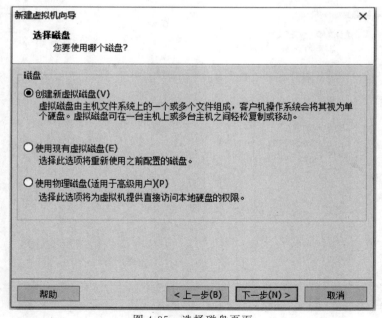

图 4-35　选择磁盘页面

　　将需要迁移的 CentOS 的.vmdk 文件复制到新安装的 CentOS2 目录下，如图 4-42 所示。

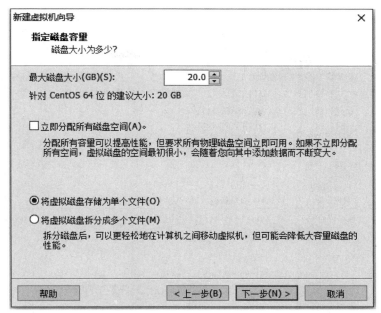

图 4-36 指定磁盘容量页面

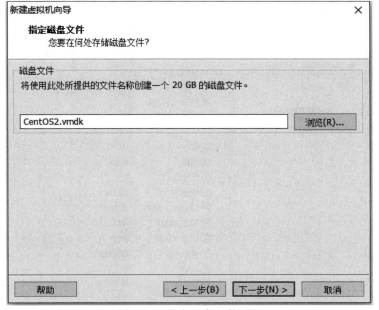

图 4-37 指定磁盘文件页面

将 CentOS.vmdk 文件名修改为 CentOS2.vmdk,如图 4-43 所示。

接着登录系统,修改网络 IP,进入 etc/sysconfig/network-scripts/目录,如图 4-44 所示。

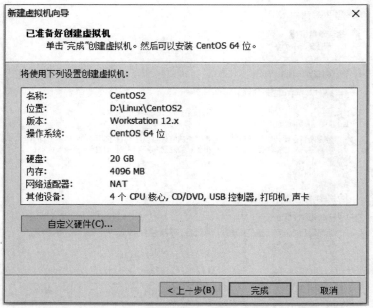

图 4-38　已准备好创建虚拟机页面

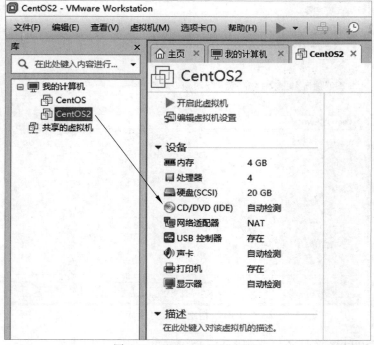

图 4-39　配置 CD/DVD 页面

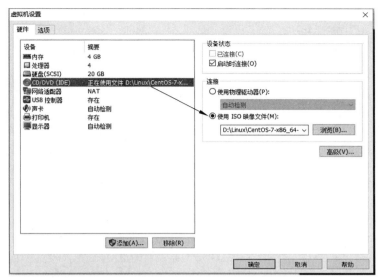

图 4-40　修改 ISO 映像文件路径

CentOS2			
共享　查看			
此电脑 › SoftWare (D:) › Linux › CentOS2			
名称 ^	修改日期	类型	大小
CentOS2.vmx.lck	2023/7/14 18:01	文件夹	
CentOS2.vmdk	2023/7/14 18:01	VMware 虚拟磁...	2,624 KB
CentOS2.vmsd	2023/7/14 18:01	VMware 快照元...	0 KB
CentOS2.vmx	2023/7/14 18:03	VMware 虚拟机...	2 KB
CentOS2.vmxf	2023/7/14 18:01	VMware 组成员	1 KB

图 4-41　删除 CentOS2.vmdk 文件

CentOS2			
共享　查看			
此电脑 › SoftWare (D:) › Linux › CentOS2 ›			
名称 ^	修改日期	类型	大小
CentOS2.vmx.lck	2023/7/14 18:01	文件夹	
CentOS.vmdk	2023/5/7 17:26	VMware 虚拟磁盘文件	2,624 KB
CentOS2.vmsd	2023/7/14 18:01	VMware 快照元数据	0 KB
CentOS2.vmx	2023/7/14 18:03	VMware 虚拟机配置	2 KB
CentOS2.vmxf	2023/7/14 18:01	VMware 组成员	1 KB

图 4-42　复制 CentOS.vmdk 文件

图 4-43　将 CentOS.vmdk 改名为 CentOS2.vmdk

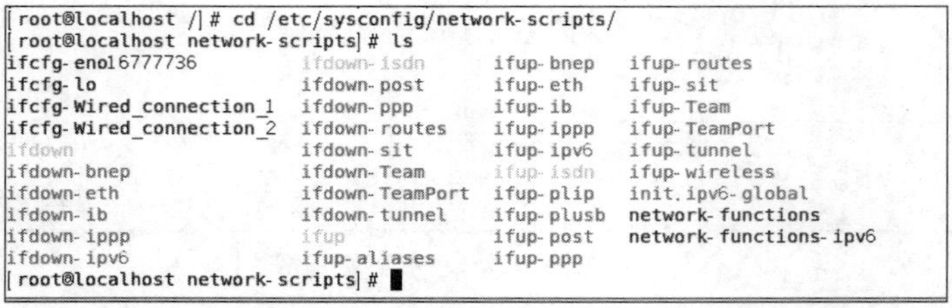

```
[root@localhost /]# cd /etc/sysconfig/network-scripts/
[root@localhost network-scripts]# ls
ifcfg-eno16777736    ifdown-isdn      ifup-bnep     ifup-routes
ifcfg-lo             ifdown-post      ifup-eth      ifup-sit
ifcfg-Wired_connection_1    ifdown-ppp    ifup-ib     ifup-Team
ifcfg-Wired_connection_2    ifdown-routes    ifup-ippp    ifup-TeamPort
ifdown               ifdown-sit       ifup-ipv6     ifup-tunnel
ifdown-bnep          ifdown-Team      ifup-isdn     ifup-wireless
ifdown-eth           ifdown-TeamPort  ifup-plip     init.ipv6-global
ifdown-ib            ifdown-tunnel    ifup-plusb    network-functions
ifdown-ippp          ifup             ifup-post     network-functions-ipv6
ifdown-ipv6          ifup-aliases     ifup-ppp
[root@localhost network-scripts]# █
```

图 4-44　进入 etc/sysconfig/network-scripts/目录

修改 ifcfg-eno 开头的文件，代码如下：

```
cd /etc/sysconfig/network-scripts/
vi ifcfg-eno16777736
```

修改网络 IP 地址，如图 4-45 所示。

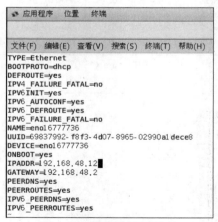

图 4-45　修改网络 IP 地址

重启网络服务，代码如下：

```
systemctl restart network
```

查看网络情况,如图 4-46 所示。

```
[root@localhost network-scripts]# ifconfig
docker0: flags=4163<UP,BROADCAST,RUNNING,MULTICAST>  mtu 1500
        inet 172.17.0.1  netmask 255.255.0.0  broadcast 172.17.255.255
        inet6 fe80::42:b5ff:fe23:a62b  prefixlen 64  scopeid 0x20<link>
        ether 02:42:b5:23:a6:2b  txqueuelen 0  (Ethernet)
        RX packets 585  bytes 48951 (47.8 KiB)
        RX errors 0  dropped 0  overruns 0  frame 0
        TX packets 426  bytes 109515 (106.9 KiB)
        TX errors 0  dropped 0 overruns 0  carrier 0  collisions 0

ens33: flags=4163<UP,BROADCAST,RUNNING,MULTICAST>  mtu 1500
        inet 192.168.48.12  netmask 255.255.255.255  broadcast 192.168.48.12
        inet6 fe80::30d9:1661:4602:f2a0  prefixlen 64  scopeid 0x20<link>
        ether 00:0c:29:64:61:c4  txqueuelen 1000  (Ethernet)
        RX packets 1022  bytes 105559 (103.0 KiB)
        RX errors 0  dropped 0  overruns 0  frame 0
        TX packets 226  bytes 27660 (27.0 KiB)
        TX errors 0  dropped 0 overruns 0  carrier 0  collisions 0

lo: flags=73<UP,LOOPBACK,RUNNING>  mtu 65536
        inet 127.0.0.1  netmask 255.0.0.0
        inet6 ::1  prefixlen 128  scopeid 0x10<host>
        loop  txqueuelen 1000  (Local Loopback)
        RX packets 12  bytes 1096 (1.0 KiB)
        RX errors 0  dropped 0  overruns 0  frame 0
        TX packets 12  bytes 1096 (1.0 KiB)
        TX errors 0  dropped 0 overruns 0  carrier 0  collisions 0

veth4fc485e: flags=4163<UP,BROADCAST,RUNNING,MULTICAST>  mtu 1500
        inet6 fe80::bc22:73ff:fe20:90c7  prefixlen 64  scopeid 0x20<link>
        ether be:22:73:20:90:c7  txqueuelen 0  (Ethernet)
        RX packets 585  bytes 57141 (55.8 KiB)
        RX errors 0  dropped 0  overruns 0  frame 0
```

图 4-46 查看网络

4.2 宝塔面板

远古时代,云之国的中心坐落着一座神秘的宝塔。这座宝塔独特且壮观,自古以来流传着蕴含神秘力量的传说。尽管令人向往,却鲜有人能够一探其真容。

在这个世界上,有一位年轻人名叫小明。他心怀成为云之国服务器管理大师的梦想,经过深思熟虑,毅然决定探寻宝塔,寻找传闻中的神秘力量。小明满怀无畏与好奇,踏上了探寻宝塔的征程。他穿越森林,翻越高山,最终来到了宝塔入口。宝塔大门紧闭,刻满古老符文,小明尝试解读这些符文,试图找到进入宝塔的方法。突然,一道炫目光芒自符文中射出,宝塔大门缓缓打开。小明激动地走进宝塔,眼前的景象令人惊叹。他发现了一台名为宝塔面板的神秘设备,散发着金色光辉,引人注目。小明意识到,这正是他一直在寻找的神秘力量。他小心翼翼地靠近宝塔面板。当他触碰面板的那一刻,一股强大的力量涌入他的体内,他的脑海中涌现出丰富的服务器管理知识。

自那一刻起,小明蜕变为云之国最优秀的服务器管理员。他运用宝塔面板的神奇力量,解决了云之国居民们面临的各种服务器问题,使云之国的网络服务变得更加稳定高效。小明的成功事迹在云之国广为流传,激发了更多人对宝塔奥秘的探寻。如今,宝塔面板已成为云之国居民们的得力助手,解决了很多服务器问题,推动着云之国的繁荣发展。

4.2.1 功能介绍

宝塔面板是一款功能丰富、易于使用的服务器管理软件,为用户提供了一站式的服务器管理解决方案。通过宝塔面板,用户可以简化服务器管理工作,提高管理效率和降低运维成本。在未来的发展中,宝塔面板有望持续优化和扩展功能,以更好地满足不同用户的需求,推动服务器管理领域的创新与进步。

宝塔面板是基于 Linux 系统的服务器管理软件,它提供了丰富的服务器管理功能,包括环境部署、站点管理、数据库管理、安全设置等。

1. 核心功能

(1)环境部署:宝塔面板支持一键部署 Nginx、Apache、MySQL、PHP 等常用 Web 服务器环境,以及其他软件环境,如 Git、FTP、SVN 等。

(2)站点管理:宝塔面板支持一键部署和管理网站,支持数据库的备份与恢复,支持文件的上传、下载、修改等功能。

(3)数据库管理:宝塔面板提供了数据库的备份、恢复、查询等功能,用户可以在面板中直接操作数据库,提高管理效率。

(4)安全设置:宝塔面板提供了丰富的安全设置选项,如访问控制、SSL 证书管理、防火墙配置等,以提高服务器的安全性。

(5)面板管理:宝塔面板内置了一个面板管理系统,支持实时监控服务器状态,以及对面板进行重启、升级等操作。

2. 高级功能

(1)自动化脚本:宝塔面板支持编写和执行自动化脚本,以实现服务器的定时任务、自动备份等功能。

(2)监控与报警:实时查看服务器的负载情况、安全风险、内存、CPU、磁盘等服务器资源情况。

(3)插件扩展:宝塔面板支持插件扩展,用户可以根据需要安装和配置各种插件,以实现更多功能。

4.2.2　安装与配置

宝塔面板支持通过官方网站提供的一键安装脚本进行安装,或者使用宝塔面板提供的官方镜像进行安装。用户可以在宝塔面板中创建新的服务器环境、站点、数据库等,也可以对现有环境进行管理和维护。

1. 安装宝塔面板

首先进入宝塔官网页面,如图 4-47 所示。

复制 CentOS 安装脚本,直接执行,如图 4-48 所示。

安装成功后,会有访问地址和登录账户,如图 4-49 所示。

浏览器访问宝塔面板会有警告提示,选择高级后,再选择接受风险并继续,如图 4-50 所示。

正常访问,如图 4-51 所示。

输入用户名和密码后会要求绑定账户,按照指示绑定即可。如果很久都绑定不上,则可以去官网查看情况:https://www.bt.cn/bbs/thread-87257-1-1.html,通常情况下,可以执行相关命令进行修复,如图 4-52 所示。

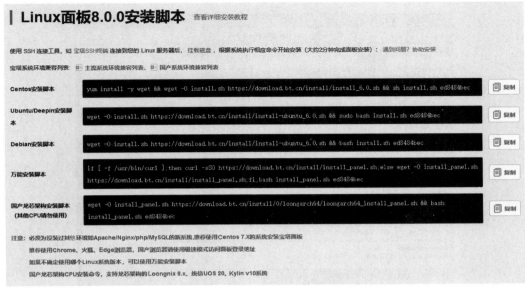

图 4-47　宝塔官网页面

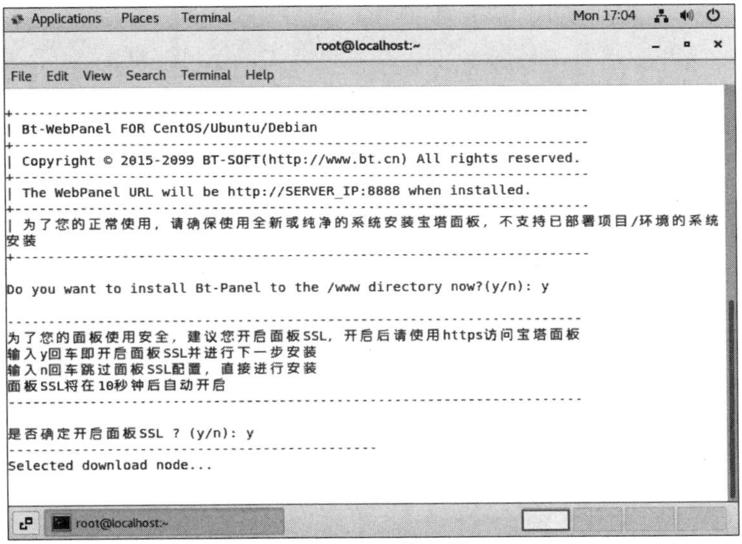

图 4-48　安装宝塔

　　绑定成功后，会弹出一个小窗口，有两种模式，可以选择推荐安装 LNMP(推荐)模式。

　　在宝塔面板里面安装的 MySQL 执行 SQL 需要安装 phpMyAdmin，但是安装 phpMyAdmin 前还需要安装 Nginx 和 PHP-7.1、PHP-7.2、PHP-7.3、PHP-7.4、PHP-8.0、PHP-8.1。推荐安装中已经下载了 MySQL、PHP-7.4、phpMyAdmin，剩下的在软件商店的运行环境中下载即可，如图 4-53 所示。

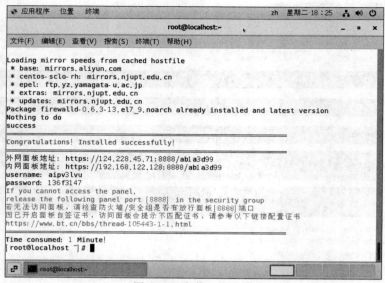

图 4-49　安装宝塔成功

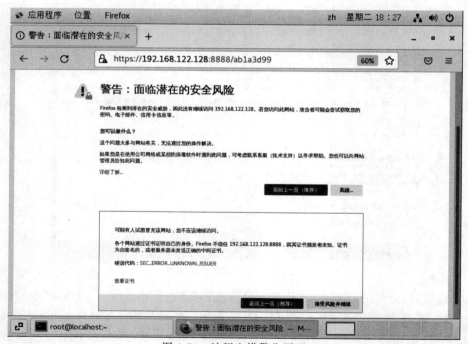

图 4-50　访问宝塔警告页面

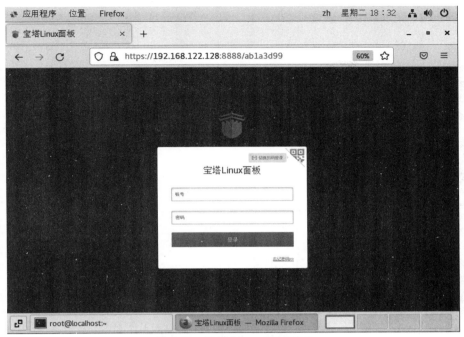

图 4-51　宝塔 Linux 面板页面

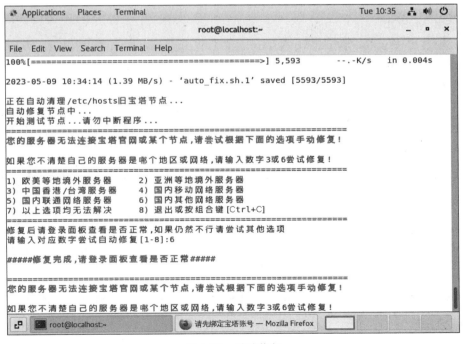

图 4-52　手动修复

图 4-53　安装软件

4min

2. 安装 MySQL

前文安装好 MySQL 和 phpMyAdmin 后，进入 phpMyAdmin 面板，输入 MySQL 的用户名和密码，进入 phpMyAdmin，给用户授权，如图 4-54 所示。

1）8.0 版本以下

如果 MySQL 版本是 8.0 以下的，则可以执行以下命令，再重启 MySQL。

方法一：直接给 root 授予最大权限。授权 root 用户对所有数据库在任何 IP 都可以进行操作，代码如下：

```
grant all on *.* to root@'%' identified by '123456' with grant option;
```

刷新数据库，代码如下：

```
flush privileges;
```

方法二：新建一个用户并授予最大权限。新建并授权 liaozhiwei 用户对所有数据库在任何 IP 都可以进行操作，代码如下：

```
grant all on *.* to liaozhiwei@'%' identified by '123456' with grant option;
```

刷新数据库，代码如下：

```
flush privileges;
```

图 4-54　给用户授权

root、liaozhiwei 是用户的账号名；123456 是 MySQL 连接密码；all 是指全部权限；"％"指的是任何 IP，也可以把％替换成对应远程的 IP 地址，如果还是连接报错，则需要检查云服务器安全组端口是不是没开放。

2）8.0 版本以上

如果是 8.0 版本以上，则可以执行以下命令，再重启 MySQL。当前版本已不支持 grant all on…这种写法，8.0 以后已不支持这种写法，必须先创建用户，再去授权，代码如下：

```
create USER 'liaozhiwei'@'%' IDENTIFIED BY '123456';
```

将要修改的用户权限改为％，代码如下：

```
update user set host ='%' where user ='liaozhiwei';
```

刷新权限，代码如下：

```
flush privileges;
```

3. 安装 Redis

在软件商店安装 Redis 后，选择首页展示，如图 4-55 所示。

回到首页，选择 Redis 7.0.5 后单击进入配置，如图 4-56 所示。

配置 Redis，如图 4-57 所示。

图 4-55　选择首页展示 Redis

图 4-56　首页展示的 Redis

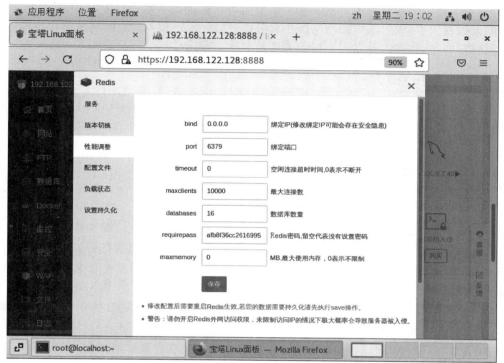

图 4-57　Redis 配置页面

4.3　Docker

在遥远的未来,一个名为云之国的神秘领域,居民们依赖 Docker 这一强大技术来管理服务器。这种容器化工具使服务器管理变得更加便捷且高效。曾经,云之国居民在管理服务器时遭遇困难,需要为每个应用程序配置专用服务器环境,导致资源浪费和管理变得复杂。为解决这一问题,年轻人小勇在一次偶然机会下发现了 Docker 这一神奇工具。

小勇开始学习 Docker,发现容器化技术能让开发者在单一环境中部署和运行多个应用程序,从而降低资源浪费和管理难度。他立即爱上了 Docker,并决心将其引入云之国。在小勇的努力下,Docker 逐渐受到云之国居民的欢迎和采纳。开始使用 Docker 来管理服务器,使服务器管理变得更轻松。Docker 容器间相互隔离,可以确保每个应用程序在独立环境中运行,从而提高了服务器稳定性。此外,Docker 还提供了丰富实用功能,如镜像管理、容器编排和持续集成/持续部署(CI/CD)。居民们可以通过 DockerHub 和其他仓库轻松共享和获取镜像,从而简化了应用部署。

随着 Docker 在云之国的普及,网络服务变得更加稳定高效。居民们能够轻松扩展和收缩服务器资源,以适应不断变化的需求。Docker 的易用性和高效性使云之国的发展速度越来越快，为云之国的繁荣奠定了坚实基础。小勇的成功事迹在云之国传为美谈，激发了越来越多的人投身于 Docker 的研究与实践中。如今，Docker 已成为云之国居民的得力助手，帮助他们轻松管理服务器，推动云之国的发展与繁荣。

4.3.1　核心概念

Docker 容器是一个轻量级、可移植的虚拟化解决方案，它允许用户将应用程序及其依赖项打包到一个可移植的容器中，从而实现跨平台部署。

1. 容器

程序的隔离环境。

从前，有一个家庭主妇名叫小玲。小玲是一个非常忙碌的人，每天都要忙着照顾家人、打理家务和做饭。她发现每次煮饭时都需要重新量米、洗米、加水、点火等一系列步骤，这让她感到非常苦恼，特别是当她需要做不同口味或者不同应用的米饭时更加苦恼。

有一天，小玲突然想到，如果她有一个可以装米饭的容器，则只需把米饭放到容器里，然后加水及点火就可以了，而不需要每次重复这些步骤，这样就可以大大减少她的工作量，也能够很方便地制作不同口味或者不同应用的米饭。

于是小玲开始寻找这样一个容器，并发现了 Docker。Docker 就像是一个装米饭的容器一样，可以打包应用程序和依赖项，并将其放入容器中。这些容器可以在不同的环境中运行，例如开发、测试和生产环境，而不需要每次都重新安装和配置软件环境。这不仅可以提高部署和管理的效率，还可以确保应用在不同环境中的稳定性和一致性。

小玲通过 Docker 容器，轻松地制作了不同的米饭，如糯米饭、香米饭、菜谱饭等。除此之外，她还可以随时修改和更新应用程序和依赖项，而不影响其他容器的运行。这让小玲感到非常开心，因为她现在可以专注于其他重要的事情，而不必在重复的任务上浪费时间和精力了。

从此，小玲的生活更加轻松和愉快。她学会了如何使用 Docker 的容器，以更高效的方式管理应用程序和依赖项，同时也为其他人提供了一个好的例子。

2. 镜像

程序的只读模板。

曾经，有一位年轻的程序员小明。在他的应用程序开发过程中，遇到了一些问题：他的应用需要在各种不同的环境中运行，但这些环境之间的差异非常大，每次部署都需要耗费很长时间。

有一天，小明听说了一个奇妙的工具，叫作 Docker。他开始探索 Docker，并学习其中的核心概念之一：镜像。

镜像是 Docker 中最基本的概念之一。它是一个可运行的文件系统，包含了应用程序所需的全部必要信息，例如操作系统、应用程序、库文件等。镜像可以看作应用程序的一个"快照"，通过它可以轻松地在不同的平台上部署和扩展应用程序。

小明很快学会了如何使用 Docker 的镜像功能。他在本地机器上编写了一个应用程序，并将其打包成一个镜像。之后,他将这个镜像上传到 Docker Hub,其他用户可以通过 Docker Hub 下载并运行这个镜像,轻松地部署这个应用程序。

小明很高兴地发现,通过 Docker 的镜像功能,他可以很方便地部署和运行自己的应用程序,而不用担心运行环境的差异。他深受启发,感叹道:"镜像真是太神奇了!它让 Docker 变得更加强大和灵活,让应用程序开发和部署变得更加便利和高效!"。

3. 仓库

存储和分发镜像的服务。

从前有一个小镇,这个小镇上的所有人都有自己的房子和家庭。他们工作、生活,每天很忙碌,但是,有一天,小镇里的人们发现他们需要一些东西,例如食物、衣服和其他物资,但是他们没有足够的空间来存储这些东西。

于是,小镇里的一些聪明人想到了一个好主意:建立一个仓库来存储这些物品。在仓库里,所有的物品都可以被存放起来,每个人都可以轻松地获取他们所需的物资。

这个仓库是小镇里的共享资源,所以每个人都可以将自己的物品存储在仓库中,并且从仓库中获取他们需要的东西。这样一来,小镇里的每个人都可以节约时间和空间,并且分享他们的资源。

小镇里的人们开始使用这个仓库,并且发现它越来越方便和有效。他们可以将需要存储的东西放进仓库里,并且在需要时从仓库中获取他们所需要的物品。这样一来,他们不需要再花费时间来寻找和购买物品,也不需要担心自己的空间不足的问题。

在这个故事中,仓库就是 Docker 中的仓库。Docker 仓库是一种可供分享和存储 Docker 镜像的公共或私有的中央存储库。在 Docker 中,所有的镜像都可以存储在仓库中,并且可以被共享和获取。Docker 仓库提供了一种方便和高效的方式来共享和管理镜像,使 Docker 的使用更加便捷和灵活。

4.3.2　功能介绍

(1) Docker 网络:用户可以根据实际需求配置容器之间的网络连接,实现应用的互联和通信。

(2) Docker 存储:Docker 提供了多种存储卷类型,如本地卷、数据卷和网络存储等。

(3) Docker 安全:Docker 提供了一系列安全特性,如用户权限管理、容器访问控制和数据加密等。用户可以通过配置这些安全特性来增强容器的安全性,防止潜在的安全风险。

(4) Docker 性能优化:Docker 提供了一系列性能优化的工具和参数,如--cpu-shares、--memory 等。用户可以根据应用程序的需求调整这些参数,以提高容器的性能和响应速度。

(5) Docker 集成与扩展:Docker 支持与 Kubernetes、Mesos 等容器编排平台进行集成,以实现应用程序的自动化部署、扩展和管理。此外,Docker 还支持与其他开源项目和云服务提供商进行集成,以满足不同的应用场景和需求。

4.3.3　安装与配置

使用 Docker 可以极大地简化应用程序的部署和管理，节省开发人员和管理员的时间和精力。

1. 准备工作

查看内核信息，代码如下：

```
uname -r
```

移除 yum.pid 文件，代码如下：

```
rm -f /var/run/yum.pid
```

更新 yum 源，代码如下：

```
yum update
```

CentOS yum 安装及使用时可能提示 cannot find a valid baseurl for repo：base/7/x86_64，出现这个提示的原因可能是 CentOS 系统没有配置 DNS，也可能没有激活网卡。解决方案：首先，需要进入系统文件目录，这可以通过在终端输入 cd /etc/sysconfig/network-scripts/ 实现。接下来，需要使用文本编辑器访问 ifcfg-ens33 配置文件，以激活网卡和配置 DNS。如果在配置文件中 ONBOOT＝no，则需要将其更改为 yes，以激活网卡。此外，需要在文件末尾添加 DNS 配置，其中 DNS1 应为 8.8.8.8，DNS2 应为 4.2.2.2。需注意，系统中的网卡设备名可能会因系统差异而异。用户可以通过观察系统中的设备名来确定正确的配置文件。只有在激活状态的网卡才能连接网络并进行网络通信。为了使变更生效，需要重启网络服务，重启命令为 systemctl restart network.service。最后，为了验证配置是否成功，可以安装 net-tools，安装命令为 yum install net-tools。此工具可帮助用户检查网络通信情况。

在安装过程中如果出现[Errno -1]，则表明软件包与预期下载的不符，此时可以运行以下命令尝试其他镜像，代码如下：

```
yum --enablerepo=updates clean metadata
```

编辑文件改成 CentOS 7，代码如下：

```
cd /etc/yum.repos.d
vi centos-Base.repo
```

将文件中的 $releasever 全部改成 7，代码如下：

```
:%s/$releasever/7/g
```

清除和缓存，代码如下：

```
yum clean all && yum makecache
```

卸载旧版本，代码如下：

```
#使用 sudo 命令以 root 权限执行命令行
sudo yum remove docker \ #移除 Docker 软件包
        docker-client \ #移除 Docker 客户端软件包
        docker-client-latest \ #移除最新版本的 Docker 客户端软件包
        docker-common \ #移除 Docker 通用软件包
        docker-latest \ #移除最新版本的 Docker 软件包
        docker-latest-logrotate \ #移除最新版本的 Docker 日志轮换软件包
        docker-logrotate \ #移除 Docker 日志轮换软件包
        docker-engine \ #移除 Docker 引擎软件包
        docker-selinux \ #移除 Docker selinux 软件包
        docker-ce #移除 docker-ce 软件包
```

卸载/var/lib/docker 的镜像、容器、存储卷和网络等内容,代码如下:

```
rm -rf /var/lib/docker
```

下载之前查看网络环境在出口是否封了相应端口,可以通过 ping 百度进行测试,代码
如下:

```
ping baidu.com
```

安装前可查看 device-mapper-persistent-data 和 lvm2 是否已经安装,如果安装了,则可
以跳过这个步骤,代码如下:

```
#使用 rpm 命令查询已安装的软件包并通过管道符号将结果传递给 grep 命令进行筛选
#这里查询包含字符串"device-mapper-persistent-data"的软件包
rpm -qa|grep device-mapper-persistent-data
#同理,这里查询包含字符串"lvm2"的软件包
rpm -qa|grep lvm2
```

安装依赖软件包,代码如下:

```
#使用 sudo 命令以管理员权限运行下面的命令
sudo
#使用 yum 命令安装 yum-utils、device-mapper-persistent-data 和 lvm2 软件包,并自动
#确认安装
yum install -y yum-utils device-mapper-persistent-data lvm2
```

安装 yum 工具包,代码如下:

```
#sudo:用管理员权限执行命令
#yum:用于在 CentOS 系统上管理软件包和仓库的工具
#-y:在执行时自动回答 yes
#install:安装软件包的命令
#yum-utils:CentOS 系统中一个实用工具包,包含了 yum-config-manager 等工具
sudo yum -y install yum-utils
```

设置 yum 源,如果服务器在国外,则可以使用官方的,代码如下:

```
#使用 sudo 命令以管理员权限执行 yum-config-manager 命令
sudo yum-config-manager \
    #添加仓库
```

```
  --add-repo \
#仓库网址 https://download.docker.com/linux/centos/docker-ce.repo
https://download.docker.com/linux/centos/docker-ce.repo
```

如果服务器在国内，则使用阿里云的，代码如下：

```
#添加阿里云 Docker 镜像源的 yum 配置管理器
sudo yum-config-manager \
#添加一个新的 yum 仓库
  --add-repo \
#使用阿里云 Docker 镜像源的 URL 链接
  http://mirrors.aliyun.com/docker-ce/linux/centos/docker-ce.repo
```

更新 yum 软件包索引，代码如下：

```
#使用 sudo 命令以管理员身份运行 yum
sudo
#运行 yum 命令的 makecache 子命令，用于生成 yum 软件仓库的元数据缓存
yum makecache
#在生成缓存时使用快速模式，以提高缓存生成的速度
fast
```

2. 安装 Docker

以下以 CentOS 7 环境为基础进行安装配置 Docker。

安装最新版本 docker-ce，代码如下：

```
sudo yum install -y docker-ce
```

安装指定版本 docker-ce 可使用以下命令查看，代码如下：

```
sudo yum list docker-ce.x86_64  --showduplicates | sort -r
```

安装特定版本，代码如下：

```
#sudo 命令，表示需要以管理员权限运行该指令
#yum 是 CentOS 系统下的一种软件包管理器
#install 是 yum 命令的一种操作，用于安装指定的软件包
#docker-ce-18.09.1 是待安装的 Docker 版本号
#docker-ce-cli-18.09.1 是 Docker 命令行工具的版本号
#containerd.io 是 Docker 容器运行时的一个实现工具，用于管理容器和镜像
sudo yum install docker-ce-18.09.1 docker-ce-cli-18.09.1 containerd.io
```

安装完成之后可以使用命令查看，代码如下：

```
docker version
```

如果出现 Cannot connect to the Docker daemon at UNIX：//var/run/docker.sock. Is the docker daemon running? 错误提示，则可以重启 Docker，代码如下：

```
systemctl start docker
```

查看状态，代码如下：

```
systemctl status docker
```

再次查看版本,代码如下:

```
docker version
```

通知 systemd 重载此配置文件,代码如下:

```
systemctl daemon-reload
```

Docker 开机自启设置,代码如下:

```
systemctl enable docker.service
```

如果出现 Created symlink from /etc/systemd/system/multi-user.target.wants/docker.service to /usr/lib/systemd/system/docker.service.提示,则将 root 用户添加到用户组,然后重试开机自启动设置,代码如下:

```
usermod -aG docker root
```

重载配置,重启 Docker 服务,代码如下:

```
、systemctl daemon-reload
systemctl restart docker
```

以下以 AWS 服务器的环境为基础进行安装 Docker。

更新 yum 源,代码如下:

```
sudo yum update -y
```

安装 Docker,代码如下:

```
sudo amazon-Linux-extras install docker
```

启动 Docker,代码如下:

```
sudo service docker start
```

3. 配置 Docker

安装好 Docker 之后可以对外暴露接口,代码如下:

```
vim /usr/lib/systemd/system/docker.service
```

首先找到 ExecStart＝/usr/bin/dockerd,然后在后面添加 tcp://0.0.0.0:端口,代码如下:

```
ExecStart=/usr/bin/dockerd -H tcp://0.0.0.0:9004 -H fd://
```

重载配置,重启 Docker,代码如下:

```
systemctl daemon-reload
systemctl restart docker
```

开放端口宿主机访问,代码如下:

```
firewall-cmd --add-port=9004/tcp --permanent
firewall-cmd --reload
```

查询端口是否开启命令，代码如下：

```
firewall-cmd --query-port=9004/tcp
```

除此之外还可以开机自启动，将 firewalld 启动起来即可，并且允许其自启动，代码如下：

```
systemctl start firewalld
systemctl enable firewalld
```

如果出现 Failed to start firewalld.service：Unit is masked.错误，则执行以下命令，代码如下：

```
systemctl unmask firewalld
```

浏览器访问，查看 Docker 版本信息，代码如下：

```
http://服务器 IP 地址:9004/version
```

如果无法访问，则重启服务器以查看端口，代码如下：

```
telnet localhost 9004
```

如果不小心删除了/var/lib/docker，导致后面拉取镜像时报错 open /var/lib/docker/tmp/GetImageBlob974299692：no such file or directory，则不用改什么操作，重启 Docker 即可，代码如下：

```
systemctl daemon-reload
systemctl restart docker
```

4.3.4 实战使用

在 Spring Boot 项目部署过程中，Docker 可以作为一个容器化部署工具，方便、快捷地将应用程序打包成一个独立的容器，在不同环境中进行部署。

以下是 Docker 在 Spring Boot 项目部署过程中的实战使用步骤：

（1）在项目目录下创建一个 Dockerfile 文件。Dockerfile 是一个文本文件，用于定义容器镜像的构建过程。可以通过 Dockerfile 指定容器中需要安装的软件、配置文件等。

（2）在 Dockerfile 中指定基础镜像。例如，可以使用 openjdk:8-jdk-alpine 作为基础镜像，该镜像已经安装了 Java 环境。

（3）将编译好的 JAR 包复制到容器中。可以使用 COPY 命令将打包好的 JAR 包复制到容器中。

（4）指定容器启动命令。可以使用 CMD 命令指定容器启动时需要执行的命令。

（5）构建 Docker 镜像。使用 docker build 命令构建 Docker 镜像，例如 docker build -t myapp:1.0。

（6）启动 Docker 容器。使用 docker run 命令启动 Docker 容器，例如 docker run -d -p 8080:8080 myapp:1.0。

其中，-d 参数表示启动后在后台运行，-p 参数表示将容器中的 8080 端口映射到主机的 8080 端口。

通过以上步骤，就可以将 Spring Boot 项目打包成 Docker 镜像，并在不同的环境中进行快速部署。

以下是一个示例 Dockerfile 文件，用于将 Spring Boot 项目打包成 Docker 镜像，代码如下：

```
#使用 openjdk:8-jdk-alpine 作为基础镜像
FROM openjdk:8-jdk-alpine
#将编译好的 JAR 包复制到容器中
COPY target/myapp.jar /app.jar
#指定容器启动命令
CMD ["java", "-jar", "/app.jar"]
```

使用以下命令构建 Docker 镜像，代码如下：

```
docker build -t myapp:1.0 .
```

使用以下命令启动 Docker 容器，代码如下：

```
docker run -d -p 8080:8080 myapp:1.0
```

以上命令将容器中的 8080 端口映射到主机的 8080 端口，并在后台运行。

在浏览器中输入 http://localhost:8080/ 访问应用程序。

4.4　Docker-Compose

在一个遥远的王国——云之国，人们依赖 Docker 轻量级容器化技术来管理服务器，实现高效能。Docker 的出现简化了服务器管理，实现了资源的高效利用，然而，有一天，云之国居民遇到一个难题：需要将多个应用程序部署到不同环境，以应对变化。为解决问题，引入 Docker-Compose，这是一款命令行工具，能帮助管理多个 Docker 应用。

Docker-Compose 是一种命令行工具，用于定义并运行多容器 Docker 应用。它使用 YAML 文件描述应用服务，并在集中位置管理生命周期。用户编写 YAML 文件，便可轻松地将多个应用程序部署到不同环境，无须手动配置容器。有一天，年轻人小明尝试 Docker-Compose，开始学习编写 YAML 文件，逐渐掌握在云之国部署和管理多个 Docker 应用的方法。他发现，使用 Docker-Compose，部署多个应用变得简单，只需运行一个命令，便可启动并管理所有应用程序。小明将 Docker-Compose 介绍给朋友，通过 Docker-Compose，更快速部署和扩展应用程序，提高云之国网络服务的稳定性和效率。

随着时间推移，越来越多云之国居民开始使用 Docker-Compose。这个工具让服务器管理变得更轻松，有助于应对不断变化的需求。Docker-Compose 已成为云之国居民必备工具,帮助轻松管理服务器,推动云之国的发展和繁荣。

4.4.1　功能介绍

(1) 配置网络:允许用户自定义容器之间的网络连接,例如使用自定义网络或使用默认的容器网络。

(2) 服务发现:支持使用第三方服务发现工具(如 etcd、Consul 或 ZooKeeper)来管理容器之间的服务发现和负载均衡。

(3) 服务编排:通过 YAML 文件进行服务编排。

(4) 环境隔离:支持使用 Docker 卷、环境变量和网络配置等功能,实现容器之间的环境隔离和数据共享。

(5) 自定义运行命令用户可以在 Dockerfile 中定义自定义的运行命令,并在 Docker-Compose 文件中使用 docker-composerun 命令来执行这些命令。

4.4.2　命令介绍

常用的命令包括以下几种。

(1) docker-compose up:启动/创建容器和服务(默认生成前台进程)。

(2) docker-compose up -d:启动/创建容器和服务(后台进程)。

(3) docker-compose down:停止并删除容器、网络、图像和存储卷。

(4) docker-compose ps:列出所有容器。

(5) docker-compose start:启动容器。

(6) docker-compose stop:停止容器。

(7) docker-compose restart:重启容器。

(8) docker-compose logs:查看容器日志。

(9) docker-compose build:构建服务。

(10) docker-compose pull:从远程仓库拉取服务的最新镜像。

(11) docker-compose exec:在运行的容器中执行命令。

(12) docker-compose config:验证 compose 文件是否有效。

4.4.3　安装与配置

下面是 Docker-Compose 的安装和配置方法。

1. 安装 Docker Engine

在安装 Docker-Compose 之前,需要先安装 Docker Engine。具体安装方法可以参考 Docker 官方文档。

以下是 CentOS 7 安装 Docker Engine 的步骤。

安装 Docker Engine 需要的依赖包,代码如下:

```
#使用 yum 包管理器进行软件包的安装
sudo yum install -y yum-utils \
#设备映射器持久化数据
device-mapper-persistent-data \
#逻辑卷管理器 2
lvm2
```

添加 Docker 官方 GPG 密钥,代码如下:

```
#使用 sudo 命令以管理员权限运行 yum-config-manager 命令
sudo yum-config-manager \
    --add-repo \
    https://download.docker.com/linux/centos/docker-ce.repo
#将 Docker 的 yum 仓库地址添加到 CentOS 的 yum 源列表中
#使用 sudo 命令以管理员权限导入 Docker 官方的 GPG 密钥
sudo rpm --import https://download.docker.com/linux/centos/gpg
#导入 GPG 密钥是为了验证 Docker 官方 yum 仓库中的软件包的完整性和安全性
```

安装最新版本的 Docker Engine,代码如下:

```
sudo yum install docker-ce
```

启动 Docker Engine,并设置为开机启动,代码如下:

```
sudo systemctl start docker
sudo systemctl enable docker
```

验证 Docker Engine 是否安装成功,代码如下:

```
sudo docker run hello-world
```

以上就是 CentOS 7 安装 Docker Engine 的全部步骤。

2. 下载 Docker-Compose

可以从官方网站上下载 Docker-Compose 的安装包,也可以使用以下命令从官方网站上下载最新版本的 Docker-Compose,代码如下:

```
#使用 sudo 权限执行 curl 命令,从指定的链接下载 Docker-Compose 工具
sudo curl -L "https://github.com/docker/compose/releases/download/<VERSION>/
docker-compose-$(uname -s)-$(uname -m)" -o /usr/local/bin/docker-compose
```

其中<VERSION>是 Docker-Compose 的版本号。可以在官方网站上查看最新版本号并将其替换到命令中。这个命令将下载 Docker-Compose 的二进制文件并将其保存到/usr/local/bin 目录中。

3. 设置执行权限

下载完成后,需要使用以下命令为 Docker-Compose 设置执行权限,代码如下:

```
#sudo:以超级用户身份运行命令
#chmod:改变文件或目录的权限
```

```
# +x:赋予可执行权限
# /usr/local/bin:目标文件夹路径,这里是系统默认的二进制文件存放路径
#docker-compose:要赋予可执行权限的文件名,这里是 Docker-Compose 工具的可执行文件名
sudo chmod +x /usr/local/bin/docker-compose
```

4. 验证安装

运行以下命令来验证 Docker-Compose 是否安装成功,代码如下:

```
docker-compose --version
```

如果输出了 Docker-Compose 的版本号,则说明安装成功。

5. 配置 Docker-Compose

在使用 Docker-Compose 之前,需要创建一个 YAML 文件,用来定义应用程序的服务。这个文件需要放在一个单独的目录中,并且需要命名为 docker-compose.yml。在这个文件中,可以定义服务的名称、镜像、容器端口、环境变量、挂载卷等。具体配置方法可以参考 Docker-Compose 的官方文档。

6. 启动应用程序

在配置完成后,可以使用以下命令来启动应用程序,代码如下:

```
docker-compose up -d
```

这个命令将会读取 docker-compose.yml 文件中的配置,启动所有定义的服务,并将它们放在 Docker 容器中运行。-d 参数表示程序将以后台模式运行,可以在后台运行其他命令。

7. 停止和删除应用程序

可以使用以下命令来停止并删除应用程序的所有服务,代码如下:

```
docker-compose down
```

这个命令将会停止所有服务,并将它们从 Docker 容器中删除。

4.4.4　实战使用

Docker-Compose 可以自动创建、启动和停止多个容器,使应用程序的部署和管理变得更加简单和高效。

1. 部署 MySQL

在 Docker-Compose 环境下安装、配置、部署 MySQL 主从同步集群,需要进行以下步骤。

1) 创建 docker-compose.yml 文件

创建一个名为 docker-compose.yml 的文件,并在其中编写以下内容,代码如下:

```
//第 4 章/4.4.4 部署 MySQL docker-compose.yml 的文件
#Docker Compose YAML 文件格式版本号
version: '3'
#定义两个服务,名为 master 和 slave
```

```yaml
services:
  master:
    #使用 MySQL 官方最新版本的镜像
    image: mysql:latest
    #MySQL 服务器的启动参数
    command:
      - --server-id=1 #主服务器 ID 为 1
      - --log-bin #启用二进制日志
      - --binlog-do-db=my_db #只记录 my_db 库的操作
      - --binlog-ignore-db=mysql #忽略 mysql 库的操作
      - --skip-name-resolve #禁用 DNS 反向解析
      - --innodb_flush_log_at_trx_commit=1 #每次事务提交时立即写入日志
      - --sync-binlog=1 #每次提交时同步日志到磁盘
      - --innodb_flush_method=O_DIRECT #直接写入磁盘,不使用缓存
    #主服务器的端口映射
    ports:
      - "33061:3306"
    #主服务器的环境变量
    environment:
      MYSQL_ROOT_PASSWORD: masterroot #root 用户密码
      MYSQL_DATABASE: my_db #初始化的数据库
    #主服务器的数据目录
    volumes:
      - ./master:/var/lib/mysql
  slave:
    #使用 MySQL 官方最新版本的镜像
    image: mysql:latest
    #MySQL 服务器的启动参数
    command:
      - --server-id=2 #从服务器 ID 为 2
      - --log-bin #启用二进制日志
      - --binlog-do-db=my_db #只记录 my_db 库的操作
      - --binlog-ignore-db=mysql #忽略 mysql 库的操作
      - --skip-name-resolve #禁用 DNS 反向解析
      - --innodb_flush_log_at_trx_commit=1 #每次事务提交时立即写入日志
      - --sync-binlog=1 #每次提交时同步日志到磁盘
      - --innodb_flush_method=O_DIRECT #直接写入磁盘,不使用缓存
    #从服务器的端口映射
    ports:
      - "33062:3306"
    #从服务器的环境变量
    environment:
      MYSQL_ROOT_PASSWORD: slaveroot #root 用户密码
      MYSQL_DATABASE: my_db #初始化的数据库
      MYSQL_MASTER_HOST: master #指定主服务器的地址
      MYSQL_MASTER_PORT: 3306 #指定主服务器的端口
      MYSQL_MASTER_USER: root #主服务器的 root 用户
      MYSQL_MASTER_PASSWORD: masterroot #主服务器的 root 密码
    #从服务器的数据目录
```

```
    volumes:
      - ./slave:/var/lib/mysql
```

这个 docker-compose.yml 文件将会创建两个服务：Master 和 Slave。Master 服务是 MySQL 数据库的主节点，而 Slave 服务是 MySQL 数据库的从节点。每个服务都有一个映射端口，以便可以从本地访问 MySQL 数据库。

2）创建基础目录

在本地计算机上创建一个名为 MySQL 数据库的基础目录，并在其中创建一个空的 data 目录和一个 conf.d 目录。这些目录将会存放 MySQL 数据库的数据和配置文件。

3）配置主节点

在 conf.d 目录中创建一个名为 master.cnf 的文件，并在其中编写以下内容，代码如下：

```
//第 4 章/4.4.4 部署 MySQL master.cnf 的文件
#这是一个 MySQL 配置文件，文件名为 mysqld.cnf
[mysqld]
#设置 MySQL 实例的 server id
server-id=1
#开启二进制日志功能，将日志文件存储在 mysql-bin 中
log-bin=mysql-bin
#仅将 my_db 数据库的操作写入二进制日志
binlog-do-db=my_db
#不将 MySQL 数据库的操作写入二进制日志
binlog-ignore-db=mysql
#跳过 DNS 解析步骤，以加快查询速度
skip-name-resolve
#每次事务提交时将日志缓冲区中的数据写入磁盘
innodb_flush_log_at_trx_commit=1
#确保二进制日志与 InnoDB 存储引擎的事务日志同步
sync-binlog=1
#指定 InnoDB 存储引擎的日志刷新方法，O_DIRECT 表示不使用文件系统缓存进行操作，可以提高
#性能
innodb_flush_method=O_DIRECT
#开启延迟写入功能，减少磁盘 I/O 的次数
delayed-insert=1
```

这个 master.cnf 文件将会配置 MySQL 主节点所需的选项，以便正确地将其记录更新到二进制日志中。

4）配置从节点

在 conf.d 目录中创建一个名为 slave.cnf 的文件，并在其中编写以下内容，代码如下：

```
//第 4 章/4.4.4 部署 MySQL slave.cnf 的文件
#这是一个 MySQL 配置文件，该文件包含以下配置项
[mysqld]       #mysqld 是 MySQL 的主程序名
server-id=2    #设置 MySQL 服务器的 ID，用于主从复制
log-bin=mysql-bin    #开启二进制日志功能，所有更新操作都会被记录在二进制日志中
binlog-do-db=my_db   #指定需要记录在二进制日志中的数据库名
```

```
binlog-ignore-db=mysql    #指定不需要记录在二进制日志中的数据库名
skip-name-resolve    #禁用 MySQL 的 DNS 解析功能,提高安全性和性能
innodb_flush_log_at_trx_commit=1    #每次事务提交后都将日志写入磁盘,确保数据安全性
sync-binlog=1    #每次写入二进制日志后都将日志同步写入磁盘
innodb_flush_method=O_DIRECT    #使用 O_DIRECT 方式将数据写入磁盘,以提高性能
delayed-insert=1    #开启延迟插入功能,可以提高插入性能
relay-log=relay-bin    #开启中继日志功能,用于主从复制
relay-log-index=relay-bin.index    #指定中继日志的索引文件名
read-only=1    #将 MySQL 服务器设置为只读模式,禁止写入操作。一般用于从库上
```

这个 slave.cnf 文件将会配置 MySQL 从节点所需的选项,以便正确地从主节点读取二进制日志。

5)启动 MySQL 主从同步集群

在终端中进入 docker-compose.yml 文件所在的目录中,并执行以下命令,代码如下:

```
docker-compose up -d
```

这个命令将会启动 MySQL 主从同步集群,并将其运行在后台。

6)检查 MySQL 主从同步集群

在终端输入以下命令,检查 MySQL 主从同步集群是否正常运行,代码如下:

```
docker-compose ps
```

这个命令将会输出运行中的 MySQL 主从同步集群服务的列表。

7)连接 MySQL 主从同步集群

使用任何 MySQL 客户端工具连接到 MySQL 主从同步集群,并在主节点上创建数据库和表;从节点将会自动同步。

以上就是在 Docker-Compose 环境下安装、配置、部署 MySQL 主从同步集群的步骤。

2. 部署 Redis

以下是部署 Redis 主从哨兵集群的实施步骤:

编写 Docker-Compose 文件,在本地创建一个新目录,然后在该目录下创建一个名为 docker-compose.yml 的文件。在该文件中,需要定义 3 个服务,即一个主节点、两个从节点和一个哨兵节点。以下是一个示例文件,代码如下:

```
//第 4 章/4.4.4 Redis docker-compose.yml 的文件
#指定 Docker-Compose 文件格式版本为 3
version: '3'
#定义 Redis 主节点服务
services:
  redis-master:
    #使用 Redis 镜像
    image: redis
    #设置 Redis 需要的密码,启用主从同步和持久化
    command: redis-server --requirepass yourpassword --masterauth yourpassword
--appendonly yes
```

```
    #将 Redis 的默认端口映射到主机的 6379 端口
    ports:
      - 6379:6379
    #指定容器名称
    container_name: redis-master
  #定义 Redis 从节点 1 服务
  redis-slave-1:
    #使用 Redis 镜像
    image: redis
    #设置 Redis 需要的密码,启用主从同步和持久化,并指定该从节点的主节点为 redis-master
    command: redis-server --requirepass yourpassword --masterauth yourpassword
--appendonly yes --slaveof redis-master 6379
    #指定容器名称
    container_name: redis-slave-1
  #定义 Redis 从节点 2 服务
  redis-slave-2:
    #使用 Redis 镜像
    image: redis
    #设置 Redis 需要的密码,启用主从同步和持久化,并指定该从节点的主节点为 redis
-master
    command: redis-server --requirepass yourpassword --masterauth yourpassword
--appendonly yes --slaveof redis-master 6379
    #指定容器名称
    container_name: redis-slave-2
  #定义 Redis Sentinel 服务
  redis-sentinel:
    #使用 Redis 镜像
    image: redis
    #启动 Redis Sentinel,指定配置文件路径
    command: redis-sentinel /usr/local/etc/redis/sentinel.conf
    #将 Redis Sentinel 的默认端口映射到主机的 26379 端口
    ports:
      - 26379:26379
    #将本地的配置文件 sentinel.conf 挂载到容器中
    volumes:
      - ./sentinel.conf:/usr/local/etc/redis/sentinel.conf
    #指定容器名称
    container_name: redis-sentinel
```

在该文件中,使用了 Redis 官方提供的 Docker 镜像,并使用了相应的配置。此外,还需要创建一个名为 sentinel.conf 的配置文件,用于配置哨兵节点。具体的代码如下:

```
//第 4 章/4.4.4 Redis sentinel.conf 的配置文件
#sentinel 用于监控 Redis 的主从复制,并进行自动故障转移
#monitor 表示监控,mymaster 为监控的名称,redis-master 为主服务器的名称,6379 为端口
#号,2 表示至少有两个哨兵认为主服务器出现了故障才会进行故障转移
sentinel monitor mymaster redis-master 6379 2
#down-after-milliseconds 表示若主服务器在 5000ms 内未响应,则认为主服务器宕机
sentinel down-after-milliseconds mymaster 5000
```

```
#parallel-syncs 表示进行故障转移时同步复制的从服务器数量,一般为 1
sentinel parallel-syncs mymaster 1
#failover-timeout 表示故障转移的等待时间,即若故障转移没有在 10000ms 内完成,则认为故
#障转移失败
sentinel failover-timeout mymaster 10000
```

在该配置文件中,定义了一个名为 mymaster 的哨兵监控对象,它会监控 redis-master 节点,如果在 5s 内检测到 redis-master 宕机,则进行故障转移,最多允许 1 个从节点进行并行同步,最大故障转移时间为 10s。

在命令行中进入该目录下,然后执行以下命令启动 Redis 集群,代码如下:

```
docker-compose up -d
```

这会启动所有的服务,并将它们作为后台进程运行。可以使用以下命令查看运行状态,代码如下:

```
docker-compose ps
```

现在已经成功启动了 Redis 集群,可以使用以下命令测试集群是否可以正常工作,代码如下:

```
#使用 redis-cli 命令行工具连接 Redis 数据库
redis-cli
#输入 Redis 密码
-a yourpassword
#指定 Redis 数据库所在的主机地址
-h localhost
#指定 Redis 使用的端口号
-p 6379
#在 Redis 数据库中设置键-值对,键为 foo,值为 bar
set foo bar
#从 Redis 数据库中获取键为 foo 的值
get foo
```

这会在 Redis 主节点上创建一个名为 foo 的键,并将其值设置为 bar。接下来,可以在从节点上运行以下命令,代码如下:

```
#redis-cli 是 Redis 命令行工具,用于与 Redis 进行交互
#-a yourpassword 用于将 Redis 访问密码指定为 yourpassword
#-h localhost 用于将连接 Redis 的主机指定为本地主机
#-p 6380 用于将连接 Redis 的端口指定为 6380
#get foo 用于从 Redis 中获取键为 foo 的值
redis-cli -a yourpassword -h localhost -p 6380
get foo
```

该命令应该返回之前在主节点上设置的键-值对。如果一切正常,则表示集群已经可以正常工作。

现在,可以测试故障转移机制是否可正常工作。可以使用以下命令来模拟主节点的宕机,代码如下:

```
#使用 docker-compose 命令停止名为 redis-master 的容器
docker-compose stop redis-master
```

此时哨兵节点应该会检测到主节点已宕机,并尝试将一个从节点升级为新的主节点。可以使用以下命令来查看故障转移是否成功,代码如下:

```
redis-cli -a yourpassword -h localhost -p 6379
get foo
```

该命令应该返回之前设置的键-值对,但是现在可能已经在新的主节点上了。可以在从节点上运行以下命令来查看新的主节点,代码如下:

```
#使用 redis-cli 命令行工具连接本地主机上端口号为 6380 的 Redis 服务器
redis-cli -a yourpassword -h localhost -p 6380
#查看 Redis 服务器的复制信息
info replication
```

该命令会显示当前从节点所同步的主节点信息。如果当前同步的主节点已经变成了新的主节点,则说明故障转移成功。

到此为止,已经成功地使用 Docker-Compose 来安装、配置、部署 Redis 主从哨兵集群。

3. 部署 RocketMQ

首先,需要在 Docker-Compose 中创建两个 RocketMQ Broker 容器,一个作为主节点,另一个作为从节点。主从节点之间的数据同步可以通过 Dledger 实现,以下是详细的步骤。

1）规划集群

准备好三台机器:

节点 0: 192.168.80.132

节点 1: 192.168.80.133

节点 2: 192.168.80.134

2）准备工作

在所有机器上执行以下操作:

安装配置 JDK,根据实际情况选择版本,注意 JDK 的版本和 RocketMQ 的版本是否匹配。

创建 rocket 目录,代码如下:

```
mkdir -p /opt/rocketmq
```

进入 rocketmq 目录,代码如下:

```
cd /opt/rocketmq
```

创建 rocket 存储、日志、配置目录,代码如下:

```
mkdir -p /opt/rocketmq/data/broker-n{0..2}/store
mkdir -p /opt/rocketmq/data/broker-n{0..2}/conf
mkdir -p /opt/rocketmq/data/broker-n{0..2}/logs
mkdir -p /opt/rocketmq/data/broker-n{0..2}/commitlog
```

3）节点零配置（IP 地址为 192.168.80.132 的机器）

编辑 broker-n0 的 broker 属性文件，代码如下：

```
vi /opt/rocketmq/data/broker-n0/conf/broker.properties
```

添加配置，代码如下：

```
//第 4 章/4.4.4 RocketMQ broker-n0/conf/broker.properties
#broker 名,名称一样的节点就是一组主从节点
brokerName=broker0
#broker 对外服务的监听端口
listenPort=30911
#所属集群名,名称一样的节点就在同一个集群内
brokerClusterName=DefaultCluster
#brokerid,0 表示 Master,大于 0 的都表示 Slave
brokerId=0
#删除文件时间点,默认为凌晨 4 点
deleteWhen=04
#文件保留时间,默认为 48 小时
fileReservedTime=48
#broker 角色,ASYNC_MASTER 异步复制 Master,SYNC_MASTER 同步双写 Master、SLAVE
brokerRole=ASYNC_MASTER
#刷盘方式,ASYNC_FLUSH 为异步刷盘,SYNC_FLUSH 为同步刷盘
flushDiskType=ASYNC_FLUSH
#broker ip 多网卡配置,容器配置宿主机网卡 IP
brokerIP1=192.168.80.132
#name-server 地址,用分号间隔
namesrvAddr=192.168.80.132:9876;192.168.80.133:9876;192.168.80.134:9876;
#存储路径
storePathRootDir=/home/rocketmq/store
#commitLog 的存储路径
storePathCommitLog=/home/rocketmq/commitlog
#是否允许 broker 自动创建 Topic
autoCreateTopicEnable=true
#是否允许 broker 自动创建订阅组
autoCreateSubscriptionGroup=true
#是否启动 DLedger
enableDLegerCommitLog=true
#DLedger Raft Group 的名字,建议和 brokerName 保持一致
dLegerGroup=broker0
#DLedger Group 内各节点的端口信息,同一个 Group 内的各个节点配置必须保证一致
dLegerPeers=n0-192.168.80.132:40911;n1-192.168.80.133:40911;n2-192.168.80.
134:40911
#节点 id,必须属于 dLegerPeers 中的一个;同 Group 内各个节点要唯一
dLegerSelfId=n0
```

编辑 broker-n1 的 broker 属性文件，代码如下：

```
vi /opt/rocketmq/data/broker-n1/conf/broker.properties
```

添加配置，代码如下：

```
//第 4 章/4.4.4 RocketMQ broker-n1/conf/broker.properties
brokerName=broker1
listenPort=30912
brokerClusterName=DefaultCluster
brokerId=1
deleteWhen=04
fileReservedTime=48
brokerRole=ASYNC_MASTER
flushDiskType=ASYNC_FLUSH
brokerIP1=192.168.80.132
namesrvAddr=192.168.80.132:9876;192.168.80.133:9876;192.168.80.134:9876;
storePathRootDir=/home/rocketmq/store
storePathCommitLog=/home/rocketmq/commitlog
autoCreateTopicEnable=true
autoCreateSubscriptionGroup=true
enableDLegerCommitLog=true
dLegerGroup=broker1
dLegerPeers=n0-192.168.80.132:40912;n1-192.168.80.133:40912;n2-192.168.80.
134:40912
dLegerSelfId=n0
```

编辑 broker-n0 的 broker 属性文件,代码如下:

```
vi /opt/rocketmq/data/broker-n2/conf/broker.properties
```

添加配置,代码如下:

```
//第 4 章/4.4.4 RocketMQ broker-n2/conf/broker.properties
brokerName=broker2
listenPort=30913
brokerClusterName=DefaultCluster
brokerId=2
deleteWhen=04
fileReservedTime=48
brokerRole=ASYNC_MASTER
flushDiskType=ASYNC_FLUSH
brokerIP1=192.168.80.132
namesrvAddr=192.168.80.132:9876;192.168.80.133:9876;192.168.80.134:9876;
storePathRootDir=/home/rocketmq/store
storePathCommitLog=/home/rocketmq/commitlog
autoCreateTopicEnable=true
autoCreateSubscriptionGroup=true
enableDLegerCommitLog=true
dLegerGroup=broker2
dLegerPeers=n0-192.168.80.132:40913;n1-192.168.80.133:40913;n2-192.168.80.
134:40913
dLegerSelfId=n0
```

创建 docker-compose.yaml 文件,代码如下:

```
vi /opt/rocketmq/docker-compose.yaml
```

添加配置，代码如下：

```
//第 4 章/4.4.4 RocketMQ docker-compose.yaml
version: '3.5'
services:
  namesrv:
    restart: always
    image: apache/rocketmq:4.9.4
    container_name: namesrv
    ports:
      - 9876:9876
    environment:
      - JAVA_OPT_EXT=-Duser.home=/home/rocketmq -Xms512m -Xmx512m -Xmn256m -
XX:InitiatingHeapOccupancyPercent=30 -XX:+PrintGCDetails -XX:+
PrintGCDateStamps -XX:+PrintGCApplicationStoppedTime -XX:+
PrintAdaptiveSizePolicy -XX:+UseGCLogFileRotation -XX:NumberOfGCLogFiles=5 -
XX:GCLogFileSize=30m -XX:SoftRefLRUPolicyMSPerMB=0 -verbose:gc
      - TZ=Asia/Shanghai
    volumes:
      - /opt/rocketmq/data/namesrv/logs:/home/rocketmq/logs/rocketmqlogs/
rocketmqlogs
    command: sh mqnamesrv
  broker-n0:
    restart: always
    image: apache/rocketmq:4.9.4
    container_name: broker-n0
    ports:
      - 30911:30911
      - 40911:40911
    environment:
      - NAMESRV_ADDR = 192.168.80.132:9876;192.168.80.133:9876;192.168.80.
134:9876;
      - JAVA_OPT_EXT=-Duser.home=/home/rocketmq -Xms512m -Xmx512m -Xmn256m -
XX:InitiatingHeapOccupancyPercent=30 -XX:+PrintGCDetails -XX:+
PrintGCDateStamps -XX:+PrintGCApplicationStoppedTime -XX:+
PrintAdaptiveSizePolicy -XX:+UseGCLogFileRotation -XX:NumberOfGCLogFiles=5 -
XX:GCLogFileSize=30m -XX:SoftRefLRUPolicyMSPerMB=0 -verbose:gc
      - TZ=Asia/Shanghai
    volumes:
      - /opt/rocketmq/data/broker-n0/logs:/home/rocketmq/logs/rocketmqlogs
      - /opt/rocketmq/data/broker-n0/store:/home/rocketmq/store
      - /opt/rocketmq/data/broker-n0/commitlog:/home/rocketmq/commitlog
      - /opt/rocketmq/data/broker-n0/conf/broker.properties:/home/rocketmq/
conf/broker.properties
    command: sh mqbroker -c /home/rocketmq/conf/broker.properties
  broker-n1:
    restart: always
    image: apache/rocketmq:4.9.4
    container_name: broker-n1
    ports:
```

```yaml
      - 30912:30912
      - 40912:40912
    environment:
      - NAMESRV_ADDR=192.168.80.132:9876;192.168.80.133:9876;192.168.80.134:9876;
      - JAVA_OPT_EXT=-Duser.home=/home/rocketmq -Xms512m -Xmx512m -Xmn256m -XX:InitiatingHeapOccupancyPercent=30 -XX:+PrintGCDetails -XX:+PrintGCDateStamps -XX:+PrintGCApplicationStoppedTime -XX:+PrintAdaptiveSizePolicy -XX:+UseGCLogFileRotation -XX:NumberOfGCLogFiles=5 -XX:GCLogFileSize=30m -XX:SoftRefLRUPolicyMSPerMB=0 -verbose:gc
      - TZ=Asia/Shanghai
    volumes:
      - /opt/rocketmq/data/broker-n1/logs:/home/rocketmq/logs/rocketmqlogs
      - /opt/rocketmq/data/broker-n1/store:/home/rocketmq/store
      - /opt/rocketmq/data/broker-n1/commitlog:/home/rocketmq/commitlog
      - /opt/rocketmq/data/broker-n1/conf/broker.properties:/home/rocketmq/conf/broker.properties
    command: sh mqbroker -c /home/rocketmq/conf/broker.properties
  broker-n2:
    restart: always
    image: apache/rocketmq:4.9.4
    container_name: broker-n2
    ports:
      - 30913:30913
      - 40913:40913
    environment:
      - NAMESRV_ADDR=192.168.80.132:9876;192.168.80.133:9876;192.168.80.134:9876;
      - JAVA_OPT_EXT=-Duser.home=/home/rocketmq -Xms512m -Xmx512m -Xmn256m -XX:InitiatingHeapOccupancyPercent=30 -XX:+PrintGCDetails -XX:+PrintGCDateStamps -XX:+PrintGCApplicationStoppedTime -XX:+PrintAdaptiveSizePolicy -XX:+UseGCLogFileRotation -XX:NumberOfGCLogFiles=5 -XX:GCLogFileSize=30m -XX:SoftRefLRUPolicyMSPerMB=0 -verbose:gc
      - TZ=Asia/Shanghai
    volumes:
      - /opt/rocketmq/data/broker-n2/logs:/home/rocketmq/logs/rocketmqlogs
      - /opt/rocketmq/data/broker-n2/store:/home/rocketmq/store
      - /opt/rocketmq/data/broker-n2/commitlog:/home/rocketmq/commitlog
      - /opt/rocketmq/data/broker-n2/conf/broker.properties:/home/rocketmq/conf/broker.properties
    command: sh mqbroker -c /home/rocketmq/conf/broker.properties
#网络声明
networks:
  rmq:
    name: rmq #指定网络名称
    driver: bridge #指定网络驱动程序
#通用日志设置
x-logging:
&default-logging
```

```
    #日志大小和数量
    options:
        max-size: "100m"
        max-file: "3"
    #文件存储类型
    driver: json-file
```

节点 1 和节点 2 的机器重复类似操作,在所有节点机器上执行以下命令:

```
#进入/opt/rocketmq目录
cd /opt/rocketmq
#给 data 目录赋可读、可写、可执行权限
chmod -R 777 ./data
#给 docker-compose.yaml 文件赋可读、可写、可执行权限
chmod -R 777 ./docker-compose.yaml
#在后台启动 Docker-compose 服务
docker-compose up -d
#显示所有 docker-compose 管理的容器状态
docker-compose ps
#查看日志输出
docker-compose logs
```

4. 部署项目

在 Docker-Compose 环境下部署微服务实例包括以下步骤:

(1) 创建 Docker-Compose 文件。在自定义目录中创建一个名为 docker-compose.yaml 的文件,然后添加以下内容,代码如下:

```
cd /usr/local
mkdir app
cd /app
vi docker-compose.yaml
chmod 777 docker-compose.yaml
```

(2) docker-compose.yaml 配置文件的代码如下:

```
//第 4 章/4.4.4 部署项目 docker-compose.yml 的文件
version: "3" #指定 Docker-Compose 版本
services: #定义多个 Docker 容器服务
  apache-mybatis-demo: #定义服务 apache-mybatis-demo
    build: ./ #使用 Dockerfile 构建镜像
    ports:
      - "8081:8080" #暴露端口
#网络声明
networks:
  rmq:
    name: rmq #指定网络名称
    driver: bridge #指定网络驱动程序
#通用日志设置
x-logging:
```

```
&default-logging
    #日志大小和数量
    options:
        max-size: "100m"
        max-file: "3"
    #文件存储类型
    driver: json-file
```

（3）在同一目录下创建 Dockerfile 文件，代码如下：

```
#使用 openjdk:8 作为基础镜像
FROM openjdk:8
#复制当前目录下所有的 .jar 文件到 /app 目录下
COPY ./apache-mybatis-demo-0.0.1-SNAPSHOT.jar /tmp/app.jar
#设置工作目录
WORKDIR /tmp
#设置环境变量
#ENV SPRING_PROFILES_ACTIVE=prod
#对外暴露端口
EXPOSE 8092
#指定容器启动时需要执行的命令,运行 Java 虚拟机并加载 app.jar 文件
ENTRYPOINT ["java","-jar","/tmp/app.jar"]
```

（4）在同一目录执行以下操作，代码如下：

```
#构建 Docker 容器
docker-compose build
#启动 Docker 容器并将其放在后台运行
docker-compose up -d
#显示正在运行的 Docker 容器列表
docker-compose ps
#关闭并删除 Docker 容器
docker-compose down
```

（5）使用 maven 打包，确保 pom.xml 文件中指定了主类，代码如下：

```
//第 4 章/4.4.4 部署项目 pom.xml 文件中指定主类
<!-- Maven 编译插件 -->
<plugin>
<groupId>org.apache.maven.plugins</groupId>
<artifactId>maven-compiler-plugin</artifactId>
<version>3.8.1</version>
<configuration>
<!-- 设置源码版本 -->
<source>1.8</source>
<!-- 设置目标版本 -->
<target>1.8</target>
<!-- 设置编码格式 -->
<encoding>UTF-8</encoding>
</configuration>
</plugin>
```

```
<!-- Spring Boot 插件 -->
<plugin>
<groupId>org.springframework.boot</groupId>
<artifactId>spring-boot-maven-plugin</artifactId>
<version>2.3.7.RELEASE</version>
<configuration>
<!-- 设置主类
--><mainClass>com.example.apachemybatisdemo.ApacheMybatisDemoApplication
</mainClass>
</configuration>
<executions>
<!-- 执行重新打包操作 -->
<execution>
<id>repackage</id>
<goals>
<goal>repackage</goal>
</goals>
</execution>
</executions>
</plugin>
```

4.5 Kubernetes

在一个遥远的国度,名为云之国的地方,居民们过着和谐有序的生活,然而,某天网络服务出现问题,尽管云之国居民已熟练掌握 Docker 技术来管理服务器,但在应对复杂应用部署和扩展需求时,仍感困难。此时,神秘英雄 Kubernetes 降临云之国。Kubernetes 是一个集群管理工具,能帮助居民轻松地在容器中部署、调度和扩展应用。

Kubernetes 就如同一位强大的军队指挥官,能调动云之国的网络资源,更好地满足居民需求。它通过一系列规则和策略,确保网络资源得到合理、高效利用。Kubernetes 基于核心概念(如 Pod、ReplicaSet、Deployment 和 Service)帮助居民实现自动化部署、扩展和管理应用。Pod 是 Kubernetes 中的基本构建单元,用于部署单个容器。ReplicaSet 负责确保容器副本数量满足预期。Deployment 负责更新和升级应用。Service 则负责将应用服务暴露给外部。

在 Kubernetes 的协助下,云之国居民能轻松地将应用部署到不同环境,以实现高效扩展。其强大功能和灵活性使居民能应对不断变化的需求,为云之国的发展和繁荣做出巨大贡献。如今,Kubernetes 已成为云之国居民的得力助手,帮助其更好地管理服务器,推动云之国的发展与繁荣。本节将通过大量的小故事协助读者理解 Kubernetes 的理论知识,帮助读者快速了解 Kubernetes。

4.5.1 部署时代的变迁

在传统部署时代,组织机构在物理服务器上运行应用程序,但无法为物理服务器中的应用程序定义资源边界，这使资源分配成为难题。虽然在不同的物理服务器上运行每个应用程序是一种解决方案，但是由于资源利用不足，这个方案难以扩展，也不具备经济实用性，因此，需要寻找一种新的解决方案。

在这个背景下，虚拟化技术被引入，为单个物理服务器的 CPU 运行多个虚拟机（VM），从而实现应用程序在 VM 之间的隔离，并提供了一定程度的安全性。虚拟化技术可更好地利用物理服务器上的资源，从而提高了可伸缩性，也降低了硬件成本等方面的问题。虽然每个 VM 是一台完整的计算机，但是由于需要在虚拟化硬件上运行所有组件，包括自己的操作系统，所以造成了资源浪费和运行效率低下等问题。

随着技术的发展，容器部署被引入。与 VM 类似，容器具有自己的文件系统、CPU、内存、进程空间等，但是容器具有被放宽的隔离属性，可以在应用程序之间共享操作系统（OS），因此被认为是轻量级的。由于容器与基础架构分离，因此可以跨云和 OS 发行版本进行移植。容器部署的发展，解决了 VM 部署中资源浪费和运行效率低下等问题，并克服了 VM 部署中需要在虚拟化硬件上运行所有组件，包括自己的操作系统的问题。容器为应用程序创建一个独立的运行环境，从而提高了应用程序的运行效率，并且容器拥有更快的启动时间和更小的体积，这使在多个应用程序之间进行快速迁移和扩展成为可能。

总之，在 3 个部署时代的变迁中，传统部署时代、虚拟化部署时代和容器部署时代各自具有不同的背景和产生的原因。每个时代都有自身的缺陷和不足，不过随着技术的发展，逐渐克服了问题，实现了更高效的部署方式，从而提高了应用程序的运行效率和可伸缩性，也为 IT 行业带来了新的机遇和挑战。

4.5.2　容器的好处

容器技术的广泛应用为敏捷应用程序的创建和部署带来了众多好处。

首先，相对于使用 VM 镜像的方式，容器镜像的创建更加简便高效。用户可以通过 Docker 等工具简单地将应用程序容器化，无须手动配置应用程序所需的环境，并且可以在不同的部署环境中重用这些容器镜像，因此，容器技术大大提高了开发和部署的效率。

其次，容器技术支持快速简单的回滚。由于容器镜像的不可变性，用户可以轻松地回滚到先前的版本，从而支持可靠且频繁的容器镜像构建和部署。例如，开发人员可以通过创建多个镜像版本来测试应用程序的新功能，而无须担心构建失败或版本不兼容等问题。

然后，容器技术可以实现开发与运维的分离。用户可以在构建/发布时而不是在部署时创建应用程序容器镜像，从而将应用程序与基础架构分离。例如，当应用程序需要更新时，开发人员可以构建新的容器镜像，然后将其交给运维团队进行部署和管理，而无须了解应用程序的详细信息。

容器技术还支持可观察性、跨开发、测试和生产的环境一致性、跨云和操作系统发行版本的可移植性、以应用程序为中心的管理、松散耦合、分布式、弹性、解放的微服务和资源隔离等特性。这些特性可以通过 Kubernetes、Istio 和 Prometheus 等工具实现。总之，容器技术的广泛应用大大提高了敏捷应用程序的创建和部署的效率和可靠性。

如果知识是通向未来的大门，

我们愿意为你打造一把打开这扇门的钥匙。

https://www.shuimushuhui.com/

图书详情 | 配套资源 | 课程视频 | 会议资讯 | 图书出版

清华大学出版社
TSINGHUA UNIVERSITY PRESS

May all your wishes come true

May all your wishes come true

4.5.3　容器技术

容器技术是一种虚拟化技术,将应用程序及其依赖项打包到一个独立且可移植的容器中,使其可以在不同环境下运行,而不会受到环境变化的影响。Docker 是当前最受欢迎的容器技术之一,提供了简单的创建、发布和运行容器化应用程序的方式。

Kubernetes 是一个开源的容器编排平台,它能够自动化地对容器进行部署、扩展和管理。该平台专注于运行容器化应用程序,提供了许多有用的功能,例如自动化负载均衡、自动扩容、自动恢复和故障转移,从而增强了应用程序的可靠性。在 Kubernetes 中,每个容器都由一个或多个 Pod 托管,Pod 是一个可部署的最小单元,可以容纳一个或多个紧密关联的容器,这些容器共享相同的网络命名空间和数据卷。

除了 Docker 之外,还有 CRI-O、Containerd 和 rkt 等常见的容器技术,它们在某些方面都实现了容器化的虚拟化。它们的区别和优缺点如下。

1. Docker

Docker 是一种流行的容器技术,因其易用性、高效性和便携性而受到广泛使用。Docker 提供了简单易用的 CLI 工具,帮助用户轻松构建、部署和管理容器,并且容器的资源消耗较小,启动和停止速度快。Docker 容器可以部署在不同的环境中,因此可保证应用的可移植性。

然而,Docker 也存在一些不足。由于不同容器可以访问同一个内核,安全性相对较差。Docker 容器的镜像通常从 Docker Hub 下载,管理和维护有些不便,这也是 Docker 存在的另一问题。虽然 Docker 的 swarm 模式可以用来构建容器集群,但相对于 Kubernetes 的完整生态系统而言还有些不足。为了更好地应用容器化技术,需要更全面地考虑 Docker 的适用情况,努力优化其性能和安全性,同时也应该探索其他容器技术,以寻求更好的解决方案。

2. CRI-O

Kubernetes 官方推荐使用 CRI-O 作为容器运行时,其主要特点是安全、轻量和可组装。CRI-O 的安全性得益于其核心组件 runc 所提供的高效容器隔离机制,被广泛认为是最安全的。同时,CRI-O 只支持与 Kubernetes 相关的功能,因此其大小和资源占用相对较小。此外,CRI-O 支持通过插件的方式来扩展功能,因此可以根据需要引入不同的插件。

然而,与 Docker 不同,CRI-O 并不支持 Docker 镜像,仅支持 OCI 格式的镜像。此外,相较于 Docker,CRI-O 的功能相对简单,一些用户可能需要更多高级特性。为了满足需求,可能需要额外开发或使用其他工具。

3. Containerd

Containerd 是 Docker 生态系统中的一部分,专注于提供一个标准化的容器运行时接口。与其他项目,例如 CRI-O 相比,Containerd 具有更全面的功能,支持多种镜像格式和完整的容器生命周期管理。同时,Containerd 也支持 Docker 镜像和 OCI 格式的镜像。然而,与其他容器运行时相比,Containerd 运行时功能相对简单,缺少更为复杂的特性。此外,Containerd 的易用性略逊于 Docker,需要进行额外的配置和设置。

4. rkt

rkt 是一种容器技术，其由 CoreOS 开发而来。它采用高强度的容器隔离机制及应用签名技术，使容器具有安全特性。除此之外，rkt 的优点还体现在其轻量和可移植性方面。它可以充分利用计算机资源，降低资源占用率，并且能在不同环境下顺畅运行。然而，rkt 也存在一些缺点，主要是学习曲线较高和生态系统较小。在使用时需要掌握新的概念和命令，而且可能无法满足用户的全部需求，因此，用户需要根据自己的实际需求进行选择。总之，虽然 rkt 是一种新型容器技术，具有多个亮点，但它也不是完美的容器技术，需要用户根据自己的需求进行选择。

Docker 是目前最常用的容器技术，其便携性和易用性是其主要优势；而 CRI-O 和 Containerd 则专注于 Kubernetes 生态中的容器运行时；rkt 则更注重容器的安全性和移植性。了解不同容器技术的差异和优缺点，可以帮助用户更好地理解 Kubernetes 的工作原理和使用方法。

4.5.4 Kubernetes 的好处

下面将会通过几个小故事来描述 Kubernetes 的好处。

故事 1：服务发现的力量。

小明是一名开发人员，他正在为一家电商公司开发一个全新的购物车应用。这个应用使用了 Kubernetes 的服务发现功能，使应用程序可以自动寻找并访问其他服务。在开发过程中，小明需要不断地更改代码，并重新构建容器镜像。如果他直接使用 IP 地址访问其他服务，则每次更改都需要手动修改代码中的 IP 地址，非常烦琐。但是使用 Kubernetes 的服务发现功能，小明只需使用服务名称访问其他服务，而无须考虑它们的 IP 地址。这大大简化了代码的编写过程，并提高了应用程序的可靠性。

故事 2：负载均衡的优势。

小红是一名网络工程师，她负责维护一家在线教育公司的网络环境。这家公司的在线课程使用了 Kubernetes 的负载均衡功能，以确保每名学生都可以平均地访问课程。在用户量激增的情况下，使用负载均衡功能可以使系统保持稳定，不会因为过载而崩溃。小红也可以使用负载均衡功能来管理系统中的容器实例，确保它们之间的负载是均衡的。这使应用程序始终能够提供高可用性和可靠性。

故事 3：自动部署和回滚的便利。

小李是一名系统管理员，他负责维护一家银行的核心业务系统。这个系统使用了 Kubernetes 的自动部署和回滚功能，以实现新版本的安全部署。在开始新版本的部署前，小李可以使用预设的容器状态来描述所需状态。一旦 Kubernetes 检测到新版本无法满足预设状态，它将自动回滚到旧版本，以确保服务的可用性和稳定性。这使小李可以在不影响生产环境的情况下，安全地更新系统并处理出现的问题。

故事 4：自我修复的必要性。

小张是一名电商公司的运维人员，他负责保持公司的在线商店 24h 不间断地运行。由于在线商店的流量非常大,他们使用了 Kubernetes 的自我修复功能,以防止出现任何故障。当一个容器出现故障时,Kubernetes 将自动检测故障实例并重新启动它们,以确保在线商店的服务不会中断。这个功能非常有用,因为它可以大大减少出现服务故障的风险。

故事 5:密钥与配置管理的安全。

小王是一名安全工程师,他负责保护一家医疗保险公司的机密信息。在处理敏感信息时,他们使用了 Kubernetes 的密钥与配置管理功能,以此来存储和管理用户的 OAuth 令牌。这个功能确保他们可以安全地部署和更新密钥和应用程序配置,而不必担心数据泄露的问题。这种安全机制可以帮助保护公司的敏感数据,使他们的业务始终保持安全和可靠。

故事 6:弹性扩展的灵活性。

小刘是一名开发人员,他负责开发一个视频直播应用程序。为了应对不断增长的用户量,他们使用了 Kubernetes 的弹性扩展功能,以自动创建、删除和配置新的容器实例。这个功能可以根据流量需求动态地调整容器数量,以确保应用程序始终能够处理大量的流量。这使小刘的团队可以轻松地扩展应用程序,并在需要时快速地调整容器实例的数量。

4.5.5　Kubernetes 技术

22min

Kubernetes 是一个自由开源的容器编排和管理平台,其主要功能包括自动化部署、扩展和管理容器化应用程序。它拥有高度可扩展和高度可用的架构,能够支持在多个节点和云环境中运行。Kubernetes 通过对应用程序的部署和管理进行抽象,使开发人员和运维人员可以更专注于应用程序的开发和运营,从而提高了应用程序的可靠性、可伸缩性和可移植性。

1. Kubernetes 系统原理

Kubernetes 是目前最流行的容器编排工具之一,它可以帮助开发者在云端或本地管理和运行容器化应用。下面将从系统架构、主要组件、工作原理等方面来详细介绍 Kubernetes 系统的原理。

1)系统架构

下面将会通过小故事来描述 Kubernetes 的系统架构。

在一个小村庄里,有一位村长,他负责管理整个村庄。他拥有一本字典,里面记录着村庄的所有信息,如村民的姓名、家庭地址等。这个村长像 Kubernetes 中的 Master 层一样,是控制平面,用于管理整个村庄。

有很多村民需要完成不同的任务,例如耕地、清洁街道等。这些任务需要交给不同的人去完成,像在 Kubernetes 中的 Node 层一样,工作节点需要完成容器的启动、停止、监控等任务。这些节点就像是村庄中的不同村民或工人,需要完成不同的工作。

每个工人都需要一些工具才能完成工作,像在 Kubernetes 中的 kubelet、kube-proxy 等组件一样,它们有固定的职责,如监控容器、传递信息等。类似地,村庄中的工人也需要各种工具才能完成任务,如农具、扫帚等。

在村庄中,有一个非常重要的地方就是村庄的存储室,里面存储了所有的村庄物品,如粮食、药品等。etcd 层就像是村庄中的存储室一样，是分布式的键-值存储系统，用于存储村庄的元数据，为村庄提供高可用性和一致性等功能。

2）主要组件

下面将会通过小故事来描述 Kubernetes 的主要组件。

在一个小镇中，有几家小商店，它们各自以售卖面包、饼干和蛋糕为主营业务。每家商店都拥有一个独立的厨房，里面有厨师和烤炉，并通过一条小道互相连接。这个小镇可以被看作一个 Kubernetes 集群，每个商店则是该集群中的一个 Pod。

为了满足顾客的需求，商店需要相互协作，因此决定建立一个 Service，用来公开每个商店的货物，以供其他商店和顾客访问，就像是一个邮递员将顾客的请求发送到相应的商店。此外，Service 还提供了负载均衡和服务发现功能。

为了扩大业务，商店增加了更多的烤炉和厨师，以便更快地生产货物。为了管理这些复制的商店，他们创建了一个 ReplicaSet，以确保所期望数量的商店在集群中稳定运行。如果烤炉发生故障，ReplicaSet 则会自动创建新的商店以保证商店数量符合期望。

商店发现顾客的口味在不断变化，他们需要及时更新自己的货物，因此使用 Deployment 来管理这些更新。Deployment 提供了更新、回滚、版本控制等功能，可以在保证商店不间断服务的前提下，快速响应顾客的需求。

为了存储自己的配方和秘密，商店使用 ConfigMap 存储配方信息，并使用 Secret 存储敏感信息，如密码和证书。只有商店自己才能读取这些信息。

商店的业务日益壮大，需要扩容，因此使用 ReplicationController 进行复制，Kubernetes 将为每个复制创建一个 Pod，并确保实际运行的 Pod 数量与复制数相等，以解决商店的扩容和缩容问题。

3）工作原理

下面将会通过小故事来描述 Kubernetes 的工作原理。

有一个小城镇，里面住着很多人和他们的家人。这些人每天都会去工作、上学、做饭、洗衣服等，生活很忙碌。为了让生活更方便，他们成立了一个协会，去为他们管理这些事情。

协会的第 1 位员工是接待员，他会接受每个居民的请求，包括需要什么服务，要求什么时候完成等。他非常聪明，能够验证请求的合法性，并且能够把这些请求分配给其他员工来完成。

协会的第 2 位员工是管理员。他负责监督和管理其他员工，以确保每项任务都能及时完成。例如，如果一个居民请求协会派人来修理水管，则管理员将创建一个工作单并将其分配给一个专门的水管工人。

协会的第 3 位员工是管理员的助手，他会根据管理员的指令创建、修复、拆卸工具，以确保这些任务得以顺利完成。

协会的第 4 位员工是质检员。他会检查工作完成的质量，并确保符合居民的要求。

协会的工作流程大概是这样的：当某位居民需要某项服务时，他会通过协会的接待员提出请求。接待员会向管理员提交请求，管理员再通过管理员助手创建相应的工具，然后将任务分配给相应的工人。每位工人都会根据他们所分配的工作单来完成任务。完成后,质检员会检查工作是否符合规定。

协会的工作方式就像 Kubernetes 的工作方式。每个步骤都有它的目的和好处:

(1)通过 kubectl 工具或 RESTful API,用户向 kube-apiserver 发送请求来创建一个 Deployment,就像居民向接待员提出请求一样。这样可以确保所有的服务请求都经过验证和授权,避免不必要的干扰和错误。

(2)kube-apiserver 会验证请求的合法性,并将请求转发给 kube-controller-manager,就像接待员把请求转发给管理员一样。这样可以确保每个请求都是合法的,避免不必要的风险和安全问题。

(3)kube-controller-manager 会根据请求类型创建相应的控制器对象,例如创建 ReplicaSet 对象来管理 Deployment,就像管理员根据请求创建相应的工具一样。这可以确保每个任务都有一个合适的工具来完成它,避免不必要的错误和混乱。

(4)ReplicaSet 对象负责创建和管理多个 Pod 副本,确保集群中有预期数量的 Pod 副本,就像工人负责完成多个任务一样。这可以确保每个任务都有足够的资源来完成,避免不必要的延误和失败。

(5)kubelet 会根据 Pod 的定义创建容器并启动应用程序,就像工人会根据工作单完成任务一样。这可以确保每个任务都有合适的人来完成它,避免不必要的错误和混乱。

(6)kube-proxy 会创建 Service 对象,将 Service 的 IP 地址和端口映射到 Pod 中的容器上,就像质检员会检查工作完成的质量一样。这可以确保任务完成后可以顺利交付给居民,避免不必要的问题和风险。

(7)用户可以使用 Service 的 IP 地址和端口号访问应用程序,就像居民可以使用协会提供的工具和服务来方便地完成各种任务一样。这可以确保任务完成后居民可以方便地使用它,避免不必要的问题和风险。

(8)当出现 Pod 或节点故障时,kubelet 和 kube-controller-manager 会自动重启和迁移 Pod,以保证应用程序的高可用性,就像协会的员工会及时修复工具和设施一样。这可以确保每个任务都能顺利完成,避免不必要的错误和延误。

2. kubeadm 安装 Kubernetes

本节将介绍如何使用 kubeadm 工具快速地安装 Kubernetes 集群。

1)环境准备

在开始安装 Kubernetes 之前,需要确保以下几个环境准备工作已经完成:

(1)一台 CentOS 7.4 或以上的虚拟机。

(2)确保能够连接到 Internet。

(3)确保主机名和 IP 地址解析正确。

(4)安装过程中需要使用 root 权限。

2)关闭防火墙和 SELinux

在 CentOS 7 上,系统默认为开启防火墙和 SELinux,这样会导致 Kubernetes 节点之间的通信受到限制,从而导致无法正常工作。因此,在安装 Kubernetes 前,需要关闭防火墙和 SELinux。

关闭防火墙,代码如下:

```
#停止 firewalld 服务
systemctl stop firewalld
#禁用 firewalld 服务,即使系统重新启动也不会自动启动该服务
systemctl disable firewalld
```

关闭 SELinux,代码如下:

```
#将 SELinux 设置为 permissive 模式
setenforce 0
#修改配置文件,将 SELinux 强制模式修改为禁用模式
sed -i "s/^SELINUX=enforcing$/SELINUX=disabled/" /etc/seLinux/config
```

3) 安装 Docker

在安装 Kubernetes 之前,需要先安装一个容器运行时,一般是 Docker。可以使用以下命令简单安装 Docker,代码如下:

```
#安装 Docker
yum install -y docker
#启动 Docker 服务
systemctl start docker
#将 Docker 服务设置为自动启动
systemctl enable docker
```

4) 安装 Kubernetes 组件

使用 kubeadm 安装 Kubernetes 需要安装以下组件。

(1) kubeadm:安装工具。

(2) kubelet Kubernetes:节点进程。

(3) kubectl Kubernetes:命令行工具。

Kubernetes 通过 yum 源安装,首先需要添加 Kubernetes 的 yum 源,代码如下:

```
//第 4 章/4.5.5 添加 Kubernetes 的 yum 源
#使用 cat 命令将一段文本输入/etc/yum.repos.d/kubernetes.repo 文件中
#<<EOF 用于指定终止符 EOF,表示输入结束
cat <<EOF >/etc/yum.repos.d/kubernetes.repo
#创建 kubernetes.repo 文件
#[kubernetes]是一个 yum 仓库的名称
[kubernetes]
name=Kubernetes
#指定 kubernetes 仓库的 url
baseurl=https://packages.cloud.google.com/yum/repos/kubernetes-el7-x86_64
#启用 kubernetes 仓库
enabled=1
#进行 GPG 验证
```

```
gpgcheck=1
#对仓库签名进行 GPG 验证
repo_gpgcheck=1
#指定 yum 仓库的 GPG 密钥
gpgkey = https://packages. cloud. google. com/yum/doc/yum - key. gpg https://
packages.cloud.google.com/yum/doc/rpm-package-key.gpg
EOF
```

然后安装 kubeadm、kubelet 和 kubectl,代码如下:

```
yum install -y kubelet kubeadm kubectl
```

在完成安装程序后,不能立即启动 kubelet 服务,原因在于缺少初始化 Kubernetes 集群的步骤。为了正确启用服务,必须先使用 kubeadm init 命令初始化整个集群,然后才能启动 kubelet 服务。集群初始化的具体操作将在后面进行详细讲解。启动 kubelet 服务的代码如下:

```
#systemd 是一个系统和服务管理器,控制 Linux 系统上正在运行的进程
//systemctl 是 systemd 中最基本的命令之一
#启用 kubelet 服务,这意味着 kubelet 将会在系统启动时自动启动
systemctl enable kubelet
#启动 kubelet 服务,这会立即启动 kubelet 服务,使其开始运行
systemctl start kubelet
```

5)部署 Kubernetes 集群

使用 kubeadm 命令创建一个 Kubernetes 集群,可以创建一个单节点或多节点的集群。这里以创建一个三节点的 Kubernetes 集群为例。

在其中一个节点上,运行以下命令初始化 Kubernetes 集群,代码如下:

```
kubeadm init --apiserver-advertise-address=<master_ip>--pod-network-cidr=
192.168.0.0/16
```

其中,--apiserver-advertise-address 参数用于指定 API 服务器的地址,--pod-network-cidr 用于指定 Pod 所在网络的 CIDR 段。这里使用 flannel 网络插件,所以使用默认的 CIDR 段192.168.0.0/16。

命令执行完成后,会输出类似下面的信息:

```
Your Kubernetes control-plane has initialized successfully!
To start using your cluster, you need to run the following as a regular user:
  mkdir -p $HOME/.kube
  sudo cp -i /etc/kubernetes/admin.conf $HOME/.kube/config
  sudo chown $(id -u):$(id -g) $HOME/.kube/config
You should now deploy a pod network to the cluster.
Run "kubectl apply -f [podnetwork].yaml" with one of the options listed at:
  https://kubernetes.io/docs/concepts/cluster-administration/addons/
Then you can join any number of worker nodes by running the following on each as
root:
```

```
kubeadm join <master_ip>:<master_port>--token <token> \
    --discovery-token-ca-cert-hash sha256:<hash>
```

根据输出信息，按照提示执行以下命令，代码如下：

```
#创建一个名为 .kube 的隐藏文件夹，如果不存在，则创建
mkdir -p $HOME/.kube
#将 Kubernetes 集群管理员的配置文件复制到用户的 .kube 文件夹下
#使用 -i 参数来避免覆盖已有的文件，以免意外丢失配置信息
sudo cp -i /etc/kubernetes/admin.conf $HOME/.kube/config
#将复制的配置文件的所属用户和所属组修改为当前用户和用户组
#$(id -u) 用于获取当前用户的 UID，$(id -g) 用于获取当前用户的 GID
#这个命令的作用是确保当前用户有读取和修改这个配置文件的权限
sudo chown $(id -u):$(id -g) $HOME/.kube/config
```

这样可以将 Kubernetes 集群的配置文件复制到～/.kube/config 文件中，方便使用 kubectl 命令操作 Kubernetes 集群。

接着，安装 flannel 网络插件，代码如下：

```
kubectl apply -f
https://raw.GitHubusercontent.com/coreos/flannel/master/Documentation/kub
e-flannel.yml
```

安装完成后，可以使用 kubectl 命令查看集群中的节点，代码如下：

```
kubectl get nodes
```

查看集群中的节点时会输出类似下面的信息：

```
NAME         STATUS    ROLES     AGE      VERSION
centos-01    Ready     master    7m18s    v1.18.2
centos-02    Ready     <none>    3m16s    v1.18.2
centos-03    Ready     <none>    2m53s    v1.18.2
```

至此，Kubernetes 集群部署完成。

3. kubectl 核心

Kubernetes 命令行工具 kubectl 是用于与 Kubernetes API 交互和管理 Kubernetes 集群资源的主要工具。

下文将会通过小故事来描述命令行工具 kubectl 的一些命令。

一名班长维护着学校的教室资源，他使用了一个神奇的工具叫作 Kubectl，这个工具使他可以轻松地管理教室资源。

他通过 kubectl get 命令，可以在自己的计算机上查看学校的所有教室的状态、位置、容量等信息。

当有新的教室资源需要添加时，他可以通过 kubectl apply 命令创建一个新的教室资源，并将其添加到 Kubernetes 集群中，以备学校的师生使用。

当教室资源不再需要时，他可以使用 kubectl delete 命令将其删除，以便其他资源可以使用这个位置。

如果某个教室需要更多的座位,则可以通过 kubectl scale 命令扩展资源,以容纳更多的学生。

当他需要查看教室的使用情况时,他可以使用 kubectl logs 命令来查看资源的使用日志。

如果他需要在教室资源中执行一些操作,则可以使用 kubectl exec 命令在运行的资源中执行命令。

最后,如果他需要更新教室资源的某些属性,例如更换灯泡、更新空调等,则可以使用 kubectl set 命令来更新资源的属性。

通过这个神奇的工具 Kubectl,这位班长成功地管理着学校的教室资源,让更多的学生能够舒适地学习。

4. Kubernetes Dashboard 安装及使用

Kubernetes Dashboard 提供了一个直观的方式来查看 Kubernetes 集群的状态和资源使用情况,并可以创建、删除和更新 Kubernetes 资源,如 Pod、Deployment、Service 等。本节将详细介绍如何安装和使用 Kubernetes Dashboard。

安装 Kubernetes Dashboard 有两种方式:使用 kubectl 命令行工具安装和使用 Helm 包管理器安装。下文将分别介绍这两种方式。

1) 使用 kubectl 安装

要使用 kubectl 安装 Kubernetes Dashboard,首先需要下载 Kubernetes Dashboard 的 YAML 配置文件。可以使用以下命令下载最新版本的配置文件,代码如下:

```
#使用 curl 命令下载 Kubernetes Dashboard 的部署文件 recommended.yaml
curl - LO https://raw.GitHubusercontent.com/kubernetes/dashboard/v2.3.1/aio/
deploy/recommended.yaml
```

然后用 kubectl 应用配置文件,代码如下:

```
#kubectl apply - f recommended.yaml 意为使用 kubectl 工具执行 apply 操作,对
#recommended.yaml 文件进行操作
kubectl apply - f recommended.yaml
```

这将创建一个名为 kubernetes-dashboard 的 Deployment,以及一个名为 kubernetes-dashboard 的 Service,用于将请求转发到 Dashboard Pod。可以使用以下命令检查资源的状态,代码如下:

```
#获取名为 "kubernetes-dashboard" 的 deployment 在"kubernetes-dashboard"命名空间
#中的状态信息
kubectl get deployment kubernetes-dashboard -n kubernetes-dashboard
#获取名为 "kubernetes-dashboard" 的 service 在"kubernetes-dashboard"命名空间中的
#状态信息
kubectl get svc kubernetes-dashboard -n kubernetes-dashboard
```

如果所有 Pod 和 Service 都运行正常,则可以通过以下命令启动 Dashboard,代码如下:

```
kubectl proxy
```

此时，可以在本地打开 Web 浏览器，并访问 http://localhost：8001/api/v1/namespaces/kubernetes-dashboard/services/https：kubernetes-dashboard：/proxy/，以通过 Kubernetes API 访问 Dashboard。

2）使用 Helm 安装

要使用 Helm 安装 Kubernetes Dashboard，首先需要安装 Helm 包管理器。

Helm 可以通过以下命令安装，代码如下：

```
curl https://raw. GitHubusercontent. com/kubernetes/helm/master/scripts/get
| bash
```

安装完成后，确认 Helm 版本，代码如下：

```
helm version
```

接下来，需要添加 Kubernetes Dashboard 的 Helm 仓库。可以使用以下命令添加，代码如下：

```
#添加一个名为 kubernetes-dashboard 的 Helm Chart 仓库
helm repo add kubernetes-dashboard https://kubernetes.github.io/dashboard/
```

然后可以使用以下命令安装 Dashboard，代码如下：

```
#安装 Helm chart
helm install
#Chart 名称：kubernetes-dashboard
kubernetes-dashboard
#Chart 所在仓库地址：kubernetes-dashboard/kubernetes-dashboard
kubernetes-dashboard/kubernetes-dashboard
```

这将在 Kubernetes 集群中创建一个名为 kubernetes-dashboard 的 Release，并启动 Dashboard。可以使用以下命令检查资源的状态，代码如下：

```
#获取指定 namespace 下的 kubernetes-dashboard 的 deployment 信息
kubectl get deployment kubernetes-dashboard -n kubernetes-dashboard
#获取指定 namespace 下的 kubernetes-dashboard 的 service 信息
kubectl get svc kubernetes-dashboard -n kubernetes-dashboard
```

如果所有 Pod 和 Service 都运行正常，则可以通过以下命令启动 Dashboard，代码如下：

```
kubectl proxy
```

此时，可以在本地打开 Web 浏览器，并访问 http://localhost：8001/api/v1/namespaces/kubernetes-dashboard/services/https：kubernetes-dashboard：/proxy/，以通过 Kubernetes API 访问 Dashboard。

3）使用 Kubernetes Dashboard

启动 Dashboard 后，可以使用 Web 浏览器访问 Dashboard，并查看 Kubernetes 集群中的资源。以下是一些使用 Dashboard 的示例：

（1）查看集群状态。

要查看 Kubernetes 集群的状态，可以在 Dashboard 的主页上选择 Cluster 选项卡。此选项卡将提供关于集群节点、Pod、命名空间和其他资源的摘要信息。

（2）查看 Pod 和容器。

要查看 Kubernetes 集群中的 Pod 和容器，可以在 Dashboard 的主页上选择 Pods 选项卡。此选项卡提供了关于 Pod 和容器的信息，例如它们的状态、容器的日志和资源使用情况。

（3）创建和更新资源。

要创建或更新 Kubernetes 资源，可以使用 Dashboard 的 Create 选项卡。此选项卡提供了一个表单，可以在其中输入资源定义并提交以创建资源。还可以通过选项卡中的 Edit 按钮更新资源。

（4）删除资源。

要删除 Kubernetes 资源，可以在 Dashboard 的 Delete 选项卡中选择要删除的资源。可以使用以下命令检查资源的状态，代码如下：

```
#使用 kubectl 命令获取 kubernetes-dashboard 部署的相关信息
kubectl get deployment kubernetes-dashboard -n kubernetes-dashboard
#使用 kubectl 命令获取 kubernetes-dashboard 服务的相关信息
kubectl get svc kubernetes-dashboard -n kubernetes-dashboard
```

如果所有 Pod 和 Service 都运行正常，则可以通过以下命令启动 Dashboard，代码如下：

```
kubectl proxy
```

此时，可以在本地打开 Web 浏览器，并访问 http://localhost:8001/api/v1/namespaces/kubernetes-dashboard/services/https:kubernetes-dashboard:/proxy/，以通过 Kubernetes API 访问 Dashboard。

在本节中，介绍了如何安装和使用 Kubernetes Dashboard。无论是使用 kubectl 还是 Helm 包管理器安装 Dashboard 都可以通过 Web 界面查看和管理 Kubernetes 集群的状态和资源。如果需要更详细的信息，则可查看官方文档：https://kubernetes.io/docs/tasks/access-application-cluster/web-ui-dashboard/。

5. Pod 原理/创建/生命周期管理

Pod 是 Kubernetes 的最小可部署单元。Pod 包含一组容器，它们共享一个网络命名空间、存储卷和其他资源。本节将详细讲解 Pod 的工作原理、创建方法和生命周期管理。

1）Pod 的原理

Kubernetes 的 Pod 是最小的可部署对象，它包含一个或多个容器，并共享网络和存储资源。

有一家小餐馆，每天都有很多客人来吃饭。为了方便管理，他们把每一份餐都放在一个小盘子里，然后把这些盘子放在一个托盘上一起端到客人桌上。这个托盘就像一个 Pod，里面可以放多个盘子，每个盘子就像一个容器，里面装着不同的菜肴。这些盘子可以共享一块桌布（命名空间），放在同一个托盘上（共享网络接口）并且可以从同一个油盐酱醋瓶（存储卷）里取调味料。如果客人想要更多的酱料，则可以直接从其他盘子上借，就像容器之间可以直接通信一样，但是这个托盘并不会直接给客人使用，而是由服务员拿着托盘去客人桌上取出菜来，就像 Kubernetes 的资源管理器（如 Service 和 Ingress）来控制 Pod 的使用一样。这样，小餐馆就可以更方便地管理菜肴，而客人也可以更愉快地享用美食。

2）创建 Pod

在 Kubernetes 中创建 Pod 是很简单的，只需定义一个 Pod 的配置文件，然后使用 kubectlcreate 命令就可以了。下面是一个 Pod 的配置文件的示例，代码如下：

```
//第 4 章/4.5.5 创建 Pod
#指定使用 v1 版本的 Kubernetes API
apiVersion: v1
#将资源类型定义为 Pod
kind: Pod
#定义元数据,包括 Pod 的名称等信息
metadata:
  name: my-pod
#定义 Pod 的规格,包括容器等信息
spec:
  #定义容器列表
  containers:
  #第 1 个容器
  - name: container1
    image: nginx
  #第 2 个容器
  - name: container2
    image: redis
```

上述配置文件描述了一个名为 my-pod 的 Pod，其中包含两个容器，一个容器使用了 Nginx 镜像；另一个容器使用了 Redis 镜像。然而，该 Pod 配置文件并未明确指定容器之间的通信方式，也未指定容器如何访问外部网络，因此并不完备。这可能导致容器间无法通信或无法访问外部网络。要使其完整，需要添加相关配置，因此，该配置文件只是一个示例，供参考。在实际使用中，需要进行相应的调整。

3）Pod 的生命周期管理

本节将对 Kubernetes 中 Pod 的生命周期进行详细介绍，共包括 15 个生命周期阶段。每个阶段都将通过小故事进行描述，以便更好地说明可能导致此阶段出现的原因，并为解决这些问题提供建议。

Kubernetes 的 Pod 的生命周期管理一般包含以下 15 个阶段。

（1）等待（Pending）：该状态表示 Pod 已创建，但该节点上的所有容器尚未完全启动。小明正在使用 Kubernetes 部署自己开发的应用，但是他发现 Pod 一直处于 Pending 状态。经过排查，他发现是因为资源不足导致的，于是他增加了节点资源才解决了这个问题。

（2）创建容器（ContainerCreating）：表示 Kubernetes 正在创建容器。小兰正在使用

Kubernetes 部署容器化应用,但是在创建容器时一直处于 ContainerCreating 状态。经过检查,她发现是由镜像拉取速度太慢导致的,于是她改用国内的镜像库才解决了这个问题。

(3) 初始化 Pod(PodInitializing):表示 Kubernetes 正在为 Pod 初始化一些信息,例如 Pod 的网络命名空间。小春使用 Kubernetes 部署了一个新的应用,但是在 PodInitializing 阶段一直卡住,无法初始化。经过查找,他发现是因为在 Pod 中使用了不兼容的 API 版本,于是他进行了版本调整才解决了这个问题。

(4) 运行中(Running):表示 Pod 中的所有容器都已启动并正在运行。小红使用 Kubernetes 部署的应用一直处于 Running 状态,但是最近她发现有些容器在一段时间后会出现故障。经过排查,她发现是由于容器内存不足导致的,于是她进行了资源限制和调整才解决了这个问题。

(5) 已成功(Succeeded):表示 Pod 中的所有容器都已成功地完成了任务并已退出。小李使用 Kubernetes 部署的应用一直处于 Succeeded 状态,但是他发现应用没有被自动删除。经过查找,他发现是由于他没有设置 Pod 的自动删除策略导致的,于是他设置了自动删除策略才解决了这个问题。

(6) 已失败(Failed):表示 Pod 中的一个或多个容器已经失败并已退出。小芳使用 Kubernetes 部署的应用在运行过程中出现了 Failed 状态,但是她并没有收到任何通知。经过调查,她发现是由于没有设置告警规则导致的,于是她设置了告警规则才避免了这个问题。

(7) 未知(Unknown):表示当前无法获取该 Pod 的状态。小刚使用 Kubernetes 部署的应用一直处于 Unknown 状态,但是他无法找到任何原因。经过排查,他发现是由于节点内存不足导致的,于是他进行了资源调整才解决了这个问题。

(8) 终止(Termination):表示 Pod 正在停止并且将要被删除。小宏使用 Kubernetes 部署的应用需要下线,他使用 kubectl delete 命令进行删除,但是发现 Pod 一直处于 Termination 状态。经过查找,他发现是由于应用还在进行中导致的,于是他等待应用结束后再次尝试删除才解决了这个问题。

(9) 容器镜像拉取失败(ContainerImagePullBackOff):表示 Kubernetes 无法拉取容器镜像。小乐在使用 Kubernetes 部署应用时发现镜像拉取一直失败,经过查找,他发现是由于镜像仓库的凭证有误导致的,于是他重新配置了凭证才成功拉取镜像。

(10) 创建容器(ContainerCreating):表示 Kubernetes 正在创建容器。小花在使用 Kubernetes 部署应用时发现容器创建一直处于 ContainerCreating 状态,经过检查,她发现是由于容器配置有误导致的,于是她重新配置容器才成功创建。

(11) 崩溃回滚(CrashLoopBackOff):表示容器已经崩溃并且正在不断地尝试重新启动,但每次都失败。小明在使用 Kubernetes 部署应用时发现容器崩溃并且不断尝试重新启动,但每次都失败,经过调查,他发现是由于应用出现了死循环导致的,于是他对应用来进行了修改才解决了这个问题。

(12) 镜像拉取失败(ImagePullBackOff):表示 Kubernetes 无法拉取容器镜像。小娟

在使用 Kubernetes 部署应用时发现镜像拉取一直失败,经过查找,她发现是由于镜像网址有误导致的,于是她修改了镜像网址才成功拉取镜像。

（13）镜像未被拉取（ErrImageNeverPull）：表示在容器中使用的镜像还未被拉取。小刘在使用 Kubernetes 部署应用时发现容器中使用的镜像还未被拉取,经过查找,他发现是由于镜像网址有误导致的,于是他修改了镜像网址并重新拉取才解决了这个问题。

（14）创建容器错误（CreateContainerError）：表示在创建容器时发生错误。小王在使用 Kubernetes 部署应用时发现容器创建出现了错误,经过检查,他发现是由于容器的启动命令有误导致的,于是他修改了启动命令才成功创建容器。

（15）未知（Unknown）：表示当前无法获取该容器的状态。小丽在使用 Kubernetes 部署应用时发现容器状态一直处于 Unknown 状态,经过查找,她发现是由于容器中使用的应用版本不兼容导致的,于是她升级了应用版本才解决了这个问题。

4）Pod 常用命令

（1）Pod 状态检查,可以通过以下命令来检查 Pod 对象的状态,代码如下：

```
kubectl get pods
```

这会列出所有当前正在运行的 Pod 对象,以及它们的状态。

（2）Pod 重新启动,可以通过以下命令来重新启动 Pod,代码如下：

```
kubectl delete pod my-pod
```

这会删除名为 my-pod 的 Pod,然后 Kubernetes 会重新启动。

（3）Pod 扩缩容,可以通过以下命令来扩缩容 Pod,代码如下：

```
kubectl scale deployment/my-deployment --replicas=3
```

这会将名为 my-deployment 的 Deployment 的副本数扩展到 3 个。

（4）Pod 升级和回滚,可以通过以下命令对 Pod 进行升级和回滚,代码如下：

```
kubectl set image deployment/my-deployment nginx=nginx:1.16
```

这会将名为 my-deployment 的 Deployment 中的 nginx 镜像版本升级到 1.16,代码如下：

```
kubectl rollout undo deployment/my-deployment
```

这会将名为 my-deployment 的 Deployment 回滚到上一个版本。

6. Kubernetes 核心资源

Kubernetes 是一种具有高度可扩展性和弹性的开源平台,它用于容器编排。它提供了许多核心资源,以便于管理和监视工作负载、网络和存储等。接下来的内容将深入探讨 Kubernetes 的核心资源。这些核心资源包括 Pod、ReplicaSet、Deployment、Service、Ingress、ConfigMap、Secret、PersistentVolume 和 PersistentVolumeClaim。

1）Pod

Kubernetes 的 Pod 是最小的部署单元,承载了一个或多个相关容器,实现了容器的联合管理和调度。

许多人认为,Pod 就像一艘大船,而容器则是船上所载的各种小船。Pod 是 Kubernetes 中最小的部署单元,类似于大船上的甲板,通常只有一个容器,就像甲板上只有一艘小船,但是,在某些情况下,Pod 也可以像一些特殊的大船一样,载有多种不同的小船,也就是共享同一网络命名空间和存储卷的多个容器。

就像大船一样,Pod 也需要由控制器来负责管理其生命周期。在 Kubernetes 中,这个控制器就是 Replication Controller,它可以根据用户所定义的副本数,自动创建或删除 Pod,保证应用程序的高可用性。

当需要更新 Pod 中的容器镜像或配置时,Kubernetes 就像是给大船进行维护一样,在不影响应用程序连续性的情况下,自动创建一个新的 Pod,并进行无缝切换。

如果把 Pod 比喻成一艘大船,则在其中运行的容器就像是小船,它们可以在船上起飞、降落和移动,而 Pod 作为 Kubernetes 中最基本的资源类型,也就相当于大船上的驻舰部队,它们是部署和管理应用程序的基石。

创建一个包含单个容器的 Pod,代码如下:

```
#使用 kubectl 命令创建一个 pod,将名称指定为<pod-name>,使用指定的<image-name>镜像
kubectl create pod <pod-name>--image=<image-name>
```

创建一个包含多个容器的 Pod,代码如下:

```
kubectl create pod <pod-name>--image=<image-name>--name=<container-name>
#使用 kubectl 命令创建一个 Pod
kubectl create pod <pod-name>
#给这个创建的 Pod 指定使用的镜像
--image=<image-name>
#给这个创建的 Pod 指定容器的名称
--name=<container-name>
#为此 Pod 增加一个额外的容器,同样需要指定该容器所使用的镜像和名称
--image=<image-name-2>
--name=<container-name-2>
```

更新 Pod 中的容器镜像或配置,代码如下:

```
#使用 kubectl 对 Kubernetes 集群进行配置文件的应用
kubectl apply -f <pod-config-file>.yaml
```

删除 Pod,代码如下:

```
#使用 kubectl 命令删除指定名称的 Pod
kubectl delete pod <pod-name>
```

查看 Pod 状态,代码如下:

```
#使用 kubectl 命令行工具,获取 Kubernetes 集群中的 Pod 列表
kubectl get pods
```

查看 Pod 详细信息,代码如下:

```
#使用 kubectl 命令来查看指定 pod 的详细信息
kubectl describe pod <pod-name>
```

2）ReplicaSet

ReplicaSet 是 Kubernetes 中用于管理应用副本数量和状态的对象，确保在整个集群中始终有指定数量的副本在运行。

假设你是一家餐厅的老板，你的餐厅有很多员工，每名员工都需要完成不同的任务。有些员工负责点餐，有些员工负责烹饪，有些员工负责送餐等。你需要确保每名员工都能够熟练地完成自己的工作，同时也要保证整个餐厅的运作效率和可靠性。

这时，你决定使用 Kubernetes 的 ReplicaSet 来管理员工。可以定义一些 Pod 模板，例如一个点餐 Pod 模板、一个烹饪 Pod 模板和一个送餐 Pod 模板，然后使用 ReplicaSet 将这些 Pod 模板部署到 Kubernetes 集群中，使每个 Pod 都能够独立地完成自己的工作。

但是，在餐厅运营的过程中，有时会出现员工生病或者离职等情况。这时，可以使用 ReplicaSet 的自我修复能力来保证餐厅的正常运营。当一个 Pod 不健康时，ReplicaSet 会检测到并自动替换它，从而保证整个餐厅的稳定性和可靠性。

使用 ReplicaSet 还可以实现餐厅的可伸缩性，当餐厅的客流量增加时，可以使用 ReplicaSet 来自动增加 Pod 的数量，以满足更多的客户需求。同时，当客流量减少时，ReplicaSet 也可以自动减少 Pod 的数量，以避免资源浪费。

总之，使用 Kubernetes 的 ReplicaSet 可以帮助你更好地管理员工，提高餐厅的效率和可靠性，从而为顾客提供更好的服务体验。

3）Deployment

Kubernetes 的 Deployment 定义了一种描述和管理应用程序副本的方式，它的作用是确保应用程序的副本数量和状态符合预期。

在 Kubernetes 的世界里，每个应用程序都像一条鱼，需要在水中得到良好的生长和管理，而 Deployment 就是这个海洋中的管理者，可以让这些应用程序在不同的环境中自如地穿梭，从而实现无缝的应用程序部署和管理。

举个例子，假设你是一个快递公司的老板，你需要在不同的城市和地区开设分公司来服务客户。每个分公司都有自己的管理团队和员工，并且在不同的时间和地点接收和处理订单。Deployment 就像是你的总部，它可以确保每个分公司都有足够的员工和设施，以满足客户的需求。如果某个分公司遇到了瓶颈或者出现了问题，Deployment 则会及时调整人力和资源，以确保整个业务系统的稳定运行。

在另一个场景中，假设你是一名建筑师，需要设计一座高楼大厦。Deployment 就像是你的工程师团队，可以根据你的设计方案和预算，实现高效的施工和管理。如果某个环节出现了问题，Deployment 就会及时调整计划和资源，以确保整个建筑项目不会受到影响。

在实际的开发和运维中，Deployment 能够轻松实现应用程序的部署、更新和回滚，提高整个系统的可靠性和可维护性。它还能够与其他 Kubernetes 资源进行集成，例如 Service、Ingress 等，使开发者能够更加轻松地管理和监控整个应用程序的生命周期。

4）Service

Kubernetes 的 Service 定义了一组 Pod 的访问入口和负载均衡策略，用于提供内部服务发现和访问功能。

有一个电商网站，该网站采用 Kubernetes 来管理其应用程序。随着业务的不断增长，他们需要更好的负载均衡和服务发现能力，因此，他们开始使用 ClusterIP 类型的 Service 将 Pod 绑定到集群内的虚拟 IP 地址上，以实现负载均衡和服务发现，然而，随着业务的迅速发展和用户数量的增加，他们需要更高级的负载均衡器。

因此，他们开始使用 NodePort 类型的 Service，将 Pod 绑定到每个节点的特定端口上。这使他们的业务得以更好地扩展，但在操作上也遇到了一些问题。每个节点上的端口号不同，因此需要手动记录和管理这些端口号。此外，如果他们需要增加或减少节点数，则还需要重新配置节点上的端口号。

最终，他们升级到了 LoadBalancer 类型的 Service。这种类型的 Service 会在云服务供应商上自动创建一个负载均衡器，并将 Pod 绑定到该负载均衡器上。这样，他们可以更方便地扩展业务，而无须手动管理节点上的端口号。同时，Kubernetes 的设计理念也得到了充分体现：隐藏底层细节，提供统一的管理接口，使应用程序更容易访问。

在该网站的应用程序中，Service 起着至关重要的作用。Service 将 Pod 绑定到虚拟 IP 地址或端口上，使应用程序可以方便地访问它们，同时还提供了负载均衡和服务发现能力，使他们的业务能够更好地扩展和管理。

5）Ingress

Kubernetes 的 Ingress 定义和作用是将外部流量路由到 Kubernetes 集群内部的服务中。

故事 1：Ingress 与邮递员的比喻。

在一个大型的公司里，有很多部门需要与外部进行交流和沟通，但是，每个部门都有自己的门卫和门禁设备，这让外部人员访问公司变得非常困难和复杂。为了解决这个问题，公司雇用了一个专门的邮递员，他负责将所有外部来访的人员引导到特定的部门，并安排他们进入相应的会议室。邮递员还可以根据访问者的身份进行身份验证，并将他们引导到正确的区域。

这个邮递员的角色就相当于 Ingress 在 Kubernetes 中的作用。它充当了一个门卫和路由器的角色，将外部流量引导到正确的服务和 Pod，并提供了身份验证、负载均衡和路由规则等功能。

故事 2：Ingress 的设计理念。

有一个小镇的居民们每天都要去集市上购买物品，但是每个人要去的店铺都不一样。为了方便居民们进行购物，小镇的市政府决定修建一个商业街，将所有的商家都聚集在一起，方便居民购买物品。

这个商业街的设计理念就是 Ingress 在 Kubernetes 中的设计理念。它将多个服务绑定到一个统一的地址上，并允许外部请求根据路径规则和域名重写等条件进行路由和负载均衡。这个设计理念可以让 Kubernetes 更加灵活和可扩展，为外部访问提供更好的管理方式。

故事 3：Ingress 的 TLS 终止和身份验证。

一位顾客到一家银行办理业务，银行要求他提供身份证件和密码等信息进行身份验证，但是，顾客在路上遇到了小偷，身份证件和密码都被偷了。顾客很着急，但是他并不知道这些信息都可以通过银行的 TLS 协议进行保护和加密。银行可以在客户访问银行的网站时终止 TLS 连接，以便对客户的身份进行验证和保护，避免了信息被泄露和盗用的风险。

Ingress 在 Kubernetes 中也提供了类似的 TLS 终止和身份验证功能。它可以对外部请求的流量进行加密和保护，以防止信息泄露和攻击。同时，Ingress 还提供了基础身份验证等功能，可以根据预设规则对访问者的身份进行验证和过滤，保证企业的安全性和可靠性。

6）ConfigMap

Kubernetes 的 ConfigMap 是用来存储非密钥数据的对象，可以在容器中进行配置共享和解耦。

在使用 Kubernetes 的过程中，经常会面对一个问题，就是如何管理和维护应用程序的配置信息。过去，可能会将配置信息与应用程序打包在一起，然后将整个包部署到 Kubernetes 集群中。这种方式虽然简单易用，但是会带来一些问题。例如，当需要修改配置信息时，就需要重新打包和部署整个应用程序，这会耗费大量时间和精力。

为了解决这个问题，Kubernetes 引入了 ConfigMap 这个概念。ConfigMap 可以将应用程序中的配置信息从容器中分离出来，并将它们统一存储在 Kubernetes 集群中。这样一来，就可以通过修改 ConfigMap 来修改配置信息，而无须重新打包和部署整个应用程序。这大大提高了工作效率。

同时，ConfigMap 还支持多种注入方式，例如可作为环境变量或命令行参数，或者挂载到容器卷中。这种方式使应用程序能够动态地读取配置信息，而无须重新部署容器。例如，可以使用 ConfigMap 定义一个数据库地址的环境变量，这样应用程序就可以动态地读取数据库地址，而无须在代码中进行硬编码。

在设计 ConfigMap 时，Kubernetes 考虑到了灵活性和可扩展性。ConfigMap 支持多种数据格式，例如 INI、JSON、YAML 等，这样可以选择最适合自己应用程序的数据格式。同时，ConfigMap 也支持版本控制和自动更新，这样可以轻松地跟踪和管理配置信息的变化。

总之，ConfigMap 是 Kubernetes 中非常重要的一个概念，它可以帮助更好地管理和维护应用程序的配置信息。有了它，可以轻松地修改配置信息，并让更多的 Pod 共享这些信息，而无须重新部署整个应用程序。

7）Secret

Kubernetes 的 Secret 用于存储和管理敏感数据，例如密码、API 密钥等，以确保应用程序可以安全地访问这些敏感数据。

一天，一位名叫 Tom 的开发者正在开发一款新的微服务应用程序。这个应用程序需要使用一些敏感的 API 密钥访问另一个服务。Tom 知道这些密钥必须妥善保管,因为一旦泄露会对业务造成巨大的影响。于是,他意识到需要一个解决方案来存储和管理这些敏感数据,而 Kubernetes 的 Secret 就成了他的最佳选择。

Tom 创建了一个 Secret 来存储 API 密钥,并将其注入 Pod 中。这使 Pod 能够安全地读取这些密钥,同时又不必将它们暴露在容器中。通过这种方式,Tom 的应用程序可以安全地访问外部服务,并且 Tom 可以放心地继续开发他的应用程序,而不必担心敏感数据的泄露。

不久后,Tom 的应用程序得到了更多的用户,并在集群中部署了更多的 Pod。每个 Pod 都需要访问同样的 API 密钥。如果每个 Pod 都有一个单独的 Secret,则管理起来将很麻烦。于是,Tom 决定对 Secret 进行集中管理,并在多个 Pod 之间共享它们。这样,他可以更容易地管理这些敏感数据,并确保它们得到妥善保管。

通过 Kubernetes 的 Secret,Tom 成功地保护了他的应用程序和敏感数据。他的应用程序得以快速、安全地扩展,并且 Tom 可以专注于开发他的应用程序,而不必担心敏感数据的泄露。

8）PersistentVolume

Kubernetes 的 PersistentVolume 提供了一种抽象层,使容器可以使用持久化存储,从而实现数据的长期保存和持续访问。

在遥远的星球上,有一家名叫 Kube 的公司,此公司致力于为行星上的各种应用程序提供高效的存储资源管理服务。因为行星上的资源有限,所以 Kube 公司开发了一种叫作 PersistentVolume 的技术,用于管理可持久化的存储资源。这项技术将物理存储设备（如硬盘和云存储）转换为虚拟卷,可供多个应用程序（Pod）共享访问。

每个应用程序都有自己的存储需求,需要一部分存储资源来存储数据,而 PersistentVolume 作为资源管理器,就像一个负责分配存储空间的管理员,它通过定义存储卷属性和访问模式,为每个应用程序分配存储资源。这样,每个应用程序都有自己的存储空间,彼此之间不会干扰。

在 Kube 公司内部,有 3 种方式来创建和管理 PersistentVolume：手动、静态和动态分配。手动方式需要管理员手工创建和管理每个 PersistentVolume,其优点在于控制灵活,可以根据应用程序的需求进行调整。静态分配方式也需要管理员进行配置,但是它可以根据配置文件来自动分配 PersistentVolume。最后,动态分配方式则是根据应用程序的需要动态地创建和管理 PersistentVolume,这样就可以更好地满足不同应用程序的需求。

无论是哪种方式,PersistentVolume 都是 Kube 公司为应用程序提供高效的存储资源管理服务的重要工具。随着科技的不断进步,数据存储需求也不断增加,因此,PersistentVolume 的意义也越来越重要。

9）PersistentVolumeClaim

Kubernetes 的 PersistentVolumeClaim 定义和管理了应用程序对持久化存储资源的要求和请求。

在一个名为 Alice 的开发者的 Kubernetes 项目中，她需要让一些应用程序持久化保存数据。她开始重新设计应用程序，以使用 Kubernetes 的 PersistentVolumeClaim 来管理存储请求。

Alice 首先定义了一个 PersistentVolume，可以提供高可靠性的网络附加存储，然后使用 PersistentVolumeClaim 将存储容量动态地分配给每个 Pod。每个 Pod 可以访问 PersistentVolumeClaim，而不用担心存储的位置或类型。这大大简化了应用程序的开发和部署。

在不久的将来，Alice 需要扩展 Kubernetes 集群，以支持更多的数据存储需求。她决定添加更多的节点和存储资源，并使用 PersistentVolumeClaim 来管理这些存储请求。这样，便可以轻松地扩展存储容量，并保持应用程序持久化数据的可靠性。

在项目的另一个小组中，有一个名为 Bob 的开发者正在努力解决一个棘手的问题。他正在部署一个应用程序，但是一直无法找到一种持久化存储的方案。他尝试了各种方法，但是没有一种方法是可靠、可扩展和易于维护的。

幸运的是，Bob 了解到了 Kubernetes 的 PersistentVolumeClaim。这个功能使他能够轻松地访问持久化存储，并将数据保留在应用程序中。他很快就将这个功能应用到部署中，而且发现这个功能非常可靠和易于管理。

通过这两个故事，可以看到 Kubernetes 的 PersistentVolumeClaim 是多么重要。它可以让开发者轻松地管理存储请求，将存储容量动态地分配给每个 Pod，并提供可靠的持久化存储。这使应用程序的开发和部署更加容易、可靠。

7. Kubernetes Job

Kubernetes Job 是基于容器化和微服务架构的设计理念而来的。容器化能够将应用程序和依赖项一起打包，以便更容易地部署和管理，而微服务架构则将应用程序分解为更小、更可靠的部分，以便更容易扩展、管理和维护。Kubernetes Job 是基于这些原则而构建的，可以自动化管理一次性任务和批处理工作。它可以根据需要启动和停止容器实例来确保任务正确地完成，并在任务完成后清理容器实例。

例如，在一家电商公司的案例中，开发人员需要每晚定期备份数据库。由于备份数据量较大，传统备份方案需要非常长的时间才能完成。为了解决这个问题，开发人员尝试使用 Kubernetes Job 创建了一个包含用于备份数据库的容器的 Job。该容器在特定的时间内启动，并在任务完成后自动清理容器实例。这种方式与传统的备份方案相比，大幅缩短了备份时间，并减轻了运维人员的工作量。

随着开发人员对 Kubernetes Job 的使用越来越深入，开发人员开始意识到 Kubernetes Job 可以解决更多问题。例如，开发人员开始使用 Job 执行一次性的数据分析任务，处理大量的订单数据等。Kubernetes Job 的使用，使对容器运行环境的依赖项和容器实例的管理变得简单和自动化。

1）Job 的创建和管理

Kubernetes Job 由一个 YAML 文件定义，该文件用于指定要运行的容器镜像、任务参

数、容器数量等。下面是一个简单的 Job 定义示例,代码如下:

```
//第4章/4.5.5 简单的 Job
#将 Kubernetes API 版本指定为 batch/v1
apiVersion: batch/v1
#将 Kubernetes 资源类型指定为 Job,并将该 Job 资源的名称定义为 my-job
kind: Job
metadata:
  name: my-job
spec:
  #定义 Job 的模板
  template:
    spec:
      #定义容器列表
      containers:
      -name: my-container
        #指定容器使用的镜像及版本
        image: my-image:v1
        #定义容器执行的命令
        command: ["echo", "hello world"]
      #将容器异常退出后的重启策略定义为 OnFailure
      restartPolicy: OnFailure
```

上面的 YAML 文件定义了一个名为 my-job 的 Job 任务,该任务使用一个名为 my-container 的容器,使用 my-image:v1 镜像,运行 echo 命令。通过 kubectl 命令行工具,可以轻松地创建、管理和监视 Job。

上述示例未配置任务的时间调度。为了指定任务何时执行,需要在 Job 的 YAML 文件中添加一个 cronJob 属性。例如,可以使用 cronJob 属性将任务设置为每天早上 5 点执行一次。需要注意,相关配置必须根据实际情况进行调整,上述示例仅供参考。

2) Job 的重试

Kubernetes Job 支持自动重试失败的任务。可以通过设置 Job 的 spec.backoffLimit 属性来配置重试的次数。例如,将其设置为 3 表示在任务失败的情况下尝试重试 3 次。下面是一个示例 YAML 文件,它配置了一个 Job 任务,如果出现错误,则重试 3 次,代码如下:

```
//第4章/4.5.5 配置 Job 任务重试
#将 Kubernetes API 的版本指定为 batch/v1
apiVersion: batch/v1
#将 Kubernetes 资源对象的类型定义为 Job
kind: Job
#对该 Job 资源对象进行元数据的配置
metadata:
  #将该 Job 资源对象命名为 my-job
  name: my-job
#对该 Job 资源对象进行具体配置
spec:
  #对于该 Job,在失败时最多可以重试 3 次
```

```
backoffLimit: 3
#定义容器运行环境
template:
  spec:
    #定义容器的镜像和容器名
    containers:
    -name: my-container
      image: my-image:v1
      #容器运行的命令为输出 hello world
      command: ["echo", "hello world"]
    #定义容器的重启策略,当容器发生错误时自动重试
    restartPolicy: OnFailure
```

3）Job 的并行与串行

Kubernetes Job 可以配置为并行执行或串行执行任务。在默认情况下，Job 会并行执行容器实例。每个实例都是相互独立的，可以在运行时动态调整数量。可以通过设置 Job 的.spec.parallelism 和.spec.completions 属性来控制实例的数量，并且可以通过设置.spec. completions 来控制完成实例的数量。下面是一个示例 YAML 文件，它配置了一个 Job 任务，其中并行执行 3 个容器实例，每个容器实例都需要成功运行，代码如下：

```
//第 4 章/4.5.5  Job 的并行与串行
#定义 API 版本为 batch/v1 的 Kubernetes Job
apiVersion: batch/v1
kind: Job
#定义该 Job 的元数据,包括名称为 my-job
metadata:
  name: my-job
  namespace: default
#Job 的具体规格
spec:
  #设定该 Job 的完成次数为 3
  completions: 3
  #设定该 Job 的并行度为 3
  parallelism: 3
  #设定该 Job 要创建的 Pod 的规格
  template:
    #设定该 Pod 的具体规格
    spec:
      #定义该 Pod 中所包含的容器
      containers:
      #定义该 Pod 中的一个名为 my-container 的容器
      -  name: my-container
        #定义该容器所使用的镜像为 my-image:v1
        image: my-image:v1
        #定义该容器要执行的命令为 echo hello world
        command: ["echo", "hello world"]
      #定义该 Pod 的重启策略,如果容器退出,则自动重启
      restartPolicy: OnFailure
```

还可以将 Job 配置为串行执行任务。这可以通过将 .spec.parallelism 设置为 1 实现。在这种情况下,每次只会启动一个容器实例,直到该实例完成任务后,才会启动下一个容器实例。下面是一个示例 YAML 文件,它配置了一个 Job 任务,其中每次只执行一个容器实例,代码如下:

```
//第 4 章/4.5.5 Job 配置为串行执行任务
#api 版本为 batch/v1,表示创建的是一个批处理任务
apiVersion: batch/v1
#资源类型为 Job
kind: Job
#元数据信息,给该资源起一个名称为 my-job
metadata:
  name: my-job
  namespace: default
#Job 的具体配置信息
spec:
  #完成任务的总数。当有两个任务成功时,Job 就完成了
  completions: 3
  #同时运行的任务数。在这个例子中,每次只运行一个任务
  parallelism: 1
  #任务模板
  template:
    #容器的配置信息
    spec:
      #容器组,这里只有一个容器
      containers:
      - name: my-container
        #容器使用的镜像
        image: my-image:v1
        #容器的命令,运行 echo "hello world"
        command: ["echo", "hello world"]
      #重启策略为当容器出现错误时才重启
      restartPolicy: OnFailure
```

需要注意,相关配置必须根据实际情况进行调整,上述示例仅供参考。

4) Job 的完成策略

KubernetesJob 任务将一直运行,直到达到成功地完成策略。可以通过设置 Job 的 .spec.completions 和 .spec.backoffLimit 属性来控制完成策略。.spec.completions 属性用于指定 Job 所需的容器实例数量。当 Job 到达所有实例成功运行的数量时,Job 将被视为已完成。.spec.backoffLimit 属性用于指定尝试重新启动容器实例的次数。如果这些尝试失败,Job 则将被视为已失败。

下面是一个示例 YAML 文件,它配置了一个 Job 任务,需要成功运行 3 个容器实例,如果 3 次尝试都失败,则 Job 任务被视为已失败,代码如下:

```
//第 4 章/4.5.5 Job 的完成策略
#将 API 版本定义为 batch/v1,表示该文件使用的是 Kubernetes 中的 batch/v1 API
apiVersion: batch/v1
#将对象种类定义为 Job
```

```
kind: Job
metadata:
  #将 Job 的名称定义为 my-job,并添加元信息
  name: my-job
spec:
  #将该 Job 需要执行的 Pod 数定义为 3
  completions: 3
  #将重试失败的次数定义为 3 次
  backoffLimit: 3
  template:
    #定义该 Job 所使用的 Pod 的配置
    spec:
      containers:
        #将该 Pod 中唯一的一个容器的名称定义为 my-container
        - name: my-container
        #将该容器所使用的镜像定义为 my-image:v1
          image: my-image:v1
          #将该容器启动后需要执行的命令定义为"echo hello world"
          command: ["echo", "hello world"]
      #将 Pod 在重启时的策略定义为 OnFailure,即如果 Pod 失败了,就重启该 Pod
      restartPolicy: OnFailure
```

上述配置缺少容器的资源限制和请求。为了确保 Kubernetes 集群的稳定性,容器必须指定其资源需求和限制,以便 Kubernetes 可以为其分配正确的资源并限制其使用。添加 .spec.template.spec.containers.resources 字段指定容器的 CPU 和内存的请求和限制,代码如下：

```
resources:
  limits:
    cpu: 1
    memory: 1Gi
  requests:
    cpu: 0.5
    memory: 512Mi
```

这将指定容器最多可使用 1 个 CPU 和 1GB 内存,最少需要 0.5 个 CPU 和 512MB 内存。需要注意,相关配置必须根据实际情况进行调整,上述示例仅供参考。

5）Job 的清理策略

KubernetesJob 在任务完成后将自动清理容器实例。在 Job 内部,每个容器实例都有自己的生命周期,Kubernetes 会监视容器的退出状态。如果容器退出,则 Kubernetes 会根据 Job 的 .spec.completions 属性中指定的容器实例数量来决定是否需要创建新的容器实例。如果容器完成任务,则 Kubernetes 将立即终止容器。如果 Job 的 .spec.completions 属性已经达到,Kubernetes 则将 Job 标记为完成状态,并从集群中清理 Job 容器实例。否则 Kubernetes 将重启容器实例。

8. CronJob

在一家互联网公司的技术部门,小王负责维护公司的容器编排平台。有一天,他接到了一个紧急需求,要求在每个月的最后一天晚上 11 点,自动备份所有的数据库,并将备份文件

上传至云存储。小王想到了 Kubernetes 的 CronJob，于是就开始配置 CronJob。代码如下：

```
//第 4 章/4.5.5 CronJob 在每个月的最后一天晚上 11 点执行备份
#定义 CRD 的版本
apiVersion: batch/v1beta1
#定义 Kind 为 CronJob
kind: CronJob
#元数据,定义了该 CronJob 的名称、标签、注释、创建时间等
metadata:
  name: backup-upload
  labels:
    job-name: backup-upload
  annotations:
    cronjob.kubernetes.io/suspend: "false"
  creationTimestamp: "2023-12-01T00:00:00Z"
#定义 CronJob 的规则
spec:
  #定义 Cron 表达式
  schedule: "0 23 L * * "
  jobTemplate:
    spec:
      #定义该任务允许的最长执行时间
      activeDeadlineSeconds: 7200
      #定义 Selector 用于选择要执行任务的 Pod
      selector:
        matchLabels:
          job-name: backup-upload
      template:
        metadata:
          #定义 Pod 的标签
          labels:
            job-name: backup-upload
        spec:
          #定义需要运行的容器列表
          containers:
          - name: backup
            image: backup-image:v1
            #定义容器的启动命令
            command: ["/bin/sh", "-c", "/backup.sh"]
            #定义容器需要挂载的卷,这里指定了名为 backup-volume 的空卷
            volumeMounts:
            - name: backup-volume
              mountPath: /backup
          - name: upload
            image: upload-image:v1
            command: ["/bin/sh", "-c", "/upload.sh"]
            volumeMounts:
            - name: backup-volume
              mountPath: /backup
```

```
         volumeMounts:
           - name: config-volume
             mountPath: /root/config
        #定义 Pod 需要开放的端口,这里开放了 8080 端口
        ports:
        - containerPort: 8080
        #定义需要挂载的卷列表,这里指定了 backup-volume 和 config-volume
        volumes:
        - name: backup-volume
          emptyDir: {}
        - name: config-volume
          secret:
             #定义需要挂载的 secret 的名称
             secretName: myregistrykey
        #定义 Pod 失败后的重启策略
        restartPolicy: OnFailure
        #定义健康检查的方式
        readinessProbe:
          httpGet:
            path: /healthz
            port: 8080
          initialDelaySeconds: 5
          periodSeconds: 10
          timeoutSeconds: 1
          failureThreshold: 3
          successThreshold: 1
      #定义成功执行任务的历史记录最大值
      successfulJobsHistoryLimit: 10
      #定义失败执行任务的历史记录最大值
      failedJobsHistoryLimit: 5
      #定义任务开始执行的截止时间
      startingDeadlineSeconds: 60
```

上述示例介绍了在配置文件中添加名为 config-volume 的存储卷,并将其类型设置为 Secret 对象的步骤。在此处,Secret 对象用于存储 DockerHub 或其他镜像仓库的身份验证凭证。在 containers 字段中,将 volumeMounts 字段中的 name 字段指定为 config-volume,并将 mountPath 字段设置为容器内凭证文件的存储路径。修改了 CronJob 的调度规则为"0 23 L＊＊",表示任务将在每个月的最后一天晚上 11 点执行。

根据该配置文件的内容,以下是可能需要进行更改或完善的几方面:

（1）容器镜像拉取:需要确定指定的 backup-image:v1 和 upload-image:v1 两个容器镜像是否可以在 Kubernetes 集群中被拉取。如果无法被拉取,则可以考虑使用 Docker Hub 或其他镜像仓库(如阿里云容器镜像服务)存储和管理镜像,并确保在 YAML 配置文件的 image 字段中正确指定镜像的存储路径。

（2）容器命令和路径:需要确认指定的命令和路径是否与实际容器中的执行逻辑相符。 在该配置文件中,backup 和 upload 两个容器都执行了/bin/sh -c /backup.sh 和/bin/sh -c /

upload.sh 两个命令,这两个命令分别代表容器内执行的备份和上传操作。如果备份和上传操作的实际命令不同,则需要相应地更改在配置文件中的命令和路径。

（3）容器端口映射:需要确认是否需要将容器内部的 8080 端口映射到集群的主机节点上。在该配置文件中,containers 字段中的 ports 字段指定了将容器的 8080 端口映射到集群中的主机节点上。如果不需要映射,则可以将 ports 字段从配置文件中删除。

（4）存储卷配置:需要确认指定的 backup-volume 存储卷是否已经在 Kubernetes 集群中创建。在该配置文件中,volumes 字段中指定了一个名为 backup-volume 的空目录作为备份文件的存储卷,并在 containers 字段的 volumeMounts 字段中指定了该存储卷的挂载路径。如果该存储卷还没有在 Kubernetes 集群中创建,则需要先创建该存储卷或将存储卷的名称更改为一个已经存在的存储卷的名称。如果存储卷的挂载路径与实际情况不符,需要相应地更改在配置文件中的挂载路径。

（5）就绪探针配置:需要确认指定的 HTTP 就绪探针是否合理,是否能够表明容器已经准备好接受流量。在该配置文件中,readinessProbe 字段指定了一个 HTTP GET 请求,路径为/healthz,端口为8080,表示容器将在/healthz 路径下提供 HTTP 响应来表明其就绪状态。如果就绪探针的路径和端口与实际情况不符,则需要相应地更改在配置文件中的就绪探针配置。

如果想要在每小时的第一分钟执行任务,可以使用以下 CronJob,代码如下:

```
//第 4 章/4.5.5 CronJob 在每小时的第一分钟执行任务
#定义 API 版本为 batch/v1beta1
apiVersion: batch/v1beta1
#定义资源类型为 CronJob
kind: CronJob
metadata:
  #给 CronJob 资源命名为 hourly-cron
  name: hourly-cron
spec:
  #定义 CronJob 的调度规则为每小时的第一分钟
  schedule: "1 * * * *"
  jobTemplate:
    spec:
      template:
        spec:
          containers:
          #定义容器名称为 hourly-container
          - name: hourly-container
            #定义容器所使用的镜像名称为 my-image,并且使用最新版本
            image: my-image:latest
```

这将会创建一个 CronJob,在每小时的第一分钟运行一次。schedule 字段是 CronJob 中最重要的字段,定义了任务执行的时间。在上面的示例中,1****将会使任务在每小时的第一分钟执行。

需要注意,相关配置必须根据实际情况进行调整,上述示例仅供参考。

1) CronJob 的周期与并发控制

在一家电商公司中,为了定期生成销售报表,选择使用 Kubernetes 的 CronJob 功能。他们在 Kubernetes 中设置了一个 CronJob,其中配置为023***,表示每天晚上 11 点钟执行一次,然而,由于公司业务的扩大,每天的订单数量也在逐渐增加。最初,他们没有考虑到 Job 的并发控制问题,导致 CronJob 在同一时间内启动了多个 Job,资源被大量占用,导致应用程序的性能下降。

为了解决这个问题,该公司决定配置 CronJob 的 parallelism 和 completions。他们将 parallelism 设置为 1,以确保每次只有一个 Job 在运行,从而避免了资源过度占用的问题。同时,还将 completions 设置为 1,这意味着每个 Job 只运行一次,以确保所有的报表可以按时生成,同时也不会对应用程序的性能产生影响。

通过这个故事,可以看到 CronJob 的周期和并发控制对业务的重要性。在使用 Kubernetes 的 CronJob 功能时,应该谨慎选择周期,并进行正确的并发控制,以确保应用程序的平稳运行和高效性能。

以下是一个配置 parallelism 和 completions 的例子,代码如下:

```
//第 4 章/4.5.5 配置 parallelism 和 completions
apiVersion: batch/v1beta1
kind: CronJob
metadata:
  name: sales-report-generator
spec:
  schedule: "0 23 ***"  #在每天的晚上 23:00 执行一次
  concurrencyPolicy: Forbid  #禁止并发运行 Job
  successfulJobsHistoryLimit: 3  #保留过去成功的 Job 记录,限制为 3 个
  failedJobsHistoryLimit: 3  #保留过去失败的 Job 记录,限制为 3 个
  jobTemplate:
    spec:
      template:
        metadata:
          labels:
            app: sales-report-generator
        spec:
          containers:
            - name: sales-report-generator-container
              image: my-image:latest  #指定 Docker 镜像
              resources:
                requests:
                  cpu: 1  #请求使用 1 个 CPU
                  memory: 1Gi  #请求使用 1GB 内存
                limits:
                  cpu: 2  #最大允许使用两个 CPU
                  memory: 2Gi  #最大允许使用 2GB 内存
              command:
                - "/usr/bin/python"  #指定 Docker 容器运行的命令为 Python
              args:
```

```
              - "generate_sales_report.py"  #指定 Python 脚本文件的名称
          env:
          - name: DB_HOST
            value: db.example.com  #指定数据库的主机名
          - name: DB_PORT
            value: "5432"  #指定数据库的端口号
          - name: DB_USER
            valueFrom:
              secretKeyRef:
                name: db-credentials  #指定数据库凭据的名称
                key: username  #指定数据库用户名的键名
          - name: DB_PASSWORD
            valueFrom:
              secretKeyRef:
                name: db-credentials  #指定数据库凭据的名称
                key: password  #指定数据库密码的键名
          volumeMounts:
          - name: shared-storage  #指定存储卷的名称
            mountPath: /mnt/shared  #指定挂载点的路径
        restartPolicy: OnFailure
        volumes:
        - name: shared-storage  #指定存储卷的名称
          persistentVolumeClaim:
            claimName: pvc-shared-storage  #指定定义的存储卷声明名称
    completions: 1  #指定每个 Job 只运行一次
    parallelism: 1  #指定每次只有一个 Job 在运行
  backoffLimit: 2  #最大重试次数为 2
  serviceAccountName: sales-report-generator-sa  #指定服务账号的名称
```

通过定义资源请求和限制、容器命令和参数、环境变量、存储卷和挂载点等参数,确保了报表生成任务的可靠性和稳定性。例如,completions 指定了每个 Job 只运行一次,parallelism 指定了每次只有一个 Job 在运行,这样就可以避免并发运行的问题,从而避免资源过度占用,并确保所有的报表可以按时生成。设置成功和失败 Job 记录的限制、资源请求和限制、容器命令和参数、环境变量、存储卷和挂载点等参数,以确保任务的可靠性和稳定性。

需要注意,相关配置必须根据实际情况进行调整,上述示例仅供参考。

2)CronJob 的错误处理

CronJob 中 Job 的错误处理可以使用两个字段进行配置。第 1 个字段是successfulJobsHistoryLimit,它指定了保留成功 Job 的最大数量。如果没有指定,则默认为3。第 2 个字段是 failedJobsHistoryLimit,它指定了保留失败 Job 的最大数量。如果没有指定,则默认为 1。

以下是一个配置成功 Job 和失败 Job 数量的例子,代码如下:

```
//第 4 章/4.5.5 配置成功 Job 和失败 Job 数量
#以下是一个 Kubernetes CronJob 的定义
```

```
apiVersion: batch/v1beta1  #使用的 Kubernetes API 版本为 batch/v1beta1
kind: CronJob  #将类型定义为 CronJob
metadata:  #元数据信息
  name: history-cron  #CronJob 的名称
spec:  #CronJob 的规格
  schedule: "1 * * * *"  #定义 CronJob 的执行时间,这里表示每小时的第一分钟执行
  successfulJobsHistoryLimit: 5  #最多保留 5 个成功执行的任务
  failedJobsHistoryLimit: 2  #最多保留两个失败的任务
  jobTemplate:  #任务模板
    spec:  #任务规格
      template:  #Pod 模板
        spec:  #Pod 规格
          containers:  #容器列表
          -name: history-container  #容器名称
            image: my-image:latest  #容器使用的镜像名称及版本号
```

这个 CronJob 将会保留最近 5 个成功 Job 和最近两个失败 Job。

3）CronJob 的高级用法

有一个团队需要在 Kubernetes 集群中定期备份他们的数据库。原本使用手动执行的方式,但是每次都需要手动运行一条命令,非常烦琐。于是,他们开始探索使用 CronJob 来自动执行这个任务。

首先,使用 CronJob 的基本用法,在每天凌晨 3 点自动备份数据库,但是,后来他们发现,在高峰期备份会占用太多资源,影响了其他任务的运行效率。于是,他们开始思考如何在特定时间段内运行任务。

然后就想到了使用 PodAffinity 和 PodAnti-Affinity 功能,将备份任务调度到某些节点上,然后在其他节点上运行其他任务。这样,就可以在合适的时间段内自动备份数据库,而不影响其他任务的运行。

然而,备份任务涉及很多依赖项,例如空间是否足够、网络是否畅通等。为了保证备份任务的稳定性和可靠性,他们又编写了一个脚本,检查所有的依赖项是否已经准备好,然后启动任务。这样就可以在任务需要运行之前检查依赖项是否已满足备份条件,避免了任务的运行出现意外。

最后,为了保证备份任务的数据完整性,又在每次运行任务时检查所有的依赖项是否已经全部成功。在 Job 第 1 次启动时创建一个 ConfigMap,把所有的依赖项的状态记录下来,然后在每次运行任务时检查。这样就可以在任务完成之前,检查所有的依赖项是否已经全部成功,保证了备份任务的数据完整性。

通过这个故事,可以更深入地理解 Kubernetes 的 CronJob 的高级用法,以及如何通过它实现自动化任务的高效管理。

创建一个 CronJob 并设置特定的时间段,代码如下：

```
#创建一个定时任务,命名为 my-cronjob
kubectl create cronjob my-cronjob
#执行任务的时间是每 5min 一次
```

```
--schedule="0/5 * * * ?"
#使用镜像 my-image
--image=my-image
#运行的命令是 my-command
--command=my-command
```

使用 Pod Affinity 和 Pod Anti-Affinity 功能将任务调度到特定的节点上,代码如下:

```
#使用 kubectl 命令创建一个名为 my-cronjob 的定时任务
kubectl create cronjob my-cronjob
#使用 my-image 图像作为容器镜像
--image=my-image
#执行 my-command 命令
--command=my-command
#配置亲和性规则
--affinity=...
#配置反亲和性规则
--anti-affinity=...
```

Pod Affinity 和 Pod Anti-Affinity 功能是 Kubernetes 在 Pod 调度时控制它们所处的节点。通过这些功能,可以将 Pod 调度到特定的节点上,同时还可以控制同一节点上的不同 Pod 之间的亲和性或反亲和性关系。

以下是配置亲和性规则的一些选项。

(1) requiredDuringSchedulingIgnoredDuringExecution:必须满足规则,在调度过程中被忽略。

(2) preferredDuringSchedulingIgnoredDuringExecution:尽可能满足规则,但不是必需的,在调度过程中被忽略。

以下是配置反亲和性规则的一些选项。

(1) requiredDuringSchedulingIgnoredDuringExecution:必须满足规则,在调度过程中被忽略。

(2) preferredDuringSchedulingIgnoredDuringExecution:尽可能满足规则,但不是必需的,在调度过程中被忽略。

(3) requiredDuringSchedulingRequiredDuringExecution:必须满足规则,并在调度和执行时强制实施。

在具体实现中,可以使用标签选择器来指定 Pod 之间的亲和性或反亲和性关系。例如,可以使用节点标签或其他 Pod 标签来指定亲和性或反亲和性规则。

编写一个脚本,在任务启动之前检查所有依赖项是否已准备好,代码如下:

```
#使用 kubectl 命令创建一个名为 my-job 的 Job
kubectl create job my-job
#将使用的镜像指定为 my-image
--image=my-image
#将 Job 中要执行的命令指定为 my-command
--command=my-command
```

```
#设置一个环境变量 DEPENDENCY_STATUS,变量的值为 my-check-dependencies 命令的输出
#结果
--env DEPENDENCY_STATUS="$(my-check-dependencies)"
```

在任务完成之前,检查所有的依赖项是否已经全部成功,代码如下:

```
#创建名为 my-config 的配置映射,其包含 3 个键-值对 dependency1、dependency2 和
#dependency3,其值均为 success
kubectl create configmap my-config --from-literal=dependency1=success --from
-literal=dependency2=success --from-literal=dependency3=success
#创建一个名为 my-job 的作业
#该作业使用 my-image 镜像,并运行名为 my-command 的命令
#在作业容器中设置名为 DEPENDENCY_STATUS 的环境变量,并将其值设置为 my-check-
#configmap-dependencies 函数的返回值
kubectl create job my-job --image=my-image --command=my-command --env
DEPENDENCY_STATUS="$(my-check-configmap-dependencies)"
```

9. StatefulSet

Kubernetes 提供了 StatefulSet 作为一种解决有状态服务的方案。不同于无状态应用,有状态应用如数据库、缓存等需要保证数据持久化并且在集群中不会被轻易删除。StatefulSet 确保每个 Pod 在集群中有唯一的标识符,并且具有稳定的网络标识和存储资源。使用 StatefulSet 能够保证每个 Pod 会按顺序启动和销毁,为每个 Pod 创建唯一的标识符,这些标识符可用于创建持久化存储和网络访问。如果需要部署有状态的应用,如数据库或缓存,则使用 StatefulSet 将是一个明智的选择。

下面通过小故事详细介绍 StatefulSet 的特性。

1) Pod 的名称

小明作为一名 Kubernetes 管理员,接到了公司一位开发人员的求助。这位开发人员使用 Kubernetes 的 StatefulSet 创建了一组 Pod,但是发现每次重新启动 Pod 后,它们的标识符和网络标识会发生变化,从而导致应用程序的数据无法稳定保存。小明于是向他解释了通过 StatefulSet 所创建的 Pod 的名称是有规律的,以 StatefulSet 的名称为前缀,并且每个 Pod 都有一个唯一的编号,格式为<StatefulSet 名称>-<ordinal>。例如,一个名为 web 的 StatefulSet 创建了 3 个 Pods,它们的名称将分别被命名为 web-0、web-1 和 web-2,这种命名约定的好处是,当 Pod 重新启动或崩溃后,Kubernetes 会尝试将其重新调度到同一节点上,并保持 Pod 的名称和标识符不变。这样,应用程序的数据就可以持久化保存,从而保证了系统的稳定性。后来,公司开展了一次大规模的系统升级,其中也涉及了 Kubernetes 的 StatefulSet 的使用。小明为了方便管理,给每个 StatefulSet 都取了一个有意义的名称,如 web、database 等。通过这样的方式,他可以轻松地识别和管理 StatefulSet。当然,在创建 Pod 时,Pod 的名称也会按照规律进行命名,例如 web-0、web-1、database-0、database-1 等。这样,整个集群的管理变得更加方便和高效。

2) Pod 的启动顺序

小 A 是一名运维工程师,他负责维护一个在线游戏的数据库集群,该集群使用

StatefulSet 来部署。因为这个游戏非常受欢迎，每天都有数百万的玩家在使用它，所以小 A 必须确保游戏的数据库一直处于可用状态。为了保证数据的正确性，他将 StatefulSet 设置为从 db-0 到 db-9 共 10 个 Pods。这些 Pods 必须按顺序启动，因为它们都是同一个集群的一部分。小 A 设置了启动顺序，确保 db-0 先启动，然后启动 db-1，以此类推，最后是 db-9。现在，每当有新的玩家连接到游戏服务器时，它们的游戏数据都将被写入这个数据库集群中，随着集群的扩展，游戏可以更好地服务于玩家。

3）网络标识

小 B 是一名开发人员，他正在设计一个在线聊天应用程序，并使用 StatefulSet 来部署聊天服务器。聊天服务器必须具有独特的标识符，以便在应用程序中进行访问。小 B 使用 StatefulSet 的网络标识功能，为每个 Pod 分配唯一的标识符，并使用它们来创建网络服务。他注意到，即使 Pod 被重新调度到其他节点上，这些网络标识符也始终保持不变，从而确保了持久性和稳定性。

4）持久化存储

小 C 是一名数据分析师，他工作的公司使用 StatefulSet 来部署分布式数据库集群。这个集群在处理大量的数据时非常快速，但是有时会发生节点故障，导致数据丢失。小 C 为了确保数据不会丢失，采用 StatefulSet 的持久化存储功能。他使用 Headless Service 来管理 Pod 的持久化存储，并确保每个 Pod 都有自己独立的存储卷。当 Pod 重新调度到其他节点时，存储也会被重新附加到新的节点上，确保数据的完整性和稳定性。

5）扩展

小 D 是一名云架构师，他正在设计一个大规模的在线电商网站，并使用 StatefulSet 来部署订单处理服务。因为这是一项关键的业务，所以他需要确保订单服务在任何负载下都能够快速响应。为了满足这个要求，小 D 使用 StatefulSet 的扩展功能，允许订单服务部署数量快速增加或减少。这个功能非常重要，因为它可以确保网站能够在不受流量波动的影响下继续运行，为客户提供最佳的购物体验。

6）升级

小 E 是一名 DevOps 工程师，他负责维护一个在线投票应用程序，并使用 StatefulSet 来部署投票服务。由于投票服务非常重要，小 E 必须确保升级过程不会对现有的应用程序和数据造成任何影响。为了实现这个目标，小 E 使用 StatefulSet 的 RollingUpdate 策略进行升级。这个策略按照顺序升级每个 Pod，并在升级之前等待新 Pod 就绪。这个过程可以保证应用程序和数据的稳定性和完整性，并且确保投票服务一直处于可用状态。

10. Service 负载均衡 Ingress

小明的公司决定将一个新的 Web 服务发布到生产环境，但是他们对外暴露服务时遇到了问题。他们的团队没有一个统一的入口访问这个服务，导致他们必须通过 IP 地址和端口号访问服务。这显然是不可取的，因为这会对网络安全和服务可用性造成风险。

小明的团队决定使用 Kubernetes 的 Service 和 Ingress 来解决这个问题。他们使用 Service 来将他们的一组 Pod 绑定到一个 Service 上，并使用 Ingress 来在集群外部为服务提供一个统一的入口。他们为服务定义了一个 Ingress 规则,该规则将所有的 HTTP 请求路由到他们服务的 Pod 上。他们还配置了 TLS 证书,以确保所有的请求都经过安全加密。

随着时间的推移,小明的公司不断地添加新的服务,并且不断地扩展它们的业务。他们使用 Ingress 来方便地管理所有的服务,因为它可以提供更细粒度的路由管理和流控功能。他们还使用了 Ingress 的日志记录功能来监控流量,并及时识别出任何潜在的安全风险。现在,他们的服务已经完全集成了 Kubernetes 的 Service 和 Ingress,让他们的团队更加自信地运行服务,并更加轻松地管理它们的网络流量。

1) Service 负载均衡

在一个大型的网络游戏公司中,他们的游戏服务器需要在多个地区提供稳定的服务。在使用 Kubernetes 之前,他们使用了传统的硬件负载均衡器,但这会带来高昂的成本和管理难度。

通过 Kubernetes 中的 Service 负载均衡,他们可以通过简单的配置对游戏服务器的 Pod 进行横向扩展,将请求均衡地分配到多个 Pod 中,提升服务的吞吐量和可用性。他们采用了 IPVS 方式使负载均衡,因为它能够支持更多的负载均衡算法,并且对节点的压力较小。虽然需要一些额外的内核模块支持,但他们认为这是值得的。

在一家电商公司中,他们的商品展示页面需要在高峰期提供大量的服务。在使用 Kubernetes 之前,他们使用了传统的硬件负载均衡器,但由于硬件负载均衡器的限制,他们必须使用更昂贵的设备来应对高峰期的负载。

通过 Kubernetes 中的 Service 负载均衡,他们可以通过简单的配置对商品展示页面的 Pod 进行横向扩展,将请求均衡地分配到多个 Pod 中,提升服务的吞吐量和可用性。他们采用了 iptables 方式使负载均衡,因为它能够运行在任何 Linux 系统上,并且对节点的压力较小。尽管在 Pod 的 IP 地址改变时需要重新生成 iptables 规则,但他们认为这是值得的。

2) Ingress 的实现

小明是一家初创公司的架构师,他正在使用 Kubernetes 作为此公司的微服务架构。最近,需要实现一些路由规则,以将服务暴露给外部用户。小明开始研究如何在 Kubernetes 中实现路由规则,并了解到可使用 Ingress 实现,但是,他发现 Ingress 本身并不能处理路由规则,需要使用 Ingress Controller。

小明经过调查,发现了几种常用的 Ingress Controller,包括 Nginx Ingress Controller、Traefik Ingress Controller 和 Istio Ingress Controller。他决定使用 Nginx Ingress Controller 来处理路由规则,因为他发现 Nginx 是一个非常成熟的反向代理服务器,并且已经被广泛使用。

小明配置了 Ingress 规则,然后将这些规则写入 kube-apiserver 中。kube-apiserver 将这些规则传递给 Nginx Ingress Controller,Nginx Ingress Controller 会读取这些规则并将它们写入 Nginx 配置文件中。这样,当有请求到达时,Nginx Ingress Controller 会使用 Nginx 作为反向代理服务器,根据这些规则将请求路由到正确的服务上。

小明很高兴地发现,使用 Ingress 和 Ingress Controller 可以非常方便地管理路由规则,而且不需要手动配置反向代理服务器,而且可以通过更换不同的 Ingress Controller 实现不同的特性,如 Traefik Ingress Controller 可以实现自动化配置和动态更新,而 Istio Ingress Controller 则可以实现更复杂的流量管理和安全控制功能。

3) Ingress 的使用

Ingress 的使用需要依赖 Ingress 规则进行配置,具体而言,需要定义 Ingress 规则中的路由规则、TLS 认证、流控等信息。

下面介绍一个基于 Nginx Ingress Controller 实现的 Ingress 配置示例,代码如下:

```
//第 4 章/4.5.5 基于 Nginx Ingress Controller 实现的 Ingress 配置
#该部分指定了所使用的 API 版本和资源类型
apiVersion: extensions/v1beta1
kind: Ingress
#元数据部分可以添加一些元数据信息
metadata:
  #Ingress 对象的名称为 example-ingress
  name: example-ingress
#Ingress 规范部分规定了 Ingress 的行为
spec:
  #规则列表,可以包含多条规则
  rules:
  -#规则使用的主机名为 example.com
    host: example.com
    http:
      #路径列表,可以包含多个路径
      paths:
      -#路径为 /app1
        path: /app1
        #对应的后端服务为 app1-service,服务器端口为 80
        backend:
          serviceName: app1-service
          servicePort: 80
      -#路径为 /app2
        path: /app2
        #对应的后端服务为 app2-service,服务器端口为 80
        backend:
          serviceName: app2-service
          servicePort: 80
  #TLS 部分,用于加密通信
  tls:
  -#TLS 加密使用的主机名为 example.com
    hosts:
    -example.com
    #用于 TLS 加密的证书名称为 example-tls
    secretName: example-tls
```

这个配置文件使用了 Nginx Ingress Controller 实现请求的路由。它定义了两个规则,分别对应/example1 和/example2 请求路径,以便将请求路由到 app1-service 和 app2-

service 上。除此之外，配置文件还定义了一个 TLS 证书，用于对请求进行加密传输。需要注意的是，不同的 Ingress Controller 对 Ingress 规则的支持程度不同，因此在具体使用时需要结合 Ingress Controller 的文档进行参考。

11. 使用 NFSflexvolumeCSI 接口管理 NFS 存储卷

小明是一名 Kubernetes 管理员，他负责维护一个大型的在线商城网站的后端系统。这个网站需要大量的存储空间来存储用户信息、商品图片、订单数据等。为了方便管理，小明决定使用 NFS 存储卷来存储这些数据。

小明首先需要在服务器上安装 NFS 服务器，并在其上创建共享目录。随后，他使用 NFSflexvolumeCSI 接口，将这些共享目录挂载到 Kubernetes 集群中的容器中。这样，在任何一个容器中都可以轻松地访问这些共享目录，进行读写操作。

有一天，小明发现网站的流量突然暴增，导致存储系统容量已经不足。为了解决这个问题，他需要扩容 NFS 存储卷。他使用 NFSflexvolumeCSI 接口，轻松地在 Kubernetes 中增加了一个新的 NFS 存储卷，并将其挂载到容器中。这样，存储系统就得到了有效扩容。

不久后，小明又遇到了一个新的问题。由于某些原因，NFS 服务器上的共享目录被误删除了。这个问题看起来非常棘手，因为共享目录上存储了网站的重要数据。幸运的是，小明及时进行了数据备份，他使用 NFSflexvolumeCSI 接口，将备份数据恢复到新的共享目录中。最终，小明成功地解决了这个问题，并使网站得以正常运行。

1）安装 NFSflexvolumeCSI 插件

在使用 NFSflexvolumeCSI 接口之前，需要先安装 NFSflexvolumeCSI 插件。NFSflexvolumeCSI 插件由两部分组成，分别是 NFSflexvolume 和 NFS-CSI 驱动。下面分别进行介绍如何安装这两个组件。

（1）安装 NFSflexvolume。

NFSflexvolume 是让 Kubernetes 支持 flexvolume 驱动的一种插件。它可以帮助 Kubernetes 调用 flexvolume 驱动，以实现对 NFS 存储卷的挂载和卸载。

首先需要下载 NFSflexvolume 的二进制文件。可以通过以下命令下载，代码如下：

```
git clone https://github.com/kubernetes-incubator/external-storage.git
cd external-storage/nfs-client
```

然后在 Kubernetes 的每个 Node 节点上都需要安装 NFSflexvolume。可以使用以下命令安装，代码如下：

```
./deploy/nfs/deploy.sh
```

安装完成后，可以通过以下命令查看 NFSflexvolume 的状态，代码如下：

```
kubectl get pod -n kube-system | grep nfs-client
```

如果出现以下输出，则说明 NFSflexvolume 已经成功安装：

```
nfs-client-provisioner-0   1/1   Running   0   5d
```

（2）安装 NFS-CSI 驱动。

NFS-CSI 驱动是一种 CSI 插件，它可以帮助 Kubernetes 调用 NFS 存储卷。可以通过以下命令安装 NFS-CSI 驱动，代码如下：

```
#将 NFS-CSI 代码库克隆到本地
git clone https://github.com/kubernetes-csi/nfs-csi.git
#进入本地代码库
cd nfs-csi
#应用 Kubernetes 部署文件
kubectl apply -f deploy/kubernetes
```

安装完成后，可以通过以下命令查看 NFS-CSI 驱动的状态，代码如下：

```
#使用 kubectl 命令查询 kube-system 命名空间下的所有 Pod
kubectl get pod -n kube-system
#使用 Linux 命令行工具 grep 过滤出名称中包含字符串 "nfs" 的 Pod
grep nfs
```

如果出现以下输出，则说明 NFS-CSI 驱动已经成功安装：

```
nfs-csi-controller-0      3/3      Running      0      5d
nfs-csi-node-0-j51sh      2/2      Running      0      5d
```

2）创建 NFS 存储卷

在安装 NFSflexvolume 和 NFS-CSI 驱动后，就可以开始创建 NFS 存储卷了。可以通过以下步骤创建 NFS 存储卷：

（1）创建 NFS 服务器。

首先需要创建 NFS 服务器，将需要共享的目录挂载到 NFS 服务器上。可以使用以下命令创建 NFS 服务器，代码如下：

```
#安装 NFS 核心服务器
apt-get install -y nfs-kernel-server
#创建 NFS 共享目录
mkdir /var/nfs
#将/var/nfs 目录设置为 NFS 共享目录,并允许所有客户端都可以访问
#fsid=0 表示将/var/nfs 目录设置为根共享目录
#rw 表示允许读写访问
#no_subtree_check 表示不对子目录进行检查
#sync 表示同步写操作
echo "/var/nfs * (rw,fsid=0,no_subtree_check,sync)" >>/etc/exports
#重启 NFS 核心服务器,使其生效
systemctl restart nfs-kernel-server
```

上面的命令将创建一个名为/var/nfs 的目录，并将该目录的共享权限给 NFS 客户端使用。

（2）创建 NFS 存储卷。

在创建 NFS 存储卷之前，需要先创建存储卷配置文件，代码如下：

```
//第 4 章/4.5.5 创建存储卷配置文件
#使用的 Kubernetes API 的版本号
apiVersion: v1
#指定资源类型
kind: PersistentVolume
#元数据,包含名称等信息
metadata:
  #指定 PV 的名称
  name: my-pv
#指定 PV 的规格
spec:
  #容量
  capacity:
    #存储容量
    storage: 10Gi
  #访问模式
  accessModes:
    #只读写一次
    - ReadWriteOnce
  #PV 回收策略
  persistentVolumeReclaimPolicy: Retain
  #存储类名称
  storageClassName: my-sc
  #NFS 存储
  nfs:
    #NFS 服务器的 IP 地址
    server: 192.168.1.100
    #共享目录
    path: /mnt/nfs/my-pv
  #挂载选项
  mountOptions:
    #硬链接
    - hard
    #NFS 版本号
    - nfsvers=4.1
  #关联的 PVC 信息
  claimRef:
    #命名空间
    namespace: default
    #PVC 名称
    name: my-pvc
```

在上面的命令中,需要将＜nfs-server-ip＞替换为 NFS 服务器的 IP 地址。

然后,可以使用以下命令将在配置文件中的配置应用到 Kubernetes 集群中,代码如下:

```
#kubectl apply 命令用于对 Kubernetes 资源进行创建、更新和删除操作
#-f 选项指定要应用的 YAML 文件的路径和名称,这里指定的是 nfs-pv.yaml 文件
kubectl apply -f nfs-pv.yaml
```

应用成功后,可以通过以下命令查看 NFS 存储卷的状态,代码如下:

```
#kubectl get pv 命令用于获取所有的 PersistentVolume 对象列表
#"|"符号用于将该命令的输出作为另一个命令的输入
# grep 命令用于搜索指定的字符串,这里用于在输出中过滤出名称为 nfs-pv 的
//PersistentVolume 对象
kubectl get pv | grep nfs-pv
```

如果出现以下输出,则说明 NFS 存储卷已经成功创建:

```
nfs-pv  1Gi  RWX  Retain  Bound  default/nfs-pvc  nfs  5d
```

需要注意,相关配置必须根据实际情况进行调整,上述示例仅供参考。

3) 使用 NFS 存储卷

在创建 NFS 存储卷之后,就可以在 Kubernetes 中使用该存储卷了。可以通过以下步骤使用该存储卷:

(1) 创建 NFS 存储卷的 PVC。

首先需要创建一个 NFS 存储卷的 PVC。可以使用以下命令创建 PVC,代码如下:

```
//第 4 章/4.5.5 创建一个 NFS 存储卷的 PVC
#使用 cat 命令将内容输入 nfs-pvc.yaml 文件中
cat <<EOF >nfs-pvc.yaml
#将资源类型定义为存储卷申请
kind: PersistentVolumeClaim
#API 版本为 v1
apiVersion: v1
metadata:
  #为存储卷申请设置名称
  name: nfs-pvc
spec:
  #将卷的访问模式定义为可读写多节点
  accessModes:
    -ReadWriteMany
  resources:
    #申请的存储空间为 1Gi
    requests:
      storage: 1Gi
EOF
```

然后可以使用以下命令将该 PVC 应用到 Kubernetes 集群中,代码如下:

```
#kubectl 是 Kubernetes 自带的命令行工具
#apply 表示应用配置
#-f 用于指定要应用的配置文件
#nfs-pvc.yaml 是要应用的配置文件名,该文件应该是一个 Kubernetes 对象定义的 YAML 文件
kubectl apply -f nfs-pvc.yaml
```

应用成功后,可以通过以下命令查看 PVC 的状态,代码如下:

```
#kubectl:Kubernetes 命令行工具
#get:获取资源对象
#pvc:表示 PersistentVolumeClaim(持久化存储卷声明)资源对象
```

```
#|:管道符,将 get 命令的输出结果传递给 grep 命令
#grep:文本搜索工具,用于过滤指定模式的文本行
#nfs-pvc:表示要过滤的目标文本模式,即筛选出 PVC 名称包含 nfs-pvc 的资源对象
kubectl get pvc | grep nfs-pvc
```

如果出现以下输出,则说明 PVC 已经成功创建:

```
nfs-pvc  Bound  pvc-72f14f93-3e7b-4d28-a5e1-7f8c2f8ab0e4  1Gi  RWX  5d
```

（2）创建 Pod。

创建 NFS 存储卷的 PVC 后,就可以创建 Pod 并挂载该 PVC 了。

在以上 Pod 的配置中,缺少确切的 NFS 服务器和共享目录信息。因此,以下是一个完整的例子,展示如何创建一个挂载 NFS 共享目录的 PVC 和 Pod,其中包含 NFS 服务器和共享目录信息。

首先,需要确保已经安装了 NFS 服务器并正确地配置了共享目录。假设 NFS 服务器的 IP 为 192.168.99.100,共享目录为/mnt/nfs。

接下来,创建一个 PVC 挂载 NFS 共享目录。在 Kubernetes 中,可以通过以下 YAML 文件定义 PVC,代码如下:

```
//第 4 章/4.5.5 PVC 挂载 NFS 共享目录
#定义资源类型为 PersistentVolumeClaim
apiVersion: v1
kind: PersistentVolumeClaim
#设置 PVC 的名称为 nfs-pvc
metadata:
  name: nfs-pvc
#定义 PVC 的属性
spec:
  #设置访问模式为 ReadWriteMany,允许多个 Pod 以读写方式访问 PVC
  accessModes:
    - ReadWriteMany
  #设置存储类别为空,表示使用默认存储类别
  storageClassName: ""
  #设置资源请求,分配 1GB 存储空间
  resources:
    requests:
      storage: 1Gi
  #设置卷类型为文件系统
  volumeMode: Filesystem
  #定义要挂载的 NFS 共享卷的相关信息:
  #1. NFS 服务器 IP 地址
  #2. 共享目录
  #3. NFS 版本号
  #4. 挂载选项(可选)
  #更多详细信息可参考 Kubernetes 文档
  nfs:
    server: 192.168.99.100
```

```
        path: /mnt/nfs
        readOnly: false
        #mountOptions:
        #- nfsvers=4.1
```

保存该文件为 nfs-pvc.yaml，然后创建 PVC，代码如下：

```
kubectl apply -f nfs-pvc.yaml
```

接下来，可以创建一个 Pod 并挂载上述 PVC。以下是一个示例 Pod 的 YAML 文件，展示如何挂载名为 nfs-volume 的 PVC，代码如下：

```
//第4章/4.5.5 挂载名为 nfs-volume 的 PVC
#使用的 Kubernetes API 版本
apiVersion: v1
#定义的 Kubernetes 对象类型，这是一个 Pod 对象
kind: Pod
#元数据，定义了 Pod 对象的一些基本信息，例如名称
metadata:
  name: nfs-pod
#Pod 对象的规格，定义了 Pod 中运行的容器等内容
spec:
  #定义了 Pod 中运行的容器列表，这里只有一个 Nginx 容器
  containers:
  - name: nginx
    image: nginx
    #挂载了一个名为 nfs-volume 的卷，用于持久化存储
    volumeMounts:
    - name: nfs-volume
      mountPath: /usr/share/nginx/html
  #定义了 Pod 中使用的卷，这里使用了一个名为 nfs-volume 的持久化卷
  volumes:
  - name: nfs-volume
    persistentVolumeClaim:
      #定义了该持久化卷使用的 PVC 名称
      claimName: nfs-pvc
```

将上述代码保存为 nfs-pod.yaml 并创建 Pod，代码如下：

```
kubectl apply -f nfs-pod.yaml
```

创建成功后查看 Pod 的状态，代码如下：

```
kubectl get pod | grep nfs-pod
```

如果出现以下输出，则说明 Pod 已经成功创建：

```
nfs-pod 1/1 Running 0 5d
```

需要注意，相关配置必须根据实际情况进行调整，上述示例仅供参考。

（3）测试 NFS 存储卷。

成功创建 Pod 后，就可以测试 NFS 存储卷是否能正常工作了。可以使用以下命令测试

NFS 存储卷，代码如下：

```
#使用 kubectl 命令执行一个容器内的 bash 命令
kubectl exec - it nfs-pod --bash
#在容器内将"Hello World"写入"/usr/share/nginx/html/index.html"文件中
echo "Hello World" >/usr/share/nginx/html/index.html
#退出容器
exit
```

上面的命令将在 Pod 中创建一个名为 index.html 的文件，并写入"Hello World"内容，然后可以使用以下命令检查文件是否已经写入，代码如下：

```
#使用 kubectl 命令进入 nfs-pod 容器的交互式终端
kubectl exec - it nfs-pod --bash
#显示 /usr/share/nginx/html/index.html 文件的内容
cat /usr/share/nginx/html/index.html
#退出容器的交互式终端
exit
```

如果输出中出现"Hello World"，则说明 NFS 存储卷已经成功挂载。

12. Configmap/Secret/Metric service/HPA

在 Kubernetes 中，Configmap、Secret、Metric service 和 HPA 是常用的组件，用于管理应用程序的配置、敏感信息、监控和自动伸缩等方面。它们的使用可以提高应用程序的可管理性、可靠性和可扩展性。

1) ConfigMap 和 Secret

有一天，一位名叫 Tom 的开发者正在为他的 Kubernetes 应用程序编写配置文件，他发现自己不得不多次修改配置文件中的数据库连接字符串，以便与新的数据库地址匹配。这样不仅费时费力，而且容易出错，因此，他开始探索 Kubernetes 中的 ConfigMap 资源对象。他创建了一个 ConfigMap，将数据库连接字符串作为键-值对存储在其中，并将环境变量挂载到容器中。这样，每当数据库地址改变时，他只需更改 ConfigMap 中的值，而不必重新构建和部署容器。

在另一个故事中，一位名叫 Lisa 的开发者正在构建一个安全性很高的 Kubernetes 应用程序。她需要将一些敏感信息（如 API 密钥、密码等）存储在 Kubernetes 中，以确保这些信息不会被恶意用户或攻击者获取。她使用 Kubernetes 中的 Secret 资源对象将这些敏感信息存储在其中，并将其挂载为环境变量，以供应用程序使用。这使她的应用程序更加安全，因为在运行时，这些敏感信息不会暴露给应用程序外部。

2) Metric 服务

在一个大型的电商网站，经常会遇到高峰期的访问量增加，造成服务器负载高，应对这种情况，需要使用 Kubernetes 的 Metric 服务进行自动化水平扩展和调节。通过 Metric 服务存储的应用程序指标数据，可以预测出未来的流量情况，然后根据指标数据进行决策，自动增加或减少 Pod 的副本数，从而保证网站的可用性和性能。

另一个例子是在一个医疗服务应用中，需要监控患者的生命体征数据，如血压、心率等，这些指标数据需要实时存储和共享。使用 Kubernetes 的 Metric 服务,可以将这些指标数据保存在一个集中的存储库中,并允许其他 Kubernetes 资源对象(如 HPA)使用这些指标进行自动化扩展和调节,例如根据患者的生命体征数据自动地调节药物的剂量。

3)HPA

HPA(Horizontal Pod Autoscaler)是 Kubernetes 中的一个控制器,用于动态调整 Pod 的数量,以便在负载增加或减少时自动缩放。

在某个电商平台上,有一次流量暴增的情况。由于原来的架构不太稳定,应用程序开始出现性能瓶颈,用户开始抱怨加载速度变慢,甚至出现了订单丢失等问题。经过一番调查后,开发团队意识到需要迅速扩展应用程序的能力来应对这种流量峰值。

然后开发团队便引入了 HPA,在应用程序中设置了指标数据的阈值。当流量达到一定水平时,Kubernetes 会自动增加 Pod 的副本数量,从而提高了应用程序的性能和可用性,并保证了数据的安全性。

另外,在一个旅游网站上,由于节假日旅游的需求持续高涨,流量和订单量呈现指数级增长。经过多方面的考虑后,开发团队决定使用 HPA 来解决这个问题。他们认为使用手动方式调整 Pod 的副本数量很容易出错,而且需要占用大量的时间和人力资源。使用 HPA,Kubernetes 会自动根据指标数据来调整 Pod 的副本数量,从而保证了应用程序的可用性和稳定性。

13. Persistent Volume 和 Persistent Volume Claim

持久化存储卷(Persistent Volume)和持久化存储卷声明(Persistent Volume Claim)是 Kubernetes 中用于管理持久化存储的对象。Kubernetes 中的应用程序可能需要以持续安全的方式访问存储。Persistent Volume 和 Persistent Volume Claim 是两个对象,用于解决容器化应用程序在 Kubernetes 集群中使用存储的静态和动态卷分配和管理问题。

1)理解 Persistent Volume 和 Persistent Volume Claim

故事 1:Persistent Volume(PV)和 Persistent Volume Claim(PVC)的爱情故事。

在 Kubernetes 的世界里,PV 和 PVC 就像是一对恋人。PV 是存储资源的实际存在,而 PVC 则是请求存储空间的方式。它们之间的关系就像是两个人之间的爱情关系一样。PV 代表的是实际存在的存储资源,而 PVC 则是对存储资源的需求和期望。就像是恋人之间的抱怨和诉求一样,PVC 可以描述存储资源的特定要求,例如访问模式、存储资源的大小等,而 PV 则根据这些需求来满足它们的需求和期望。

PV 和 PVC 之间的关系就像是爱情中的相互依存,他们需要互相支持和理解。如果没有 PV,PVC 就无法请求到所需要的存储资源,而如果没有 PVC,PV 就无法知道如何去满足存储资源的需求和期望。他们之间的关系就像是爱情中的两人互相依存,相互扶持,共同成长。

故事 2:PV 和 PVC 的旅行故事。

在一个遥远的地方,有一个叫作 Kubernetes 的地方。它是一个最优秀的云原生应用平台,拥有丰富的功能和强大的扩展性,其中,最重要的功能之一就是其 PV 和 PVC。

一天，一群勇敢的开发者决定去旅行，他们需要带上一些东西，如照相机、计算机、衣服和食品等，但是这些东西都需要存储空间，否则他们将无法在旅行中留下美好的回忆。

于是他们请求 Kubernetes 提供存储资源，这就是通过 PVC 实现的。PVC 描述了开发者所需的存储资源的特定要求和期望，例如存储的大小、访问模式等。Kubernetes 根据这些要求从可用的 PV 中选择一个来满足 PVC 的需求。如果没有可用的 PV，Kubernetes 则会根据 PVC 的要求动态创建一个 PV。这就像是旅行中的存储资源，无论是照相机、计算机、衣服还是食品都可以根据需要来动态选择和创建。

在旅行中，PV 就像是旅行中的存储资源，可以是一个 USB、云盘或者 NFS 等，而 PVC 则是开发者对于不同类型的存储资源的特定需求和期望，这就像旅行者对于不同的存储需求和期望，旅行者需要存放相片、计算机等，而这些都需要不同的存储资源。这样，旅行就可以更加流畅和顺利。

2）Persistent Volume

Kubernetes 中有一个重要的抽象对象称为 PV，它代表着网络存储资源的实际存在。PV 能够连接到物理存储设备或由云提供商所提供的存储资源，如 AWS EBS 或 GCP Persistent Disk 等。

在创建 PV 之前，管理员需要先准备好存储资源，例如创建 NFS 共享，或使用云存储服务，然后将其配置为 PV。一旦配置好 PV，就可以指定多种类型的存储，如 NFS、GlusterFS、AWS EBS 和 GCP Persistent Disk 等。这些存储类型的选择取决于具体的需求和应用场景。

以下是一个 PV 的配置示例，代码如下：

```
//第 4 章/4.5.5 PV 的配置
apiVersion: v1  #Kubernetes API 版本
kind: PersistentVolume  #声明这是一个持久化存储卷的配置
metadata:  #元数据
  name: my-pv  #PV 的名称
  labels:  #标签
    type: nfs  #指定 PV 的类型为 NFS
spec:  #持久化存储卷的配置
  capacity:  #容量
    storage: 10Gi  #指定存储的容量为 10GB
  accessModes:  #访问模式
    - ReadWriteMany  #多个 Pod 可以同时读写该卷
  persistentVolumeReclaimPolicy: Retain  #使用后保留卷
  storageClassName: my-storage-class  #存储类的名称
  #NFS 存储的配置
  nfs:
    server: nfs.example.com  #NFS 服务器的地址
    path: /exports/data  #NFS 共享路径
  #挂载选项
  mountOptions:
    - hard  #确认读写操作已完成后才返回
```

```
      - nfsvers=4.1  #使用 NFS 版本 4.1
  #节点亲和性
  nodeAffinity:
    required:
      nodeSelectorTerms:
        - matchExpressions:
            - key: role
              operator: In
              values:
                - webserver
    #PV 只会绑定到具有特定标签的节点上
    #这里指定了一个叫作"role=webserver"的标签
  #注释
  annotations:
    creator: "John Doe"  #创建者
    created: '2023-12-01T15:04:05Z'  #创建时间
  #PV 用于绑定到 PVC 上
  claimRef:
    kind: PersistentVolumeClaim  #PVC 的类型
    name: my-pvc  #PVC 的名称
    namespace: default  #PVC 所在的命名空间
```

需要注意,相关配置必须根据实际情况进行调整,上述示例仅供参考。

上述配置的说明如下:

(1) metadata.name:PV 的名称,必须全局唯一。

(2) metadata.labels:用于标记 PV 的元数据。在这个例子中,使用了"type:nfs"标签来标识这是一个 NFS 存储类型的 PV。

(3) capacity.storage:PV 的存储容量。

(4) accessModes:PV 的访问模式,支持 ReadWriteOnce、ReadOnlyMany 和 ReadWriteMany,这里选择了 ReadWriteMany。

(5) persistentVolumeReclaimPolicy:PV 的回收策略,有 Delete 和 Retain 两种模式。这里选择了 Retain 模式,即删除 PVC 后不会自动删除 PV。

(6) storageClassName:存储类名,用于动态分配 PV。

(7) mountOptions:挂载选项,用于指定挂载时的选项。这里选择了 hard 选项,并指定了 NFS 版本为 4.1。

(8) nfs.server:指定 NFS 服务器的地址。

(9) nfs.path:指定挂载到 PV 上的 NFS 共享路径。

(10) nodeAffinity:PV 绑定到指定的节点。这里使用了 nodeSelectorTerms,指定了节点的标签为"role=webserver"。

(11) annotations:PV 注释,用于说明 PV 的使用情况。这里提供了"creator"和"created"两个注释。

(12) claimRef:PV 绑定到 PVC 上,PVC 可以申请和释放 PV。这里使用的是名为

"my-pvc"的 PVC。

3) Persistent Volume Claim

PVC(Persistent Volume Claim)是一种使用 Kubernetes 请求存储的方式,它描述了存储资源的特定要求,例如访问模式和大小等。虽然 PVC 是抽象的,但它并没有指定应该使用哪个 PV 来满足这些要求。以下是一个 PVC 的配置示例,代码如下:

```
//第 4 章/4.5.5 PVC 的配置
#声明使用的 Kubernetes API 版本为 v1
apiVersion: v1
#声明要创建的 Kubernetes 对象类型为 PersistentVolumeClaim(持久卷声明)
kind: PersistentVolumeClaim
#对象的元数据,如名称、标签和注释等
metadata:
  #声明这个 PersistentVolumeClaim 的名称为 pvc-example
  name: pvc-example
#声明这个 PersistentVolumeClaim 的规范,包括访问模式和资源请求
spec:
  #声明这个 PersistentVolumeClaim 的访问模式为 ReadWriteOnce
  accessModes:
    - ReadWriteOnce
  #定义这个 PersistentVolumeClaim 所需的资源,这里是存储资源
  resources:
    #声明这个 PersistentVolumeClaim 所需的存储资源为 1GB
    requests:
      storage: 1Gi
  #存储类(Storage Class),用于指定存储的类型和其他属性(如 IOPS、备份等),可以根据需要调整
  storageClassName: my-storage-class
  #selector 是一个标签选择器,用于选择符合条件的 PV 进行匹配绑定,可以根据需要调整。如
  #果不指定,则由 Kubernetes 自动选择一个合适的 PV 进行匹配绑定
  selector:
    matchLabels:
      type: my-storage
```

需要注意,相关配置必须根据实际情况进行调整,上述示例仅供参考。

4) 如何使用 PV 和 PVC

在使用 PV 和 PVC 之前,需要先确保存在一个可用的 PV,或者设置自动创建 PV 的策略,然后创建 PVC 并且将其关联到可用的 PV。以下是一个使用 PV 和 PVC 的示例,代码如下:

```
//第 4 章/4.5.5 使用 PV 和 PVC
#使用的 Kubernetes API 版本为 v1
apiVersion: v1
#定义资源类型为 PersistentVolume,用于创建 PV 对象
kind: PersistentVolume
#元数据信息,包括 PV 的名称等信息
metadata:
  name: pv-example
```

```
#PV 的规格信息,包括存储大小等信息
spec:
  capacity:
    storage: 1Gi  #存储大小
  accessModes:
    - ReadWriteOnce  #PV 的访问模式
  persistentVolumeReclaimPolicy: Retain  #PV 的回收策略
  hostPath:
    path: /data/pv-example  #存储路径
#定义资源类型为 PersistentVolumeClaim,用于创建 PVC 对象
kind: PersistentVolumeClaim
#元数据信息,包括 PVC 的名称等信息
metadata:
  name: pvc-example
spec:
  accessModes:
    - ReadWriteOnce  #PVC 的访问模式
  resources:
    requests:
      storage: 1Gi  #PVC 请求的存储大小
```

在这个示例中,首先创建了一个名为 pv-example 的 PV,然后创建了一个名为 pvc-example 的 PVC,并且将其关联到可用的 PV。PVC 请求的存储大小为 1GB,访问模式为 ReadWriteOnce。这样,容器中的应用程序就可以挂载 PVC,并且可以向其中写入数据。当 PVC 被删除时,PV 中的数据将会保留。在监控应用程序时,可以通过以下命令查看存储资源的使用情况:

```
#用于获取集群中所有持久卷的信息
kubectl get pv
#用于获取集群中所有持久卷声明的信息
kubectl get pvc
```

当应用程序不再需要持久化存储资源时,应该注意清理已使用的 PV 和 PVC,以确保资源不被浪费。在 Kubernetes 中,使用 PV 和 PVC 可以让开发者更方便地使用持久化存储。管理员可以提前准备好存储资源,并将其配置为 PV,而开发者只需使用 PVC 来请求他们所需的存储资源即可。动态分配存储资源的方式可以大大简化开发人员的工作并且更加灵活和高效。

需要注意,相关配置必须根据实际情况进行调整,上述示例仅供参考。

4.5.6 项目部署实战

使用 Kubernetes 在不同的环境中部署应用程序,可以更加轻松地构建和管理容器应用,从而提高应用程序的可靠性和可扩展性。

1. Kubernetes 部署 Shardingsphere

在 Kubernetes 中部署 Shardingsphere,可以为分布式数据库提供更加稳定和可靠的支

持，使 Shardingsphere 在容器化环境中更加易于管理和扩展。部署 Shardingsphere 时需要创建 ConfigMap、Service 和 Deployment，以及部署 MySQL 实例。需要注意的是，部署时需要考虑数据持久化、安全性和性能等问题，并根据实际情况进行调整。具体步骤如下：

（1）创建 Kubernetes ConfigMap 存储 Shardingsphere 的配置文件。创建 ConfigMap 的 YAML 文件，代码如下：

```yaml
//第 4 章/4.5.6  创建 ConfigMap 的 YAML 文件
#定义 API 版本为 v1
apiVersion: v1
#定义资源类型为配置映射
kind: ConfigMap
#配置映射的 metadata
metadata:
  #配置映射的名称为 shardingsphere-config
  name: shardingsphere-config
#配置映射的数据部分
data:
  #定义数据文件 server.yaml 的内容
  server.yaml: |
    #认证信息
    authentication:
      users:
        root:
          password: sharding
      #最大连接数
      props:
        maxConnectionsSizePerQuery: 5
    #配置信息
    props:
      #显示 SQL
      sql.show: true
      #前端代理刷新阈值
      proxy.frontend.flush.threshold: 128
    #数据库 schema 的名称
    schemaName: sharding_db
    #分片规则配置文件路径
    ruleConfigFile: /conf/config-sharding.yaml
    #治理配置文件路径
    governanceConfigFile: /conf/governance.yaml
    #加密规则配置文件路径
    encryptRuleConfigFile: /conf/config-encrypt.yaml
    #数据源配置
    dataSources:
      #数据源 ds_0
      ds_0:
        type: MySQL
        driverClassName: com.mysql.jdbc.Driver
```

```
      url: jdbc: mysql://mysql-0. mysql: 3306/demo_ds_0? useUnicode=
true&characterEncoding=utf-8&useSSL=false&serverTimezone=UTC
      username: root
      password: 123456
  #数据源ds_1
  ds_1:
    type: MySQL
    driverClassName: com.mysql.jdbc.Driver
      url: jdbc: mysql://mysql-1. mysql: 3306/demo_ds_1? useUnicode=
true&characterEncoding=utf-8&useSSL=false&serverTimezone=UTC
      username: root
      password: 123456
#默认数据源名称
defaultDataSourceName: ds_0
#分片规则配置
shardingRuleConfigs:
  #表t_order的分片规则配置
  - tableRule:
      #数据源名称列表
      dataSourceNames: [ds_0, ds_1]
      #逻辑表名
      logicTable: t_order
      #主键生成策略
      keyGenerateStrategy:
        #主键列名
        column: order_id
        #主键生成器名称
        keyGeneratorName: snowflake
      #分表策略
      tableShardingStrategy:
        #分表算法类型
        standard:
          #分表依据的列名
          shardingColumn: order_id
          #分表算法名称
          shardingAlgorithmName: order_id_modulo_algorithm
      #绑定表列表
      bindingTables:
      - t_order_item
  #表t_order_item的分片规则配置
  - tableRule:
      #数据源名称列表
      dataSourceNames: [ds_0]
      #逻辑表名
      logicTable: t_order_item
      #主键生成策略
      keyGenerateStrategy:
        #主键列名
        column: order_item_id
```

```
          #主键生成器名称
          keyGeneratorName: snowflake
       #分表策略
       tableShardingStrategy:
          #分表算法类型
          standard:
             #分表依据的列名
             shardingColumn: order_id
             #分表算法名称
             shardingAlgorithmName: order_id_modulo_algorithm
  #分片算法配置
  shardingAlgorithms:
    #分片算法名称
    order_id_modulo_algorithm:
       #分片算法类型
       type: INLINE
       props:
          #分片算法表达式
          algorithm-expression: ds_${order_id%2}
```

（2）创建 Kubernetes Service，用于将外部的请求转发到 Shardingsphere 实例。创建 Service 的 YAML 文件，代码如下：

```
//第4章/4.5.6 创建 Service 的 YAML 文件
#定义 Kubernetes 的 API 版本
apiVersion: v1
#定义 Kubernetes 资源的类型,这里是一个 Service
kind: Service
#定义 Service 的元数据,包含名称等信息
metadata:
  #定义 Service 的名称
  name: shardingsphere-service
#定义 Service 的规格,包括暴露的端口等信息
spec:
  #定义 Service 暴露的端口
  ports:
    #定义一个名为 mysql 的端口,端口号为 3306,映射到容器的 3306 端口,协议为 TCP
    - name: mysql
      port: 3306
      targetPort: 3306
      protocol: TCP
    #定义一个名为 shardingsphere-proxy 的端口,端口号为 3307,映射到容器的 3307 端口,
    #协议为 TCP
    - name: shardingsphere-proxy
      port: 3307
      targetPort: 3307
      protocol: TCP
  #定义 Service 的选择器,用于选择将哪些 Pod 绑定到这个 Service 上
  #这里使用了一个名为 app 的标签选择器,具有该标签的 Pod 将被绑定到这个 Service 上
```

```
  selector:
    app: shardingsphere
```

（3）创建 Kubernetes Deployment，用于部署 Shardingsphere 实例。创建 Deployment 的 YAML 文件，代码如下：

```
//第 4 章/4.5.6  创建 Deployment 的 YAML 文件
#这段 YAML 代码描述了一个 Deployment 对象，它的 apiVersion 是 apps/v1，kind 是 Deployment
apiVersion: apps/v1
kind: Deployment
metadata:
  #指定 Deployment 的名称为 shardingsphere，并添加一个 app:shardingsphere 标签
  name: shardingsphere
  labels:
    app: shardingsphere
spec:
  #指定 Deployment 要创建 1 个 Pod
  replicas: 1
  selector:
    matchLabels:
      #Pod 的标签要与 Deployment 的标签相匹配，即 app:shardingsphere
      app: shardingsphere
  template:
    metadata:
      #Pod 的标签也要设为 app:shardingsphere
      labels:
        app: shardingsphere
    spec:
      volumes:
        #创建一个名为 shardingsphere-config 的卷，使用 configMap 类型存储配置信息
        - name: shardingsphere-config
          configMap:
            name: shardingsphere-config
      containers:
        #在 Pod 中创建一个名为 shardingsphere 的容器
        - name: shardingsphere
          #使用 apache/shardingsphere-proxy:latest 镜像
          image: apache/shardingsphere-proxy:latest
          #容器启动时，传递一个-s 参数，值为/conf/server.yaml，指定配置文件的位置
          args: ["-s", "/conf/server.yaml"]
          ports:
            #容器的 3307 端口映射到 Pod 的端口，标记为 shardingsphere-proxy
            - containerPort: 3307
              name: shardingsphere-proxy
              protocol: TCP
          volumeMounts:
            #把刚才创建的卷挂载到容器的/conf 路径下
            - name: shardingsphere-config
              mountPath: /conf
```

（4）到这里，已经完成了 Shardingsphere 的部署。还需要创建 MySQL 的 Deployment 提供将要分片的数据。YAML 文件的代码如下：

```yaml
//第 4 章/4.5.6   创建 MySQL 的 Deployment 提供将要分片的数据
#API 版本为 v1
apiVersion: v1
#类型为 Service
kind: Service
#服务的元数据
metadata:
  #服务的名称为 mysql-0
  name: mysql-0
#服务的规格
spec:
  #选择器,选择 app 为 mysql-0 的 pod
  selector:
    app: mysql-0
  #端口配置
  ports:
    #名称为 mysql 的端口
    - name: mysql
      #端口号为 3306
      port: 3306
      #指定目标端口为 3306
      targetPort: 3306
      #协议为 TCP
      protocol: TCP
  #选择器,选择 app 为 mysql 的 pod
  selector:
    app: mysql
  #pod 的模板
  template:
    #元数据
    metadata:
      #标签,标签中 app 为 mysql,instance 为 mysql-0
      labels:
        app: mysql
        instance: mysql-0
    #pod 的规格
    spec:
      #容器列表
      containers:
        #第 1 个容器,名称为 mysql,使用 mysql:5.7 镜像
        - name: mysql
          image: mysql:5.7
          #环境变量,MYSQL_ROOT_PASSWORD 为 123456
          env:
            - name: MYSQL_ROOT_PASSWORD
              value: "123456"
```

```
            #容器的端口配置
          ports:
              #容器的端口为 3306,名称为 mysql
              - containerPort: 3306
                name: mysql
          #第 2 个容器,名称为 wait-for-mysql,使用 xivoxc/wait-for 镜像
          - name: wait-for-mysql
            image: xivoxc/wait-for
            #命令,使用 wait-for 脚本等待 mysql-0.mysql:3306 端口,等待成功后输出 MySQL is up
            command: ["./wait-for", "mysql-0.mysql:3306", "--", "echo", "MySQL is up"]
            #环境变量,WAIT_FOR_HOST 为 mysql-0.mysql,WAIT_FOR_PORT 为 3306
            env:
              - name: WAIT_FOR_HOST
                value: mysql-0.mysql
              - name: WAIT_FOR_PORT
                value: "3306"
---
#这是一个 Service 的 YAML 文件,用于在 Kubernetes 集群中创建一个名为 mysql-1 的 Service
apiVersion: v1
kind: Service
metadata:
  #设置 Service 的元数据,包括名称
  name: mysql-1
spec:
  #告诉 Kubernetes 该 Service 应该选择哪些 Pod,并将流量转发到这些 Pod
  selector:
    app: mysql-1
  ports:
    #定义 Service 监听的端口和目标端口
    - name: mysql
      port: 3306
      targetPort: 3306
      protocol: TCP
  selector:
    #定义应该选择哪些 Pod,此处与上面的相同
    app: mysql
#创建 pod 的模板,当需要创建新的 pod 时,会使用这个模板
template:
  metadata:
    #Pod 的元数据,包括标签
    labels:
      app: mysql
      instance: mysql-1
  spec:
    #定义 Pod 中的容器列表
    containers:
      #第 1 个容器是 mysql 容器,使用 mysql:5.7 镜像
      - name: mysql
```

```yaml
        image: mysql:5.7
        env:
            #设置 MYSQL_ROOT_PASSWORD 环境变量为 123456
          - name: MYSQL_ROOT_PASSWORD
            value: "123456"
        ports:
            #定义容器监听的端口和目标端口
          - containerPort: 3306
            name: mysql
      #第 2 个容器是 wait-for-mysql 容器,用于等待 mysql 容器启动
    - name: wait-for-mysql
      image: xivoxc/wait-for
      #使用 echo 命令检查 mysql 是否启动
      command: ["./wait-for", "mysql-1.mysql:3306", "--", "echo", "MySQL is up"]
      env:
          #等待 mysql-1.mysql:3306 端口开启
        - name: WAIT_FOR_HOST
          value: mysql-1.mysql
        - name: WAIT_FOR_PORT
          value: "3306"
---
#定义资源类型和版本号
apiVersion: apps/v1
#定义该资源的类型是 Deployment
kind: Deployment
#定义该 Deployment 实例的元数据信息,包括名称和标签
metadata:
  name: mysql
  labels:
    app: mysql
#定义 Deployment 的规格,包括副本数量和选择器
spec:
  replicas: 2
  selector:
    matchLabels:
      app: mysql
  #定义该 Deployment 实例所使用的 Pod 模板
  template:
    metadata:
      labels:
        app: mysql
    spec:
      #定义该 Pod 所包含的容器
      containers:
        - name: mysql
          #定义该容器所使用的镜像
          image: mysql:5.7
          #定义该容器所使用的环境变量,此处定义了 MySQL 的 root 用户密码
          env:
```

```
        - name: MYSQL_ROOT_PASSWORD
          value: "123456"
    #定义该容器所暴露的端口,此处为 MySQL 的默认端口 3306
    ports:
        - containerPort: 3306
          name: mysql
```

注意,这里创建了两个 MySQL 实例,并且提供了一个等待器来等待 MySQL 实例启动。

(5)使用 kubectl 命令来部署 Shardingsphere,代码如下:

```
//第 4 章/4.5.6 使用 kubectl 命令来部署 Shardingsphere
#应用 Kubernetes 工具 kubectl,执行 apply 命令将 shardingsphere-config.yaml 文件应
#用到当前运行的 Kubernetes 集群中
kubectl apply -f shardingsphere-config.yaml
#应用 Kubernetes 工具 kubectl,执行 apply 命令将 shardingsphere-service.yaml 文件
#应用到当前运行的 Kubernetes 集群中
kubectl apply -f shardingsphere-service.yaml
#应用 Kubernetes 工具 kubectl,执行 apply 命令将 shardingsphere-deployment.yaml 文
#件应用到当前运行的 Kubernetes 集群中
kubectl apply -f shardingsphere-deployment.yaml
#应用 Kubernetes 工具 kubectl,执行 apply 命令将 mysql.yaml 文件应用到当前运行的
#Kubernetes 集群中
kubectl apply -f mysql.yaml
```

(6)如果需要进一步的测试,可以使用 mysql 客户端连接 Shardingsphere proxy,然后执行一些 CRUD 操作,代码如下:

```
mysql -h <shardingsphere 服务 ip> -P 3307 -u root -p
```

需要注意,相关配置必须根据实际情况进行调整。上述示例仅供参考,并且需要关注以下几个方面,以确保配置的正确性和可用性:

(1)这份在配置文件中的 MySQL 实例使用了 5.7 版本。使用时需要根据自己的需求和环境选择合适的 MySQL 版本。此外,还需要注意 MySQL 版本与 Shardingsphere 的兼容性。

(2)如果要在 Kubernetes 集群中部署 Shardingsphere,需要保证 Kubernetes 集群的 etcd 和 KubernetesAPI 服务器的可用性。

(3)这份在配置文件中的 MySQL 实例使用了 StatefulSet 方式部署。在启动和关闭 MySQL 实例时需要注意顺序,否则可能导致数据丢失。

(4)如果需要进一步测试 Shardingsphere,则可以使用压力测试工具对其进行性能和可伸缩性测试。

(5)建议将 server.yaml 文件中的 authentication 部分移除。该部分是 ShardingSphere 提供的一项安全措施,但在 Kubernetes 环境下不太适合。可以在 Deployment 的 args 中增加 --security=false 选项关闭安全功能。

（6）在 Kubernetes 集群中部署 Shardingsphere 时，必须考虑数据持久化的问题，否则在 Pod 重启或迁移时可能会导致数据丢失。可以使用 Kubernetes 的 StatefulSet 确保数据的可靠性，或使用外部存储方案（例如 NFS、Ceph 等）保存数据。

需要注意，相关配置必须根据实际情况进行调整，上述示例仅供参考。

2. Kubernetes 部署 MySQL

将 MySQL 部署到 Kubernetes 平台上，可以将其作为容器化应用来管理，同时利用 Kubernetes 的弹性伸缩和负载均衡等特性实现 MySQL 的高可用性和可扩展性。

部署高可用的 MySQL 集群需要用到 MMM（MySQL-MMM），它是一个开源的高可用解决方案。以下是一个部署高可用的 MySQL 集群 MMM 的例子。

1）创建 Namespace 和 VIP Service

首先需要创建一个命名空间（Namespace），用于部署 MySQL 集群和 MySQL-MMM，代码如下：

```
#指定 Kubernetes API 版本为 v1
apiVersion: v1
#定义资源类型为 Namespace
kind: Namespace
#元数据部分，包含 Namespace 的名称
metadata:
  name: mysql-cluster
```

VIP 的作用是将 MySQL 的客户端请求转发给当前活跃的 MySQL 节点，确保客户端能够连接到正确的 MySQL 节点，代码如下：

```
//第 4 章/4.5.6  客户端请求转发给当前活跃的 MySQL 节点
#定义 Kubernetes API 版本为 v1
apiVersion: v1
#定义 Kubernetes 资源类型为 Service
kind: Service
#定义 Service 的元数据（名称、标签等）
metadata:
  #设置 Service 的名称为 mysql-vip
  name: mysql-vip
#定义 Service 的规格
spec:
  #定义 Service 类型为 LoadBalancer,使该 Service 能够暴露为外部可以访问的
#LoadBalancer 类型服务
  type: LoadBalancer
  #定义 Service 的外部访问流量策略为 Local,使该 Service 只使用节点本地的流量
  externalTrafficPolicy: Local
  #定义 Service 暴露的端口列表
  ports:
    #定义端口名为 mysql,端口号为 3306,目标端口也为 3306
  - name: mysql
    port: 3306
```

```
        targetPort: 3306
    #定义 Service 的选择器,用来选择哪些 Pod 属于该 Service
    selector:
        #选择 app 标签为 mysql 的 Pod
        app: mysql
```

这个 Service 会创建一个 VIP,并将客户端请求转发到当前活跃的 MySQL 节点。注意,需要使用 LoadBalancer 类型的 Service,并将 externalTrafficPolicy 设置为 Local,以确保请求只转发到当前节点。

2）创建 MySQL StatefulSet 和复制集群

创建 MySQL StatefulSet 和复制集群之前,需要创建一个 PersistentVolumeClaim,用于存储 MySQL 数据,代码如下:

```
//第 4 章/4.5.6  创建一个 PersistentVolumeClaim
#定义 API 版本为 v1
apiVersion: v1
#定义对象类型为 PersistentVolumeClaim
kind: PersistentVolumeClaim
metadata:
    #定义该对象的名称为 mysql-data
    name: mysql-data
spec:
    #访问模式,此处定义为 ReadWriteOnce
    accessModes:
    - ReadWriteOnce
    #资源定义
    resources:
        requests:
            #定义请求存储容量为 5GB
            storage: 5Gi
```

然后创建 MySQL StatefulSet 和复制集群,代码如下:

```
//第 4 章/4.5.6 创建 MySQL StatefulSet 和复制集群
#设置 API 版本为 apps/v1,用于管理 StatefulSet 资源
apiVersion: apps/v1
#设置资源类型为 StatefulSet,并为其分配一个名称
kind: StatefulSet
metadata:
    #设置 StatefulSet 资源的元数据,为其指定名称
    name: mysql-cluster
spec:
    #指定服务名称为 mysql
    serviceName: mysql
    #设置 3 个副本的状态
    replicas: 3
    selector:
        #指定选择器匹配标签为 app:mysql 的 pod
```

```yaml
    matchLabels:
      app: mysql
  template:
    metadata:
      #为 Pod 模板中的元数据打上 app:mysql 标签
      labels:
        app: mysql
    spec:
      securityContext:
        #设置安全上下文,指定文件组 ID 为 2000
        fsGroup: 2000
        #指定运行时用户 ID 为 1000
        runAsUser: 1000
      initContainers:
      - name: init-mysql
        #初始化容器的镜像
        image: registry.cn-beijing.aliyuncs.com/kubeadm-ha/mysql-init:5.7
        env:
        #设置 MYSQL_ROOT_PASSWORD 环境变量,为其指定一个密码
        - name: MYSQL_ROOT_PASSWORD
          value: password
        volumeMounts:
        #挂载 mysql-data 卷到容器中/var/lib/mysql 目录下
        - name: mysql-data
          mountPath: /var/lib/mysql
        command: ["sh", "-c", "chmod -R 777 /var/lib/mysql && /usr/local/bin/
docker-entrypoint.sh --character-set-server=utf8mb4 --collation-server=
utf8mb4_unicode_ci"]
      containers:
      - name: mysql
        #容器的镜像
        image: mysql:5.7
        env:
        #设置 MYSQL_ROOT_PASSWORD 环境变量,为其指定一个密码
        - name: MYSQL_ROOT_PASSWORD
          value: password
        #允许无密码登录
        - name: MYSQL_ALLOW_EMPTY_PASSWORD
          value: 'yes'
        #开启二进制日志
        - name: MYSQL_LOG_BIN
          value: "ON"
        ports:
        #容器开启 3306 端口
        - containerPort: 3306
        volumeMounts:
        #挂载 mysql-data 卷到容器中/var/lib/mysql 目录下
        - name: mysql-data
          mountPath: /var/lib/mysql
```

```
    command: ["sh", "-c", "chmod -R 777 /var/lib/mysql && /usr/local/bin/
docker-entrypoint.sh --character-set-server=utf8mb4 --collation-server=
utf8mb4_unicode_ci"]
      volumes:
      - name: mysql-data
        #永久卷声明,指定名称为 mysql-data
        persistentVolumeClaim:
          claimName: mysql-data
```

这个 StatefulSet 会创建 3 个 MySQL Pod,每个 Pod 都运行一个 mysqld 实例,并且使用共享的 VolumeClaim 存储 MySQL 数据。MySQL 的 root 用户密码设置为 password。注意,这个 StatefulSet 还配置了 init container,用于创建 MySQL 集群的初始数据。init container 使用 registry.cn-beijing.aliyuncs.com/kubeadm-ha/mysql-init:5.7 镜像,这个镜像会在启动时执行 SQL 语句,创建名为 test 的数据库和一张名为 users 的表。

3)创建 ConfigMap

创建 ConfigMap 存储主节点二进制日志文件和主节点日志位置,代码如下:

```
//第 4 章/4.5.6 创建 ConfigMap 存储主节点二进制日志文件和主节点日志位置
#指定使用的 Kubernetes API 版本
apiVersion: v1
#定义 ConfigMap 类型的资源
kind: ConfigMap
#配置 ConfigMap 的元数据
metadata:
  #指定 ConfigMap 的名称
  name: mysql-binlog-position
  #给 ConfigMap 打标签,方便查找和管理
  labels:
    app: mysql
#定义 ConfigMap 的数据
data:
  #指定 binlog 的位置,格式为 "主机名:binlog 文件名:日志位置"
  binlog-position: "mysql-cluster-0:mysql-bin.000001:300"
```

这个 ConfigMap 中存储了 mysql-cluster-0 节点的主节点,二进制日志文件名为 mysql-bin.000001,位置为 300。

4)创建 MySQL-MMM Deployment

创建 MySQL-MMM Deployment 之前需要创建一个 Secret,用于存储 SSH 用户名和密码,代码如下:

```
//第 4 章/4.5.6 创建一个 Secret,用于存储 SSH 用户名和密码
#指定 Kubernetes API 版本为 v1
apiVersion: v1
#定义资源类型为 Secret
kind: Secret
#定义 Secret 的元数据
metadata:
```

```
    #指定 Secret 名称为 mmm-ssh-secret
    name: mmm-ssh-secret
#指定 Secret 类型为 Opaque,表示该 Secret 的数据编码方式是不透明的
type: Opaque
#指定 Secret 的数据项
data:
    #将用户名 root 以 base64 编码后放入 Secret 中
    username: cm9vdA==  #root
    #将密码 password 以 base64 编码后放入 Secret 中
    password: cGFzc3dvcmQ=  #password
```

然后创建 MySQL-MMM Deployment,代码如下:

```
//第 4 章/4.5.6 创建 MySQL-MMM Deployment
#定义 API 版本为 apps/v1,用于创建 Deployment 对象
apiVersion: apps/v1
#定义对象的类型为 Deployment,名称为 mysql-mmm
kind: Deployment
metadata:
    name: mysql-mmm
spec:
    #找到标签为 app: mysql-mmm 的 Pod
    selector:
      matchLabels:
        app: mysql-mmm
    #定义 Pod 的模板
    template:
      metadata:
        #定义标签为 app: mysql-mmm
        labels:
          app: mysql-mmm
      spec:
        #定义 Pod 所需的 secret 卷
        volumes:
        - name: ssh-secret
          secret:
            secretName: mmm-ssh-secret
        #定义容器
        containers:
        - name: mysql-mmm
          #定义容器要运行的镜像
          image: mysql-mmm
          #定义容器需要的环境变量
          env:
          - name: MYSQL_NODES
            value: "mysql-cluster-0,mysql-cluster-1,mysql-cluster-2"
          - name: MONITOR_INTERFACE
            value: "eth0"
          - name: MMM_PASSWORD
```

```
            value: "password"
          - name: MONITOR_PASSWORD
            value: "monitor"
          - name: SSH_USER
            #从 ssh-secret 中获取 username
            valueFrom:
              secretKeyRef:
                name: ssh-secret
                key: username
          - name: SSH_PASSWORD
            #从 ssh-secret 中获取 password
            valueFrom:
              secretKeyRef:
                name: ssh-secret
                key: password
          - name: replication_check_interval
            value: "30"
        ports:
        #定义容器的端口
        - name: mmm
          containerPort: 8250
        - name: mmm-status
          containerPort: 8251
        - name: mmm-commands
          containerPort: 8252
        #定义容器存活性检查
        livenessProbe:
          tcpSocket:
            port: 8250
          initialDelaySeconds: 60
          periodSeconds: 10
        #定义容器可用性检查
        readinessProbe:
          tcpSocket:
            port: 8250
          initialDelaySeconds: 60
          periodSeconds: 10
```

这个 Deployment 会创建一个 MySQL-MMM Pod，使用 mysql-mmm 镜像，并配置了 MySQL 节点、监控接口、MMM 密码、监控密码、SSH 用户名和密码等参数。这里的 SSH 用户名和密码来自上面创建的 Secret。

5）创建 Service

创建 Service，将 MySQL 和 MySQL-MMM 暴露给其他容器和外部服务，代码如下：

```
//第 4 章/4.5.6 创建 Service，将 MySQL 和 MySQL-MMM 暴露给其他容器和外部服务
#定义 Kubernetes API 的版本
apiVersion: v1
#定义资源类型为 Service
```

```
kind: Service
#定义 Service 的元数据，包括名称和标签
metadata:
  name: mysql #Service 的名称
spec:
  #定义暴露端口和对应容器内端口的映射
  ports:
  - name: mysql #端口名称
    port: 3306 #Service 暴露的端口号
    targetPort: 3306 #容器内部的端口号
  - name: mmm #端口名称
    port: 8250 #Service 暴露的端口号
    targetPort: 8250 #容器内部的端口号
  - name: mmm-status #端口名称
    port: 8251 #Service 暴露的端口号
    targetPort: 8251 #容器内部的端口号
  - name: mmm-commands #端口名称
    port: 8252 #Service 暴露的端口号
    targetPort: 8252 #容器内部的端口号
  #定义 Service 的选择器，选中标签为 app=mysql 的 Pod
  selector:
    app: mysql
```

这个 Service 会将 MySQL 和 MySQL-MMM 的端口映射到 Kubernetes 集群中的端口，以便其他容器和外部服务可以访问它们。

6）配置 MMM

编辑 MySQL-MMM Pod，执行下面的命令配置 MMM：

```
kubectl edit pod mysql-mmm-<pod-name>
```

在容器的启动脚本中添加下面的命令：

```
//第 4 章/4.5.6 容器的启动脚本
#!/bin/bash
set -e
#设置脚本出现错误时退出
#Add this line
#修改 /var/lib/mysql 目录的所属用户和组为 mysql:mysql
chown mysql:mysql -R /var/lib/mysql
#启动 MySQL 服务
#Start MySQL
service mysql start
#添加以下 SQL 语句
#重置 MySQL 主节点
mysql -uroot -ppassword -e "RESET MASTER;"
#创建用于主从复制的用户 repl，并设置 IP 地址为任意主机
mysql -uroot -ppassword -e "CREATE USER 'repl'@'%' IDENTIFIED BY 'repl';"
#授予 repl 用户复制从库的权限
```

```
mysql -uroot -ppassword -e "GRANT REPLICATION SLAVE ON *.* TO 'repl'@'%';"
#刷新 MySQL 用户权限
mysql -uroot -ppassword -e "FLUSH PRIVILEGES;"
#查看 MySQL 主节点状态
mysql -uroot -ppassword -e "SHOW MASTER STATUS;"
#等待 5s
sleep 5
#启动 MMM 服务
#启动 MySQL MMM Agent:
/usr/sbin/mysql-mmm-agent start
#启动 MySQL MMM Monitor,并将虚拟 IP 地址设置为 10.0.0.100
/usr/sbin/mysql-mmm-monitor --vip=10.0.0.100 --watchdog
```

这个脚本首先将 /var/lib/mysql 目录的所有权设置为 mysql 用户和组,接着启动 MySQL 服务,然后创建一个名为 repl 的用户,用于 MySQL 的主从复制操作。最后启动 MySQL-MMM Agent。/usr/sbin/mysql-mmm-monitor --vip=10.0.0.100 --watchdog 用于配置 VIP 的 IP 地址和启动监控进程。

7)配置 MySQL 节点

编辑 MySQL Pod,配置 MySQL 节点,代码如下:

```
kubectl edit pod mysql-cluster-<pod-name>
```

在容器的启动脚本中添加下面的命令,设置节点的 hostname 和 replica 关系,代码如下:

```
//第 4 章/4.5.6 设置节点的 hostname 和 replica 关系
#开始 bash 脚本
set -e #退出脚本前,遇到错误则立即退出
#添加下面这些代码行
if [[ ! -f "/var/lib/mysql/initialized" ]]; then #如果 initialized 文件不存在
  mysql -uroot -ppassword -e "RESET MASTER;" #重置 MySQL
  mysql -uroot -ppassword -e "SET GLOBAL binlog_format='ROW';"
  #设置 MySQL 为 ROW 格式
  mysql -uroot -ppassword -e "SET GLOBAL binlog_row_image='FULL';"
  #设置 MySQL 的 binlog_row_image 为 FULL
  mysql -uroot -ppassword -e "SET GLOBAL max_binlog_size=1000000000;"
  #设置 MySQL 的 max_binlog_size 为 1000000000
  mysql -uroot -ppassword -e "SET GLOBAL binlog_expire_logs_seconds=3600;"
  #设置 MySQL 的 binlog_expire_logs_seconds 为 3600
  mysql -uroot -ppassword -e "CREATE USER 'repl'@'%' IDENTIFIED BY 'repl';"
  #创建 MySQL 用户 repl
  mysql -uroot -ppassword -e "GRANT REPLICATION SLAVE ON *.* TO 'repl'@'%';"
  #给用户 repl 授予 REPLICATION SLAVE 权限
  mysql -uroot -ppassword -e "FLUSH PRIVILEGES;" #刷新 MySQL 权限
  echo "server-id=1">>/etc/mysql/mysql.conf.d/mysqld.cnf
  #把 server-id 写入 mysqld.cnf
  echo "log-bin=mysql-bin">>/etc/mysql/mysql.conf.d/mysqld.cnf
```

```
    #把 log-bin 写入 mysqld.cnf
    echo "binlog-do-db=test">>/etc/mysql/mysql.conf.d/mysqld.cnf
    #把 binlog-do-db 写入 mysqld.cnf
    echo "binlog-ignore-db=mysql">>/etc/mysql/mysql.conf.d/mysqld.cnf
    #把 binlog-ignore-db 写入 mysqld.cnf
    touch /var/lib/mysql/initialized #创建 initialized 文件
fi
#启动 MySQL
service mysql start
#添加下面这些代码行
if [[ ! -f "/var/lib/mysql/synced" ]]; then #如果 synced 文件不存在
  if [[ ${HOSTNAME##*-} -eq 0 ]]; then #如果当前主机名称的后缀为 0,即第 1 个节点
    mysql -uroot -ppassword -e "CHANGE MASTER TO MASTER_HOST='mysql-cluster-1',
MASTER_USER='repl',MASTER_PASSWORD='repl',MASTER_AUTO_POSITION=1;"
    #把 MySQL 的主节点设置为 mysql-cluster-1
  else #如果当前主机名称的后缀不为 0,则是第 2 个节点
    mysql -uroot -ppassword -e "CHANGE MASTER TO MASTER_HOST='mysql-cluster-0',
MASTER_USER='repl',MASTER_PASSWORD='repl',MASTER_AUTO_POSITION=1;"
    #把 MySQL 的主节点设置为 mysql-cluster-0
  fi
  mysql -uroot -ppassword -e "START SLAVE;" #启动 MySQL 的从节点
  sleep 5 #暂停 5s
  touch /var/lib/mysql/synced #创建 synced 文件
fi
```

　　这个脚本首先检查/var/lib/mysql 目录下是否存在 initialized 文件,如果不存在,则进行一些初始化操作,包括重置主节点、设置 binlog 格式、创建 repl 用户等操作,并设置节点的 hostname 为 1 或 2;如果已经初始化过,则直接启动 MySQL 服务,然后会检查/var/lib/mysql 目录下是否存在 synced 文件,根据节点的 hostname 设置 MySQL 节点的主从同步关系。这样配置后,MySQL-MMM 就能正确识别 MySQL 节点的主从关系,实现双主故障切换。

　　8) 配置安全性

　　MySQL 集群的安全性非常重要,需要进行以下配置:

　　(1) 建议启用 SSL/TLS 加密,以保护数据在网络传输过程中的安全。

　　(2) 建议关闭外部访问,只允许内部应用程序或其他受信任的服务访问 MySQL 集群。

　　(3) 建议配置 IP 白名单,只允许特定的 IP 地址或 IP 地址段访问 MySQL 集群。

　　(4) 建议禁用不必要的网络服务和功能,例如 FTP、Telnet 等。

　　(5) 建议启用审计功能,记录用户和系统的所有操作。

　　9) 配置备份和恢复机制

　　MySQL 集群的备份和恢复机制非常重要,需要进行以下配置:

　　(1) 建议使用 MySQL InnoDB 引擎,以便支持在线备份和恢复。

　　(2) 建议定期备份数据,并将备份文件存储在安全的地方,例如云存储、本地硬盘等。

　　(3) 建议使用 MySQL 的 mysqldump 工具进行备份。

（4）建议测试备份和恢复机制，以确保数据可以正确地备份和恢复。

10）配置监控和报警

MySQL 集群的监控和报警非常重要，需要进行以下配置：

（1）建议使用 Prometheus 和 Grafana 等开源监控工具，对 MySQL 集群进行监控。

（2）建议配置报警规则，以及时发现和解决 MySQL 集群的问题。

（3）建议使用 Kubernetes 的自动扩展功能，自动扩展 MySQL 集群的节点和资源。

部署完成后，检查 MySQL-MMM 的状态，代码如下：

```
#使用 kubectl 命令获取 mysql-cluster 命名空间中的所有 pod
kubectl get pods -n mysql-cluster
#使用 kubectl 命令获取 mysql-mmm pod 的日志输出
#<pod-name>是具体的 pod 名称，通过前一个命令获取
#-f 表示持续输出日志，不会退出命令行
#-n mysql-cluster 表示该 pod 在 mysql-cluster 命名空间中
kubectl logs -f mysql-mmm-<pod-name> -n mysql-cluster
#使用 kubectl 命令获取 mysql-cluster 命名空间中的所有 service
kubectl get svc -n mysql-cluster
```

如果一切正常，应该可以看到 MySQL-MMM 的日志输出，并且可以在 MySQL-MMM 的 Web 界面中查看 MySQL 集群的状态和健康状况，同时在 VIP 的状态中应该能够看到 VIP 的 IP 地址。

11）注意事项

在配置 MySQL 集群时，需要注意相关配置必须根据实际情况进行调整。上述示例仅供参考，还有许多细节需要配置。MySQL 集群的安全性非常重要，因此下面提供以下措施以增强 MySQL 集群的安全性：

（1）使用 Kubernetes Network Policy 来配置 IP 白名单限制 MySQL 节点的访问，只允许 MySQL-MMM Pod 和其他受信任的服务访问 MySQL 集群。

（2）配置 MySQL 节点时应为每个节点设置不同的 server-id 和不同的端口号，以避免冲突和重复。同时，需要配置日志轮换和压缩以避免日志占据过多的磁盘空间。需要配置 server-id 和 gtid_mode 参数，以支持 GTID 复制并正确识别 MySQL 节点的主从关系。

（3）在配置 MySQL-MMM 时，建议使用复杂和长的密码，以提高安全性。需要配置 MySQL 的 GTID 复制以便 MySQL-MMM 可以正确识别 MySQL 节点的主从关系。需要配置 monitor_interface 为 Pod 的 IP 地址，而不是外部 VIP 的 IP 地址，以便正确识别 MySQL 节点的状态和健康状况。

（4）在配置备份和恢复机制时，建议使用 MySQL 的物理备份工具，如 Percona XtraBackup，以提高备份和恢复速度和效率。建议使用备份代理来优化备份和恢复性能，并且定期测试备份和恢复的可靠性和完整性。

（5）在配置监控和报警时，建议使用更强大和灵活的监控工具，如 Prometheus、Grafana、Zabbix 等，以便更好地监控 MySQL 集群的状态和健康状况。同时，建议配置钉钉、邮件等报警通知方式，以及时发现并解决 MySQL 集群的问题。需要根据实际情况设置

合适的阈值和规则，以便及时发现和解决问题。

（6）在配置自动扩展功能时，应该考虑水平扩展和垂直扩展两种方式，根据 MySQL 集群的实际负载和资源使用情况，自动添加或删除节点，以确保 MySQL 集群的高可用性和性能。建议使用 HPA（Horizontal Pod Autoscaler）和 VPA（Vertical Pod Autoscaler）结合，实现节点和资源的自动扩展和缩减。

（7）在创建 MySQL StatefulSet 和复制集群时，应为每个 Pod 配置不同的 hostname 和 podOrdinal，避免 Pod 之间出现命名冲突。可以使用 Headless Service 来为 StatefulSet 中的 Pod 分配不同的 DNS 名称。在创建 MySQL-MMM Deployment 时，需要确保 MMM 监控的 MySQL 节点已经启动，并且具有正确的主从关系。

（8）在配置 MySQL 节点的复制关系时，需要使用 CHANGE MASTER TO…FOR CHANNEL group_replication_recovery 语句。建议使用 master_info_repository 和 relay_log_info_repository 来存储主从复制信息，以便在节点重启后能够正确恢复复制关系。需要设置 gtid_mode 为 ON，以支持 GTID 复制。

（9）需要配置 MySQL 集群的复制模式，如 GTID 复制、半同步复制等，以提高复制的可靠性和性能。

3. Kubernetes 部署 Redis

部署高可用的 Redis 大集群需要使用 Redis 的主从同步和哨兵机制，以确保数据的可靠性和高可用性。Kubernetes 是一种容器编排工具，可以方便地将应用程序部署到多个节点上，实现高并发、高可用的服务。

以下是一个基于 Kubernetes 部署高可用 Redis 大集群的示例。

1）创建 Redis 集群的 Pod

首先，需要创建 Redis 的 Pod，可以使用 Kubernetes 的 ReplicationController 实现自动扩缩容。在这个示例中，创建一个容器，命名为 redis-server，使用 redis：latest 镜像，并暴露 6379 端口。

redis-server.yaml 文件内容，代码如下：

```
//第 4 章/4.5.6 创建 Redis 集群的 Pod：redis-server.yaml 文件
#这是一个 ReplicationController 的 Kubernetes 配置文件
apiVersion: v1
kind: ReplicationController
#元数据，指定该资源的名称
metadata:
  name: redis-server
#指定该资源的规格
spec:
  #副本数量
  replicas: 3
  #根据标签选择器选择需要控制的 Pod
  selector:
    app: redis
    role: master
```

```
#Pod 模板
template:
  #Pod 的元数据
  metadata:
    name: redis
    labels:
      app: redis
      role: master
  #Pod Spec 配置
  spec:
    #容器列表
    containers:
      -name: redis
        #容器镜像
        image: redis:latest
        #容器端口
        ports:
          -containerPort: 6379
        #容器启动命令
        command: ["redis-server"]
        #容器启动参数
        args: ["--appendonly", "yes"]
```

可以通过 kubectl apply 命令来创建 redis-server ReplicationController，代码如下：

```
#将 redis-server.yaml 文件中描述的资源配置到 Kubernetes 集群上
kubectl apply -f redis-server.yaml
```

2）创建 Redis 集群的 Service

接下来，需要为 Redis 集群创建 Service，以便于外部应用程序可以连接到 Redis 集群。在这个示例中，将创建一个名为 redis-service 的 Service，并将其端口映射到 redis-server Pod 的 6379 端口。创建 redis-service.yaml 文件，代码如下：

```
//第 4 章/4.5.6 创建 Redis 集群的 Service:redis-service.yaml 文件
#API 版本为 v1
apiVersion: v1
#资源类型是 Service,定义了一个名为 redis-service 的服务
kind: Service
metadata:
  name: redis-service
  labels:
    app: redis    #声明标签,标记服务属于 Redis 应用
#规定了服务的端口,本例中定义的唯一端口为 redis-port
#此端口将用于连接 Redis 服务
spec:
  ports:
    -name: redis-port
      port: 6379
      targetPort: 6379
```

```
#规定了如何选择与服务通信的 Pods。本例中它们必须有标签 app=redis 和 role=master
selector:
  app: redis
  role: master
```

可以通过 kubectl apply 命令来创建 redis-service Service，代码如下：

```
#将 Redis 服务的 Service 资源对象部署到 Kubernetes 集群中
kubectl apply -f redis-service.yaml
```

现在，已经创建了一个包含 3 个 Redis Pod 的集群，并且创建了一个 Service 以便于外部应用程序连接到它。

3）创建 Redis 的哨兵节点

接下来，需要创建 Redis 的哨兵节点，以监控 Redis 主节点的健康状况。在这个示例中，将创建一个容器，命名为 redis-sentinel，使用 redis：latest 镜像，并暴露 26379 端口。

创建 redis-sentinel.yaml 文件，代码如下：

```
//第 4 章/4.5.6 创建 Redis 的哨兵节点：redis-sentinel.yaml 文件
#这段代码是 Kubernetes 的 YAML 格式,用于创建一个 ReplicationController(副本控制器)
#对象
apiVersion: v1
kind: ReplicationController
metadata:
  name: redis-sentinel #副本控制器的名称
spec:
  replicas: 3 #副本控制器需要管理的 Pod 副本数
  selector:
    app: redis-sentinel #选择器会根据该标签来寻找该副本控制器所管理的 Pod,即 label
    #app 为 redis-sentinel 的 Pod
  template:
    metadata:
      name: redis-sentinel #模板中 Pod 的名称
      labels:
        app: redis-sentinel #标签,用于寻找或者区分类别不同的 Pod
    spec:
      containers:
        -name: redis-sentinel #容器的名称
          image: redis:latest #容器使用的镜像名称和版本
          ports:
            -containerPort: 26379 #容器暴露的端口
          command: ["redis-sentinel"] #容器启动时执行的命令
          args: ["/redis-config/sentinel.conf"] #容器启动时的参数
          volumeMounts:
            -name: config #容器挂载的卷名称
              mountPath: /redis-config #容器内的挂载路径
      volumes:
        -name: config #卷的名称
          configMap:
```

```
            name: sentinel-config #配置映射的名称
            items:
              -key: sentinel.conf #配置映射中的键名
                path: sentinel.conf #配置映射中的键所对应的路径
```

可以通过 kubectl apply 命令来创建 redis-sentinel ReplicationController,代码如下:

```
#使用 kubectl 命令应用 redis-sentinel.yaml 文件配置
kubectl apply -f redis-sentinel.yaml
```

4) 创建 Redis 的哨兵服务

接下来,需要为 Redis 的哨兵节点创建 Service,以便于其他节点可以连接到它。在这个示例中,创建一个名为 redis-sentinel-service 的 Service,并将其端口映射到 redis-sentinel Pod 的 26379 端口。创建 redis-sentinel-service.yaml 文件,代码如下:

```
//第 4 章/4.5.6 创建 Redis 的哨兵服务:redis-sentinel-service.yaml 文件
#以下是 Kubernetes 服务对象的 YAML 文件
#将 Kubernetes API 版本指定为 v1
apiVersion: v1
#将 Kubernetes 对象的种类定义为 Service(服务)
kind: Service
#对服务的元数据进行描述,包括名称等信息
metadata:
  name: redis-sentinel-service
#定义服务的规格
spec:
  #定义服务暴露的端口
  ports:
    -name: sentinel-port
      port: 26379
      targetPort: 26379
  #定义标签选择器,以便选择这个服务所应用的 pod
  selector:
    app: redis-sentinel
```

可以通过 kubectl apply 命令来创建 redis-sentinel-service Service,代码如下:

```
#kubectl apply -f redis-sentinel-service.yaml 是一个 Kubernetes 命令,用于创建或
#更新一个 Redis Sentinel 服务。通过 -f 参数指定 YAML 文件来定义服务的配置,并使用
#apply 命令应用更改或创建服务。此处的 redis-sentinel-service.yaml 文件包含 Redis
#Sentinel 服务的定义,该服务能够在 Kubernetes 中部署和运行
kubectl apply -f redis-sentinel-service.yaml
```

5) 创建 Redis 的配置文件

接下来,需要创建 Redis 的配置文件,包括主节点配置和哨兵节点配置。在这个示例中,将创建一个名为 sentinel-config 的 ConfigMap,并将其用于配置 Redis 的哨兵节点。创建 sentinel-config.yaml 文件,代码如下:

```
//第 4 章/4.5.6 创建 Redis 的配置文件:sentinel-config.yaml 文件
#这是一个 Kubernetes 的 ConfigMap 资源对象
apiVersion: v1
#将 ConfigMap 的类型指定为 ConfigMap
kind: ConfigMap
metadata:
  #ConfigMap 的名称为 sentinel-config
  name: sentinel-config
data:
  #ConfigMap 里面的数据,包含一个 sentinel.conf 文件的内容
  sentinel.conf: |
    #监听 0.0.0.0 地址的 26379 端口
    bind 0.0.0.0
    port 26379
    #将 sentinel 的工作目录指定为/tmp
    dir /tmp
    #监控名为 mymaster 的 redis-service 服务,IP 地址为 6379,容忍 2 次连接失败(一个周
#期内)
    sentinel monitor mymaster redis-service 6379 2
    #如果 60s 内未能与主节点通信,则将主节点判定为宕机
    sentinel down-after-milliseconds mymaster 60000
    #在主节点宕机后等待 3min 将新的从节点晋升为主节点(故障转移超时时间)
    sentinel failover-timeout mymaster 180000
    #同时向一个从节点同步数据(相当于指定并行同步的副本数)
    sentinel parallel-syncs mymaster 1
```

可以通过 kubectl apply 命令来创建 sentinel-config ConfigMap,代码如下:

```
#kubectl:Kubernetes 命令行工具
#apply:应用配置文件
#-f:指定要应用的配置文件路径
#sentinel-config.yaml:配置文件的文件名,包含 Sentinel 工具的配置信息
kubectl apply -f sentinel-config.yaml
```

以上是部署高可用 Redis 大集群的示例,其中使用了 Redis 的主从同步和哨兵机制,以确保数据的可靠性和高可用性。

需要注意,相关配置必须根据实际情况进行调整,上述示例还有很多细节方面的事项需要注意,所以示例仅供参考。

以上示例的配置存在部分配置缺少的情况,这些配置需要根据实际情况进行调整。由于具体情况因人而异,在此不再过多描述:

(1)缺少 Redis 主节点的配置文件:在示例中只提供了 Redis 哨兵节点的配置文件,但没有提供 Redis 主节点的配置文件。在实际部署中,需要配置 Redis 主节点的密码、数据持久化等选项。

(2)缺少持久化存储:在示例中,Redis 数据存储在容器内部,容器重启或迁移时,数据将会丢失。在实际部署中,需要将 Redis 数据持久化到外部存储中,如云盘或分布式文件系统等。

（3）缺少自动故障恢复：在示例中，哨兵节点可以监控 Redis 主节点的健康状况，但没有提供自动故障转移的配置。在实际部署中，应该配置哨兵节点在主节点宕机时自动将从节点晋升为主节点。

（4）缺少安全配置：在示例中，Redis 主节点和哨兵节点的服务都没有配置安全相关的选项，如 TLS 证书、访问控制等。在实际部署中，应该配置安全相关的选项以保障 Redis 服务的安全性。

（5）缺少性能优化配置：在示例中，没有对 Redis 服务进行性能优化的配置，如内存使用、连接池大小、命令缓存等。在实际部署中，需要对 Redis 服务进行针对性的性能优化配置，以达到更好的性能表现。

4. Kubernetes 部署中间件 RocketMQ

以下是在 Kubernetes 上部署高可用的 RocketMQ 大集群的示例，使用 Dledger 主从架构，以达到高可靠性和高可用性。将提供需要使用的命令和配置文件。

1）部署 ZooKeeper 集群

首先，在 Kubernetes 上部署 ZooKeeper 集群是必要的，因为 RocketMQ 需要一个 ZooKeeper 集群来管理其元数据。以下是用于部署 3 个 ZooKeeper 实例的部署文件，代码如下：

```
//第4章/4.5.6 部署3个 ZooKeeper 实例的部署文件
#这是一个部署 StatefulSet 的 Kubernetes YAML 文件
#将 API 版本指定为 apps/v1
apiVersion: apps/v1
#将资源类型指定为 StatefulSet
kind: StatefulSet
#元数据，将 StatefulSet 的名称指定为 zk
metadata:
  name: zk
#指定 StatefulSet 的规范
spec:
  #将副本数定义为3
  replicas: 3
  #将 Service 的名称指定为 zk
  serviceName: zk
  #选择器，用于选择 Pod
  selector:
    matchLabels:
      app: zk
  #定义 Pod 模板
  template:
    #元数据，指定 Pod 的标签
    metadata:
      labels:
        app: zk
    #定义 Pod 中的容器
    spec:
```

```
        containers:
          -name: zookeeper
            image: zookeeper:3.4.13
            ports:
              -containerPort: 2181
                name: client
              -containerPort: 2888
                name: server
              -containerPort: 3888
                name: leader-election
            volumeMounts:
              #定义挂载的数据卷
              -name: data
                mountPath: /data
        #定义数据卷
        volumes:
        -name: data
          persistentVolumeClaim:
            #定义持久卷声明
            claimName: zk-data
    #定义持久卷声明模板
    volumeClaimTemplates:
    -metadata:
        name: zk-data
        annotations:
          #使用本地存储
          volume.beta.kubernetes.io/storage-class: "local-storage"
      spec:
        accessModes: [ "ReadWriteOnce" ]
        resources:
          requests:
            #将存储的请求量定义为1Gi
            storage: 1Gi
```

可以使用以下命令将此文件部署到 Kubernetes 集群中，代码如下：

```
#kubectl apply -f zk.yaml 是一个 Kubernetes 命令，它的作用是使用 YAML 文件将
#Kubernetes 对象部署到集群中。这里的 YAML 文件名为 zk.yaml。zk.yaml 文件可能包含
#ZooKeeper 系统的配置和参数，用于在 Kubernetes 集群中部署 ZooKeeper 服务
kubectl apply -f zk.yaml
```

2）部署 Rocketmq 集群

接下来，需要部署 RocketMQ 集群。以下是用于部署 3 个主节点和两个从节点的部署
文件。需要注意，这些节点可用于故障转移，如果主节点发生故障，则从节点将成为新的主
节点，代码如下：

```
//第 4 章/4.5.6 部署 3 个主节点和两个从节点 RocketMQ 集群的部署文件
#该代码定义了一个 StatefulSet 对象，用于管理 RocketMQ
apiVersion: apps/v1  #使用的 Kubernetes API 版本为 apps/v1
```

```
kind: StatefulSet  #定义了一个 StatefulSet 对象
metadata:  #定义 metadata 元数据
  name: rmq  #给 StatefulSet 指定一个名字,此处为 rmq
spec:  #定义 spec 规则
  replicas: 5  #扩容为 5 个副本
  serviceName: rmq  #将服务名定义为 rmq
  selector:  #筛选条件
    matchLabels:  #根据 app=rmq 进行筛选
      app: rmq
  template:  #定义模板
    metadata:
      labels:
        app: rmq  #定义标签,用于选择器
    spec:
      containers:  #容器定义
        -name: mqbroker  #容器名称为 mqbroker
          image: rocketmqinc/rocketmq:4.8.0  #容器使用的镜像为 rocketmqinc/
#rocketmq:4.8.0
          env:  #配置环境变量
            -name: BROKER_ROLE  #Broker 的角色为 SYNC_MASTER
              value: "SYNC_MASTER"
            -name: NAMESRV_ADDR  #引用的 NameServer 的地址为 rmq-namesrv:9876
              value: "rmq-namesrv:9876"
            -name: JAVA_OPTS  #配置 Java 程序参数
              value: "-Duser.home=/opt -Drocketmq.namesrv.domain=rmq-namesrv"
          ports:  #容器开放的端口
            -containerPort: 10909  #容器开放的 TCP 端口为 10909
              name: broker-tcp
            -containerPort: 10911  #容器开放的 TCP 端口为 10911
              name: broker-fast-tcp
          volumeMounts:  #容器挂载的存储卷
            -name: data  #容器挂载名为 data 的存储卷
              mountPath: /data
      volumes:  #定义存储卷
        -name: data  #定义存储卷名为 data
          persistentVolumeClaim:  #定义持久化存储卷
            claimName: rmq-data  #定义存储卷的名字为 rmq-data
            #申请的存储空间为 1Gi,使用本地存储,访问模式为 ReadWriteOnce
            resources:
              requests:
                storage: 1Gi
  volumeClaimTemplates:  #定义动态存储卷
    -metadata:
        name: rmq-data  #将存储卷名定义为 rmq-data
        annotations:
          volume.beta.kubernetes.io/storage-class: "local-storage"
          #使用本地存储
      spec:
        accessModes: [ "ReadWriteOnce" ]
```

```
                    resources:
                      requests:
                        storage: 1Gi
```

可以使用以下命令将此文件部署到 Kubernetes 集群中,代码如下:

```
#kubectl 是 Kubernetes 命令行工具,用于管理 Kubernetes 集群
#apply 是 kubectl 的子命令,用于创建或更新 Kubernetes 资源
#-f 参数用于指定要创建或更新的 Kubernetes 资源的配置文件
#rmq.yaml 是一个 YAML 格式的配置文件,用于定义一个 RabbitMQ 的 Kubernetes 部署
kubectl apply -f rmq.yaml
```

3) 部署 Rocketmq Namesrv

最后,在 Kubernetes 上部署 Rocketmq Namesrv 是必要的,Rocketmq 需要一个 Namesrv 来管理主题和消费者。以下是用于部署 Rocketmq Namesrv 的部署文件,代码如下:

```
//第 4 章/4.5.6 部署 Rocketmq Namesrv
#这是一个 Kubernetes 的 Deployment 文件,用来部署 RocketMQ 的 Name Server
apiVersion: apps/v1 #使用的 Kubernetes API 版本
kind: Deployment #对象类型是 Deployment
metadata:
  name: rmq-namesrv #Deployment 的名称
spec:
  replicas: 1 #副本数量为 1
  selector:
    matchLabels: #标签选择器,选择属于 app=rmq-namesrv 的 Pod
      app: rmq-namesrv
  template:
    metadata:
      labels: #定义 Pod 的标签
        app: rmq-namesrv
    spec:
      containers: #定义容器
      -name: namesrv #容器名称为 namesrv
        image: rocketmqinc/rocketmq:4.8.0 #容器镜像
        command: [ "sh", "-c", "mqnamesrv" ] #容器启动命令
        ports: #暴露端口
        -containerPort: 9876
        volumeMounts: #挂载数据卷
        -name: data
          mountPath: /opt/rocketmq-4.8.0/data
      volumes: #定义数据卷
      -name: data
        persistentVolumeClaim: #持久化数据卷,并使用本地存储
          claimName: rmq-namesrv-data
      volumeClaimTemplates: #定义持久化数据卷的模板
      -metadata:
          name: rmq-namesrv-data
          annotations:
```

```
          volume.beta.kubernetes.io/storage-class: "local-storage"
      spec:
        accessModes: [ "ReadWriteOnce" ] #访问模式为读写一次
        resources:
          requests:
            storage: 1Gi #请求存储空间设置为1GB
```

可以使用以下命令将此文件部署到 Kubernetes 集群中,代码如下:

```
#kubectl apply - f rmq-namesrv.yaml: 使用 kubectl 命令,基于 rmq-namesrv.yaml 文件
#中定义的资源配置来创建或更新 Kubernetes 集群中的实例。rmq-namesrv.yaml: YAML 格式
#的配置文件用于描述 RocketMQ 中名字服务实例的配置信息
kubectl apply - f rmq-namesrv.yaml
```

在使用 Dledger 主从架构进行 RocketMQ 集群部署时,还需要配置以下参数:

(1) 在主节点(SYNC_MASTER)的配置文件中,需要添加 brokerId=0、haMasterAddress 属性,代码如下:

```
//第 4 章/4.5.6 主节点(SYNC_MASTER)的配置文件
#设置 Broker 集群的名称为 rocketmq-cluster
brokerClusterName=rocketmq-cluster
#设置 broker 的名称为 broker-a
brokerName=broker-a
#设置 broker 的 ID 为 0
brokerId=0
#设置删除存储文件的时机为 04,表示每天凌晨 4 点进行删除
deleteWhen=04
#设置存储文件在磁盘上的保留时间为 48h
fileReservedTime=48
#设置 broker 的角色为 SYNC_MASTER,表示同步复制的 Master 角色
brokerRole=SYNC_MASTER
#设置刷盘类型为 ASYNC_FLUSH,表示异步刷盘
flushDiskType=ASYNC_FLUSH
#设置 broker 监听的 IP 地址为 172.xxx.xx.100
brokerIP1=172.xxx.xx.100
#设置高可用模式下的 Master 节点地址为 172.xxx.xx.100:10911
haMasterAddress=172.xxx.xx.100:10911
#设置 broker 监听的端口号为 10911
listenPort=10911
#设置存储文件的根目录为/opt/rocketmq/data/store
storePathRootDir=/opt/rocketmq/data/store
#设置存储 commit log 的目录为/opt/rocketmq/data/store/commitlog
storePathCommitLog=/opt/rocketmq/data/store/commitlog
```

(2) 在从节点(SLAVE)的配置文件中,需要添加 brokerId=1、haMasterAddress、haSlaveAddress 属性,代码如下:

```
//第 4 章/4.5.6 从节点(SLAVE)的配置文件
#配置 broker 的集群名称,注意这个名称需要和其他 broker 的配置相同
brokerClusterName=rocketmq-cluster
```

```
#配置 broker 名称,需要和它的 Role 相匹配,这个 broker 作为 SLAVE
brokerName=broker-b
#配置 broker 的 ID,需要在整个集群中唯一
brokerId=1
#配置数据文件的自动删除时间:04 表示保留 4 天的数据
deleteWhen=04
#配置消息存储文件保留时间:48 表示保留 48h 不删除
fileReservedTime=48
#配置 broker 的角色,这里配置为 SLAVE
brokerRole=SLAVE
#配置消息刷盘方式:ASYNC_FLUSH 表示异步刷盘,会在后台线程中执行
flushDiskType=ASYNC_FLUSH
#配置 Broker 的 IP 地址
brokerIP1=172.xxx.xx.101
#配置 Broker 的高可用地址,这里是 master 地址
haMasterAddress=172.xxx.xx.100:10911
#配置 Broker 的高可用地址,这里是 slave 地址
haSlaveAddress=172.xxx.xx.101:10911
#配置 Broker 监听端口
listenPort=10911
#配置存储路径的根目录
storePathRootDir=/opt/rocketmq/data/store
#配置 commitlog 存储路径
storePathCommitLog=/opt/rocketmq/data/store/commitlog
```

（3）在启动主节点时,需要指定参数 enableDLegerCommitLog = true、dledgerGroup = broker-a,并将从节点的 IP 地址添加到 broker-a 的配置文件中的 listenPort 配置项中,代码如下:

```
#运行 MQ Broker 命令 sh bin/mqbroker
#配置文件位置:conf/broker-a.properties
#NameServer 地址:172.xxx.xx.100:9876;172.xxx.xx.101:9876
#启用分布式日志存储模式:-enableDLegerCommitLog=true
#分布式日志存储组名称:-dledgerGroup=broker-a
sh bin/mqbroker -c conf/broker-a.properties -n "172.xxx.xx.100:9876;172.xxx.xx.
101:9876" -enableDLegerCommitLog=true -dledgerGroup=broker-a
```

（4）启动从节点时,需要指定参数 enableDLegerCommitLog = true、dledgerGroup = broker-a,并将主节点的 IP 地址添加到 broker-b 的配置文件中的 haMasterAddress 配置项中,代码如下:

```
#运行消息队列 Broker
#参数说明:
#-c 指定 broker-b.properties 配置文件路径
#-n 指定 NameServer 地址,多个地址用分号隔开
#-enableDLegerCommitLog 启用分布式日志存储,值为 true 表示启用
#-dledgerGroup 指定分布式日志存储组名为 broker-a
sh bin/mqbroker -c conf/broker-b.properties -n "172.xxx.xx.100:9876;172.xxx.xx.
101:9876" -enableDLegerCommitLog=true -dledgerGroup=broker-a
```

（5）如果需要配置更多的主从节点,只需按照以上步骤添加并修改相应的配置文件和

启动命令即可。

完成后就得到一个高可用、高可靠性的 Rocketmq 集群。需要注意，相关配置必须根据实际情况进行调整，所以示例仅供参考。

5. Kubernetes 部署中间件 Nacos

以下是部署高并发、高可用、高可靠的 Spring Cloud Alibaba Nacos 大集群的示例，部署中包含了 Kubernetes 的命令和配置。

创建命名空间（namespace），代码如下：

```
#使用 kubectl 命令创建名为 nacos 的命名空间
kubectl create namespace nacos
```

在 Kubernetes 中部署 Spring Cloud Alibaba Nacos 需要使用 MySQL 作为数据源，所以需要先创建一个 MySQL 服务，代码如下：

```
//第 4 章/4.5.6 部署 Spring Cloud Alibaba Nacos 需要使用 MySQL 作为数据源
#定义资源对象的 API 版本
apiVersion: v1
#将资源类型定义为 Service
kind: Service
#元数据信息,用于描述资源的属性
metadata:
  #将 Service 的名称定义为 "nacos-mysql"
  name: nacos-mysql
  #定义标签,用于标识 Service 的属性
  labels:
    #将标签 "app" 的值定义为 "nacos"
    app: nacos
#定义 Service 的规格信息
spec:
  #将 Service 的集群 IP 地址定义为空
  clusterIP: None
  #定义 Service 的端口信息
  ports:
    #将端口的名称定义为 "mysql",将端口号定义为 3306,将目标端口号也定义为 3306
    -name: mysql
     port: 3306
     targetPort: 3306
  #定义 Service 的选择器,用于匹配管理的 Pod
  selector:
    #匹配带有 "app" 标签且值为 "nacos",同时带有 "component" 标签且值为 "mysql"
#的 Pod
    app: nacos
    component: mysql
```

在命名空间 Nacos 中创建 MySQL 服务，代码如下：

```
#kubectl:Kubernetes 命令行工具
#apply:对指定的资源进行更新或创建
#-f:指定要更新或创建的资源文件
```

```
#mysql-service.yaml:要更新或创建的资源文件名
#-n:指定操作的命名空间
#nacos:操作的命名空间名,此处为 nacos
#在 Kubernetes 集群中应用 mysql-service.yaml 文件中定义的资源,并将其应用到名为
#nacos 的命名空间中
kubectl apply -f mysql-service.yaml -n nacos
```

接下来需要在 Kubernetes 中创建一个 MySQL StatefulSet,它将创建多个 MySQL
Pod,代码如下:

```
//第 4 章/4.5.6 在 Kubernetes 中创建一个 MySQL StatefulSet,它将创建多个 MySQL Pod
#该部分代码是一个 StatefulSet 的定义,用于在 Kubernetes 环境中部署应用
apiVersion: apps/v1
kind: StatefulSet
metadata:
  name: nacos-mysql #定义 StatefulSet 对象的名称
spec:
  serviceName: nacos-mysql #StatefulSet 对象使用的服务名称
  replicas: 1 #所有副本的期望数量
  selector:
    matchLabels: #标记选择器,用于找到要管理的 Pod
      app: nacos
      component: mysql
  template: #定义了 StatefulSet 创建的 Pod 的模板
    metadata:
      labels: #创建 Pod 的标签
        app: nacos
        component: mysql
    spec:
      containers: #容器的定义
      -name: mysql #容器的名称
        image: mysql:5.7 #使用的 Docker 镜像
        ports:
        -containerPort: 3306 #容器对外暴露的端口
        env: #定义容器的环境变量
        -name: MYSQL_ROOT_PASSWORD #容器的 root 密码
          value: nacos
        volumeMounts: #挂载的数据卷
        -name: nacos-mysql
          mountPath: /var/lib/mysql
      volumes: #定义 StatefulSet 创建的 Pod 使用的数据卷
      -name: nacos-mysql
        emptyDir: {} #定义为空目录的数据卷,数据不会持久化,Pod 重启后会被清空
```

在命名空间 Nacos 中创建 MySQL StatefulSet,代码如下:

```
#使用 kubectl 命令,应用 mysql-statefulset.yaml 文件
kubectl apply -f mysql-statefulset.yaml
#将应用部署到 nacos 命名空间
-n nacos
```

创建一个 nacos-config.yaml 文件,定义 Nacos 的一些配置,代码如下:

```yaml
//第 4 章/4.5.6 nacos-config.yaml 文件
#这段代码是 Spring Boot 的配置文件,用于配置数据库和服务器端口等
#datasource 是与配置数据源相关的信息,platform 用于指定数据库类型,这里是 MySQL
spring:
  datasource:
    platform: mysql
    #url 中的地址为数据库连接地址,连接 nacos_devtest 数据库
    #url 中的参数说明:characterEncoding 用于指定字符集,connectTimeout 用于指定连接
#超时时间,socketTimeout 用于指定套接字超时时间,autoReconnect 用于指定断开连接后是
#否自动重连
    url: jdbc: mysql://nacos - mysql: 3306/nacos _ devtest? characterEncoding =
utf8&connectTimeout=1000&socketTimeout=3000&autoReconnect=true
    #username 和 password 分别是数据库的用户名和密码
    username: root
    password: nacos
#mybatis 是持久层框架,mapper-locations 指定了 XML 映射文件所在的位置
mybatis:
  mapper-locations: classpath:/mapper/ * .xml
#server 用于配置服务器相关信息,这里将服务器端口指定为 8848
server:
  port: 8848
#management 用于管理,在这里配置了端点暴露,将所有端点都暴露出来
management:
  endpoints:
    web:
      exposure:
        include: '*'
```

接下来将在 Kubernetes 中创建一个 StatefulSet 来部署 Nacos,代码如下:

```yaml
//第 4 章/4.5.6 创建一个 StatefulSet 来部署 Nacos
#这是一个 StatefulSet 的 YAML 格式清单文件
apiVersion: apps/v1
#使用的 Kubernetes API 版本是 v1
kind: StatefulSet
#定义的 Kubernetes 资源类型是 StatefulSet
metadata:
  name: nacos-server
  #nacos-server 是 StatefulSet 名称
spec:
  selector:
    matchLabels:
      app: nacos
      component: nacos-server
  #定义一个标签选择器,用来匹配与管理 Pod
  serviceName: nacos-service
  replicas: 3
  #指定这个 StatefulSet 需要运行 3 个 Pod 副本
```

```yaml
    template:
      metadata:
        labels:
          app: nacos
          component: nacos-server
    #定义 Pod 的元数据,包括标签等
      spec:
        containers:
          -name: nacos-server
            image: nacos/nacos-server:2.0.2
            #容器所使用的镜像
            env:
              -name: PREFER_HOST_MODE
               value: hostname
              -name: NACOS_CONFIG_SERVER_ENCODE
               value: utf-8
              -name: JVM_XMS
               value: "2g"
              -name: JVM_XMX
               value: "2g"
            #容器的环境变量,配置 nacos-server 的启动参数
            resources:
              limits:
                cpu: 2
                memory: 4Gi
            #定义容器需要使用的资源限制
            ports:
              -containerPort: 8848
                #容器暴露出来的端口
            volumeMounts:
              -name: nacos-config
                mountPath:
/home/nacos/nacos-server-2.0.2/conf/application.properties
                subPath: application.properties
            #容器所挂载的卷
        volumes:
          -name: nacos-config
            configMap:
              name: nacos-config
            #定义容器使用的 configMap 资源
    volumeClaimTemplates:
      -metadata:
        name: data
      #定义 StatefulSet 所使用的存储卷 claim
      spec:
        accessModes: ["ReadWriteOnce"]
        resources:
          requests:
```

```
          storage: 50Gi
          #定义存储资源的大小,这里是 50Gi
```

在命名空间 Nacos 中创建 Nacos StatefulSet,代码如下:

```
#使用 kubectl 命令,从 nacos-statefulset.yaml 文件中创建一个 StatefulSet 资源对象
kubectl apply -f nacos-statefulset.yaml
#将该资源对象以命名空间 nacos 的方式部署到 Kubernetes 集群中
-n nacos
```

为了能够通过 Kubernetes 的 Service 访问 Nacos StatefulSet,需要创建一个 Service 来代理这些 Pod,代码如下:

```
//第 4 章/4.5.6 通过 Kubernetes 的 Service 访问 Nacos StatefulSet,需要创建一个
//Service 来代理这些 Pod
apiVersion: v1                        #API 版本为 v1
kind: Service                         #类型为 Service
metadata:                             #元数据
  name: nacos                         #名称为 nacos
  labels:                             #标签
    app: nacos                        #标签
spec:                                 #规范
  selector:                           #选择器
    app: nacos                        #应用名称为 nacos
    component: nacos-server           #组件名称为 nacos-server
  ports:                              #端口
  -name: http                         #端口名为 http
    port: 8848                        #端口号为 8848
```

在命名空间 Nacos 中创建 Nacos Service,代码如下:

```
#使用 kubectl 命令调用 API 服务器,以便部署 nacos-service.yaml 这个文件
#-f 指定源文件
#-n 将所属的命名空间指定为 nacos
kubectl apply -f nacos-service.yaml -n nacos
```

通过以下命令,可以查看 Nacos 集群的状态,代码如下:

```
#使用 kubectl 命令在 nacos-server-0 服务器上执行 /bin/sh 命令并进入交互式终端
kubectl exec -it nacos-server-0 -- /bin/sh
#在交互式终端中使用 curl 命令发送 GET 请求,请求地址为 http://localhost:8848/nacos/
#v1/ns/server/status
sh-5.1$ curl -X GET "http://localhost:8848/nacos/v1/ns/server/status"
```

如果所有 Pod 都运行正常,则将得到如下响应:

```
{
  "standalone": false,
  "serverStatus": "UP",
  "leader": "nacos-server-2",
  "clusterCount": 1,
```

```
    "raftIndex": 0
}
```

以上就是通过 Kubernetes 部署高并发、高可用、高可靠的中间件 Spring Cloud Alibaba Nacos 大集群的示例。

需要注意，上述部署示例中缺少了一些步骤，例如创建 MySQL 数据库和表结构、配置 Nacos 的注册中心和配置中心、配置 Nacos 集群的一致性协议等，因此该示例不是完整的。在实际部署过程中，还需要考虑许多其他因素，如数据备份、监控告警、容器镜像管理等。建议在部署过程中仔细阅读官方文档并参考最佳实践，保证部署的正确性和稳定性。相关配置必须根据实际情况进行调整，所以示例仅供参考。

4.5.7　服务网格与云计算

服务网格与云计算都是为了解决分布式系统中的复杂性和可观察能力问题。

1. Jenkins 与 Devops 环境搭建

在 Kubernetes 集群中，可以使用 Jenkins 和 DevOps 工具实现自动化构建、测试、部署和监控。下面是 Jenkins 和 DevOps 环境的搭建步骤。

1）安装 Jenkins

在 Kubernetes 集群中安装 Jenkins，可以使用 Helm Charts。Helm 是一个 Kubernetes 的包管理器，可以轻松地安装与管理应用程序。

首先，通过以下命令安装 Helm，代码如下：

```
#使用 curl 命令从 GitHub 上获取 Helm 3 的安装脚本，并将其存储到本地 get_helm.sh 文件中
curl https://raw. GitHubusercontent. com/kubernetes/helm/master/scripts/get -
helm-3 >get_helm.sh
#使用 chmod 命令修改 get_helm.sh 文件的权限，使当前用户可以执行该文件
chmod 700 get_helm.sh
#执行 get_helm.sh 文件，开始安装 Helm 3
./get_helm.sh
```

接着，创建一个名为 Jenkins 的命名空间，代码如下：

```
kubectl create namespace jenkins
```

然后添加 Jenkins Chart 仓库，代码如下：

```
helm repo add jenkins https://charts.jenkins.io
```

最后，通过以下命令安装 Jenkins，代码如下：

```
helm install jenkins jenkins/jenkins --namespace jenkins
```

安装完成后，可以通过以下命令查看 Jenkins 的 Pod，代码如下：

```
kubectl get pods -n jenkins
```

2）配置 Jenkins

安装完成后，需要进行 Jenkins 的配置。可以通过以下命令获取 Jenkins 的管理员密码，代码如下：

```
kubectl exec -it -n jenkins <jenkins-pod-name>cat
/var/jenkins_home/secrets/initialAdminPassword
```

其中，<jenkins-pod-name>是 Jenkins 的 Pod 名称。使用此密码登录 Jenkins，然后创建一个新的管理员账户。

安装所需的插件，可以使用 Jenkins 自带的插件管理器来安装插件。在 Jenkins 的管理界面中，选择"插件管理"→"可选插件"，然后选择所需的插件并进行安装。

3）安装 DevOps 工具

可以使用 Jenkins Pipeline 和相关插件实现 DevOps。例如，可以使用 Git 插件来从 Git 存储库中拉取代码，使用 Maven 插件来构建和打包 Java 应用程序，使用 Docker 插件来构建和部署 Docker 镜像，并使用 Kubernetes 插件将应用程序部署到 Kubernetes 集群中。

通过以下命令安装所需的插件，代码如下：

```
kubectl exec <jenkins-pod-name>-n jenkins -- /usr/local/bin/install-plugins.
sh <plugin1><plugin2>...
```

其中，\<jenkins-pod-name>是 Jenkins 的 Pod 名称，<plugin1>、<plugin2>等是所需的插件。

4）配置 DevOps 环境

Jenkins Pipeline 是用于实现持续集成和持续部署的基于代码的工具。可以使用 Jenkins Pipeline 脚本来定义每个阶段的操作步骤、环境和参数。

在 Jenkins 中，选择"新建任务"→Pipeline 创建一个新的 Pipeline。在 Pipeline 配置界面中，可以使用 Jenkinsfile 定义 Pipeline 的阶段和操作。以下是一个 Pipeline 配置的 Jenkinsfile 文件，代码如下：

```
//第 4 章/4.5.7 使用 Jenkinsfile 定义 Pipeline 的阶段和操作
pipeline {
    agent any //在任何可用的计算机节点上运行流水线
    stages { //阶段定义
        stage('Build') { //构建阶段
            steps { //步骤定义
                sh 'mvn clean package' //执行 Maven 命令,清理并打包应用程序
            }
        }
        stage('Test') { //测试阶段
            steps { //步骤定义
                sh 'mvn test' //执行 Maven 命令,运行单元测试
                junit 'target/surefire-reports/* .xml'
                //使用 JUnit 插件报告测试结果
            }
        }
```

```
        stage('Deploy') { //部署阶段
            environment { //环境变量定义
                DOCKER_REGISTRY ="registry.example.com" //Docker 镜像仓库地址
                DOCKER_USERNAME =credentials('docker-registry-username')
                //从 Jenkins 凭据中获取 Docker 用户名
                DOCKER_PASSWORD =credentials('docker-registry-password')
                //从 Jenkins 凭据中获取 Docker 密码
            }
            steps { //步骤定义
                script { //Groovy 脚本
                    docker.withRegistry("${DOCKER_REGISTRY}",
'docker-registry-creds') { //使用 Docker 镜像仓库凭据登录
                        def image =docker.build("my-app:${env.BUILD_NUMBER}")
                        //构建 Docker 镜像
docker.image("${DOCKER_REGISTRY}/my-app:${env.BUILD_NUMBER}").push()
//推送 Docker 镜像到镜像仓库
                    }
                    withCredentials ([file (credentialsId: ' kubeconfig ',
variable: 'KUBECONFIG')]) { //从 Jenkins 凭据中获取 Kubernetes 配置文件
                        sh 'kubectl apply - f kubernetes. yml - - kubeconfig=
${KUBECONFIG}' //使用 Kubernetes CLI 部署应用程序
                    }
                }
            }
        }
    }
}
```

pom.xml 文件配置的代码如下：

```
//第 4 章/4.5.7 pom.xml 文件配置
<!-- 该文件定义一个 Maven 项目 -->
<project>
<!-- 项目的 groupId -->
<groupId>com.example</groupId>
<!-- 项目的 artifactId -->
<artifactId>my-app</artifactId>
<!-- 项目的版本号 -->
<version>1.0-SNAPSHOT</version>
<!-- 配置 Maven 编译器源代码的版本为 1.8 -->
<properties>
<maven.compiler.source>1.8</maven.compiler.source>
<!-- 配置 Maven 编译器目标代码的版本为 1.8 -->
<maven.compiler.target>1.8</maven.compiler.target>
</properties>
<!-- 项目依赖的库 -->
<dependencies>
<!-- 依赖 JUnit 库,版本为 4.12 -->
<dependency>
```

```
<groupId>junit</groupId>
<artifactId>junit</artifactId>
<version>4.12</version>
<!-- 该依赖仅在测试阶段使用 -->
<scope>test</scope>
</dependency>
</dependencies>
</project>
```

kubernetes.yml 文件配置的代码如下：

```
//第 4 章/4.5.7 kubernetes.yml 文件配置
apiVersion: apps/v1        #版本信息
kind: Deployment           #部署 Deployment 对象
metadata:                  #元数据
  name: my-app             #名称为 my-app
spec:                      #部署规格
  replicas: 3              #副本数为 3
  selector:                #选择器
    matchLabels:           #匹配标签
      app: my-app          #标签名称为 my-app 的应用程序
  template:                #模板
    metadata:
      labels:
        app: my-app        #标签名称为 my-app 的应用程序
    spec:
      containers:
      - name: my-app       #容器名称为 my-app
        image: registry.example.com/my-app:latest
        #容器镜像为 registry.example.com/my-app:latest
        ports:
        - containerPort: 8080         #容器端口为 8080
---
apiVersion: v1
kind: Service                         #创建 Service 对象
metadata:
  name: my-app                        #名称为 my-app
spec:
  selector:
    app: my-app                       #标签匹配为 my-app 的应用程序
  ports:
  - name: http                        #端口名称为 http
    port: 80                          #端口号为 80
    targetPort: 8080                  #目标端口为 8080
  type: LoadBalancer                  #加载均衡类型为 LoadBalancer
---
apiVersion: v1
kind: Secret                          #创建 Secret 对象
```

```
metadata:
  name: kubeconfig              #名称为 kubeconfig
type: Opaque                    #类型为 Opaque 类型
data:
  kubeconfig: |-                # kubeconfig 密钥
    ${KUBECONFIG}               # KUBECONFIG 环境变量的值,用于访问 Kubernetes API
```

需要注意的是,以上示例代码只是一个基础示例,在实际使用中还需要根据具体情况进行配置和调整。使用 Jenkins Pipeline 需要确保 Jenkins 服务器已经安装了 Pipeline 插件,并且服务器具备访问 Git 仓库的权限。如果使用私有 Git 仓库,则需要在 Jenkins 中配置适用于该私有 Git 仓库的 SSH 密钥或访问 Token。

Jenkinsfile 是基于 Groovy 语言编写的 Pipeline,它由多个阶段组成,每个阶段都代表 Jenkins Pipeline 的一个不同的阶段。本示例中,Pipeline 被分为 3 个阶段:Build、Test 和 Deploy。在每个阶段中,可以执行多个步骤,例如执行 Maven 构建、执行测试、构建 Docker 镜像、推送镜像到私有仓库,以及将应用程序部署到 Kubernetes 上。Pipeline 的优点在于可以将所有步骤组织在一起,并通过 Jenkins 进行管理和监控。

Kubernetes.yml 文件是一个 Kubernetes 部署文件示例,其中包括了 Deployment、Service 和 Secret 等 Kubernetes 资源的定义。在本示例中,Deployment 的 replicas 设置为 3,表示需要运行 3 个 Pod 副本;Service 使用的是 LoadBalancer 类型,可以将 Kubernetes 集群外部的访问流量引导到 Service 的 Pod 中。需要注意的是,在实际环境中,需要根据需求调整 Kubernetes 部署文件。

Pipeline 中用到 Jenkins 的 Credential 插件,需要在 Jenkins 中设置好 Docker 仓库的认证信息和 Kubeconfig 文件的认证信息,以便在 Pipeline 执行时进行使用。另外,私有仓库的推送需要在 Pipeline 中进行 Docker 认证,以确保成功推送。如果使用私有 Docker 镜像仓库,则需要在 Jenkins 服务器中安装 Docker,并通过 Docker 插件配置好 Docker Daemon 的访问权限。

在 Pipeline 中使用了 withCredentials 方法,它可以安全地将 Jenkins Credential 插件中的凭据注入 Pipeline 环境变量中。该示例中使用了 Maven 进行构建和测试,需要在 Jenkins 服务器上安装 Maven,并将 Maven 路径添加到 Jenkins 的全局环境变量中。

在该示例中,使用了 JUnit 进行测试,并使用了 Jenkins JUnit 插件来分析测试结果。在执行 Kubernetes 应用程序部署时,需要确保 Kubernetes 集群已经被正确地配置到 Jenkins 中,并已经设置了 Kubeconfig 文件的认证信息。本示例中,使用 kubectl apply 命令来应用 Kubernetes 部署文件,并使用命令行参数--kubeconfig 来指定 Kubeconfig 文件的路径。在 Pipeline 执行期间可能会出现意外错误,需要使用 Jenkins 的 Pipeline 插件的调试功能来诊断问题。可以使用 Jenkins 的 Pipeline 语法验证工具检查 Jenkinsfile 文件的语法。建议在调试 Pipeline 时,在 Pipeline 的每个阶段都添加日志输出语句,以便更好地了解 Pipeline 执行期间的情况。最后,需要将示例代码中的 registry.example.com 修改成实际的 Docker Registry 地址。

5）运行 Pipeline

当 Pipeline 配置完成后，可以单击"立即构建"按钮来启动 Pipeline。Jenkins 将自动执行 Pipeline 中的每个阶段，并在应用程序部署到 Kubernetes 集群中后通知管理者。

可以在 Jenkins 的 Pipeline 页面中查看 Pipeline 的状态和进度。如果 Pipeline 失败，则可以查看日志并进行调试。

至此，Jenkins 和 DevOps 环境的搭建就完成了。通过 Jenkins 和 DevOps 工具，可以在 Kubernetes 集群中实现自动化构建、测试、部署和监控，从而提高开发效率和应用程序的质量。

2. Jenkins 上 Pipeline 的建立和使用

下面详细介绍在 Kubernetes 环境中如何使用 Jenkins Pipeline 进行 CI/CD 流程。

1）创建 Pipeline Job

在 Jenkins 中创建 Pipeline Job，选择 Pipeline 类型的任务，然后填写任务名称并保存。

2）编写 Pipeline 脚本

Pipeline 脚本是实现 CI/CD 流程的核心，下面是一个简单的例子，代码如下：

```
//第 4 章/4.5.7 Pipeline 脚本
//定义工作流
pipeline {
  //定义代理
  agent {
    //使用 Kubernetes 代理
    kubernetes {
      //使用的云平台为'mykubernetes'
      cloud 'mykubernetes'
      //使用的 Kubernetes 命名空间为'mynamespace'
      namespace 'mynamespace'
      //默认容器使用'maven'
      defaultContainer 'maven'
      //定义容器的 YAML 配置
      yaml """
apiVersion: v1
kind: Pod
metadata:
  labels:
    app: myjenkins
spec:
  containers: [{
    name: 'maven',
    image: 'maven:3.6.0-jdk-8',
    command: 'sleep 10000'
  }]
"""
    }
  }
```

```
//定义工具
tools {
    //指定 Maven 版本为 3.6.0
    maven 'Maven3.6.0'
}
//定义选项
options {
    //跳过默认的代码检出步骤
    skipDefaultCheckout true
}
//定义阶段
stages {
    //定义构建阶段
    stage('Build') {
        steps {
            //容器使用'maven'
            container('maven') {
                //从远程 Git 仓库的 master 分支获取代码
                git branch: 'master', url: 'https://github.com/your/repo.git'
                //执行 Maven 的 clean 和 package 命令
                sh "mvn clean package"
            }
        }
    }
    //定义部署阶段
    stage('Deploy') {
        steps {
            //容器使用'maven'
            container('maven') {
                //使用 kubectl 命令部署应用
                sh "kubectl apply - f /path/to/deployment.yaml"
            }
        }
    }
}
```

为确保正确部署，需要根据实际情况修改相关配置，确保相关配置正确，需要遵循以下步骤：

（1）本示例代码中，Kubernetes 插件的 agent 部分定义了一个 Pod，其中包含了一个名为'maven'的容器，使用的镜像为'maven:3.6.0-jdk-8'，并执行了'sleep 10000'命令等待。

（2）为确保正确部署，需要根据实际情况修改 Pod 和容器的相关配置，并使用正确的镜像和命令等信息。

（3）需要配置正确的 Docker Registry 认证信息，以便 Jenkins 能够拉取所需的镜像。

（4）遵循以下步骤：在 Jenkins 中安装 Kubernetes 插件，并配置可用的 Kubernetes 集群和命名空间，在创建好 Deployment.yaml 文件的前提下，需要确保路径配置正确。

（5）必须在 Pipeline 脚本中将 Deployment.yaml 文件的路径配置正确。在 Deploy stage 中，需要将 kubectl apply 命令中的 Deployment.yaml 路径修改为实际的文件路径，否则无法正确部署。

（6）在 Pipeline 脚本中，需要将 Git 代码仓库的 URL 和分支名配置正确，以确保能够拉取到正确的代码。如果使用了私有 Git 仓库，则需要在 Jenkins 中配置 Git 仓库的认证信息。

（7）该示例中的 Pipeline 使用了 Kubernetes 作为 Agent，在 kubernetes 配置中使用了一个默认容器 maven，需要根据实际情况为每个 stage 配置不同的容器或者在一个 stage 内部使用多个 container 来避免容器共享问题。

（8）同时，需要将 Pod 的 labels 字段中的'app'改为与实际应用程序的名称相匹配，否则会导致该 Pod 无法正常启动。

（9）在 Pipeline 脚本中，还需要根据实际情况进行其他的配置调整，例如可能需要添加一些额外的步骤或者配置环境变量、密钥等信息。

（10）需要注意的是，根据实际情况，可能还需要进行其他相关配置。上述步骤仅提供了一些常见的配置点。

3）配置 Jenkinsfile

Pipeline 脚本通常存储在 Jenkinsfile 中，因此需要配置 Jenkinsfile 以将该脚本加载到 Jenkins 中。在 Jenkins 任务中选择 Pipeline script from SCM 选项，并填写 Jenkinsfile 的 URL 和分支名称，例如 https://github.com/username/my-project.git。

4）启动 Pipeline

现在，已经准备好 Pipeline 了。在 Jenkins 任务页面中，单击 Build Now 按钮即可启动 Pipeline。可以在 Console Output 中查看 Pipeline 的执行过程。

5）其他 Pipeline 插件

除了基本的 Pipeline 脚本，Jenkins 还提供了许多插件来简化 CI/CD 流程。例如，如果需要将构建好的 Docker 镜像推送到 Docker Registry 中，则可以使用 docker-build-step 插件。另一个示例是 slack-notification 插件，用于将构建状态通知到 Slack 频道中。要使用这些插件，只需在 Pipeline 脚本中添加相应的步骤即可。

为了确保运行成功，可以根据以下步骤进行配置：

1. 确保安装了所需的插件和共享库

在 Jenkins 后台管理中，可以进入"插件管理"页面，搜索并安装 Docker-build-step 和 slack-notification 插件。在"全局工具配置"页面中，可以添加 Docker 工具，并在其中配置 Docker 客户端路径。此外，还可以创建一个名为 jenkins-shared-library 的共享库，并在该库中添加 vars 目录，将所需的步骤脚本添加为 Groovy 脚本文件。

2. 配置环境变量

在 pipeline 脚本中的 environment 块定义环境变量。例如，DOCKER_REGISTRY、DOCKER_REGISTRY_CREDENTIALS、SLACK_CHANNEL 和 SLACK_CREDENTIALS 环

境变量需要自定义及在 Jenkins 凭据中添加 Docker Registry 和 Slack 的认证信息。

3. 完整的 Pipeline 步骤

确保 Pipeline 脚本中的每个阶段都有完整的步骤，并且没有遗漏任何重要的步骤。特别是在 Docker Build and Push 阶段中，确保 Docker 镜像已经成功构建并推送到 Docker Registry。

4. 处理 Pipeline 执行后的逻辑

在 Pipeline 脚本的 post 块中处理 Pipeline 执行后的逻辑，包括发送 Slack 通知和邮件通知，并确保按照预期执行。需要注意，Slack 和邮件通知插件需要正确配置，以确保可以正确发送通知。

pipeline 脚本的代码如下：

```
//第 4 章/4.5.7 pipeline 脚本代码构建、Docker 镜像构建和推送、Kubernetes 部署、Slack 和
//邮件通知
//引用 Jenkins 共享库
@Library('jenkins-shared-library')
//使用自定义插件 PluginLogAndMail
@PluginLogAndMail()
//使用 Slack 通知器
@SlackNotifier()
//导入 Docker Registry Endpoint
import com.cloudbees.dockerpublish.DockerRegistryEndpoint
//导入 Docker 构建器
import com.cloudbees.dockerpublish.DockerBuilder
//定义一个 Jenkins 流水线
pipeline {
    //在任意可用的节点上运行
    agent any
    //定义环境变量
    environment {
        //Docker Registry 地址
        DOCKER_REGISTRY ="my-registry.com"
        //Docker Registry 凭证
        DOCKER_REGISTRY_CREDENTIALS =credentials('docker-registry-credentials')
        //Slack 通知的频道
        SLACK_CHANNEL ="#build-notifications"
        //Slack 凭证
        SLACK_CREDENTIALS =credentials('slack-notifications-credentials')
    }
    //定义流水线阶段
    stages {
        //源码仓库的检出阶段
        stage('Checkout') {
            //检出源码仓库
            steps {
                checkout scm
            }
```

```
            }
        //代码构建阶段
        stage('Build') {
            //执行 Maven 构建命令
            steps {
                sh "mvn clean package -DskipTests"
            }
        }
        //Docker 构建和推送阶段
        stage('Docker Build and Push') {
            steps {
                script {
                    //创建 Docker Registry Endpoint 实例
                    def dockerRegistry = new DockerRegistryEndpoint(
                        DOCKER_REGISTRY,
                        DOCKER_REGISTRY_CREDENTIALS.username,
                        DOCKER_REGISTRY_CREDENTIALS.password
                    )
                    //创建 Docker 构建器实例
                    def dockerBuilder = new DockerBuilder()
                    //Dockerfile 文件名
                    dockerBuilder.dockerfile = 'Dockerfile'
                    //上下文路径
                    dockerBuilder.contextPath = '.'
                    //Docker 镜像标签
                    dockerBuilder.tag = "my-image:${env.BUILD_NUMBER}"
                    //推送 Docker 镜像
                    dockerBuilder.pushImage(
                        dockerRegistry,
"latest",
"true",
"false"
                    )
                    //验证 Docker 镜像是否存在
                    def dockerImageExists = dockerBuilder.dockerImageExists(
                        dockerRegistry,
"my-image:${env.BUILD_NUMBER}"
                    )
                    //如果 Docker 镜像不存在,则构建失败
                    if (!dockerImageExists) {
                        error "Failed to build and push Docker image!"
                    }
                }
            }
        }
        //部署到 Kubernetes 集群阶段
        stage('Deploy to Kubernetes') {
            //使用 kubectl 命令部署
            steps {
```

```
                        sh "kubectl apply -f kubernetes/deployment.yaml"
                    }
                }
            }
            //定义流水线的后置操作
            post {
                //总执行
                always {
                    script {
                        //使用 Slack 通知构建完成
                        slackSend(
                            channel: "${SLACK_CHANNEL}",
                            color: "#36a64f",
                            message: "Pipeline ${currentBuild.fullDisplayName} has
completed!",
                            credentialId: "${SLACK_CREDENTIALS}",
                            notifyAborted: true,
                            notifyBackToNormal: true,
                            notifyFailure: true,
                            notifySuccess: true,
                            notifyUnstable: true
                        )
                        //发送电子邮件通知构建完成
                        emailext(
                            body: "Pipeline ${currentBuild.fullDisplayName} has
completed!",
                            to: "my-email@my-domain.com",
                            subject: "Pipeline ${currentBuild.fullDisplayName} has
completed!",
                            mimeType: 'text/html',
                            compressLog: true,
                            attachLog: true
                        )
                    }
                }
                //如果构建失败
                failure {
                    script {
                        //使用 Slack 通知构建失败
                        slackSend(
                            color: "#ff0000",
                            message:"Pipeline ${currentBuild.fullDisplayName} has
failed!",
                            credentialId: "${SLACK_CREDENTIALS}",
                            channel: "${SLACK_CHANNEL}"
                        )
                        //发送电子邮件通知构建失败
                        emailext(
```

```
                             body: "Pipeline ${currentBuild.fullDisplayName} has failed!",
                             to: "my-email@my-domain.com",
                             subject: "Pipeline ${currentBuild.fullDisplayName} has
failed!",

                             mimeType: 'text/html',
                             compressLog: true,
                             attachLog: true
                         )
                     }
                 }
             }
         }
```

其中,@Library('jenkins-shared-library')、@PluginLogAndMail()和@SlackNotifier()是引入自定义的共享库、Plugin Log and Mail 插件和 Slack 通知插件。如果没有这些插件或共享库,则需要将它们添加到 Jenkins 中以确保 Pipeline 脚本的正确执行。

上述示例中已经包含了完整的配置和步骤,然而需要注意以下几点:

(1)确保在环境变量和凭据中正确配置 Docker Registry 和 Slack 的认证信息,否则会导致 Docker 镜像推送失败和 Slack 通知无法发送。

(2)在 Docker Build and Push 阶段中,需要确保 Dockerfile 文件存在,并正确配置 dockerBuilder 实例的 dockerfile、contextPath 和 tag 属性,否则会导致 Docker 镜像构建失败。

(3)在部署到 Kubernetes 集群阶段时,需要确保已经安装并正确配置了 kubectl 命令行工具,并且 deployment.yaml 文件存在并包含正确的 Kubernetes 部署配置。

(4)在 post 块中,需要确保正确配置了 Slack 和邮件通知插件,并且已经正确设置了目标频道和邮件收件人。

如果以上配置和步骤都正确无误,那么 Pipeline 脚本应该可以正常执行,并可以实现代码构建、Docker 镜像构建和推送、Kubernetes 部署、Slack 和邮件通知等功能。

5. DevOps 自动化部署

DevOps 自动化部署可以帮助开发团队更快更可靠地将代码推送到生产环境中。下面是实现 DevOps 自动化部署的详细步骤。

步骤 1:编写代码。

首先,需要编写一些代码,可以是 Spring Boot 或 SpringCloud 微服务项目。这个项目需要用 GitHub 或者 GitLab 托管,并且连接到 Jenkins 上。在编写代码时,需要注意以下几点:

(1)代码必须可靠,不要有 Bug。

(2)代码必须经过测试,并且测试覆盖率要足够高。

步骤 2:创建 Jenkins Pipeline。

在 Jenkins 中创建一个 Pipeline，用于自动部署代码。Jenkins Pipeline 是一种编排引擎，可以在 Jenkins 中定义可重复的 CI/CD 流程。

（1）进入 Jenkins 界面，单击 New Item 按钮。

（2）在弹出的对话框中，选择 Pipeline，然后输入一个名称。

（3）在 Pipeline 配置界面中，输入 Pipeline 的配置信息，包括 Git 库地址、分支名称等。

（4）在 Pipeline 中添加构建步骤，例如编译、测试、构建 Docker 镜像等。

（5）配置 Pipeline 的触发条件，例如 Git 提交或定时触发。

（6）单击 Save 按钮保存 Pipeline。

步骤 3：创建 Dockerfile。

Dockerfile 是 Docker 容器构建文件，它包含了构建 Docker 容器所需要的所有信息。

（1）在项目的根目录下创建一个名为 Dockerfile 的文件。

（2）编写 Dockerfile 文件，包括基础镜像、依赖项安装、代码复制等步骤。

例如，以下是一个简单的 Dockerfile 示例，代码如下：

```
//第 4 章/4.5.7 DevOps 自动化部署:创建 Dockerfile
#基于官方的 Java 8 镜像构建
FROM openjdk:8-jdk-alpine
#添加维护者信息
LABEL maintainer="YourName <youremail@example.com>"
#设置时区为中国上海时区
RUN apk add --no-cache tzdata && \
    ln -sf /usr/share/zoneinfo/Asia/Shanghai /etc/localtime && \
    echo "Asia/Shanghai">/etc/timezone
#定义工作目录
WORKDIR /app
#复制应用 JAR 包
COPY target/my-app-1.0.0.jar app.jar
#添加环境变量
ENV SPRING_PROFILES_ACTIVE=prod
#默认 JVM 参数
ENV JAVA_OPTS="-Xms512m -Xmx512m"
#设置容器运行时的默认命令
ENTRYPOINT ["sh", "-c", "java $JAVA_OPTS -jar app.jar"]
#暴露应用程序运行的端口号
EXPOSE 8080
```

ENV SPRING_PROFILES_ACTIVE=prod 用于设置 Spring Boot 的 profile 为 prod，可以根据需要修改为不同的环境。ENV JAVA_OPTS="-Xms512m -Xmx512m"用于设置 JVM 参数，可以根据需要修改。ENTRYPOINT ["sh"，"-c"，"java $JAVA_OPTS -jar app.jar"] 使用 Shell 命令运行 Java 应用程序，可以传递环境变量和 JVM 参数。EXPOSE 8080 将应用程序运行的端口号暴露出来，以便 Docker 容器可以访问。

步骤 4：创建 Kubernetes Deployment 文件。

Kubernetes Deployment 文件用于定义应用程序的部署和管理。

（1）在项目的根目录下创建一个名为 deployment.yaml 的文件。

（2）编写 deployment.yaml 文件，包括容器映像、端口配置、资源请求和限制、部署策略等。

例如，以下是一个简单的 deployment.yaml 示例，代码如下：

```yaml
//第 4 章/4.5.7 deployment.yaml
apiVersion: apps/v1  #API 版本
kind: Deployment  #部署类型
metadata:
  name: my-app-deployment  #部署名称
  labels:
    app: my-app  #标签,用于选择器
spec:
  replicas: 3  #副本数量
  selector:
    matchLabels:
      app: my-app  #选择器,与标签匹配
  strategy:
    type: RollingUpdate  #滚动升级策略
    rollingUpdate:
      maxUnavailable: 1  #最大不可用实例数量
      maxSurge: 1  #最大超额实例数量
  template:  #Pod 模板
    metadata:
      labels:
        app: my-app  #Pod 标签,与选择器匹配
    spec:
      containers:  #容器列表
      - name: my-app-container
        image: my-registry/my-app:v1.0.0  #容器映像
        ports:
        - containerPort: 80  #容器端口号
        env:
          - name: ENVIRONMENT
            value: production  #环境变量
          - name: DATABASE_URL
            valueFrom:
              secretKeyRef:
                name: my-app-secrets  #密钥名称
                key: database-url  #密钥键
        volumeMounts:
          - name: data
            mountPath: /data  #卷挂载路径
      - name: my-db-container
        image: my-registry/my-db:v1.0.0  #容器映像
        env:
          - name: DATABASE_NAME
            value: my-db  #环境变量
```

```
        - name: DATABASE_PASSWORD
          valueFrom:
            secretKeyRef:
              name: my-db-secrets    #密钥名称
              key: database-password  #密钥键
      volumeMounts:
        - name: data
          mountPath: /data/db   #卷挂载路径
    volumes:   #卷列表
      - name: data
        persistentVolumeClaim:
          claimName: my-pvc-claim  #持久卷名称
```

要注意以下几点，包括使用 YAML 注释的方式进行代码注释；必须在部署文件中包含 apiVersion 和 kind 字段，必须在 metadata 字段中至少包含部署名称和标签信息；需要在 spec 字段中指定 Pod 的副本数量和选择器以确定 Pod 属于哪个部署；需要指定部署策略以确保应用程序的连续性并指定包含容器定义、卷定义和其他配置的 Pod 模板；在 containers 列表中需要定义运行容器的名称、镜像、端口及所需环境变量和卷挂载；可以使用 env 字段指定环境变量或从密钥存储中提取机密信息，并使用 volumeMounts 字段指定卷挂载、要定义应用程序使用的卷；可以使用 persistentVolumeClaim 字段指定持久卷声明。

步骤 5：创建 Kubernetes Service 文件。

Kubernetes Service 文件用于将应用程序服务公开给集群内的其他服务或外部访问。

（1）在项目的根目录下创建一个名为 service.yaml 的文件。

（2）编写 service.yaml 文件，包括端口配置、服务类型、标签选择器等。

例如，以下是一个简单的 service.yaml 示例，代码如下：

```
//第 4 章/4.5.7 service.yaml
#这段代码的作用是创建一个 Kubernetes Service 对象,用于与一个指定的应用程序进行通信
#将 Kubernetes API 的版本指定为 v1
apiVersion: v1
#将 Kubernetes 对象的类型指定为 Service
kind: Service
#定义 Kubernetes Service 对象的元数据,包括名称和其他元信息
metadata:
  name: your-app
#定义 Kubernetes Service 对象的规格,包括服务类型、选择器、端口等
spec:
  #将服务类型指定为 NodePort,表示该服务可以被集群外部的节点访问
  type: NodePort
  #声明选择器,用于筛选与该 Service 相关的 Pod
  selector:
    app: your-app
  #定义服务器端口和协议信息
  ports:
```

```
 -name: http          #定义服务的端口名称
   port: 8080          #定义 Service 的端口号
   targetPort: 8080    #定义与该端口相关联的容器端口号
   protocol: TCP       #将使用的协议指定为 TCP
```

步骤 6：创建 Helm Chart 文件。

Helm 是一个 Kubernetes 包管理器，用于简化 Kubernetes 应用程序的部署和管理。

（1）在项目根目录下创建一个名为 Chart.yaml 的文件，用于定义应用程序名称、版本和描述，代码如下：

```
#第 4 章/4.5.7 Chart.yaml 用于定义应用程序名称、版本和描述
#指定 Kubernetes API 版本
apiVersion: v2
#指定 chart 的名称
name: myapp
#对 chart 的描述
description: 适用于 myapp 的 Helm chart
#指定 chart 的版本号
version: 0.1.0
#myapp 的实际应用版本号
appVersion: 1.0.0
```

（2）创建名为 values.yaml 的文件，用于存储 Helm Chart 的默认值，例如容器映像版本、端口号等，代码如下：

```
#第 4 章/4.5.7 values.yaml 用于存储 Helm Chart 的默认值，例如容器映像版本、端口号等
#定义镜像仓库和标签
image:
  repository: your-docker-repository
  #镜像仓库，此处应该填入你的 Docker 镜像仓库地址
  tag: latest   #镜像标签，此处表示使用最新的镜像版本
#定义服务类型和端口
service:
  type: NodePort   #服务类型为 NodePort，即使用 Kubernetes 集群的节点端口
  port: 8080   #服务监听端口为 8080，即容器内应用程序的监听端口
#定义副本数
replicaCount: 1   #副本数为 1，即只启动一个容器实例
#定义资源(CPU 和内存)限制
resources:
  limits:
    cpu: 100m   #容器可使用的 CPU 最大限制为 0.1 个 CPU
    memory: 128Mi   #容器可使用的内存最大限制为 128MB
  requests:
    cpu: 100m   #容器启动时需要至少 0.1 个 CPU
    memory: 128Mi   #容器启动时需要至少 128MB 内存
```

（3）创建名为 deployment.yaml 的文件，用于存储应用程序的 Kubernetes Deployment 配置，代码如下：

```
#第4章/4.5.7 deployment.yaml用于存储应用程序的Kubernetes Deployment配置
#API版本
apiVersion: apps/v1
#资源类型,表示这是一个Deployment资源
kind: Deployment
#对Deployment资源的元数据进行描述
metadata:
  #Deployment资源的名称,名称由用户自定义
  name: {{ include "myapp.fullname" . }}
  #Deployment资源的标签
  labels:
    #应用程序的标签
    app: {{ include "myapp.name" . }}
    #Chart的名称
    chart: {{ include "myapp.chart" . }}
    #发布的名称
    release: {{ .Release.Name }}
    #发布的服务类型
    heritage: {{ .Release.Service }}
#对Deployment资源的规范进行定义
spec:
  #该Deployment资源要创建的Pod的数量
  replicas: {{ .Values.replicaCount }}
  #对Pod的选择进行定义
  selector:
    matchLabels:
      #应用程序的标签
      app: {{ include "myapp.name" . }}
      #发布的名称
      release: {{ .Release.Name }}
  #定义Pod的模板
  template:
    metadata:
      labels:
        #应用程序的标签
        app: {{ include "myapp.name" . }}
        #发布的名称
        release: {{ .Release.Name }}
    #定义Pod的容器
    spec:
      containers:
        - name: {{ .Chart.Name }} #容器的名称
          #容器使用的镜像
          image: "{{ .Values.image.repository }}:{{ .Values.image.tag }}"
          #镜像拉取策略,始终拉取
          imagePullPolicy: Always
          #容器资源限制
          resources:
            {{ toYaml .Values.resources | indent 12 }}
```

```
#容器暴露的端口
ports:
  - name: http
    containerPort: {{ .Values.service.port }}
    #端口的协议类型
    protocol: TCP
```

（4）创建名为 service.yaml 的文件，用于存储应用程序的 Kubernetes Service 配置，代码如下：

```
#第 4 章/4.5.7 service.yaml 用于存储应用程序的 Kubernetes Service 配置
#以下是 Service 配置文件的定义
apiVersion: v1
#定义对象的类型为 Service
kind: Service
#元数据部分,包含了 Service 的名称和标签信息
metadata:
  #通过 Helm Chart 中定义的模板引入 myapp.fullname 变量,用于拼接出 Service 名称
  name: {{ include "myapp.fullname" . }}
  #标签信息,用于标识该 Service 所属的应用、Chart 和 Release 等信息
  labels:
    app: {{ include "myapp.name" . }}
    chart: {{ include "myapp.chart" . }}
    release: {{ .Release.Name }}
    heritage: {{ .Release.Service }}
#Service 的具体配置信息
spec:
  #指定该 Service 管理的 Pod 时使用的标签信息,用于实现 Pod 负载均衡
  selector:
    app: {{ include "myapp.name" . }}
    release: {{ .Release.Name }}
  #指定 Service 暴露的端口信息
  ports:
    - name: http   #端口名称
      port: {{ .Values.service.port }}
      #Service 暴露出来的端口,与 TargetPort 配合实现负载均衡
      protocol: TCP   #端口通信协议类型
      targetPort: http   #用于指定后端 Pod 的端口信息
  #指定 Service 的类型,可以是 ClusterIP、NodePort、LoadBalancer 或 ExternalName
  type: {{ .Values.service.type }}
```

（5）创建名为 NOTES.txt 的文件，用于存储 Helm Chart 的使用说明。例如要访问应用程序，请使用以下命令：

```
#设置 NODE_IP 变量为集群中的第 1 个节点的 IP 地址
export NODE_IP=$(kubectl get nodes --namespace {{ .Release.Namespace }} -o jsonpath="{.items[0].status.addresses[0].address}")
#设置 NODE_PORT 变量为指定服务的节点端口
```

```
export NODE_PORT=$(kubectl get --namespace {{ .Release.Namespace }} -o jsonpath
="{.spec.ports[0].nodePort}" services {{ include "myapp.fullname" . }})
#打印完整的 URL,包含 NODE_IP 和 NODE_PORT 变量
echo http://$NODE_IP:$NODE_PORT
```

要卸载应用程序,请使用以下命令:

```
#删除使用 Helm 安装的 Kubernetes 应用
helm uninstall {{ .Release.Name }}
```

确认 Helm Chart 目录结构是否正确:

```
myapp/
    ├── Chart.yaml
    ├── values.yaml
    ├── deployment.yaml
    ├── service.yaml
    └── templates/
        ├── NOTES.txt
        ├── _helpers.tpl
        ├── deployment.yaml
        └── service.yaml
```

使用 Helm 安装和部署应用程序,代码如下:

```
#添加 Helm Chart 存储库
helm repo add myapp https://example.com/charts
#更新本地 Chart 存储库
helm repo update
#安装 Helm Chart
helm install myapp myapp/myapp -n myapp --create-namespace
```

使用以下命令验证部署是否成功,代码如下:

```
#查看部署状态
kubectl get deployments -n myapp
#查看服务状态
kubectl get services -n myapp
#查看 Pod 状态
kubectl get pods -n myapp
```

以下是一些可能需要注意的细节和补充。在安装 Helm Chart 之前,需要确保已经安装 Tiller 并配置正确的 RBAC 权限。可以使用以下命令安装 Tiller:

```
helm init --service-account tiller
```

此外,要注意 Helm Chart 的名称应该与 Chart.yaml 文件中的 name 字段一致。在执行 helm install 命令时,应该在第 2 个参数中指定 Helm Chart 的名称,代码如下:

```
helm install myapp myapp/myapp -n myapp --create-namespace
```

同时,需要确保 templates 文件夹中的文件名与 deployment.yaml 和 service.yaml 文件中定义的资源名称一致。例如,在 deployment.yaml 文件中资源名称为`{{ .Chart.Name }}`,则在 templates 文件夹中需要有一个以该资源名称命名的文件。

在 deployment.yaml 和 service.yaml 文件中使用的模板变量需要在_helpers.tpl 文件中定义。例如,如果需要在 deployment.yaml 文件中使用`.Values.replicaCount`变量,则应在_helpers.tpl 文件中添加以下内容:

```
{{/* helpers.tpl */}}
{{- define "myapp.replicaCount" -}}  <!--定义名为"myapp.replicaCount"的模板函
数-->
{{- default 1 .Values.replicaCount | quote -}}    <!--使用 default 函数设置
replicaCount 的默认值为 1,并使用 quote 函数将其转换为字符串-->
{{- end -}}  <!--结束模板函数的定义-->
```

然后,在 deployment.yaml 文件中可以使用`{{ include "myapp.replicaCount" . }}`引用该变量。

为了确保正确使用,需要根据实际情况修改 NOTES.txt 文件中的命令,特别是涉及命名空间的部分。例如,如果 Helm Chart 的命名空间为 myapp,则需要将 kubectl 命令中的--namespace 参数替换为 myapp。

如果 Helm Chart 需要使用额外的环境变量或配置文件,则可以在 templates 文件夹中添加相应的模板文件,并在 deployment.yaml 文件中使用`{{ include "<template_file_name>" . }}`引用。模板文件中的变量需要在_helpers.tpl 文件中定义。

最后,需要确保集群中已经运行 Tiller 并配置相关的 RBAC 权限,并且根据实际情况进行修改一些配置,例如镜像仓库地址、节点端口号等。确认 Helm Chart 目录结构是否正确也是非常重要的一步,以确保正确使用该 Helm Chart 示例。

需要注意,相关配置必须根据实际情况进行调整。

步骤 7:执行自动化部署。

当 Pipeline 被触发时,Jenkins 会自动构建 Docker 镜像、创建 Kubernetes 资源并部署应用程序。

可以使用以下命令来执行自动化部署,代码如下:

```
helm install my-app ./my-app-chart
```

该命令将使用 Helm Chart 文件部署应用程序。

以上就是在 Kubernetes 环境中实现 DevOps 自动化部署的详细步骤。该过程包括编写代码、创建 Jenkins Pipeline、创建 Dockerfile、创建 Kubernetes 资源及使用 Helm Chart 进行部署等。

6. Service Mesh 及 Istio 架构

在微服务架构中,服务之间的通信所带来的复杂性和风险是不可避免的,而 Service

Mesh 的出现，为微服务架构提供了一种统一的解决方案。Service Mesh 是一个独立的基础架构层，由一组网络代理、控制面组件和数据平面组件构成。它的主要作用是解决微服务架构下服务之间的通信问题，包括服务之间的可靠性、安全性、负载均衡、流量控制等。Istio 作为 Service Mesh 中的代表，负责将流量路由到目标服务，同时提供了一些高级的功能，如流量控制、故障恢复、安全认证、策略配置和监控功能等。

1) Service Mesh

（1）流量管理：在一个微服务架构中，服务之间的通信会非常频繁，如果没有好的流量管理策略，则会导致资源的浪费和服务的不稳定。Service Mesh 可以帮助管理流量，将流量分配到不同的服务实例，从而保证服务的可用性和性能。

例如，在一个电商应用中，用户在下单时，需要通过一个服务来校验优惠券的有效性，然后将订单信息传递给订单服务进行处理，但是由于优惠券服务的实例数量有限，如果所有的请求都直接发送到这个服务上，则可能会导致服务压力过大而出现性能问题。Service Mesh 可以将流量分流到多个优惠券服务实例上，从而实现负载均衡和流量控制，确保服务的稳定性和性能。

（2）故障恢复：在一个微服务架构中，如果一个服务实例出现故障，则可能会影响其他服务的正常运行。Service Mesh 可以帮助实现自动化故障恢复，当一个服务出现故障时，可以立即将流量转移到其他可用的服务上，从而保证服务的可用性和稳定性。

例如，在一个在线支付应用中，如果支付服务出现故障，则可能会导致用户无法完成支付，从而影响业务。Service Mesh 可以自动将流量转移到其他可用的支付服务实例上，从而确保用户支付操作的成功。

（3）安全控制：在一个微服务架构中，服务之间的通信可能会受到恶意攻击和数据泄露的威胁。Service Mesh 可以通过提供加密和身份认证等安全功能，保护服务之间的通信安全。

例如，在一个医疗数据管理系统中，如果敏感的医疗记录数据被恶意攻击者窃取，则可能会导致严重的后果。Service Mesh 可以通过加密通信和身份认证等措施保障数据的安全，从而保护用户和系统的安全。

2) Istio 架构

在一个大型电商公司，他们的微服务架构已经变得越来越复杂，由于交互频繁且松耦合的服务让他们发现很难掌握每个服务的行为和数据流向，所以开始考虑使用 Istio 来帮助他们更好地管理流量和安全。

为了实现这个目标，他们引入了 Envoy 代理来管理服务之间的流量路由和负载平衡。通过灵活的配置和管理，Envoy 代理可以帮助电商公司更好地控制服务之间的交互。例如，他们可以限制某些服务只能从特定的服务发出请求，或者为某些服务配置负载均衡策略，以确保服务之间的交互始终保持高效。

为了让服务更加安全，电商公司使用 Istio 的 Mixer 组件来管理服务之间的策略控制。Mixer 可以根据特定路由规则、请求类型和请求量等因素，对服务进行安全检查和限制。例如,如果某个服务收到了超过一定数量的请求,Mixer 则可以通过配额管理来限制其访问量,防止其对整个系统造成影响。

与此同时,Istio 的可观测性功能也让电商公司的开发人员受益匪浅。通过对流量和度量的监控,开发人员可以更好地了解每个服务的运行状况和性能瓶颈。这使他们能够更快地诊断问题并及时修复故障,从而保障系统的稳定性和可靠性。

在 Istio 的帮助下,电商公司成功地管理了他们的微服务架构,从而提高了系统的可靠性和安全性。

7. Bookinfo 实例的部署灰度发布故障注入流量

在部署 Bookinfo 实例的灰度发布中,注入一定数量的故障流量是一个非常重要的步骤。这是因为在一个真实的环境中,无法保证所有的测试都能够完美地运行。注入故障流量可以观察并发现潜在的问题,以便在正式发布之前对其进行修复。

1) Bookinfo 架构介绍

Bookinfo 是 Istio 的一个演示应用程序,用于展示 Istio 的基础概念和知识。它由 4 个不同版本的微服务组成,这些微服务都是使用不同的编程语言编写的,包括 Python、Go 和 Java。

具体而言,Bookinfo 包括 4 个微服务:Productpage、Details、Ratings 和 Reviews,其中,Productpage 是展示产品信息的页面,使用 Python 编写;Details 是提供有关图书详细信息的微服务,使用 Go 编写;Ratings 是提供有关图书的评级信息的微服务,使用 Java 编写;Reviews 则提供有关图书评论的微服务,使用了 3 种不同的编程语言编写,包括 Java、Python 和 Go。

这 4 个微服务之间相互交互,协同完成一个完整的图书信息展示页面。通过 Bookinfo,用户可以深入地了解 Istio 的各种概念和机制,包括流量管理、故障恢复、安全性等方面的内容。

2) Bookinfo 配置与部署

(1) 配置 Istio 自动注入:在部署 Bookinfo 应用之前,需要先配置 Istio 自动注入。要启用 Istio 自动注入,代码如下:

```
kubectl label namespace default istio-injection=enabled
```

以上命令会将 default 命名空间标记为启用 Istio 自动注入。这样在后续的部署中,Istio 会自动将 sidecar 代理注入每个 Pod 中。

(2) 部署 Bookinfo 应用:部署 Bookinfo 应用程序时,需要先创建 Kubernetes 服务和 Deployment 对象。创建服务和对象的代码如下:

```
kubectl apply -f samples/bookinfo/platform/kube/bookinfo.yaml
```

以上命令将部署 Bookinfo 应用程序的 4 个微服务。需要注意的是,如果还没有下载应用程序的源代码,则还需要运行以下命令以获取源代码,代码如下:

```
git clone https://github.com/istio/istio.git
```

（3）验证 Bookinfo 的部署情况。运行以下命令可以验证 Bookinfo 应用程序的部署情况，代码如下：

```
kubectl get services
```

以上命令会列出所有运行的 Kubernetes 服务。

（4）Bookinfo 服务调用流程：当用户访问 Productpage 时，Bookinfo 应用程序的入口将被调用。该入口将通过调用 3 个微服务（Details、Ratings 和 Reviews），获取必要的数据，并将这些数据以 HTML 页面的形式呈现给用户。

具体而言，Details 微服务可提供有关图书详细信息的数据。Ratings 微服务可提供与图书评级相关的数据。Reviews 微服务可提供与图书评论相关的数据。

通过这些微服务的协作，Productpage 可以提供完整的图书信息，供用户浏览。这种分布式架构不仅提高了系统可扩展性和可靠性，同时提供了更好的灵活性和性能，以满足用户的需求。

（5）卸载 Bookinfo 应用。如果要卸载 Bookinfo 应用程序，则可使用的代码如下：

```
kubectl delete - f samples/bookinfo/platform/kube/bookinfo.yaml
```

以上命令将删除 Kubernetes 服务和 Deployment 对象及与之关联的所有 Pod。

3）路由请求和流量转移

Istio 可以用来控制流量的路由和转移。简单来讲，流量转移是指如何在不同的版本之间分配请求。例如，可以将某些请求路由到新版本中，而将其他请求路由到旧版本中。如果要使用 Istio 进行流量转移，则需要创建一个称为 VirtualService 的 Kubernetes 对象。可以使用以下命令创建 VirtualService 对象，代码如下：

```
kubectl apply - f samples/bookinfo/networking/virtual-service-all-v1.yaml
```

以上命令会将所有请求路由到 Bookinfo 的 v1 版本。如果要将一部分请求路由到其他版本，则需要编辑 VirtualService 对象以指定路由规则。

（1）理解虚拟服务和目标规则：虚拟服务是一组路由规则的集合，它们共享相同的主机和端口，并且与每个服务相关联。目标规则定义了虚拟服务如何路由到后端服务，例如将请求发送到哪个服务版本、哪个子集或哪个 Pod。

（2）为 bookinginfo 创建虚拟服务：在 Istio 环境下，可以使用 Kubernetes 的 YAML 文件或 Istio 的命令行工具来创建 VirtualService。前提是已经成功部署名为 bookinginfo 的服务，并监听了 8080 端口。如果服务尚未部署，则需要先创建 Service 资源。以下是详细的步骤和代码示例，用于部署 Istio 的 VirtualService，其中包括创建 Deployment 和 Service 资源、YAML 文件中的完整代码示例及使用 kubectl 和 istioctl 命令行工具来部署和管理 VirtualService。在部署 Istio 的 VirtualService 时，需要注意确保 DestinationRule 中配置了与服务名称相同的规则，以便 Istio 能够正确查找并配置负载均衡策略。在实际生产环境中，还需根据具体业务需求进行更合理的配置和调整，以达到最优的性能和稳定性：

（1）在 Kubernetes 集群中安装 Istio，并确保 Istio 运行正常。

（2）创建一个 Deployment 资源和一个 Service 资源来代表你的服务。

部署 Istio 的 VirtualService，deployment.yaml 的代码如下：

```
#第 4 章/4.5.7 部署 Istio 的 VirtualService 的 deployment.yaml
#设置 API 版本
apiVersion: apps/v1
#设置资源种类为 Deployment
kind: Deployment
#设置元数据
metadata:
  #设置 Deployment 的名称为 bookinginfo
  name: bookinginfo
#设置 Deployment 的规格
spec:
  #设置 Deployment 的副本数
  replicas: 1
  #设置选择器
  selector:
    #根据标签进行选择
    matchLabels:
      #匹配 app 标签为 bookinginfo 的 Pod
      app: bookinginfo
  #设置 Pod 的模板
  template:
    #设置 Pod 的标签
    metadata:
      labels:
        #设置 Pod 的标签为 bookinginfo
        app: bookinginfo
    #设置 Pod 的规格
    spec:
      #设置容器列表
      containers:
      #设置容器名称为 bookinginfo
      - name: bookinginfo
        #设置容器使用的镜像
        image: mybookinginfoimage:v1
        #设置容器监听的端口
        ports:
        - containerPort: 8080
```

service.yaml 的代码如下：

```
#第 4 章/4.5.7 部署 Istio 的 VirtualService 的 service.yaml
#指定 API 版本为 v1
apiVersion: v1
#指定 Kubernetes 对象为 Service
kind: Service
#元数据部分，用于描述 Service 对象的一些基本信息
```

```yaml
metadata:
  #指定该 Service 的名称为 bookinginfo
  name: bookinginfo
#Service 的具体配置信息
spec:
  #指定 Service 对象具体应该匹配哪些 pod 进程。这里 app=bookinginfo 表示应匹配 label
#为 app:bookinginfo 的 pod 进程
  selector:
    app: bookinginfo
  #定义 Service 对外提供的端口及其相关参数,这里是一个包含 name、port、targetPort 3 个
  #参数的 list
  ports:
    #指定该端口的名称为 http
  - name: http
    #定义端口号为 8080
   port: 8080
    #定义 Service 提供的端口所对应的 pod 的端口号为 8080
    targetPort: 8080
```

virtualservice.yaml 的代码如下：

```yaml
#第 4 章/4.5.7 部署 Istio 的 VirtualService 的 virtualservice.yaml
#Istio 版本声明
apiVersion: networking.istio.io/v1alpha3
#定义资源类型为 VirtualService
kind: VirtualService
#定义 VirtualService 的元数据
metadata:
  #定义 VirtualService 的名称
  name: bookinginfo
#定义 VirtualService 的规则
spec:
  #定义规则适用的主机名列表
  hosts:
    - bookinginfo.example.com
  #定义 HTTP 请求的路由规则
  http:
    - route:
        #定义请求的目标地址
        - destination:
            #目标地址的主机名
            host: bookinginfo
            #目标地址的端口号
            port:
              number: 8080
      #定义请求的超时时间
      timeout: 5s
      #定义请求的重试策略
      retries:
```

```
#定义请求的最大重试次数
attempts: 3
#定义每次重试的超时时间
perTryTimeout: 2s
```

在上面的 YAML 文件中,定义了一个名为 bookinginfo 的 VirtualService 资源,并将其绑定到 bookinginfo.example.com 主机名上。同时又定义了一条路由规则,将流量路由到 bookinginfo 服务上的 8080 端口。此外,还在路由规则中设置了超时时间为 5s,并且设置了重试策略。请求失败后可以尝试 3 次,每次重试的超时时间为 2s。然后使用以下命令来部署:

```
#使用 kubectl 命令,将 deployment.yaml 文件中定义的 kubernetes Deployment 资源对象应
#用到 kubernetes 集群中
kubectl apply -f deployment.yaml
#使用 kubectl 命令,将 service.yaml 文件中定义的 kubernetes Service 资源对象应用到
#kubernetes 集群中
kubectl apply -f service.yaml
#使用 kubectl 命令,将 virtualservice.yaml 文件中定义的 Istio VirtualService 资源对
#象应用到 kubernetes 集群中
kubectl apply -f virtualservice.yaml
```

需要注意的是,在部署完成后需要确保在 Istio 的 DestinationRule 中配置了与服务名称相同的规则,以便 Istio 能够正确地查找并配置负载均衡策略。同时在实际生产中也需要根据业务需求进行更合理的配置和调整,以达到最优的性能和稳定性。如果使用 istioctl 命令行工具来创建 VirtualService,代码如下:

```
istioctl create -f virtualservice.yaml
```

这个命令会自动将 VirtualService 配置部署到 Kubernetes 集群中。同时,如果需要更新或删除 VirtualService,代码如下:

```
istioctl replace -f virtualservice.yaml
istioctl delete -f virtualservice.yaml
```

需要注意的是,如果需要使用 istioctl 命令行工具创建 VirtualService,则需要在安装 Istio 时选择添加 istioctl 工具。另外,在实际使用中,通常还需要配置其他功能,例如配置 Gateway、设置 TLS 等,以便更好地保障服务的安全性和可用性。

（3）创建默认目标规则,全部经过 v1。

以下是创建默认目标规则的 Kubernetes YAML 示例,代码如下:

```
#第 4 章/4.5.7 创建默认目标规则的 Kubernetes YAML
#定义 API 版本为 Istio 网络的 v1alpha3
apiVersion: networking.istio.io/v1alpha3
#定义资源类型为 DestinationRule
kind: DestinationRule
metadata:
```

```
  #定义资源名称为 default
  name: default
spec:
  #定义流量流向的目标主机
  host: bookinginfo
  trafficPolicy:
    #定义负载均衡策略为随机分配
    loadBalancer:
      simple: RANDOM
    subsets:
      #定义标签名称为 v1 的一个子集
    - name: v1
      labels:
        #子集包括具有版本标签 v1 的所有 Pod
        version: v1
```

注释中详细说明了每一部分代码的作用和含义,以确保配置正确无误。此 YAML 文件适用于 Istio 网络的 v1alpha3 版本,并定义了一个名为"bookinginfo"的目标主机。负载均衡策略为随机分配,子集包括版本标签为 v1 的所有 Pod。需要注意,相关配置必须根据实际情况进行调整,上述示例仅供参考。

(4)测试和验证:使用 curl 命令测试 bookinginfo 服务是否正常。在 Istio 的 Grafana 和 Kiali 仪表盘中查看流量图表和服务拓扑。

(5)创建默认目标规则,v2/v3 分别为 50%。

可以使用 Kubernetes 的 YAML 文件或 Istio 的命令行工具创建目标规则。

以下是创建默认目标规则的 Kubernetes YAML 示例,代码如下:

```
#第 4 章/4.5.7 创建默认目标规则:v2/v3 分别占 50%
#定义 API 版本为 networking.istio.io/v1alpha3 的目标规则
apiVersion: networking.istio.io/v1alpha3
#定义资源类型为 DestinationRule
kind: DestinationRule
metadata:
  #设置资源名称为 default
  name: default
spec:
  #设置目标服务主机名为 bookinginfo
  host: bookinginfo
  trafficPolicy:
    #设置负载均衡方式为随机
    loadBalancer:
      simple: RANDOM
    subsets:
    #定义子集 v2
    - name: v2
      #定义标签为 version:v2
      labels:
```

```
            version: v2
        trafficPolicy:
            #设置流量权重为 50
            weight: 50
    #定义子集 v3
    - name: v3
        #定义标签为 version:v3
        labels:
            version: v3
        trafficPolicy:
            #设置流量权重为 50
            weight: 50
```

在创建目标规则时,需要注意以下几点:

首先需要确认目标服务的主机名是否为 bookinginfo。如果主机名不是 bookinginfo,则需要根据实际情况进行修改。目标规则中分别定义了子集 v2 和 v3,而非 v1 和 v2,因为题目要求默认目标规则 v2/v3 分别占 50%。在 trafficPolicy 中设置了 loadBalancer 为随机,以确保请求在分发至子集时是随机的。trafficPolicy 中的 weight 代表流量权重,需要根据题目要求进行设置。在本例中,将流量权重均分为 50% 给子集 v2 和 v3。

需要说明的是,此示例是基于 Istio 的目标规则创建方式。如果需要使用 Kubernetes 的 YAML 文件进行创建,则需要根据 Kubernetes 的相关文档进行调整。相关配置必须根据实际情况进行调整,上述示例仅供参考。

4)应用发布类型

在软件开发中,为了保证应用的稳定性和质量,同时也为了能够及时地发布新功能和修复问题,各种应用发布类型被广泛应用,其中,蓝绿发布是一种技术,该技术在两个版本之间进行切换,以实现无缝升级和回滚。这种发布方式可以实现在线上环境中无缝地发布新版本,同时保证对用户的最小影响。

另一种常见的应用发布类型是 A/B 测试。这种发布方式可以将流量分发给两个或多个版本,以测试新功能或变更对用户体验的影响。通过这种方式,开发人员可以了解用户对产品的偏好,同时也可以优化产品的特性和表现。

此外,还有一种应用发布类型,即灰度发布(又名金丝雀发布)。这种方式逐步将流量引导到新版本,以减少潜在的故障率和影响。灰度发布可以让开发人员更好地了解新版本的性能和稳定性,并可以在上线之前及时发现和修复问题,从而保障用户体验和产品质量。

总之,针对不同的应用场景和需求,开发人员可以选择不同的应用发布类型。通过合理的发布方式,可以提高应用的稳定性和质量,并且可以及时发布新功能和修复问题,从而增强用户体验和产品竞争力。

5)网络弹性和测试

Istio 为用户提供了丰富的网络弹性和测试功能,其中包括故障注入和流量控制等功能。用户可以通过 Istio 的命令行工具或 Grafana 和 Kiali 仪表盘来监控和调试服务。这些工具和仪表盘能够为用户提供实时的服务状态和性能指标,以帮助用户快速地排除故障和识别瓶颈问题。此外，Istio 还支持多种协议和平台，可以轻松地与现有的 Kubernetes、Envoy 和其他云原生技术集成。总之，Istio 为用户提供了一个强大的平台，帮助用户在大规模的云原生环境中管理复杂的服务间通信，并提供了高可靠性和安全性保障。

6）故障注入

故障注入是一种测试方法，可以模拟真实世界中的故障和错误。通过注入不同类型的故障，可以评估系统对故障和错误的响应能力。例如，在负载均衡系统中，可以注入一个服务停止或崩溃的错误，以测试系统是否能够正确地重新路由请求，代码如下：

```
#在节点 1 上使用 kubectl 命令执行操作，调用 exec 指令
kubectl exec -it node1 --systemctl stop SERVICE_NAME
#命令中的参数 it 代表以交互方式执行命令，并且使用终端进行输入/输出交互
#node1 代表要在哪个节点上执行命令
#systemctl stop SERVICE_NAME 是要在 node1 节点上执行的命令，即停止名为 SERVICE_NAME
#的服务
```

7）测试管理

（1）测试拓扑：测试拓扑指的是在测试环境中使用的网络拓扑结构。测试拓扑应该是符合实际环境的，以确保测试结果具有参考价值。例如，在一个多节点的系统中，可以使用 Kubernetes 集群作为测试拓扑，以模拟实际生产环境的多节点部署，代码如下：

```
#第 4 章/4.5.7 使用 Kubernetes 集群作为测试拓扑
#该部分代码用于创建一个 Kubernetes 中的 Pod
#将 Kubernetes API 的版本指定为 v1
apiVersion: v1
#将该资源对象的类型指定为 Pod
kind: Pod
#指定该 Pod 的元数据信息
metadata:
  #指定该 Pod 的名称
  name: test-pod
  #指定该 Pod 的 label，用于关联其他资源对象
  labels:
    app: test
#指定该 Pod 的具体规格信息
spec:
  #指定该 Pod 包含的容器列表
  containers:
    -name: test-container      #指定该容器的名称
     image: nginx              #指定该容器所使用的镜像
     ports:                    #指定该容器需要映射的端口号
       -containerPort: 80
```

相关配置必须根据实际情况进行调整，上述示例仅供参考。

（2）配置路由和延时：路由和延时配置是测试管理的重要部分，它们可以控制测试中的流量和响应时间。路由配置可以模拟真实环境的负载均衡，延时配置可以测试系统在高负载下的响应能力。

以下是详细的调整示例步骤：

（1）确认 Kubernetes 集群已经安装并且正常运行。

（2）安装并配置 Ingress 控制器和相关的 Ingress 插件。以 Nginx 为例，可以使用 Helm Chart 进行安装，并添加相关的配置。使用 Helm Chart 安装 Nginx Ingress Controller，代码如下：

```
helm repo add ingress-nginx https://kubernetes.github.io/ingress-nginx
helm install my-nginx ingress-nginx/ingress-nginx
```

安装完成后，可以使用 kubectl get pods -n ingress-nginx 命令检查 NginxIngressController 是否成功启动。创建一个服务和相关的 Deployment，确保它们已经成功运行，代码如下：

```
#第4章/4.5.7 Kubernetes 的 YAML 格式配置文件 创建一个服务和相关的 Deployment
#第一部分:Service 资源类型的配置
#Service 资源类型:向 Kubernetes 集群中注册一个服务,使其他组件能够通过 Service 名称访
#问该服务
#apiVersion: v1: 使用的 API 版本是 Kubernetes v1 版本
#kind: Service:资源类型是 Service
apiVersion: v1
kind: Service
metadata:
  #name 字段:Service 资源的名称是 test-service
  name: test-service
spec:
  #selector 字段:作为 Service 资源的标识符,选择器确定哪些 Pod 将接收该服务的流量
  selector:
    app: test
  #ports 字段:确定该服务的端口(Port)配置
  ports:
    #name 字段:后续可以通过该名称找到该端口
    - name: http
      #port 字段:表示该服务的端口号为 80
      port: 80
      #targetPort 字段:表示该端口将转发到 Pod 中的端口 80
      targetPort: 80
---
#第二部分:Deployment 资源类型的配置
#Deployment 资源类型:声明 Pod 如何运行和管理
#apiVersion: apps/v1:使用的 API 版本是 Kubernetes apps/v1 版本
#kind: Deployment:资源类型是 Deployment
apiVersion: apps/v1
kind: Deployment
metadata:
  #name 字段:Deployment 资源的名称是 test-app
  name: test-app
spec:
  #selector 字段:作为 Deployment 资源的标识符,选择器确定哪些 Pod 将被管理
  selector:
```

```
    matchLabels:
      app: test
#replicas 字段:指定需要运行的 Pod 的数量为 3 个
replicas: 3
#template 字段:指定要创建或更新的 Pod 的模板
template:
  metadata:
    #labels 字段:给 Pod 添加标记,Deployment 会管理带有该标记的 Pod
    labels:
      app: test
  spec:
    containers:
      #name 字段:指定容器的名称为 test
    - name: test
        #image 字段:指定容器的镜像为 nginx:latest
        image: nginx:latest
        #ports 字段:指定容器使用的端口(Port)配置
        ports:
          #name 字段:后续可以通过该名称找到该端口
        - name: http
            #containerPort 字段:表示容器中的端口号为 80
            containerPort: 80
```

确认服务和 Deployment 成功运行后,可以使用 kubectl get pods 和 kubectl get services 命令检查它们的状态和 IP 地址。

（3）配置 Ingress 资源。需要注意的是,以下示例中,假设 test.example.com 在 DNS 中已经正确解析到 Kubernetes 集群中的 IngressIP 地址。如果没有正确解析,则需要在 DNS 中添加相应的解析记录,代码如下:

```
#第 4 章/4.5.7  定义了路由规则、后端服务信息和一些注解用于控制 Ingress 的行为
apiVersion: networking.k8s.io/v1 #声明此资源的 API 版本
kind: Ingress #定义 Ingress 资源
metadata: #元数据,描述 Ingress
  name: test-ingress #Ingress 的名称
  annotations: #对 Ingress 的注解
    nginx.ingress.kubernetes.io/rewrite-target: / #对 URL 的重写操作
    nginx.ingress.kubernetes.io/affinity: Cookie #session 的保持方式
    nginx.ingress.kubernetes.io/affinity-mode: balanced
    #选择 session 的负载均衡策略
    nginx.ingress.kubernetes.io/limit-connections: "100" #并发连接数的限制
    nginx.ingress.kubernetes.io/limit-rps: "50" #每秒的请求数限制
    nginx.ingress.kubernetes.io/limit-rpm: "100" #每分钟的请求数限制
    nginx.ingress.kubernetes.io/limit-burst: "10"
    #配置了限速,每秒发送的请求数量不能超过这个值,超过则返回 429 错误
    nginx.ingress.kubernetes.io/timeout: "30s" #请求超时时间
    nginx.ingress.kubernetes.io/proxy-connect-timeout: "5s" #代理连接超时时间
    nginx.ingress.kubernetes.io/proxy-send-timeout: "10s" #代理发送请求超时时间
```

```
            nginx.ingress.kubernetes.io/proxy-read-timeout: "10s"
        #代理读取响应数据超时时间
    spec: #Ingress 对象的配置
      rules: #定义了 Ingress 的路由规则
        - host: test.example.com #要访问服务的主机名
          http: #定义了 HTTP 路由规则
            paths: #路由规则列表
              - path: /test #要访问服务的 URL 路径
                pathType: Prefix #使用前缀匹配方式,即匹配开头相同的路径
                backend: #定义了后端服务的信息
                  service: #后端服务类型
                    name: test-service #要访问的服务的名称
                    port: #端口信息
                      name: http #端口的名称,与服务的配置文件相对应
```

在部署 Ingress 资源之前,可以使用 kubectl apply -f <filename>命令进行验证。配置路由和延时可以使用 Nginx Ingress Controller 中的 annotations 进行配置,代码如下:

```
#第 4 章/4.5.7  定义了一个 Kubernetes Ingress 资源,包含注释和多个配置项,用于管理通过
#指定域名和 URL 路径访问后端服务的流量
apiVersion: networking.k8s.io/v1 #使用的 Kubernetes API 版本
kind: Ingress  #定义 Ingress 资源
metadata: #元数据
  name: test-ingress #Ingress 资源的名称
  annotations: #Ingress 对象的注释
    nginx.ingress.kubernetes.io/rewrite-target: / #重写目标 URL
    nginx.ingress.kubernetes.io/affinity: Cookie #Affinity 类型为 Cookie
    nginx.ingress.kubernetes.io/affinity-mode: balanced
    #Affinity 模式为 balanced
    nginx.ingress.kubernetes.io/limit-connections: "100" #限制连接数为 100
    nginx.ingress.kubernetes.io/limit-rps: "50" #限制每秒请求数为 50
    nginx.ingress.kubernetes.io/limit-rpm: "100" #限制每分钟请求数为 100
    nginx.ingress.kubernetes.io/limit-burst: "10" #限制爆发流量为 10
    nginx.ingress.kubernetes.io/timeout: "30s" #超时时间为 30s
    nginx.ingress.kubernetes.io/proxy-connect-timeout: "5s" #连接超时时间为 5s
    nginx.ingress.kubernetes.io/proxy-send-timeout: "10s" #发送超时时间为 10s
    nginx.ingress.kubernetes.io/proxy-read-timeout: "10s" #读取超时时间为 10s
spec:
  rules: #URL 规则
    - host: test.example.com #域名
      http: #HTTP 协议
        paths: #匹配的 URL
          - path: /test #URL 路径
            pathType: Prefix #匹配前缀
            backend: #后端服务
              service: #服务
                name: test-service #服务名称
                port: #服务器端口
                  name: http #端口名称为 http
```

在上述代码中，nginx.ingress.kubernetes.io/affinity 表示使用 Cookie 进行会话亲和性绑定，nginx.ingress.kubernetes.io/affinity-mode 表示使用负载均衡算法，nginx.ingress.kubernetes.io/limit-connections 表示限制并发连接数，nginx.ingress.kubernetes.io/limit-rps 表示限制每秒请求数，nginx.ingress.kubernetes.io/limit-rpm 表示限制每分钟请求数，nginx.ingress.kubernetes.io/limit-burst 表示限制请求数突发高峰，nginx.ingress.kubernetes.io/timeout 表示超时时间，nginx.ingress.kubernetes.io/proxy-connect-timeout 表示与后端服务建立连接的超时时间，nginx.ingress.kubernetes.io/proxy-send-timeout 表示向后端服务发送请求的超时时间，nginx.ingress.kubernetes.io/proxy-read-timeout 表示从后端服务读取响应的超时时间。

验证 Ingress 配置是否生效。等待 Ingress 资源部署成功后，通过 kubectl get ingress 命令确认 Ingress 资源已经成功部署。在浏览器中输入 http://test.example.com/test，应该可以访问测试应用程序。可以使用 curlhttp://test.example.com/test 命令来测试延迟和响应时间。

相关配置必须根据实际情况进行调整，上述示例仅供参考。

补充说明：

（1）部署 Ingress 控制器时可以配置不同的参数，例如启用 SSL/TLS、使用 TCP/UDP 等，可以参考官方文档中的 IngressController 部署指南进行调整和优化。在部署 Ingress 资源之前，可以使用 kubectlapply-f<filename>命令进行验证。

（2）配置路由和延时时，可以根据实际情况进行调整和优化，例如使用特定的负载均衡算法、限制特定的请求数等。需要注意的是，延时配置时需要考虑到测试应用程序的并发量和响应时间，需要根据实际情况进行调整和优化。

（3）验证 Ingress 配置是否生效时，可以使用多种方法，例如使用 kubectl describe ingress 命令查看详细信息、使用 curl 命令测试 HTTP 请求、使用 ab 命令测试负载和并发等。在测试过程中，可以使用 kubectl logs 命令查看容器日志，排查故障和问题。

（4）使用 Kubernetes 中的 HorizontalPodAutoscaler(HPA)进行自动扩容、缩容和调整测试应用程序的副本数量。具体操作可以参考官方文档中的 HorizontalPodAutoscaler 部署指南进行调整和优化。

（5）使用 Kubernetes 中的 ServiceMesh 技术（例如 Istio、Linkerd 等）来增强测试的功能和可靠性，例如实现流量控制、故障注入、请求跟踪、统计监控等。具体操作可以参考官方文档中的 ServiceMesh 部署指南进行调整和优化。

（6）测试验证：测试验证是测试过程中的一个重要步骤，它可以确保系统在各种情况下都能正常工作。测试验证应该覆盖系统的所有功能和边界条件。例如，在一个分布式缓存系统中，可以测试系统在网络分区、节点故障和数据分区等情况下的性能和可靠性，代码如下：

```
//导入 Jedis 包
import redis.clients.jedis.Jedis;
```

```java
public class CacheTest {
    public static void main(String[] args) {
        //创建 Jedis 对象并连接本地 Redis 缓存
        Jedis jedis = new Jedis("localhost", 6379);
        //向缓存中写入数据
        jedis.set("key", "value");
        //从缓存中读取数据
        String value = jedis.get("key");
        //对读取的数据进行断言操作,断言其等于"value"
        assert value.equals("value");
    }
}
```

（7）配置分析：配置分析是测试管理的一部分,它可以识别系统中的瓶颈和问题。配置分析可以使用各种工具,例如性能分析器和日志分析器。在 Kubernetes 中,可以使用 Kubectl 命令行工具来检查 Kubernetes 集群的状态和性能,代码如下：

```
#检查 Kubernetes 节点和 Pod 的状态
kubectl get nodes
kubectl get pods
#查看 Kubernetes 日志
kubectl logs pod-name
```

（8）超时和重试：超时和重试是测试管理的一部分,它可以提高系统的可靠性和稳定性。在测试环境中,可以使用超时和重试来模拟网络延迟和系统故障。例如,在一个分布式系统中,可以使用超时和重试来处理网络分区和节点故障,代码如下：

```java
//导入相关类库
import org.apache.http.client.HttpClient;
import org.apache.http.client.methods.HttpGet;
import org.apache.http.impl.client.HttpClientBuilder;
import org.apache.http.impl.conn.PoolingHttpClientConnectionManager;
public class RetryTimeoutExample {
    //设置最大重试次数和超时时间
    private static final int MAX_RETRIES = 3;
    private static final int TIMEOUT_MS = 1000;
    public static void main(String[] args) throws Exception {
        //创建连接池管理器
        PoolingHttpClientConnectionManager cm = new
PoolingHttpClientConnectionManager();
        //设置最大连接数
        cm.setMaxTotal(100);
        //创建 HTTP 客户端
        HttpClient client = HttpClientBuilder.create()
                .setConnectionManager(cm)
                .build();
        //标识请求是否成功
        boolean success = false;
        //记录重试次数
```

```
        int retries = 0;
        //当请求未成功且未达到最大重试次数时,继续重试
        while (!success && retries < MAX_RETRIES) {
            //创建 GET 请求
            HttpGet request = new HttpGet("http://example.com");
            //设置请求配置
            request.setConfig(RequestConfig.custom()
                    .setConnectionRequestTimeout(TIMEOUT_MS)
                    .setConnectTimeout(TIMEOUT_MS)
                    .setSocketTimeout(TIMEOUT_MS)
                    .build());
            try {
                //执行 HTTP 请求
                HttpResponse response = client.execute(request);
                //获取请求的状态码
                int statusCode = response.getStatusLine().getStatusCode();
                //如果请求成功,则打印响应体并标识请求成功
                if (statusCode == HttpStatus.SC_OK) {
                    success = true;
                    String responseBody =
EntityUtils.toString(response.getEntity());
                    System.out.println(responseBody);
                } else {
                    //如果请求失败,则增加重试次数并打印日志
                    retries++;
                        System.out.println("Got status code " + statusCode + ",
retrying...");
                }
            } catch (IOException e) {
                //如果发生异常,则增加重试次数并打印日志
                retries++;
                 System.out.println("Caught exception: " + e.getMessage() + ",
retrying...");
            }
        }
        //如果请求最终未成功,则打印日志
        if (!success) {
            System.out.println("Failed after " + MAX_RETRIES + " retries.");
        }
    }
}
```

    上面的 Java 代码示例演示了如何使用 HttpClient 库进行重试和超时处理。在该示例中,首先创建了一个 HttpClient 对象,然后使用它来执行 HTTP 和 GET 请求。如果请求成功,则将响应作为字符串打印出来。如果请求失败,则将重新尝试最多 MAX_RETRIES 次,每次重试后等待 TIMEOUT_MS 毫秒。如果在所有尝试后都没有成功,则将打印一条失败消息。此代码示例使用了 ApacheHttpClient 库,该库提供了一些方便的功能,例如连接池和请求配置。

（9）Review 只指向 v2 版本：Review 指的是代码审查，它是测试管理的一部分。在代码审查中，其他开发人员会检查代码并提出改进建议。例如，在一个多人开发的项目中，可以使用 Git 版本控制工具进行代码审查，代码如下：

```
#检查 Git 提交记录
git log
#查看 Git 提交的差异
git diff commit1 commit2
```

（10）Rating 注入延迟故障 2s：Rating 指的是评级，它是测试管理的一部分。在评级中，可以使用一些工具和技术来评估系统的性能和可靠性。例如，在一个负载均衡系统中，可以使用延时注入工具来测试系统在不同负载下的响应时间。在 Java 中注入延迟可以使用 Thread.sleep 方法，代码如下：

```
try {
    //注入 2s 延迟
    Thread.sleep(2000);
} catch (InterruptedException e) {
    e.printStackTrace();
}
```

这段代码会让当前线程休眠 2s。如果线程被中断，则会抛出 InterruptedException 异常。需要注意的是，这里的时间是以毫秒为单位的，所以要写成 2000 而不是 2。

（11）Review 增加 timeout＝1：Review 指的是代码审查，它是测试管理的一部分。在代码审查中，其他开发人员会检查代码并提出改进建议。例如，在一个多人开发的项目中，可以使用 Git 版本控制工具进行代码审查，代码如下：

```
#检查 Git 提交记录
git log
#查看 Git 提交的差异
git diff commit1 commit2
```

（12）增加 rating 重试两次：Rating 指的是评级，它是测试管理的一部分。在评级中，可以使用一些工具和技术来评估系统的性能和可靠性。例如，在一个分布式系统中，可以使用重试机制来处理系统故障和异常情况。使用 Java 实现一个重试机制来增加评级，代码如下：

```
/*
Retry 类实现了对于某个操作的重试功能，即在操作失败时重试指定次数，以达到操作成功的目的
maxRetries 为最大重试次数，delay 为每次重试的时间间隔
execute 方法为执行某个操作的方法，该操作由一个 Callable 对象传入，具有返回值 T
*/
public class Retry {
    private final int maxRetries;            //最大重试次数
    private final long delay;                //每次重试的时间间隔
    public Retry(int maxRetries, long delay) {
        this.maxRetries =maxRetries;
        this.delay =delay;
```

```
        }
    public <T>T execute(Callable<T>operation) throws Exception {
        int retries =0;
        while (true) {                              //不断重试
            try {
                return operation.call();      //执行操作
            } catch (Exception e) {                 //操作失败时发生异常
                if (++retries >=maxRetries) {        //当达到最大重试次数时抛出异常
                    throw e;
                }
                Thread.sleep(delay);              //重试时间间隔
            }
        }
    }
}
```

使用该类可以尝试执行一个操作并对其进行重试,代码如下:

```
/**
 * 一个 Java 类的示例
 */
public class Example {
    /**
     * 程序的入口处
     */
    public static void main(String[] args) throws Exception {
        //新建一个重试实例,最多重试两次,每次重试的等待时间为 1000ms
        Retry retry =new Retry(2, 1000);
        //执行评级操作,返回评级结果
        int rating =retry.execute(() ->{
            //执行评级操作
            int result =someRatingLogic();
            //如果评级操作失败,则抛出异常
            if (result <0) {
                throw new RuntimeException("Rating failed");
            }
            return result;
        });
        //打印评级结果
        System.out.println("Rating result: " +rating);
    }
    /**
     * 执行评级操作的具体实现
     */
    private static int someRatingLogic() {
        //省略具体实现
        return 0;
    }
}
```

在上面的例子中，Retry 类会尝试执行 someRatingLogic 方法，并在最多重试两次时等待 1s。如果重试仍然失败，则会抛出 RuntimeException。

（13）测试：在测试管理的最后一步，应该进行全面测试，以确保系统能够在各种情况下正常工作。例如，在一个网络系统中，可以进行性能测试、负载测试、安全测试和可靠性测试，代码如下：

```
/进行性能测试
long start =System.currentTimeMillis();
//执行一些操作
long end =System.currentTimeMillis();
System.out.println("Elapsed time: " +(end -start));
```

在进行负载测试和可靠性测试时，可以使用 JUnit 框架编写测试用例，并对系统的输出进行断言，以确保其符合预期结果。

在进行安全测试时，可以使用安全运行时库，如 Apache Shiro 或 Spring Security，对系统的安全性进行测试，并检查是否存在潜在的安全漏洞。

通过全面测试，可以有效地确保系统的功能和性能符合预期，并可以极大地提高系统的可靠性和安全性。

8）服务熔断、限流和服务降级的基本概念

微服务领域中常见的容错机制包括服务熔断、限流和服务降级。这些机制在高并发场景下有着重要的作用。服务熔断可以防止服务提供方承受大量请求而崩溃，从而保护服务的可用性和稳定性。限流可以控制服务的请求流量，确保服务不会因为过多的请求而导致性能下降或崩溃。服务降级是为了避免级联故障，当某个服务出现问题时，可以快速切换到备用服务，保证整个系统的稳定性。在实践中，这些容错机制经常被同时应用于微服务架构中，以确保系统的可靠性和稳健性。

（1）环境准备：在本地安装 Istio 并启用相关组件，准备目标服务器-httpbin 服务，以及客户端 fortio。

在 Kubernetes 上部署 httpbin 示例应用，可以使用以下命令，代码如下：

```
kubectl apply -f
https://raw. GitHubusercontent. com/istio/istio/release - 1. 9/samples/httpbin/
httpbin.yaml
```

在本地安装 fortio 客户端，并确保可以正常访问目标服务。

（2）配置熔断器：使用 Istio 配置文件配置熔断器。以下是示例配置，代码如下：

```
#第 4 章/4.5.7 使用 Istio 配置文件配置熔断器
#使用的 Istio API 版本为 v1alpha3
apiVersion: networking.istio.io/v1alpha3
#将目标规则 Kind 定义为 DestinationRule
kind: DestinationRule
metadata:
  #将资源名定义为 httpbin
```

```
  name: httpbin
spec:
  #将规则应用于的服务定义为 httpbin
  host: httpbin
  trafficPolicy:
    #连接池配置
    connectionPool:
      #TCP 连接池的最大连接数为 1
      tcp:
        maxConnections: 1
      #HTTP 连接池的最大等待请求数和最大共享连接数均为 1
      http:
        http1MaxPendingRequests: 1
        maxRequestsPerConnection: 1
    #异常探测配置
    outlierDetection:
      #连续出错阈值为 1
      consecutiveErrors: 1
      #间隔为 1s
      interval: 1s
      #最小弹出时间为 3min
      baseEjectionTime: 3m
      #最大弹出比例为 100%
      maxEjectionPercent: 100
```

此配置规定了针对 httpbin 服务的一些流量策略，例如最大连接数、最大请求数等。最后的 outlierDetection 部分定义了熔断器的行为，例如连续请求失败的次数、驱逐时间等。需要注意，相关配置必须根据实际情况进行调整，上述示例仅供参考。

（3）验证目标规则。在客户端 fortio 上执行以下命令，以验证是否按照规则转发流量，代码如下：

```
fortio load http://httpbin.default.svc.cluster.local/get
```

此命令将会向目标服务发送一次请求，如果返回的状态码为 200，则说明规则已经生效。

（4）触发熔断器：为了测试熔断行为，可以使用 fortio 发送一定数量的请求来模拟高并发场景，并触发熔断器。

发送并发数为 2 的连接(-c 2)，请求 20 次(-n 20)，代码如下：

```
fortio load - c 2 - n 20 http://httpbin.default.svc.cluster.local/get
```

在这个命令中，让 fortio 同时发送 2 个请求，并重复发送 20 次，以此来模拟高并发场景。

将并发连接数提高到 3 个，代码如下：

```
fortio load - c 3 - n 20 http://httpbin.default.svc.cluster.local/get
```

这个命令与上一个命令的区别是，当将并发连接数提高到 3 个时会触发熔断器。

查询 istio-proxy 状态以了解更多熔断详情,代码如下:

```
kubectl exec -n istio-system $(kubectl get pod -l app=istio-ingressgateway -n
istio-system -o jsonpath='{.items[0].metadata.name}') --sh -c 'istioctl proxy
-status | grep httpbin.default.svc.cluster.local | grep -v outbound | grep -v tls'
#在 istio-system 命名空间中,执行命令对应的 pod 是 istio-ingressgateway 标签的第 1
#个 pod
#执行的命令是在该 pod 中运行的
#执行的命令使用 istioctl 查看代理的状态,过滤出 httpbin.default.svc.cluster.local
#的代理状态,同时排除出站和 TLS 相关的代理状态
```

这个命令将查询 istio-proxy 的状态,并过滤出与 httpbin 服务相关的信息,以了解更多熔断情况。如果发现有 E 状态的连接,则说明它已经被熔断器驱逐。

(5)配置说明:在配置文件中,trafficPolicy 部分定义了流量处理策略,旨在优化应用程序的性能和可靠性。这部分的参数包括以下几个。

首先是 tcp.maxConnections,它用于设定 TCP 连接的最大数目,目的是限制应用程序与后端服务之间的连接数,从而保障系统资源的合理利用;其次是 http.http1MaxPendingRequests,该参数用于限制 HTTP1.x 的最大挂起请求数。此设定避免了请求堆积,防止应用程序过载,在高流量时期或面临 DDoS 攻击时尤为重要;接下来是 http.maxRequestsPerConnection,该参数用于限定单个连接的最大请求数。这有助于减轻服务器端的压力,并提高应用程序的服务质量。

另外,outlierDetection.consecutiveErrors 用于设定连续错误次数,如果检测到一定次数的错误,就会触发容错机制,避免错误扩大影响范围。

outlierDetection.interval 设定了检测时间间隔,这段时间间隔越短,应用程序就可以更快地发现异常情况,以及时进行处理,而 outlierDetection.baseEjectionTime 用于设定驱逐时间,在出现异常情况时,该参数可以调整驱逐时间,让异常节点在更短的时间内被切断。

最后一个参数是 outlierDetection.maxEjectionPercent,其设定了最大驱逐百分比,这个参数用于控制驱逐节点的数量,从而保证整个系统的稳定性和可靠性。

(6)清理规则。可以使用以下命令删除熔断规则,代码如下:

```
kubectl delete dr httpbin
```

9)流量镜像的基本概念

流量镜像是一种网络通信技术,可以将复制的网络流量发送到目标设备,以监视、分析和诊断网络流量。流量镜像是一种被广泛用于网络安全和网络监视的技术。它可以被用于网络流量的实时监控、流量诊断和异常行为检测等应用场景。

(1)环境准备:在进行流量镜像之前,需要准备以下环境。首先需要准备一台安装了 Linux 操作系统的服务器,作为流量镜像的源端。其次需要一台可以作为客户端的设备,可以选择 Windows 或 Linux 系统。此外,在服务器上必须安装并配置好管理软件,以确保流量镜像的有效性。常用的管理软件有 Wireshark,通过安装和配置 Wireshark,可以实现对流量镜像数据的捕获和分析。在确保以上 3 个条件均已具备的前提下,方可进行流量镜像

操作。

（2）增加客户端：要增加一个客户端，必须在该设备上运行一个流量镜像客户端软件。客户端软件可以是 Wireshark 或 tcpdump 等工具。安装客户端后，需要将客户端的 IP 地址配置到服务器上。例如，将客户端 IP 地址配置为 192.168.1.100，代码如下：

```
sudo ip addr add 192.168.1.100/24 dev eth0
```

（3）创建一个默认路由策略：创建一个默认路由策略，将复制的流量发送到目标设备（如 Wireshark）。在 Linux 系统中，可以使用 iptables 命令实现该策略。例如，将所有流量镜像到 IP 地址为 192.168.1.100 的客户端，代码如下：

```
sudo iptables -t mangle -A PREROUTING -j TEE --gateway 192.168.1.100
```

（4）镜像流量到 v2：可以使用 v2ray 技术将流量镜像到远程服务器（如云服务器）。这种方式可以让运维人员在不同地点实时监控网络流量。例如，在 Linux 系统中使用 v2ray 技术将流量镜像到远程服务器，代码如下：

```
#第 4 章/4.5.7  使用 Istio 配置文件配置熔断器
{
    #下面是一个入站配置的示例
    "inbound": {
    "port": 12345,  #入站端口号
    "protocol": "vmess",  #入站协议为 vmess
    "settings": {
    "clients": [  #允许的客户端列表
            {
    "id": "b831381d-6324-4d53-ad4f-8cda48b30811",  #客户端的 UUID
    "alterId": 64  #客户端的额外 ID
            }
        ]
    }
},
//outbound 代表出站配置
"outbound": {
//protocol 字段代表协议类型,此处使用 VMess 协议进行配置
"protocol": "vmess",
"settings": {
"vnext": [
            {
                //address 字段代表服务器地址,此处为 myexample.com
"address": "myexample.com",
                //port 字段代表服务器端口号,此处为 443
"port": 443,
"users": [
                {
                    //id字段代表用户 ID
```

```
            "id": "b831381d-6324-4d53-ad4f-8cda48b30811",
                            //alterId 字段代表额外 ID,此处为 64
            "alterId": 64
                        }
                    ]
                }
            ]
        }
    },
    "routing": {
    "rules": [
        {
            #表示这是一种类型为"字段"的配置项
            "type": "field",
            #表示出站流量使用的标记为"代理"
            "outboundTag": "proxy",
            "ip": [
                #包含所有私有地址,如 127.0.0.1。
                "geoip:private",
                #必须以 geoip 小写开头,后面跟双字符国家代码,支持绝大多数可以上网
                #的国家
                "geoip:cn"
            ]
        }
    ]
    }
}
```

需要注意,相关配置必须根据实际情况进行调整,上述示例仅供参考。

（5）清理规则：清理之前创建的 iptables 等规则。可以使用以下命令,代码如下：

```
#清空 mangle 表中的所有规则
sudo iptables -t mangle -F
#删除 mangle 表中的所有自定义链
sudo iptables -t mangle -X
```

（6）流量控制小结：在进行流量镜像时,需要注意以下问题。首先,镜像过多的流量可能会对服务器和客户端造成负担,因此需要进行流量控制,以确保镜像的流量不会对网络性能产生不利影响。其次,镜像的流量需要进行加密,以保障数据安全。在数据传输过程中,可能会存在安全威胁,因此必须使用加密技术对流量进行保护,以防止敏感数据泄露。最后,在进行流量镜像时,需要进行实时监控和诊断,以便及时发现和处理网络安全问题。通过实时监控和诊断,可以更快地发现网络中的问题,并采取相应的措施,以确保网络的安全性和稳定性。综上所述,在进行流量镜像时,需要从流量控制、数据加密和实时监控等方面进行全面考虑,以确保流量镜像的有效性和安全性。

8. Gateway 和 ServiceEntry

故事：Gateway 和 ServiceEntry 的联合使用。

在某家物流公司,他们需要将外部服务引入 Istio 中以进行流量控制和管理。他们使用 Gateway 和 ServiceEntry 将外部服务引入 Istio 中,同时通过 Gateway 将服务暴露给外部流量。

通过 Istio 的流量管理功能,他们成功地控制了流量,确保服务的可靠性和稳定性。同时,他们能够更好地管理服务,从而更好地满足客户需求。

1) Gateway

故事:Gateway 的渐进式升级。

在某家电商公司,他们使用了 Kubernetes 和 Istio 来管理微服务,其中,Gateway 是不可或缺的配置之一,因为需要将服务暴露给外部流量才能接受客户端请求。一开始,公司只有一个 Gateway 来处理所有流量,但是,随着业务的扩大,单个 Gateway 无法处理所有的流量,因此他们不得不升级 Gateway。

然而,如果公司要想保证服务不中断,则需要渐进式地升级 Gateway,这意味着他们需要逐步将流量从旧的 Gateway 迁移到新的 Gateway 上。通过 Istio 提供的流量管理功能,公司成功地实现了 Gateway 的渐进式升级,确保了服务的稳定性。

Gateway 的配置可以通过定义 Kubernetes 中的 Gateway 资源进行实现。Gateway 资源通常包括以下字段。

(1) metadata:用于定义 Gateway 的元数据,例如名称、命名空间、标签等。

(2) spec:用于定义 Gateway 的配置信息,例如监听端口、TLS 配置等。

下面是一个简单的 Gateway 示例:

```
//第 4 章/4.5.7 Gateway
#定义 Kubernetes 对象类型为 Istio 网络 v1alpha3 版本的 Gateway
apiVersion: networking.istio.io/v1alpha3
#设置资源类型为 Gateway,并指定名称为 my-gateway
kind: Gateway
metadata:
  name: my-gateway
#设置 Selector 为 ingressgateway,用于指定 Gateway 的作用范围
spec:
  selector:
    istio: ingressgateway
  #设置服务器端口和协议类型
  servers:
  - port:
      number: 80
      name: http
      protocol: HTTP
    #设置允许访问的主机,由于设置为 "*",表示所有主机都允许访问
    hosts:
    - "*"
```

这个示例定义了一个名为 my-gateway 的 Gateway,它监听端口 80,并使用 HTTP 协议,其中 hosts 字段指定了所有主机名都可以访问这个 Gateway。需要注意,相关配置必须

根据实际情况进行调整,上述示例仅供参考。

2）ServiceEntry

故事:ServiceEntry 的安全检查。

在某家金融公司,他们需要将公司的内部服务暴露给外部服务使用,因此使用 Istio 中的 ServiceEntry 进行流量控制,然而,由于服务中涉及敏感数据,所以不希望任何未经授权的服务访问他们的服务。

为此,他们添加了一些安全检查来确保只有授权的服务能够访问他们的服务。通过 Istio 提供的安全功能,成功地保护了他们的服务并避免了潜在的安全问题。

ServiceEntry 可以通过定义 Kubernetes 中的 ServiceEntry 资源进行配置。ServiceEntry 资源通常包括以下字段。

（1）metadata:用于定义 ServiceEntry 的元数据,例如名称、命名空间、标签等。

（2）spec:用于定义 ServiceEntry 的配置信息,例如服务地址、端口、协议等。

下面是一个简单的 ServiceEntry 示例,代码如下:

```
//第 4 章/4.5.7 ServiceEntry
#apiVersion 用于指定使用 Istio 的 v1alpha3 版本的 networking API
apiVersion: networking.istio.io/v1alpha3
#kind 用于将创建的资源类型指定为 ServiceEntry
kind: ServiceEntry
metadata:
    #将该 ServiceEntry 的名称指定为"external-service"
    name: external-service
spec:
    #将该 ServiceEntry 对应的服务主机名指定为"external-service.example.com"
    hosts:
    -external-service.example.com
    ports:
    #将端口名称指定为"http",将端口号指定为 80,将协议指定为 HTTP
    -name: http
      number: 80
      protocol: HTTP
    #将解析方式指定为 DNS
    resolution: DNS
    #将服务所在位置指定为 MESH_EXTERNAL,表示服务不在 Istio 网格中,而是在网格外部
    location: MESH_EXTERNAL
```

这个示例定义了一个名为 external-service 的 ServiceEntry,它将 external-service.example.com 引入 Istio 中,其中 ports 字段指定了服务的端口和协议,resolution 字段指定了服务的解析方式,location 字段指定了服务的位置。

3）Gateway 和 ServiceEntry 的使用

Gateway 和 ServiceEntry 可以组合使用,实现将外部服务引入 Istio 中并暴露给外部流量的功能。例如,可以将外部的 Kafka 服务引入 Istio 中,然后通过 Gateway 将 Kafka 服务暴露给外部流量,实现对 Kafka 服务的统一管理和流量控制。

下面是一个 Gateway 和 ServiceEntry 的组合示例，代码如下：

```
//第 4 章/4.5.7 Gateway 和 ServiceEntry 的组合
#以下是 YAML 格式的 Istio 网关配置和服务入口配置
#将 API 版本定义为 networking.istio.io/v1alpha3,网关对象类型为 Gateway
apiVersion: networking.istio.io/v1alpha3
kind: Gateway
metadata:
  name: my-gateway                   #网关对象的名字
spec:
  selector:
    istio: ingressgateway            #选择使用 Istio 的网关类型
  servers:
  -port:
    number: 80                       #将端口号定义为 80
    name: http                       #将端口名称定义为 http
    protocol: HTTP                   #定义协议为 HTTP
  hosts:
  -"kafka.example.com" #允许访问的主机名为 kafka.example.com,这个主机名将被路由
#到对应的服务
#将 API 版本定义为 networking.istio.io/v1alpha3,服务入口对象类型为 ServiceEntry
apiVersion: networking.istio.io/v1alpha3
kind: ServiceEntry
metadata:
  name: kafka-service                #服务入口对象的名字
spec:
  hosts:
  -kafka.example.com                 #将服务的主机名定义为 kafka.example.com
  ports:
  -name: kafka                       #将端口名称定义为 kafka
   number: 9092                      #将端口号定义为 9092
   protocol: TCP                     #将协议定义为 TCP
  location: MESH_INTERNAL            #将服务入口的位置定义为内部 Mesh(MESH_INTERNAL)
```

这个示例定义了一个名为 my-gateway 的 Gateway，它监听端口 80，并使用 HTTP 协议，其中 hosts 字段指定了所有主机名都可以访问这个 Gateway。另外，这个示例还定义了一个名为 kafka-service 的 ServiceEntry，它将 kafka.example.com 引入 Istio 中，并暴露了服务的端口和协议。Gateway 和 ServiceEntry 是实现 Istio 流量控制和路由管理的两个核心功能。它们可以分别用于将服务暴露给外部流量和将外部服务引入 Istio 中进行管理。在实际部署中，可以根据具体的场景选择其中一个或者组合使用。

9. SDS 认证授权使用

1) SDS 认证授权机制

在一个大型的互联网企业中，开发团队正在使用 Kubernetes 来部署和管理他们的服务。由于这些服务之间的通信需要进行认证和授权，所以使用 Kubernetes 中的 SDS 认证授权机制。

这个团队首先安装了 Pilot 组件，它可以从 Kubernetes 中获取服务和 Pod 的信息，并将

其存储在自己的缓存中。当服务之间需要通信时,Pilot 会根据其缓存中的信息对其进行认证和授权。

为了加强安全性,团队还安装了 Mixer 组件,它主要负责策略检查和报告。当 Pilot 对一个服务进行认证和授权时,Mixer 会对其所拥有的权限进行检查,并生成相应的报告。

随着服务规模的不断扩大,这个团队开始使用 Istio-Auth 组件进行服务之间的认证和授权。当 Pilot 对一个服务进行认证和授权时,Istio-Auth 会根据服务的身份对其进行认证,并生成相应的证书。这些证书将用于加密和解密服务之间的通信。

最后,团队还引入了 Envoy Proxy 组件来安全地管理服务之间的通信。Envoy Proxy 根据 Pilot 提供的认证和授权信息,对服务之间的通信进行加密和解密,保障了服务之间通信的安全性。

因此,通过 SDS 认证授权机制中的这些组件,这个团队成功地解决了服务之间的认证和授权问题,并加强了服务之间通信的安全性。

2)使用 SDS 认证授权机制

如果要使用 SDS 认证授权机制,则需要按照以下步骤进行操作。

(1)安装 Istio:Istio 是 Kubernetes 中的一个服务网格平台,可以用于实现服务之间的认证和授权。如果要使用 SDS 认证授权机制,则需要安装 Istio。

在 Kubernetes 中,可以使用 Helm 来安装 Istio。首先,需要下载并安装 Helm,然后使用 Helm 安装 Istio。具体操作步骤,代码如下:

```
#下载并安装 Helm
$ curl https://raw. GitHubusercontent. com/kubernetes/helm/master/scripts/get
| bash
#添加 Istio 仓库
$helm repo add istio.io https://storage.googleapis.com/istio-release/releases/
1.0.0/charts/
#安装 Istio
$helm install --name istio --namespace istio-system istio.io/istio
```

(2)配置 SDS 认证授权机制:安装 Istio 后,需要对 SDS 进行配置,具体操作步骤如下。

创建一个 Kubernetes 配置文件,用于配置 Istio 的 SDS 认证授权机制,代码如下:

```
//第 4 章/4.5.7 配置 Istio 的 SDS 认证授权机制
#这是一个 Istio 认证的 API 版本
apiVersion: authentication.istio.io/v1alpha1
#这是一个策略的类型
kind: Policy
#元数据,包括策略的名称
metadata:
  name: default
#策略的规格
spec:
  #目标
  targets:
```

```
-name: my-service
#对等方,启用 mTLS 认证
peers:
-mtls: {}
```

将该配置文件应用到 Kubernetes 中,代码如下:

```
#使用 kubectl 命令行工具,通过 apply 命令应用指定的配置文件
#配置文件的文件名为 istio-sds.yaml,可以根据需要修改
#此命令的作用是在 Kubernetes 集群中部署 Istio 的 Service Discovery Service(SDS)功能
kubectl apply -f istio-sds.yaml
```

（3）配置服务之间的认证和授权：配置 SDS 认证授权机制后,还需要对服务之间的认证和授权进行配置,具体操作步骤如下。

创建一个 Kubernetes 配置文件,用于配置服务之间的认证和授权,代码如下:

```
//第 4 章/4.5.7 配置服务之间的认证和授权
#在 Istio 中创建 VirtualService 资源
apiVersion: networking.istio.io/v1alpha3
#定义 VirtualService 类型
kind: VirtualService
#设置 VirtualService 的元数据
metadata:
  #设置 VirtualService 的名称
  name: my-service
#定义 VirtualService 的具体配置
spec:
  #定义 VirtualService 服务的主机名
  hosts:
  - my-service
  #配置 HTTP 路由规则
  http:
  - route:
    #定义 HTTP 路由规则的目的地
    - destination:
        #设置目的地的主机名
        host: my-service
        #设置目的地服务的端口
        port:
          number: 8080
    #配置 mutual TLS 加密模式
    tls:
      mode: mutual
```

将该配置文件应用到 Kubernetes 中,代码如下:

```
kubectl apply -f my-service.yaml
```

需要注意,相关配置必须根据实际情况进行调整,上述示例仅供参考。

3）SDS认证授权机制的优势

SDS认证授权机制是一种在Kubernetes中被广泛使用的安全机制。它具有许多优点，包括高安全性、强大的灵活性和可扩展性。

首先，通过SDS认证授权机制，服务之间的通信可以进行加密和解密，从而保证了数据的安全性。这种机制大大降低了黑客攻击和数据泄露的风险，使系统更加安全；其次，SDS认证授权机制提供了强大的灵活性。通过这种机制，可以根据服务的身份进行认证，并根据其所拥有的权限对其进行授权。这种灵活性可以满足不同服务之间的需求，使系统更加灵活和可靠；最后，SDS认证授权机制是Kubernetes中的一个可扩展组件，可以根据自己的需求进行扩展和定制。这种可扩展性使用户可以根据自己的特定需求对系统进行个性化定制，满足不同用户的需求。

总之，SDS认证授权机制是一种高效、安全、灵活和可扩展的机制，已经成为在Kubernetes中用于保护系统安全的重要工具。

10. Kiali/Prometheus/Grafana

Kubernetes是一个开源的容器编排平台，可以帮助管理和部署容器化应用程序。Kubernetes对于分布式系统的管理和部署提供了很好的支持，但是在处理大规模和复杂的应用程序时，监控和可观测性变得非常重要，因此，Kubernetes监控和可观测性的工具（如Kiali、Prometheus和Grafana等）成为必备的工具。

Kiali是一个开源的服务网格可视化和监控工具，它可以在Istio上帮助用户了解服务网格的拓扑结构、流量流向、服务性能和错误情况等。Prometheus是一个开源的系统监控和警报工具，它可以帮助用户收集、存储和查询系统运行时的数据。Grafana是一个开源的仪表板和可视化工具，它可以帮助用户创建自定义仪表板和可视化系统数据。

在进行Kubernetes监控和可观测性工具的安装和配置时，需要注意以下几点。

确认已经安装了Helm：Helm是Kubernetes的应用程序包管理器，它可以帮助用户在Kubernetes上安装和管理应用程序，因此在进行Kiali、Prometheus和Grafana的安装时，需要确认已经安装了Helm。

确认安装命名空间：在进行Kiali、Prometheus和Grafana的安装时，需要确认已经在Kubernetes上创建了对应的命名空间（例如，Istio系统命名空间），否则将无法在指定的命名空间中安装这些工具。

确认工具版本：在进行Kiali、Prometheus和Grafana的安装时，需要确认安装的工具版本是否适用于使用的Kubernetes版本和Istio版本。

确认访问凭据：在进行Kiali、Prometheus和Grafana的安装和配置时，需要确认是否需要提供访问这些工具的凭据和权限。

了解工具配置：在进行Kiali、Prometheus和Grafana的配置时，需要了解每个工具的配置选项和参数，以便正确地配置和使用它们。

在以下步骤中，将介绍如何在Kubernetes环境中安装、配置和使用Kiali、Prometheus和Grafana。

步骤 1：安装 Kiali。

使用以下命令将 Kiali 添加到 Helm 存储库，代码如下：

```
#添加 Helm 仓库,名称为"kiali",地址为"https://kiali.org/helm-charts"
helm repo add kiali https://kiali.org/helm-charts
```

使用以下命令安装 Kiali，代码如下：

```
#安装 Kiali,使用 kiali/kiali 的 Chart 包,在 istio-system 空间中
helm install kiali kiali/kiali --namespace istio-system
```

这将在 Istio 系统命名空间中安装 Kiali。

步骤 2：安装 Prometheus。

接下来，需要安装 Prometheus。使用以下命令将 Prometheus 添加到 Helm 存储库，代码如下：

```
#添加 Prometheus 官方的 Helm Chart 仓库
helm repo add prometheus-community https://prometheus-community.github.io/helm
-charts
```

使用以下命令安装 Prometheus，代码如下：

```
#安装 Helm 并通过 Helm 安装 Prometheus 监控组件
helm install prometheus prometheus - community/prometheus - - namespace istio
- system
```

这将在 Istio 系统命名空间中安装 Prometheus。

步骤 3：安装 Grafana。

最后，需要安装 Grafana。使用以下命令将 Grafana 添加到 Helm 存储库，代码如下：

```
#添加 Helm 仓库 Grafana,名字为"grafana",URL 为"https://grafana.github.io/helm-
#charts"
helm repo add grafana https://grafana.github.io/helm-charts
```

使用以下命令安装 Grafana，代码如下：

```
#使用 Helm 安装 Grafana
helm install grafana grafana/grafana --namespace istio-system
#grafana/grafana 表示使用 Grafana 的 Helm Chart
#--namespace istio-system 表示将 Grafana 安装到 istio-system 命名空间下
```

这将在 Istio 系统命名空间中安装 Grafana。

步骤 4：配置 Kiali。

接下来，需要配置 Kiali 以与 Istio 一起使用。使用以下命令打开 Kiali 控制台，代码如下：

```
#kubectl 是 Kubernetes 命令行工具的简称
#-n 选项用于将命名空间(namespace)指定为 istio-system
#port-forward 命令用于将本地端口转发到 Pod 容器中
```

```
#$(kubectl -n istio-system get pod -l app=kiali -o jsonpath='{.items[0].
#metadata.name}')获取标签 app=kiali 的 Pod 容器的名称,并将其作为参数传递给 port-
#forward 命令
#20001:20001 表示将容器端口 20001 转发到本地的 20001 端口上
kubectl -n istio-system port-forward $(kubectl -n istio-system get pod -l app=
kiali -o jsonpath='{.items[0].metadata.name}') 20001:20001
```

在浏览器中访问 http://localhost:20001 并登录到 Kiali。

在 Kiali 中,单击左侧菜单栏的配置选项卡。在 Istio 配置部分中,单击启用按钮,启用 Istio 配置。

步骤 5:配置 Prometheus。

接下来,需要配置 Prometheus 以与 Istio 一起使用。使用以下命令打开 Prometheus 控制台,代码如下:

```
#使用 kubectl 命令
kubectl
#进入 istio-system 命名空间
-n istio-system
#将 istio-system 命名空间中标签 app=prometheus 的 pod 转发到本地端口 9090
port-forward $(kubectl -n istio-system get pod -l app=prometheus -o jsonpath=
'{.items[0].metadata.name}') 9090:9090
```

在浏览器中访问 http://localhost:9090,将看到 Prometheus 的控制台。

步骤 6:配置 Grafana。

最后,需要配置 Grafana 以与 Istio 一起使用。使用以下命令打开 Grafana 控制台,代码如下:

```
#在 istio-system 命名空间中,使用 kubectl 命令对 Grafana 应用的 pod 进行端口转发,获取
#Grafana 应用的 pod 名称,将本地端口 3000 映射到 Grafana 应用的 3000 端口
kubectl -n istio-system port-forward $(kubectl -n istio-system get pod -l app.
kubernetes.io/name=grafana -o jsonpath='{.items[0].metadata.name}') 3000:3000
```

在浏览器中访问 http://localhost:3000,将看到 Grafana 的控制台。

登录到 Grafana 后,单击左侧菜单栏的配置选项卡。在数据源部分中,单击添加数据源按钮。选择 Prometheus 作为类型,并提供 Prometheus 的 URL(例如 http://localhost:9090)。提供访问 Prometheus 的凭据(如果需要)并保存数据源。现在,可以使用 Grafana 创建仪表板并监控 Istio 和 Kubernetes 的指标。Kiali、Prometheus 和 Grafana 是 Kubernetes 监控和可观测性的有力工具。通过这些工具,可以有效地监控和管理 Kubernetes 和 Istio 环境。在本节中,介绍了如何在 Kubernetes 环境中安装、配置和使用 Kiali、Prometheus 和 Grafana。

11. KnativeServing

在很多企业应用中,需要考虑到服务的高可用性和弹性伸缩性,但是传统的应用部署方式需要进行手动配置,难以胜任这些任务。这时,KnativeServing 就可以派上用场了。例

如，某个企业开发团队需要极速部署一个新的功能，以应对临时出现的流量高峰。通过KnativeServing，他们可以轻松地将服务部署在 Kubernetes 集群上，并获得自动扩展、自动伸缩和自动部署等功能。这样，服务可以根据流量的需求自动进行伸缩，而不需要手动干预，极大地提高了应用的可靠性和稳定性。此外，KnativeServing 还提供了自动监控和日志记录功能。当出现故障时，团队可以通过查看日志信息，快速地排查问题，以便进行修复。这样，整个开发过程就变得方便和高效了。

KnativeServing 具有以下几个关键功能。

1）自动扩缩容

在某一家电商公司中，运维人员运用了 KnativeServing 自动扩缩容功能，以此来解决在大促销期间的负载问题。在往年的大促销时，他们运用手动扩容的方式来增加资源，但是这个做法既低效又容易出现错误。今年，他们决定尝试使用 KnativeServing 来自动处理负载问题。在大促销期间，用户量的增加导致了请求量的剧增，这时 KnativeServing 自动扩容功能就发挥作用了，自动地扩大了 Pod 的副本数来响应请求。当销售活动结束后，用户量和请求量也随之降低，这时 KnativeServing 就自动缩减 Pod 的副本数，使使用的资源也相应地减少了。这种自适应的机制不仅节省了成本，也保证了用户的体验。

在另一家游戏公司中，他们也使用了 KnativeServing 自动扩缩容功能来处理游戏服务器的负载问题。当游戏上线后，用户量的增加导致了服务器的负载急剧上升。这时KnativeServing 自动扩容功能就派上了用场，自动地扩大了 Pod 的副本数来响应请求，使玩家无须等待长时间的排队。在玩家数量下降时，KnativeServing 又自动缩减 Pod 的副本数，避免服务器浪费资源。这种自动化的扩缩容机制，使游戏公司在用户体验和资源利用方面双双受益。

2）自动部署

在一个开发团队中，他们使用 Kubernetes 作为容器编排平台来部署他们的应用程序，但是，每当开发人员小明需要部署一个新的应用程序或更新现有的应用程序时，他必须手动执行一系列烦琐的操作来完成这些任务。这些操作包括构建应用程序、打包镜像、推送镜像并通过 Kubernetes 部署它们。

小明很快意识到这些任务是非常烦琐的，占用了他宝贵的开发时间和精力。于是，他开始寻找一个更好的方法来自动地完成这些任务。他很快找到了 KnativeServing，并尝试使用它实现自动部署。

小明发现，使用 KnativeServing 自动部署机制时，他只需通过简单的指令，就可以轻松地构建、打包和部署应用程序。此外，KnativeServing 还支持自动升级应用程序，并提供了滚动升级和金丝雀部署等功能，从而保证应用程序的无缝升级，同时最大程度地减少了停机时间。

小明很快意识到，使用 KnativeServing 自动部署机制，他不仅可以大大节省时间和精力，还能够将他的应用程序快速部署到生产环境中。他很高兴地看到，团队的开发速度和效率都大大地提高了，并且应用程序的可靠性和稳定性也得到了显著提升。

3）流量路由

一位名叫小明的开发人员，正在对他的应用程序进行一次大规模升级，他发现难以将所有的用户流量全部切换到新版本。于是他决定使用 KnativeServing 的流量路由规则，将一部分用户流量引导到新版本，而另一部分用户流量继续使用旧版本。在使用 Traffic Split 和 Explain 的帮助下，小明成功地将流量分散到新旧版本之间，同时还能实时监控流量切换的状态，保证了应用程序的稳定性和可靠性。

另外一位名叫小红的开发人员，正在考虑如何将应用程序在不同的区域和环境中进行测试和验证。她发现 KnativeServing 的流量路由规则可以帮助她快速地创建不同的测试环境，并将流量引导到这些环境中。通过这样的方式，她可以更加灵活地测试应用程序的性能和功能，从而提高应用程序的质量和用户体验。

最后，一位名叫小李的开发人员，正在使用 KnativeServing 的流量路由规则进行渐进式验证。他将一部分用户流量引导到新版本，观察新版本的性能和用户体验表现，并在确保新版本稳定可靠的情况下，再将全部用户流量切换到新版本。这种渐进式验证的方式，让小李可以在不影响用户体验的情况下，优化和改良应用程序，以便提供更好的用户体验和服务质量。

4）基于事件的自动伸缩

小明是某电商平台的运维工程师，负责维护平台上的服务稳定性。某一天，平台上的订单服务突然出现了大量积压的订单，导致部分用户无法及时下单购买商品，引起用户的投诉和不满。

小明马上调查发现，原来是平台的订单服务没有及时扩容，在订单量暴增的情况下，无法满足用户的购买需求，导致订单积压。为了解决这个问题，小明决定引入 KnativeServing 的基于事件的自动伸缩功能。

他在部署订单服务时，设置了特定的事件触发条件，当订单服务的消息队列中出现大量积压的消息时，KnativeServing 会自动触发扩展操作，快速增加部署的资源，以满足处理订单的需求。

不久之后，小明又接到了一位用户的投诉，说他在下单时出现了系统崩溃的情况。小明很快检查发现，是平台上的促销活动引起了用户的爆单行为，导致订单服务的请求量瞬间飙升，超出了之前设置的最大处理能力。

为了解决这个问题，小明在 KnativeServing 中设置了更多的事件触发条件，如请求量达到一定阈值或 CPU 负载过高等，当订单服务的负载超出了系统预设的范围时，KnativeServing 会自动触发缩减操作，释放部署的资源，以避免出现系统崩溃的情况。

通过 KnativeServing 的基于事件的自动伸缩功能，小明成功地解决了平台上订单服务的积压和系统崩溃问题，提高了平台的服务稳定性和用户体验，赢得了用户的信任和好评。

5）核心 API

KnativeServing 还提供了一组基本的 API 和命令行工具，可以方便地进行部署、更新和管理应用程序，包括以下 3 个核心 API。

（1）Service API。

Tom 是一家互联网公司的开发人员，他的团队负责维护公司的在线商城。一天下午，Tom 收到了一个紧急任务，需要将公司的在线商城从一台服务器上迁移到 Kubernetes 集群中。由于商城的流量非常大，Tom 需要考虑如何快速且可靠地将商城迁移过去，并确保在高峰期自动扩缩容以避免服务器宕机。

Tom 决定使用 KnativeServing 的 ServiceAPI 实现这个任务。他首先创建了一个 KnativeService 对象，并将其与商城应用程序代码和容器镜像相关联。他还设置了伸缩参数和流量路由规则，以便在高峰期自动扩缩容并为客户提供更好的用户体验。Tom 非常高兴地发现，使用 KnativeServing 的 ServiceAPI，他无须手动管理服务器或为高峰期增加服务器。KnativeService 对象可以自动进行扩容，这意味着商城始终可用，并且可以处理任何数量的请求。

然而，过了一段时间，Tom 收到了一个意外的警报，商城出现了问题，需要回滚到之前的版本。Tom 知道他可以使用 KnativeServing 的 ServiceAPI 来解决这个问题。他只需简单地更改流量路由规则，便可将当前版本的商城回退到之前的版本。这使回滚过程变得非常简单和快速。

在商城开始处理更多的订单并增加更多的服务后，Tom 发现商城需要更多的资源来保持高可用性。Tom 想确保商城在任何时候都能够处理大量流量，因此他决定使用 KnativeServing 的自动缩容和自动备份功能。这意味着商城只需在需要处理更多流量时自动扩展，而不需要额外地进行手动干预。Tom 还设置了定期备份计划，以确保商城永远不会失去关键数据。

最后，Tom 想确保商城的代码部署始终是完全自动化的，因此他使用 KnativeServing 的自动部署功能进行持续交付。这意味着每当他的团队完成新功能时，代码就会自动部署到商城，而不需要手动干预。同时，使用自动流量路由功能，Tom 可以确保新功能不会影响商城的可用性。

（2）Route API。

在 Kubernetes 中，KnativeServing 的 Route API 是一种强大的工具，它允许对流量进行细粒度的控制和管理。这是通过设置不同的流量路由规则和权重分配实现的。

故事 1：小餐馆的开业。

有一家小餐馆刚刚开业，他们想将流量路由到不同的菜品页面，即想要将 50% 的流量路由到比萨页面，将 30% 的流量路由到汉堡页面，将 20% 的流量路由到沙拉页面。他们使用 KnativeServing 的 Route API，通过设置不同的路由规则和权重分配实现这一目标。现在，当客户访问餐馆的网站时，根据权重分配的规则，大部分客户会看到比萨页面，然后是汉堡页面和沙拉页面。这帮助小餐馆合理地分配了客户资源，从而提高了销售额。

故事 2：网上商城的大促销。

某个网上商城正在进行一场大促销活动，他们想将不同的流量路由到不同的商品页面，即想将 40% 的流量路由到电子商品页面，将 30% 的流量路由到家居用品页面，将 20% 的流量路由到服饰页面,将 10% 的流量路由到鞋类页面。他们使用 KnativeServing 的 Route API,通过设置不同的路由规则和权重分配实现这一目标。现在,当客户访问商城的网站时,根据权重分配规则,大部分客户会看到电子商品页面,然后是家居用品页面、服饰页面和鞋类页面。这帮助商城合理地分配了客户资源,从而提高了销售额。

总之,KnativeServing 的 Route API 是一种非常有用的工具,可以帮助企业根据不同的业务需求,设置不同的流量路由规则和权重分配规则,从而更好地控制和管理流量。

(3) Configuration API。

小明是一名前端开发工程师,他的项目需要使用 KnativeServing 来快速部署和管理应用程序。在使用 ConfigurationAPI 配置容器镜像网址时,他遇到了一个问题,也就是容器镜像网址经常会被修改。为了解决这个问题,他决定使用环境变量来动态地获取镜像网址。

当他使用 ConfigurationAPI 配置环境变量时,他发现还需要调用后端服务的地址。这时,他决定使用 KnativeServing 的 ConfigurationAPI 来存储后端服务的地址,并将其与应用程序的容器镜像网址关联起来。

随着应用程序的不断迭代,小明需要处理越来越多的负载,并且需要自动处理负载的伸缩工作。KnativeServing 提供了自动伸缩功能,只需配置好最小副本数和最大副本数,KnativeServing 将自动使负载达到均衡,保证应用程序的稳定性和高可用性。

最后,小明需要对流量路由进行配置。他决定将流量路由到不同的版本,并使用灰度发布来测试新版本应用程序。通过 ConfigurationAPI 来配置流量路由规则,他可以轻松地将不同版本的应用程序部署到不同的目标,保证了应用程序的稳定性和用户体验。

小明的项目成功地使用了 KnativeServing 的 ConfigurationAPI 来配置容器镜像网址、环境变量、调用后端服务的地址、自动处理负载的伸缩工作和流量路由,他也因此被公司表扬了。

12. KnativeEventing

故事 1:从混乱到精简的转变。

曾经某个公司的开发团队,由于需要在不同的应用程序之间进行数据交互,所以采用了多种不同的消息传递协议,例如 AMQP、MQTT、HTTP 等,然而,这些协议各自为政,导致了开发团队面临了巨大的混乱。在寻找合适的解决方案时,他们发现了 KnativeEventing。通过 KnativeEventing,仅需使用一个标准化的事件模型,无论是触发事件还是接收事件都能保证一致性和互通性,从而实现了消息传递的精简化和统一化。

故事 2:预测性维护系统的建立。

在某家工厂中,由于过去曾经发生过一些设备突然崩溃的事情,工厂的生产线经常需要人工检查设备的运行状态,以防止不必要的停机,然而,这种手工检查方法既耗费时间又不够准确。于是,工厂的 IT 团队决定引入 KnativeEventing。通过将设备的状态变化定义为事件,然后使用 KnativeEventing 将这些事件实时传递到维护系统中,系统能够通过机器学习算法对设备健康状况进行预测,提前发现设备的故障风险,从而实现了预测性维护。

故事 3:快速迭代的微服务架构。

某家公司要开发一款社交网站，并期望能够随着用户数量的增长而快速扩展。为了满足这一需求，他们选择采用微服务架构，并使用 KnativeEventing 实现事件驱动。每当新用户注册后，KnativeEventing 会将事件传递给用户管理微服务，然后用户管理微服务会将新用户信息传递给其他微服务，例如推荐服务、内容服务等。这个微服务架构可以快速迭代，只需添加或删除微服务即可实现功能的扩展或缩减。同时，KnativeEventing 也保证了不同微服务之间的无缝连接和数据一致性。

1）资源类型

在某个互联网金融公司，他们的系统需要实时监控用户交易行为，以便在用户进行不当操作时立刻触发风险控制。为了实现这个功能，他们引入了 Kubernetes 的 KnativeEventing 资源类型。

首先，他们创建了一个名为 Transactions 的 Broker，用于连接用户交易行为的事件源和风险控制的触发器。接着，创建了一个名为 RiskControl 的 Trigger，配置了触发条件和触发方式，例如当用户在短时间内进行多次异常交易时，立刻触发短信风险提醒。

为了让 RiskControl Trigger 能够监听到 Transactions Broker 中的事件，他们创建了一个名为 RiskControlSubscription 的 Subscription，将其订阅到 Transactions Broker 上，并将事件路由触发到 RiskControl Trigger。

最后，为了实现事件在 Transactions Broker 中按顺序传输，他们创建了一个名为 TransactionsChannel 的 Channel，将其作为事件源和 Transactions Broker 之间的中间件，使所有的事件都传输到 Transactions Broker 中后按照顺序进行处理。

通过 KnativeEventing 提供的资源类型，该互联网金融公司实现了实时监控并及时触发风险控制功能，保障了用户的资金安全。

2）控制器

有一次，小明参加了一家公司的技术交流会议，他在会议上听了一位资深开发者介绍了如何在 Kubernetes 上使用 KnativeEventing 控制器来构建事件驱动的应用程序。小明非常感兴趣，于是决定尝试一下。

他开始使用 Broker 控制器来创建一个消息队列，这个队列可以存储事件数据并将其发送到 Kubernetes 集群中的其他服务。通过 Trigger 控制器，他设置了一个触发器来监听队列中的事件，并将事件路由到正确的目标资源。最后，他使用 Subscription 控制器将资源注册到触发器上，以便在事件到达时可以触发相应的操作。

小明非常满意他的构建结果，但他意识到这只是 KnativeEventing 控制器的一部分。他发现，使用这些控制器可以轻松地构建可伸缩且高度可靠的事件驱动应用程序，从而提高开发人员的生产力和应用程序的性能。

后来，他的同事告诉他关于如何在生产环境中使用 KnativeEventing 控制器的另一个有趣的故事。他们的公司正在开发一个新的在线商店，需要快速地处理来自不同渠道的订单。他们决定使用 KnativeEventing 控制器实现跨多个服务的事件处理。他们使用 Broker 控制器来创建一个消息队列，并将订单事件发送到队列中，然后使用 Trigger 控制器来将事件发送到目标服务,并使用 Subscription 控制器将服务注册到触发器上。

由于 KnativeEventing 控制器支持伸缩和容错,所以可以很容易地处理大量订单事件,而不会停止服务。他们还使用了 KnativeEventing 的其他控制器,例如 InMemoryChannel 控制器和 KafkaChannel 控制器,以此来构建更复杂的事件流水线和异步任务。

3) 架构

故事从一个餐厅开始。餐厅的老板每天都会接收到很多订餐电话和邮件。他需要一个系统来处理这些订单,然后让厨房知道哪些食物要做,所以他决定使用 KnativeEventing 架构。

首先,他需要一个组件来接收来自顾客的订单,这就是 ingress 组件。餐厅老板设置了一个电话号码和电子邮件地址,顾客会通过这些途径联系他。餐厅老板将电话和电子邮件与 ingress 组件联系起来,这样,每当顾客下订单时,ingress 组件就会接收到这些订单。

然后餐厅老板需要一个组件来处理这些订单,这就是 controller-manager。它控制了 Broker、Trigger 和 Subscription 的状态和行为。餐厅老板将这些组件设置为 Automated Kitchen,这样,所有订单都会发送到这个组件,它会按照顺序将订单发送给厨房。

但是,有时 Automated Kitchen 可能会出现故障。为了避免这种情况,餐厅老板使用了 webhook 组件。这个组件会处理资源类型声明的验证请求。如果 Automated Kitchen 出现了问题,webhook 组件则会自动启动备用厨房,并将订单发送到备用厨房。

最后,餐厅老板需要将订单发送到正确的厨房。这就是 Broker、Trigger 和 Subscription。餐厅老板将所有订单发送到主厨房(Broker),然后使用 Trigger 将订单发送到正确的厨房。例如,如果订单是一个比萨订单,Trigger 则会将订单发送到比萨厨房(Subscription),然后比萨厨房就会按照这个订单制作比萨。

4) 功能特性

一天,小明作为一名开发人员,被委派负责一项重要的任务,即开发一个全新的在线商店应用程序。他知道,任何应用程序都需要处理各种事件,例如新订单、库存更新和付款确认等,因此,他开始考虑如何在应用程序中使用 KnativeEventing 来处理这些事件。

他首先决定使用消息队列作为事件源,这样他就可以确保应用程序能够处理大量的并发事件,然后他使用 KnativeEventing 的控制器和触发器来处理这些事件。他创建了一个事件控制器,以处理所有的订单事件,并将它们发送到应用程序中。此外,他还创建了一个触发器,以此来接收付款确认事件,并更新订单状态。

在实现这些功能的过程中,小明发现他需要自定义一些控制器,以确保应用程序能够按照他的想法工作。他使用 KnativeEventing 的可扩展性功能来自定义控制器,并添加了自己的逻辑来处理一些特殊情况。此外,他还使用指标和日志等观察性功能来监控应用程序的状态和性能。通过这些功能,小明成功地构建了一个高可靠性的在线商店应用程序。

总体来讲,KnativeEventing 的功能特性确保了开发人员可以轻松地构建高可靠性的应用程序,同时提供多种事件源和触发器,以及可扩展的体系结构。这些功能使 KnativeEventing 成为一个非常有价值的工具,帮助开发人员处理各种类型的事件,从而构建更好的应用程序。

5) 应用场景

(1) 事件驱动的微服务架构：在某个快递公司的物流系统中,他们使用 KnativeEventing 构建了一个事件驱动的微服务架构。当一个订单被下单时,系统会把这个事件发送给一个 微服务,该微服务会对这个订单进行处理并将其分配给特定的司机。如果订单的状态发生 改变,例如被取消或完成,系统则会再次发送一个事件以通知其他微服务和司机。这个事件 驱动的微服务架构使快递公司能够更加灵活地响应订单变化,并且能够以更快的速度处理 更多的订单。

(2) 传感器和 IoT 设备：在某个智能家居系统中,他们使用 KnativeEventing 作为传感 器和 IoT 设备的事件处理平台。当一个房间的温度超出了预设的范围时,传感器会将一个 事件发送给该系统。系统会立即对这个事件进行响应,例如打开空调或打开通风口,以调节 房间的温度。这个使用 KnativeEventing 搭建的事件处理平台使智能家居系统能够更加精 准地控制室内温度,从而提高了用户的生活品质。

(3) 实时数据处理：在某个金融公司的市场监测系统中,他们使用 KnativeEventing 作 为实时数据处理的基础设施。该系统从各种不同的数据源中收集数据,并将其汇聚到一个 中央位置进行处理和分析。当有新的市场数据可用时,该系统会发送一个事件以通知其他 微服务。这个使用 KnativeEventing 搭建的实时数据处理基础设施使该金融公司能够更快 速地处理市场数据,并且能够更好地了解市场走势,从而做出更好的投资决策。

6) 使用教程

KnativeEventing 是一个事件驱动的组件,可以帮助用户在 Kubernetes 上进行事件处 理,具体实现步骤如下。

(1) 安装 KnativeEventing：KnativeServing 是 Kubernetes 的一种开源平台,它提供了 一个基本的运行时环境,可以轻松地将应用程序、函数和容器部署到 Kubernetes 集群上。 安装 KnativeServing 的步骤如下：

首先,在 Kubernetes 集群上启用 Istio。可以使用以下命令来启用 Istio,代码如下：

```
//第 4 章/4.5.7 在 Kubernetes 集群上启用 Istio
#使用 kubectl 命令执行应用,指定参数--filename,表示从指定的文件中获取应用配置
#下载 https://github.com/knative/serving/releases/download/v0.23.0/serving-
#crds.yaml 文件中的资源定义,并将其应用到 Kubernetes 集群中
kubectl apply - - filename https://github. com/knative/serving/releases/
download/v0.23.0/serving-
crds.yaml
#下载 https://github.com/knative/serving/releases/download/v0.23.0/serving-
#core.yaml 文件中的应用配置,并将其应用到 Kubernetes 集群中
kubectl apply - - filename https://github. com/knative/serving/releases/
download/v0.23.0/serving-core.yaml
```

确认 KnativeServing 组件已经正确安装并运行,代码如下：

```
#使用 kubectl 命令获取命名空间为 knative-serving 下的所有 pods 列表
kubectl get pods --namespace knative-serving
```

KnativeEventing 是 Kubernetes 的另一种开源平台，它提供了一种基于事件的体系结构，可以轻松地处理 Kubernetes 中的事件。安装 KnativeEventing 的步骤如下：

首先，在 Kubernetes 集群上启用 Istio。可以使用以下命令来启用 Istio，代码如下：

```
#使用 kubectl 命令创建或更新 kubernetes 对象
kubectl apply
#指定从指定的 URL 下载 YAML 文件，并在当前命名空间下执行创建或更新操作
--filename https://github.com/knative/net-istio/releases/download/v0.23.0/
release.yaml
#这个 YAML 文件是 Knative 所依赖的网络代理服务 Istio 的发布版本 v0.23.0 的清单文件，包
#含该版本的所有资源对象定义，用于在 Kubernetes 平台上部署和运行 Istio 网络代理服务
```

然后在 Kubernetes 集群上安装 KnativeEventing，代码如下：

```
#使用 kubectl 命令，通过指定远程的 YAML 文件 URL，安装 Knative Eventing 的自定义资源定
#义 (CRD)
kubectl apply --filename https://github.com/knative/eventing/releases/
download/v0.23.0/eventing-crds.yaml
#使用 kubectl 命令，通过指定远程的 YAML 文件 URL，安装 Knative Eventing 的核心部分
kubectl apply --filename https://github.com/knative/eventing/releases/
download/v0.23.0/eventing-core.yaml
#使用 kubectl 命令，通过指定远程的 YAML 文件 URL，安装 Knative Eventing 的内存通道
kubectl apply --filename https://github.com/knative/eventing/releases/
download/v0.23.0/in-memory-channel.yaml
```

确认 KnativeEventing 组件已经正确安装并运行，代码如下：

```
#使用 kubectl 命令获取指定命名空间 (namespace) 中的 pods 列表
kubectl get pods --namespace knative-eventing
```

安装 KnativeServing 和 KnativeEventing 后，可以开始使用 Kubernetes 集群来部署和管理应用程序、函数和容器。

（2）创建 Broker：创建 Broker 资源是为了让用户可以接收和处理事件。可以通过 kubectl 命令来创建 Broker 资源，代码如下：

```
#kubectl: Kubernetes 命令行工具
#apply:使用配置文件应用到 Kubernetes 集群中
#-f:指定要应用的配置文件
#my-broker.yaml:要应用的 Kubernetes 配置文件的名称
kubectl apply -f my-broker.yaml
```

其中，my-broker.yaml 文件包含了 Broker 的详细配置信息，可以在此文件中指定 Broker 的名称、命名空间、配置等信息。

（3）创建 Trigger：创建 Trigger 资源，用于监听和处理事件。可以通过 kubectl 命令来创建 Trigger 资源，代码如下：

```
kubectl apply -f my-trigger.yaml
```

其中，my-trigger.yaml 文件包含了 Trigger 的详细配置信息，可以在此文件中指定 Trigger 的名称、命名空间、Broker 资源名称等信息。

（4）创建 Subscription：创建 Subscription 资源可以让用户订阅特定类型的事件。可以通过 kubectl 命令来创建 Subscription 资源，代码如下：

```
kubectl apply -f my-subscription.yaml
```

其中，my-subscription.yaml 文件包含了 Subscription 的详细配置信息，可以在此文件中指定 Subscription 的名称、命名空间、订阅的事件类型、Trigger 名称等信息。

（5）触发事件：可以通过像 Kafka 一样往 Broker 发送消息来触发事件，或者通过 API Gateway 调用 Webhook 来触发事件。触发事件后，事件将会被路由到指定的 Trigger 上。例如，可以使用下面的命令往 Broker 发送消息，代码如下：

```
#使用 kubectl 命令,在 default 命名空间中创建一个名为 curl 的 Pod,使用 radial/
#busyboxplus:curl 镜像,并在终端中分配一个伪终端
kubectl -n default run curl --image=radial/busyboxplus:curl -i --tty
#在创建的 Pod 中使用 curl 命令,访问 broker-ingress.knative-eventing.svc.cluster.
#local 服务的 default/default 路径,同时发送一些 HTTP 请求头,其中 Ce-type、Ce-source
#和 Ce-id 是自定义的头信息,Content-Type 是请求中的 JSON 数据的类型
curl http://broker - ingress. knative - eventing. svc. cluster. local/default/
default -H "Ce-type: dev.knative.example"  -H "Ce-source: curl" -H "Ce-id: 1" -
H "Content-Type: application/json" -d '{"name": "knative"}'
```

（6）处理事件：使用者可以自定义 Trigger 来处理事件，例如使用 Kubernetes Job 来执行任务，或者调用其他 API 来处理事件。可以在创建 Trigger 时指定处理事件的方式。例如，可以创建一个使用 Kubernetes Job 来执行任务的 Trigger，代码如下：

```
//第 4 章/4.5.7 使用 Kubernetes Job 来执行任务的 Trigger
#apiVersion 指定了所使用 Knative Eventing API 的版本
apiVersion: eventing.knative.dev/v1
#kind 指定了资源类型,这里是一个 Trigger
kind: Trigger
metadata:
  #给这个 Trigger 分配一个唯一的名称
  name: my-job-trigger
spec:
  #指定了一个 broker,将消息发送到这个 broker
  broker: my-broker
  #指定了消息过滤条件,这里使用了属性过滤
  filter:
    attributes:
      type: dev.knative.example
  #指定了订阅者,也就是消息的接收方
  subscriber:
    #ref 字段指定了所使用的资源的信息
```

```
      ref:
        #指定所使用的 API 版本及资源类型
        apiVersion: batch/v1
        kind: Job
        #指定订阅者的名称
        name: my-job
```

其中，my-job.yaml 文件中的配置用于创建一个 Kubernetes Job，用于执行任务。使用 KnativeEventing 可以帮助用户在 Kubernetes 上进行事件处理，通过以上步骤，可以完成 KnativeEventing 的安装、配置和使用。

KnativeEventing 是一个非常强大的事件驱动框架，它提供了一系列的资源类型和控制器，使使用者可以轻松地声明、管理和触发事件。与此同时，KnativeEventing 还提供了可扩展性、观察性和可靠性等功能，使开发者能够构建出高可靠性和高观察性的应用程序。KnativeEventing 适用于多种应用场景，例如事件驱动的微服务架构、传感器和 IoT 设备、实时数据处理等。需要注意，相关配置必须根据实际情况进行调整，上述示例仅供参考。

13. BrokerChannelTrigger

在很久以前，有一个古老的传说，讲述了一个名叫 Brokentree 的小镇。这个小镇的居民都非常善良，热爱帮助别人，然而，由于镇子太小，消息传播非常不便，有时需要好几天才能传达给别人。这就给人们的生活带来了很多不便。

有一天，一个神秘的旅行者来到了小镇。他告诉人们，他能够帮助他们解决消息传递的问题。他建议在小镇的中心建立一个传递站，所有的消息都将会在这里中心化、管理化传递，这就是 Knative Broker。所有需要收到消息的人，只需在传递站附近站岗，当消息传递到中心站时，他们就能第一时间收到消息，从而更快更有效地帮助需要帮助的人。

但问题又来了，如何才能更好地管理消息传递的路线呢？这就需要使用 BrokerChannelTrigger。BrokerChannelTrigger 就像是一个触发器，它可以帮助开发者在 Kubernetes 中快速、准确地触发应用程序。就像传递站的站岗人员一样，BrokerChannelTrigger 可以帮助消息被正确地路由到需要的地方，帮助人们更快地得到帮助。

在设计理念上，Knative Broker 的核心理念就是中心化、管理化，而 BrokerChannelTrigger 就是为了更好地实现这一理念而生的。它们共同为 Kubernetes 带来了更好的消息传递服务，让人们的生活更加便捷。

1）使用 BrokerChannelTrigger

使用 BrokerChannelTrigger 需要以下几个步骤。

（1）安装 Knative Broker：确保在 Kubernetes 集群上已经安装了 KnativeServing 和 Eventing，前文已有示例。

部署 Knative Broker，可以使用以下命令，代码如下：

```
#kubectl apply 是 kubectl 命令中的一个操作，用于将 Kubernetes 的配置文件应用到集群中
#-f 参数用于指定配置文件的位置，后面跟随的是 broker.yaml 文件在 GitHub 上的 URL 网址
#https://github.com/knative/eventing/releases/download/v0.26.0/broker.yaml 是
```

```
#一个 YAML 格式的文件,包含了发布/订阅模式中的代理(broker)的配置信息
#该命令将会把 broker.yaml 配置文件的内容应用到 Kubernetes 集群中,用以启用事件驱动的
#架构模式
kubectl apply -f
https://github.com/knative/eventing/releases/download/v0.26.0/broker.yaml
```

这将在 Kubernetes 集群中部署一个 Knative Broker。需要注意,该命令将使用最新版本的 Knative Broker(v0.26.0)。如果要使用其他版本,则可在 URL 中更改版本号。

部署 Broker Channel,Broker Channel 是将事件路由到正确的接收器的机制。使用以下命令,代码如下:

```
#使用 kubectl 命令,运行 apply 操作,将 YAML 文件中定义的资源配置应用到当前的
#Kubernetes 集群中
#-f 参数用于将要应用的 YAML 文件网址指定为 https://github.com/knative/eventing/
#releases/download/v0.26.0/broker-channel.yaml
#这个 YAML 文件是用于安装 Knative Eventing 组件中的 Broker 和 Channel
#Knative Eventing 是 Kubernetes 的原生事件框架,可以让应用程序以简洁的方式消费、生成
#和处理事件
kubectl apply -f
https://github. com/knative/eventing/releases/download/v0. 26. 0/broker -
channel.yaml
```

这将在 Kubernetes 集群中部署一个 Broker Channel。

部署 Trigger,Trigger 定义了如何将事件路由到正确的接收器。使用以下命令,代码如下:

```
#使用 kubectl 命令,通过 URL 加载 Knative Eventing v0.26.0 版本的 broker filter 配置
#文件
kubectl apply -f https://github.com/knative/eventing/releases/download/v0.26.
0/broker-filter.yaml
```

配置 Knative Broker。在安装完成后,需要配置 Knative Broker,以便它可以接收和传递事件。可以使用以下命令获取 Broker 的配置信息,代码如下:

```
#使用 kubectl 命令获取名为 default 的 broker 对象的 YAML 格式配置信息
kubectl get broker default -o yaml
```

然后可以使用 kubectl edit broker default 命令编辑 Broker 的配置信息并保存更改。

以上是安装与配置 Knative Broker 的基本步骤。根据具体的需求,可能需要进一步地进行配置。

(2) 创建 Broker:在 Kubernetes 中创建一个 Broker 对象,用于连接各种事件源和事件监听器。Broker 是一个 Kubernetes CRD 对象,可以使用 kubectl 创建。

要创建一个 Kubernetes Broker 对象,需要使用以下命令,代码如下:

```
kubectl apply -f <broker.yaml>
```

其中,<broker.yaml>包含 Broker 对象定义的 YAML 文件路径。在这个文件中,需要定

义 Broker 对象的元数据和规范,代码如下:

```
//第 4 章/4.5.7 定义 Broker 对象的元数据和规范
#定义 API 版本和资源类型
apiVersion: eventing.knative.dev/v1alpha1
kind: Broker
#元数据,命名为 my-broker
metadata:
  name: my-broker
#定义 Broker 的配置
spec:
  config:
    apiVersion: v1
    kind: ConfigMap
    name: broker-config
  #定义消息传递方式
  delivery:
    #定义死信队列信息,即消息传递失败后的接收地址
    deadLetterSink:
      apiVersion: v1
      kind: Service
      name: dead-letter-svc
    #定义消息过滤器,只有特定属性匹配的消息才会被传递
    filter:
      attributes:
        type: my-event
        source: my-source
    #定义消息重试策略,失败的消息将在 30s 后进行最多 5 次重试
    retry:
      intervalInSeconds: 30
      maxAttempts: 5
```

在这个 YAML 文件中,定义了一个名为 my-broker 的 Broker 对象。它使用了 eventing.knative.dev/v1alpha1API 版本,也就是 Knative 事件网格的 API 版本。Broker 对象包含了一个 spec 字段,其中包括配置信息和传递信息。配置信息使用了一个名为 broker-config 的 ConfigMap 对象。传递信息包括了死信(发送失败时的备用接收器)、过滤器和重试规则等配置。

注意:上述配置只是一个例子,在实际使用中需要根据实际需要进行修改。

---

(3)创建 Channel:要在 Kubernetes 中创建一个 Channel 对象,可以执行以下命令,代码如下:

```
kubectl create -f channel.yaml
```

其中,channel.yaml 包含 Channel 定义的 YAML 文件,代码如下:

```
//第 4 章/4.5.7 channel.yam
#将 API 版本定义为 messaging.knative.dev/v1,表示通信模块的 API 版本
```

```
#将 Kubernetes 资源类型定义为 Channel,表示通道资源
apiVersion: messaging.knative.dev/v1
kind: Channel
metadata:
  name: my-channel #将资源名称定义为 my-channel
spec:
  provisioner:
    apiVersion: messaging.knative.dev/v1 #将通道使用的 API 版本指定为 messaging.
#knative.dev/v1
    kind: InMemoryChannel #将通道的类型指定为 InMemoryChannel,表示使用内存通道的
#实现方式
```

此命令将在 Kubernetes 集群中创建一个名为 my-channel 的 Channel 对象,使用 InMemoryChannel 作为传输协议。

（4）创建 Trigger：在 Kubernetes 中创建一个 Trigger 对象。可以使用以下示例命令,代码如下：

```
kubectl apply -f <trigger.yaml>
```

在该命令中,<trigger.yaml>表示包含 Trigger 对象定义的 YAML 文件。在该文件中,应该定义 Trigger 对象的规范、名称、触发条件和要执行的操作等信息。例如,以下是一个 Trigger 对象的示例 YAML 定义,代码如下：

```
//第 4 章/4.5.7 Trigger 对象的示例 YAML 定义
#该代码描述了一个 Kubernetes 的 YAML 配置文件,用来定义一个触发器资源
#将 API 版本号定义为 example.com/v1
apiVersion: example.com/v1
#将资源类型定义为 Trigger
kind: Trigger
#定义 Trigger 的元数据,包括名称 my-trigger
metadata:
  name: my-trigger
#定义 Trigger 的详细配置信息
spec:
  #将事件源定义为 eventbus,并提供必要的属性信息
  eventSource:
    type: eventbus
    properties:
      arn: arn:aws:eventbus:us-west-2:111122223333:event-bus/default
  #定义触发器的触发条件,这里仅定义了一个条件,即 source 类型为 active
  conditions:
    - type: source
      status: active
  #定义触发器的动作,这里仅定义了一个动作为调用函数 my-function,并提供传入参数
  actions:
    - type: function
      properties:
```

```
                functionName: my-function
                input: '{"message": "{{ .Body }}" }'
```

这个 Trigger 定义了一个事件源 AWS EventBridge，条件为事件源处于活动状态，执行操作时调用名为 my-function 的 Lambda 函数，并将事件的主体作为输入。要创建此 Trigger 对象，应将上述定义保存为 trigger.yaml 文件，并使用 kubectl apply -f trigger.yaml 命令在 Kubernetes 中创建此 Trigger 对象。

（5）创建 Service：要创建一个 Service 对象，首先需要定义 Service 的配置，包括 Service 名称、Service 类型、Service 端口和选择匹配标签等。

例如，假设有一个 Deployment 对象，如果需要将其暴露给集群中的其他 Pod 使用，则可以创建一种类型为 ClusterIP 的 Service 对象，并将其端口映射到 Deployment 的容器端口，代码如下：

```
kubectl create service clusterip myapp --tcp=80:8080 --selector=app=myapp
```

其中，myapp 是 Service 的名称，--tcp = 80：8080 表示将 Service 的 80 端口映射到 Deployment 的 8080 端口，--selector = app = myapp 表示选择标签为 app = myapp 的所有 Pod 作为 Service 的后端。创建完成后，可以使用 kubectl get services 命令查看新创建的 Service 对象。

（6）发送事件：使用 Knative CLI 向名为 my-channel 的 Channel 发送一个 JSON 格式的事件，代码如下：

```
#使用 kn 命令行工具调用名为 my-channel 的 Knative 服务
kn service invoke my-channel --data '{"message": "hello"}'
```

使用 curl 命令向名为 my-channel 的 Channel 发送一个 HTTP POST 请求，代码如下：

```
#使用 curl 发送 POST 请求
curl -X POST
#添加 JSON 格式的请求头
-H "Content-Type: application/json"
#将数据体指定为 JSON 格式，并且将消息内容添加为"hello"
-d '{"message": "hello"}'
#请求的 URL 网址
http://broker-url/channels/my-channel/messages
```

需要注意的是，以上示例命令中的事件格式和传输协议应该与所创建的 Channel 对象匹配。

（7）触发操作：在 Kubernetes 中，使用 Kubernetes 的 Event API，Kubernetes 的自动化工具，或者基于自定义代码的方式实现。

创建一个 Kubernetes Job，当指定的事件到达 Channel 时触发该 Job 的执行，代码如下：

```
kubectl apply -f my-job.yaml
```

其中，在 my-job.yaml 文件中定义了 Job 的相关信息，例如并行的 Pod 数量、Pod 所要运行的 container 镜像及执行的命令等信息。

创建一个 Kubernetes Function，该 Function 会监听指定的 Channel，当事件到达时触发 Function 的执行，代码如下：

```
faas-cli deploy -f my-function.yml
```

其中，在 my-function.yml 文件中定义了 Function 的相关信息，例如函数入口、触发事件的 Channel、函数依赖项等信息。

自定义操作，例如发送一封通知邮件等，执行命令以启动自定义 Trigger，代码如下：

```
java -jar my-trigger.jar
```

其中，my-trigger.jar 包含自定义编写的 Trigger 的 Java 应用程序，当事件到达 Channel 后，该 Trigger 会被触发执行，并执行相应的操作，例如将一封通知邮件发送给指定的收件人。需要注意，相关配置必须根据实际情况进行调整，上述示例仅供参考。

2）BrokerChannelTrigger 的优点

一天，某家电商网站在促销期间遭遇了一波巨大的流量潮，导致网站崩溃。他们决定使用 Kubernetes 和 BrokerChannelTrigger 来解决这个问题。首先，他们使用 BrokerChannelTrigger 将所有来自不同来源的流量进行中心化管理和路由，从而确保网站能够及时响应。接着，他们设置了灵活的事件触发条件，以便更好地适应不断变化的流量情况。最后，他们使用 Kubernetes 任务和作业，以及自定义操作，确保网站能够在高峰期高效地响应。这使他们能够成功地处理流量潮，让促销期间的业绩得到了显著提升。由于 BrokerChannelTrigger 基于标准的 Kubernetes CRD 对象实现，他们还能够轻松地与不同编程语言和开发框架进行集成，实现多语言、多框架的事件驱动的应用程序。需要注意，相关配置必须根据实际情况进行调整，上述示例仅供参考。

3）Java 中使用 BrokerChannelTrigger

在 Java 中使用 BrokerChannelTrigger 需要添加以下依赖，代码如下：

```
//第 4 章/4.5.7 在 Java 中使用 BrokerChannelTrigger 依赖
//添加 Spring Cloud Stream Kafka 依赖
<dependency>
    <groupId>org.springframework.cloud</groupId>
    <artifactId>spring-cloud-starter-stream-kafka</artifactId>
</dependency>
//添加 Spring Cloud Stream Kafka Streams Binder 依赖
<dependency>
    <groupId>org.springframework.cloud</groupId>
    <artifactId>spring-cloud-stream-binder-kafka-streams</artifactId>
</dependency>
//添加 Spring Cloud Stream Kafka Binder 依赖
<dependency>
    <groupId>org.springframework.cloud</groupId>
```

```
    <artifactId>spring-cloud-stream-binder-kafka</artifactId>
</dependency>
//添加 Spring Cloud Stream Knative Binder 依赖
<dependency>
    <groupId>org.springframework.cloud</groupId>
    <artifactId>spring-cloud-stream-binder-knative</artifactId>
</dependency>
```

接下来,定义一个 StreamListener,用于监听 Channel 的事件,代码如下:

```
//第 4 章/4.5.7 定义一个 StreamListener,用于监听 Channel 的事件
//声明这是一个 Spring 组件,可以被自动扫描并注册到 Spring 容器中
@Component
//启用 Spring Cloud Stream 绑定到 Kafka Streams 的功能,并将 KafkaStreamsProcessor
//作为绑定器
@EnableBinding(KafkaStreamsProcessor.class)
public class MyStreamListener {
    //声明一个流监听器,监听 my-input-channel 通道,当有消息到来时执行 handle 方法
    @StreamListener("my-input-channel")
    public void handle(Message<SomeEvent>message) {
        //处理事件
    }
}
```

最后,定义一个 Trigger 对象并将其部署到 Kubernetes 中,代码如下:

```
//第 4 章/4.5.7 定义一个 Trigger 对象并将其部署到 Kubernetes 中
#定义 API 版本和资源类型
apiVersion: eventing.knative.dev/v1alpha1
kind: Trigger
#指定元数据
metadata:
  name: my-trigger      #触发器的名称
#触发器的详细配置
spec:
  broker: my-broker      #指定事件代理,触发器将从该事件代理接收事件
  #配置过滤规则,只处理类型为"some-event-type"的事件
  filter:
    attributes:
      type: some-event-type
  #配置订阅者,当事件被触发时,将会调用"my-service"服务进行处理
  subscriber:
    ref:
      apiVersion: v1
      kind: Service
      name: my-service
```

这样就完成了使用 BrokerChannelTrigger 的 Java 应用程序的开发。需要注意,相关配置必须根据实际情况进行调整,上述示例仅供参考。

4.5.8 大型项目架构

大型互联网项目架构通常以高可用、高可靠为主,对于并发量较高的还需要保证高并发,企业中的大型项目架构通常以两地三中心容灾架构或者三地五中心容灾架构为主。

1. 两地三中心容灾架构

两地三中心架构是一种容灾解决方案,它将数据中心分为两个地理位置,并在每个地理位置内部建立 3 个数据中心。两个地理位置之间通过网络连接,以实现数据中心之间的容灾。

在过去的一次企业级 Kubernetes 架构实施中,一家金融科技公司为了保证业务的高可用性和持续性,需要在不同的地理位置建立 3 个数据中心。为此,他们选择使用 Kubernetes 实现两地三中心架构。

首先,为了实现负载均衡和自动分流调度,该公司搭建了全局负载均衡器(GLB),采用 F5 的全局负载均衡器硬件设备。该设备具有卓越的负载均衡能力和高可用性,能够在每个数据中心之间自动进行分流和调度。此外,F5 的硬件设备还支持黏性会话和亲和性,保证了用户访问时的数据一致性和稳定性。

其次,存储是一个关键组件,必须保证高可靠性和一致性。为此,该公司选择使用 Ceph 分布式存储系统,将数据保存在 3 个数据中心的不同节点中。这种存储方式可以实现数据的热备份和冷备份,即使某个数据中心出现了故障,业务数据也能够快速切换到其他可用数据中心上。

在 3 个数据中心的搭建过程中,该公司面临的最大挑战之一是网络连接。他们选择使用私有网络实现两个数据中心之间的连接,以保证网络的安全性和稳定性。他们还在每个数据中心之间建立了双向的 WAN 连接,以保证数据的实时同步和高速传输。

最终,该公司成功地实现了两地三中心架构,并且在每个数据中心内部建立了多个 Kubernetes 集群。经过测试,在出现故障的情况下,请求能够顺利地切换到其他可用的数据中心,保证了业务的持续性和可靠性。这一架构的成功实施为该公司的业务发展奠定了基础,并实现了在不同地理位置的业务流程的高度同步。

故事:实施步骤。

在某家互联网公司的数据部门,小明是一名资深的 DevOps 工程师,他负责维护公司的微服务架构,然而,最近公司计划扩展业务,需要在不同的数据中心部署微服务,这要求小明将架构升级为 Kubernetes 的两地三中心架构。

小明知道要实现这个架构,需要经过多个步骤。首先,他使用 Kubespray 工具安装了 3 个 Kubernetes 集群,分别部署在北京、上海和广州数据中心,然后他配置了数据中心之间的网络连接,确保它们可以互相通信。

接下来,小明考虑实现全局负载均衡器,他知道这非常重要,因为必须确保所有数据中心的请求可被均衡地分发。他决定使用 HAProxy——一个开源的 L4 负载均衡器,将请求分发到不同的数据中心。他还部署了 Ceph 分布式存储系统,保证数据的可靠性和一致性。

最后,小明将应用程序部署到 Kubernetes 集群中。他使用了 Deployment 和 Service 资源对象来定义应用程序的副本集和服务。在这个过程中,他发现自己的应用程序需要通过 L7 负载均衡器进行 HTTP 请求的路由,于是小明又在全局负载均衡器上加入了 Nginx,以此来解决这个问题。

通过这些步骤,小明让公司成功地升级为 Kubernetes 的两地三中心架构,实现了数据中心之间的高可用性和容错性。现在,公司可以更好地满足不同地区用户的需求,并保证数据的安全和稳定性。

1) 部署 Kubernetes 集群

首先,需要在每个数据中心内部部署 Kubernetes 集群。通过 kubeadm 或 Kubespray 等工具来安装和配置 Kubernetes 集群,并确保每个数据中心都有相同的硬件和软件配置。

假设有 3 个数据中心:datacenter1、datacenter2 和 datacenter3。在每个数据中心中都需要部署一个 Kubernetes 集群,这样才能跨数据中心使用 Kubernetes 系统。每个集群由 Master 节点和多个 Worker 节点组成。Master 节点用于管理整个集群,而 Worker 节点负责运行容器化的应用程序。

在每个数据中心中,可以使用 kubeadm 或 Kubespray 等工具来安装和配置 Kubernetes 集群。具体步骤如下:

(1) 确保每个数据中心都有相同的硬件和软件配置,这将确保在不同的数据中心之间部署 Kubernetes 集群时,它们的性能和行为方式都是相同的。

(2) 安装 Docker 和 Kubernetes 组件,在每个数据中心的所有节点上都安装 Docker 和 Kubernetes 组件,Kubernetes 组件包括以下内容。

kubelet:负责管理节点上的容器和容器组。

kubeadm:用于自动化地对 Kubernetes 集群进行部署。

kubectl:命令行工具,用于与 Kubernetes 集群进行交互。

kube-proxy:用于管理集群中的网络代理。

以下是一个使用 Docker 和 Kubernetes 组件进行容器化应用程序部署的示例。该示例使用 Kubernetes 集群来部署一个 Web 应用程序。

安装 Docker 和 Kubernetes 组件。

在每个数据中心的所有节点上安装 Docker 和 Kubernetes 组件。使用以下命令,在所有节点上安装所需的软件包,代码如下:

```
//第 4 章/4.5.8 安装 Docker 和 Kubernetes 组件
#更新软件包信息
sudo apt-get update
#安装 Docker
sudo apt-get install -y docker.io
#下载并安装谷歌云的 GPG 密钥
curl -s https://packages.cloud.google.com/apt/doc/apt-key.gpg | sudo apt-key
add -
```

```
#添加 Kubernetes 的仓库地址
sudo apt-add-repository "deb http://apt.kubernetes.io/ kubernetes-xenial main"
#安装 Kubernetes 相关组件
sudo apt-get install -y kubeadm kubelet kubectl kube-proxy
```

使用 kubeadm 工具创建 Kubernetes 集群。使用以下命令，在控制节点上初始化集群，代码如下：

```
sudo kubeadm init
```

此命令会生成一个 Kubernetes 集群的配置文件，该文件需要手动复制到每个节点上。将每个节点加入 Kubernetes 集群中，使用以下命令，代码如下：

```
#使用 sudo 命令执行 kubeadm join 命令，将本地节点加入 Kubernetes 集群
#<token>处需要替换为集群管理员提供的具体值
#<master-ip>和<master-port>分别代表 Kubernetes 集群中 Master 节点的 IP 地址和端
#口号
#--discovery-token-ca-cert-hash 参数后面的 sha256:<hash>为 discovery token 的证
#书哈希值，用于安全验证身份和加密传输信息
sudo kubeadm join --token <token><master-ip>:<master-port>--discovery-token
-ca-cert-hash sha256:<hash>
```

其中，＜token＞是在控制节点上生成的令牌，＜master-ip＞:＜master-port＞是控制节点的 IP 地址和端口号，＜hash＞是用于加密通信的数字签名。

安装与配置说明：安装 Docker 和 Kubernetes 组件之前，需要确保已经正确安装了所需的操作系统和软件依赖项。安装 Docker 和 Kubernetes 组件时，需要确保使用最新的软件包版本。在安装和配置过程中，应遵循最佳实践，并按照 Kubernetes 官方文档的建议进行操作。在配置 Kubernetes 集群时，需要确保使用正确的配置文件，并根据实际情况进行必要的修改。在部署应用程序时，需要确保使用正确的镜像，并按照 Kubernetes 官方文档的建议进行操作。

（3）初始化 Master 节点，在每个数据中心，使用 Kubeadm 或 Kubespray 工具初始化 Master 节点，并设置其运行所需的配置文件。使用命令行工具运行以下命令来安装 Kubeadm 和 Kubectl，代码如下：

```
//第 4 章/4.5.8 安装 Kubeadm 和 Kubectl
#运行以下命令来更新软件包列表并安装 apt-transport-https 和 curl
sudo apt-get update && sudo apt-get install -y apt-transport-https curl
#从指定 URL 下载 Google Cloud 的 apt-key 并添加到系统的密钥库中
curl -s https://packages.cloud.google.com/apt/doc/apt-key.gpg | sudo apt-key
add -
#将 Kubernetes 存储库添加到 apt 源列表中
echo "deb https://apt.kubernetes.io/ kubernetes-xenial main" | sudo tee -a /etc/
apt/sources.list.d/kubernetes.list
#再次更新软件包列表
sudo apt-get update
#安装所需的软件包
```

```
sudo apt-get install -y kubelet kubeadm kubectl
#标记 Kubernetes 软件包以避免被升级
sudo apt-mark hold kubelet kubeadm kubectl
```

初始化 Master 节点,使用以下命令初始化 Master 节点,代码如下:

```
#使用 sudo 权限来执行 kubeadm init 命令,初始化 Kubernetes 集群。--pod-network-cidr
#参数用于指定 Pod 的网络地址范围,本例中设置为 10.244.0.0/16。这个参数是必选项,因为
#Kubernetes 需要为每个 Pod 分配一个唯一的 IP 地址,该参数指定了 Pod IP 的地址范围
sudo kubeadm init --pod-network-cidr=10.244.0.0/16
```

这将创建包括 Kubernetes API 服务器、etcd 数据库和其他必要的组件的 Master 节点,并生成用于加入工作节点的命令。运行配置命令,在 Master 节点上运行以下命令设置 kubectl 的配置文件,代码如下:

```
#创建一个名为 .kube 的文件夹
mkdir -p $HOME/.kube
#将 /etc/kubernetes/admin.conf 文件复制到 $HOME/.kube/config 中
sudo cp -i /etc/kubernetes/admin.conf $HOME/.kube/config
#将 $HOME/.kube/config 的拥有者更改为当前用户和组
sudo chown $(id -u):$(id -g) $HOME/.kube/config
```

安装网络插件,通过以下命令安装网络插件(这里以 flannel 为例),代码如下:

```
#使用 kubectl 命令将 kube-flannel.yaml 文件中定义的 flannel 资源应用到 Kubernetes 集
#群中
kubectl apply - f https://raw.GitHubusercontent.com/coreos/flannel/master/
Documentation/kube-flannel.yml
```

(4)加入 Worker 节点,将所有的 Worker 节点添加到 Master 节点中,以便它们可以与 Master 节点通信并接收任务。加入工作节点,在工作节点上运行 Master 节点初始化时生成的加入命令来加入集群,代码如下:

```
#使用 sudo 权限执行 kubeadm join 命令,加入 Kubernetes 集群
sudo kubeadm join <MASTER_NODE_IP>:<MASTER_NODE_PORT>--token <TOKEN>--
discovery-token-ca-cert-hash sha256:<HASH>
#MASTER_NODE_IP 是主节点的 IP 地址,MASTER_NODE_PORT 是主节点使用的端口号
#TOKEN 是集群令牌,用于验证身份和授权加入集群
#HASH 是集群 CA 证书的哈希值,用于验证授权证书的有效性
```

MASTER_NODE_IP、MASTER_NODE_PORT、TOKEN、HASH 这些值可以在 Master 节点上使用以下命令生成,代码如下:

```
#sudo:以管理员权限运行命令
#kubeadm:Kubernetes 集群管理工具
#token:用于节点加入集群的令牌
#create:创建令牌
#--print-join-command:将节点加入集群的命令打印到控制台上
sudo kubeadm token create --print-join-command
```

验证集群状态,运行以下命令来检查集群状态,代码如下:

```
kubectl get nodes
```

如果返回结果中包含 Master 节点和至少一个工作节点，则说明集群已成功初始化和加入。

（5）部署应用程序，使用 Kubernetes 系统中的容器编排功能，在各个 Worker 节点上部署容器化的应用程序。

示例：部署一个使用 Spring Boot 框架开发的 Web 应用程序。

将应用程序打包成一个可执行的 JAR 包，并创建一个 Dockerfile 文件，定义 Docker 镜像的构建过程，代码如下：

```
//第 4 章/4.5.8 定义 Docker 镜像的构建过程
#使用 openjdk:8-jdk-alpine 镜像作为基础镜像
FROM openjdk:8-jdk-alpine
#添加标签，将维护者指定为 your-name
LABEL maintainer="your-name"
#在容器中创建一个临时文件目录 /tmp 作为卷
VOLUME /tmp
#定义一个名为 JAR_FILE 的构建参数，用来存储 JAR 文件路径
ARG JAR_FILE=target/*.jar
#将目标 JAR 文件复制到容器中，并将其重命名为 app.jar
COPY ${JAR_FILE} app.jar
#将容器启动后默认执行的命令设置为 Java 命令，同时指定 JAR 包的路径
#这里 -Djava.security.egd=file:/dev/./urandom 是为了解决容器启动缓慢的问题
ENTRYPOINT ["java","-Djava.security.egd=file:/dev/./urandom","-jar","/app.
jar"]
```

然后运行以下命令构建 Docker 镜像，代码如下：

```
#使用 Docker 构建一个镜像
#-t 命令用于指定镜像的名称和标签，这里设置为 your-image-name
#. 命令用于将构建的上下文路径指定为当前目录，Docker 会将此目录中的文件复制到容器内
docker build -t your-image-name
```

创建一个 Deployment 对象，定义需要部署的应用程序及其副本数量等信息，代码如下：

```
//第 4 章/4.5.8 创建一个 Deployment 对象，定义需要部署的应用程序及其副本数量等信息
#该部分代码用于创建一个 Deployment(部署)资源对象
apiVersion: apps/v1
#表示使用的 Kubernetes API 版本为 apps/v1
kind: Deployment
#表示创建的资源类型为 Deployment
metadata:
  #该部分代码用于指定资源的元数据
  name: your-app-name
  #将 Deployment 资源的名称指定为 your-app-name
  labels:
    app: your-app-name
```

```
        #给资源打上标签,标签名为 app,标签值为 your-app-name
spec:
   #该部分代码用于指定 Deployment 资源的规格
   replicas: 3
   #将需要创建的 Pod 副本数指定为 3
   selector:
     #指定该 Deployment 资源所要管理的 Pod 的标签
     matchLabels:
       app: your-app-name
       #只有标签为 app=your-app-name 的 Pod 会被该 Deployment 管理
   template:
     #该部分代码用于指定 Deployment 所创建的 Pod 的模板
     metadata:
       #指定 Pod 的元数据
       labels:
         app: your-app-name
         #给 Pod 打上标签,标签名为 app,标签值为 your-app-name
     spec:
       #该部分代码用于指定 Pod 的规格
       containers:
       #这里指定 Pod 中的容器
       - name: your-app-name
         #容器名称为 your-app-name
         image: your-image-name
         #镜像名称为 your-image-name
         ports:
         - containerPort: 8080
         #容器监听的端口号为 8080
```

然后运行以下命令创建 Deployment 对象,代码如下:

```
#kubectl 命令用于和 Kubernetes 集群进行交互
#apply 命令用于在 Kubernetes 集群中部署或更新应用程序
#-f 用于指定要部署或更新的文件
#your-deployment-file.yaml 是要部署或更新的文件的名称
kubectl apply -f your-deployment-file.yaml
```

在集群中,Deployment 对象会控制 Pod 对象的创建和管理。每个 Pod 对象都会运行一个容器,容器中运行的就是 Docker 镜像。

创建一个 Service 对象,定义需要暴露的应用程序及其端口号等信息,代码如下:

```
//第 4 章/4.5.8 创建一个 Service 对象,定义需要暴露的应用程序及其端口号等信息
#指定使用的 Kubernetes API 版本
apiVersion: v1
#指定 Service 的类型和元数据信息
kind: Service
metadata:
  name: your-app-name #Service 的名称,需自定义
  labels:
```

```
        app: your-app-name #Service 所属的应用名称
#指定 Service 的规范,包括类型、标签选择器和端口信息
spec:
    type: ClusterIP #将 Service 的类型指定为 ClusterIP
    selector:
        app: your-app-name #选择标签为 app=your-app-name 的 Pod
    ports:
    -name: http #指定端口的名称
        port: 80 #Service 对外暴露的端口
        targetPort: 8080 #Service 所选的 Pod 的端口
```

然后运行以下命令创建 Service 对象,代码如下:

```
#kubectl apply 命令用于应用或更新 Kubernetes 对象的配置
#-f 参数用于指定要应用的配置文件
#your-service-file.yaml 是要应用的配置文件的文件名,应该是一个服务的配置文件,例如部
#署 Deployment 或者服务 Service 的配置文件
kubectl apply -f your-service-file.yaml
```

Service 对象会为 Deployment 对象中的所有 Pod 对象创建一个虚拟 IP 地址和端口号,实现了应用程序的负载均衡和服务发现。可以通过这个虚拟 IP 地址和端口号访问应用程序。例如,在浏览器中输入以下网址 http://your-service-name/。

（6）设置负载均衡,如果希望应用程序能够在不同的数据中心中运行,则需要部署一个负载均衡器实现跨数据中心的通信和负载均衡。

假设有两个数据中心,分别为 dc1 和 dc2,每个数据中心都有 3 台应用程序服务器。需要设置一个负载均衡器来平衡 dc1 和 dc2 之间的负载。可以使用常见的负载均衡器软件,例如 Nginx 或 HAProxy。具体命令可以根据选定的软件的不同而有所不同,以下是 Nginx 的示例命令,代码如下:

```
//第 4 章/4.5.8 设置负载均衡 Nginx
#定义了一个名为 app_servers 的上游服务器池
upstream app_servers {
    server dc1-app-server1;    #添加了 dc1 数据中心的 3 个服务器
    server dc1-app-server2;
    server dc1-app-server3;
    server dc2-app-server1;    #添加了 dc2 数据中心的 3 个服务器
    server dc2-app-server2;
    server dc2-app-server3;
}
#定义了一个监听 80 端口、服务器名为 example.com 的服务器块
server {
    listen 80;
    server_name example.com;
    #所有的请求将会被转发到名为 app_servers 的 upstream 服务器池中
    location / {
```

```
        proxy_pass http://app_servers;
    }
}
```

在以上 Nginx 配置的 upstream 块中定义了所有应用程序服务器的地址。在实际情况中,可能需要更改 IP 地址或主机名以适应特定环境。server 块定义了 Nginx 服务器本身的配置,例如监听的端口和域名。最后,location 块定义了请求的转发规则。

2）配置网络连接

在两地三中心架构中,需要建立两个数据中心之间的网络连接。可以使用私有网络或 WAN 连接实现连接。

（1）配置 Network Plugins 实现网络连接,在 Kubernetes 中,网络连接可以通过配置 Network Plugins 实现,其中,常见的 Network Plugins 有 Flannel、Calico、Cilium 等。以 Flannel 为例,以下是配置网络连接的示例命令和配置文件。

创建 flannel 的 ServiceAccount 和 ClusterRoleBinding,用于授权 flannelId 访问 Kubernetes API,代码如下:

```
#使用 kubectl 命令调用 apply 子命令,对 Kubernetes 集群应用 YAML 文件进行更新操作
kubectl apply
#操作的资源是由 URL 提供的 YAML 文件
-f
https://raw.GitHubusercontent.com/coreos/flannel/master/Documentation/kube-
flannel.yml
#具体来讲,这个 YAML 文件定义了 flannel 的 daemonset 资源,用于在 Kubernetes 集群的每个
#节点上部署 flannel 网络插件以实现容器网络互通功能
```

创建 flannel 的 DaemonSet,用于在每个 Node 上运行 flannel,代码如下:

```
#使用 kubectl 命令,应用 kube-flannel.yml 文件
kubectl apply -f https://raw.GitHubusercontent.com/coreos/flannel/master/
Documentation/kube-flannel.yml
```

验证 flannel 是否可正确运行,代码如下:

```
#使用 kubectl 命令获取所有命名空间下的 Pod,并按照宽度格式输出
kubectl get pods --all-namespaces -o wide
#使用 Linux 的 grep 命令来搜索包含关键字 flannel 的行
| grep flannel
```

输出结果中的第 1 列为 Pod 所在的命名空间,第 2 列为 Pod 的名称,第 3 列表示 Pod 中容器的数量,第 4 列表示 Pod 的状态,第 5 列表示 Pod 中容器就绪的数量,第 6 列表示 Pod 运行时长,第 7 列表示 Pod IP,第 8 列表示 Pod 所在的节点名称。

```
kube-system  kube-flannel-ds-abcde  1/1  Running  0  1h  192.168.0.1  node1.
example.com
kube-system  kube-flannel-ds-fghij  1/1  Running  0  1h  192.168.0.2  node2.
example.com
```

将 flannel 的 Backend 配置为 VXLAN，用于创建 overlay 网络，代码如下：

```
#kubectl:Kubernetes 的命令行工具
#edit:编辑资源(configmap)
#configmap:Kubernetes 的一种资源对象,用于存储配置信息
#kube-flannel-cfg:configmap 的名称
#-n kube-system:将命名空间指定为 kube-system,即在 Kubernetes 集群的系统级别的命名
#空间中编辑 kube-flannel-cfg configmap
kubectl edit configmap kube-flannel-cfg -n kube-system
```

对 net-conf.json 的内容进行修改，修改后的代码如下：

```
//第 4 章/4.5.8 net-conf.json 的内容
{
  "Network": "10.244.0.0/16",
  //定义一个 IP 地址段为 10.244.0.0~10.244.255.255 的网络
  "Backend": {
    "Type": "vxlan" //使用 vxlan 网络后端
  }
}
```

重启 flannel，代码如下：

```
#kubectl:Kubernetes 命令行工具
#delete:删除资源
#pods:操作的资源类型为 Pod
#-n kube-system:命名空间为 kube-system
#-l app=flannel:标签选择器为 app=flannel,即删除所有标签为 app=flannel 的 Pod
kubectl delete pods -n kube-system -l app=flannel
```

通过以上步骤，即可创建一个 overlay 网络，用于连接两个数据中心之间的节点。

（2）配置 Service 和 Endpoint 以实现网络连接，在 Kubernetes 中，可以通过配置 Service 和 Endpoint 实现网络连接。一个 Service 代表一组 Pods，可以被其他 Pods 或外部服务访问。一个 Endpoint 则代表一个 Service 的网络终点。下面是示例命令和配置：

创建两个 Deployment，每个 Deployment 有两个 Pods，分别部署在两个不同的数据中心中（假设它们的 IP 地址分别为 192.168.1.10 和 192.168.2.10），代码如下：

```
#使用 kubectl 命令创建 Deployment 资源 dc1-pod1,并指定使用 your-image 镜像
#同时将副本数指定为 2
kubectl create deployment dc1-pod1 --image=your-image --replicas=2
#使用 kubectl 命令创建 Deployment 资源 dc2-pod1,并指定使用 your-image 镜像
#同时将副本数指定为 2
kubectl create deployment dc2-pod1 --image=your-image --replicas=2
```

创建两个 Service，分别对应两个 Deployment，代码如下：

```
#kubectl expose 命令用于将一个 Deployment 或 ReplicaSet 暴露为 Kubernetes Service
#这条命令将名为"dc1-pod1"的 Deployment 暴露为名为"dc1-service"的 Kubernetes
#Service,Service 的端口为 80,目标端口也为 80
```

```
kubectl expose deployment dc1-pod1 --port=80 --target-port=80 --name=dc1
-service
#这条命令将名为"dc2-pod1"的Deployment暴露为名为"dc2-service"的Kubernetes
#Service,Service的端口为80,目标端口也为80
kubectl expose deployment dc2-pod1 --port=80 --target-port=80 --name=dc2
-service
```

创建两个Endpoint,与对应的Service相关联,代码如下:

```
#使用kubectl命令创建一个名为dc1-service的endpoint(终端节点)对象
kubectl create endpoint --namespace=default --subsets=192.168.1.10:80 --
hostname=dc1-service.default.svc.cluster.local dc1-service
#使用kubectl命令创建一个名为dc2-service的endpoint(终端节点)对象
kubectl create endpoint --namespace=default --subsets=192.168.2.10:80 --
hostname=dc2-service.default.svc.cluster.local dc2-service
```

现在可以从一个数据中心中的Pod访问另一个数据中心中的Pod了,代码如下:

```
#使用kubectl工具执行exec命令,进入pod-in-dc1这个Pod中
#使用-it参数打开一个bash终端,并执行后面的curl命令
kubectl exec -it pod-in-dc1 -- curl http://dc2-service.default.svc.
cluster.local
#在进入的Pod中,使用curl命令,访问名为dc2-service的Service
#dc2-service位于default命名空间下,使用的DNS名称是dc2-service.default.svc.
#cluster.local
```

其中,pod-in-dc1是在第1个数据中心中的一个Pod的名称。

3) 部署全局负载均衡器

全局负载均衡器是将请求分发到不同数据中心的关键组件。可以使用L4负载均衡器(如HAProxy)或L7负载均衡器(如Nginx)实现。示例Kubernetes部署全局负载均衡器:

(1) 首先,根据需要选择L4或L7负载均衡器,并在Kubernetes集群中创建一个负载均衡器服务。例如,可以使用Nginx Ingress Controller来部署L7负载均衡器。在命令行中运行以下命令,代码如下:

```
#使用kubectl命令,apply表示应用(创建或更新)Kubernetes资源,-f表示通过文件路径指定
#资源清单文件
#https://raw.githubusercontent.com/kubernetes/ingress-nginx/controller-v1.0.
#0/deploy/static/provider/cloud/deploy.yaml是资源清单文件的网络地址
#该清单文件中包含Ingress-Nginx控制器v1.0.0版本的部署清单,适用于云环境(各主流云服
#务提供商的Kubernetes集群)
kubectl apply -f https://raw.GitHubusercontent.com/kubernetes/ingress-nginx/
controller-v1.0.0/deploy/static/provider/cloud/deploy.yaml
```

(2) 然后为负载均衡器服务创建一个全局路由器,以便将请求分发到不同的数据中心。可以使用Kubernetes的NodeSelector功能将路由器部署到特定的节点上。例如,可以使用Kubernetes的NodeSelector功能,将路由器部署到AWS云中的特定节点上。在命令行中运行以下命令,代码如下:

```
//第4章/4.5.8 使用 Kubernetes 的 NodeSelector 功能,将路由器部署到 AWS 云中的特定节点上
#API 版本为 v1
apiVersion: v1
#类型为 Service
kind: Service
#元数据,包含服务名为 global-router 和所在命名空间为默认的信息
metadata:
  name: global-router        #服务名为 global-router
  namespace: default         #所在命名空间为默认
#服务规范,将应用指定为 nginx-ingress,定义端口和负载均衡器类型等信息
spec:
  selector:
    app: nginx-ingress                 #将应用指定为 nginx-ingress
  ports:
  -name: http                          #将端口名称指定为 http
    port: 80                           #将端口号指定为 80
    targetPort: http                   #将目标端口指定为 http
    protocol: TCP                      #将协议类型指定为 TCP
  -name: https                         #将端口名称指定为 https
    port: 443                          #将端口号指定为 443
    targetPort: https                  #将目标端口指定为 https
    protocol: TCP                      #将协议类型指定为 TCP
  type: LoadBalancer                   #将负载均衡器类型指定为 LoadBalancer
  externalTrafficPolicy: Local         #将流量策略指定为 Local
  loadBalancerSourceRanges:            #设置负载均衡器的 IP 地址
  -0.0.0.0/0
#节点选择器,指定在 us-west-2a 区域的节点上部署服务
  nodeSelector:
    topology.kubernetes.io/zone: us-west-2a   #将节点部署区域指定为 us-west-2a
```

（3）最后,在不同数据中心部署 Kubernetes 集群,并为每个集群创建一个负载均衡器节点,以便将请求路由到正确的集群。例如,在 AWS 云中,可以使用 Amazon Elastic Load Balancer 来部署负载均衡器节点。在命令行中运行以下命令,代码如下:

```
#创建 AWS Elastic Load Balancer v2 的代码
aws elbv2 create-load-balancer
#负载均衡器的名称
--name my-load-balancer
#指定负载均衡器将监听的子网 ID
--subnets subnet-1234567890abcdef0 subnet-0987654321fedcba9
#将负载均衡器的类型设置为 internet-facing,即公网负载均衡器
--scheme internet-facing
#将负载均衡器的类型设置为网络负载均衡器
--type network
```

通过以上步骤,就成功部署了一个基于 Kubernetes 的全局负载均衡器。

4）部署存储系统

存储是保证数据可靠性和一致性的关键组件。可以使用分布式存储系统（如 Ceph、

ClusterFS 等)实现存储。

（1）在 Kubernetes 集群中创建一个命名空间，用于部署 Ceph，代码如下：

```
#使用 kubectl 创建一个名为 ceph 的命名空间
kubectl create namespace ceph
```

（2）部署 Ceph 集群，代码如下：

```
#使用 kubectl 命令在 ceph 命名空间中创建一个 Kubernetes 对象
kubectl create
#将命名空间指定为 ceph
-n ceph
#指定要创建的对象的 YAML 文件路径
- f https://raw. GitHubusercontent. com/ceph/ceph - container/master/examples/
kubernetes/ceph/ceph.yaml
```

（3）等待 Ceph 集群部署完成，并检查集群状态，代码如下：

```
#使用 kubectl 命令在 ceph 命名空间获取 pod 和 dsvc 的信息
kubectl -n ceph get pod,dsvc
```

（4）创建 Kubernetes 存储类，以便 Kubernetes 可以使用 Ceph 存储系统，代码如下：

```
#使用 kubectl 命令创建一个名为 cephfs-storageclass.yaml 的 Kubernetes 存储类
kubectl create - f https://raw. GitHubusercontent. com/ceph/ceph - container/
master/examples/kubernetes/ceph/cephfs-storageclass.yaml
```

（5）在 Kubernetes 中创建持久卷声明（PVC）来请求 Ceph 存储，代码如下：

```
#使用 kubectl 命令在 Kubernetes 集群中创建一个 Persistent Volume Claim 对象
kubectl create
#通过-f 参数指定要创建的资源配置文件所在的 URL 网址
- f https://raw. GitHubusercontent. com/ceph/ceph - container/master/examples/
kubernetes/ceph/cephfs-pvc.yaml
#该配置文件是一个 YAML 格式的文件，用于描述如何创建一个 CephFS 卷，并定义卷的属性和设置
```

（6）创建一个 Kubernetes Pod，并挂载使用 Ceph 存储的 PVC，代码如下：

```
#使用 kubectl 命令部署一个 CephFS 测试 Pod
kubectl apply - f https://raw. GitHubusercontent. com/ceph/ceph - container/
master/examples/kubernetes/ceph/cephfs-test-pod.yaml
```

（7）等待 Pod 启动，并检查 Pod 状态和日志输出，代码如下：

```
#使用 kubectl 命令获取 ceph 命名空间下的 pod 和 svc 资源信息
kubectl get pod,svc -n ceph
#使用 kubectl 命令获取指定 pod 的日志信息
kubectl logs <pod-name>
```

现在，已经成功地使用 Kubernetes 部署了一个 Ceph 存储系统，以供 Kubernetes 应用程序使用。

5）部署多个应用程序

最后，需要部署应用程序并将其运行在 Kubernetes 集群中。可以使用 Deployment 和 Service 资源对象来定义应用程序的副本集和服务。例如，可以使用以下步骤来部署多个 Spring Cloud 应用程序：

（1）创建 Spring Cloud 应用程序的 Docker 镜像并将其上传到 Docker 仓库中。

（2）创建 Deployment 资源对象来定义应用程序的副本集。例如，可以定义一个 Deployment 来运行一个名为 product-service 的 Spring Cloud 应用程序，副本数为 3，代码如下：

```
//第 4 章/4.5.8 定义一个 Deployment 来运行一个名为 product-service 的 Spring Cloud
//应用程序,副本数为 3
#该部分代码用于创建 Kubernetes Deployment 对象,用于部署应用程序
apiVersion: apps/v1
kind: Deployment
metadata:
  name: product-service          #指定该 Deployment 的名称
spec:
  replicas: 3                    #指定部署的副本数量
  selector:
    matchLabels:
      app: product-service       #指定匹配标签,用于与 Pod 进行关联
  template:
    metadata:
      labels:
        app: product-service     #指定 Pod 的标签
    spec:
      containers:
      -name: product-service     #指定容器的名称
        image: [Docker 镜像网址]   #指定容器的镜像网址
        ports:
        -containerPort: 8080     #指定容器的端口号
```

（3）创建 Service 资源对象来定义应用程序的服务。例如，可以定义一个 Service 来暴露 product-service 应用程序的端口，代码如下：

```
//第 4 章/4.5.8 定义一个 Service 来暴露 product-service 应用程序的端口
#将 Kubernetes API 版本指定为 v1
apiVersion: v1
#将资源类型指定为 Service,用于定义服务
kind: Service
#元数据部分,包含了资源的名称等信息
metadata:
  #将服务名称定义为 product-service
  name: product-service
#指定服务的规范
spec:
  #选择器,用于关联服务和对应的 Pod
```

```
selector:
   #标签选择器,选择包含 app=product-service 的 Pod
  app: product-service
#端口规范,定义了服务的端口映射
ports:
-name: http
  protocol: TCP
  port: 80
  targetPort: 8080
#类型规范,定义了服务的类型
type: ClusterIP  #该服务只能被集群内部访问,不能被外部网络访问
```

（4）重复步骤 2 和步骤 3 以部署其他 Spring Cloud 应用程序,并确保它们使用不同的名称和端口号。

（5）现在,可以使用 kubectl 命令来管理这些应用程序。例如,可以使用以下命令来查看 product-service 应用程序的 Pod,代码如下：

```
#使用 kubectl 命令获取带有 app=product-service 标签的 Pods 列表
kubectl get pods -l app=product-service
```

（6）最后,可以使用 Kubernetes Dashboard 或其他工具来监视和管理这些应用程序的运行。需要注意,相关配置必须根据实际情况进行调整,上述示例仅供参考。

2. 三地五中心容灾架构

Kubernetes 三地五中心容灾架构是一种高可用性架构设计,旨在确保 Kubernetes 集群在任何一个地点或中心出现故障时仍能保持系统的稳定和可用性。具体来讲,这种架构设计可以将 Kubernetes 集群分布在不同的地理位置和数据中心,以实现容灾和故障转移的目标。

以下是 Kubernetes 三地五中心容灾架构的详细介绍。

（1）三地指的是主数据中心、备份数据中心和异地容灾数据中心。主数据中心通常位于公司总部或主要业务场所,备份数据中心通常是另一个地理位置的数据中心,而异地容灾数据中心则通常位于国外等地理位置更远的地方,以应对更加灾难性的情况。

（2）五中心包括主数据中心、备份数据中心、异地容灾数据中心、主数据库中心和备份数据库中心。主数据库中心是指 Kubernetes 集群主要使用的数据库存储资源,备份数据库中心则是用于备份和恢复数据库的资源。

（3）在三地五中心容灾架构中,Kubernetes 集群会在主数据中心和备份数据中心之间进行数据同步,以保证数据的一致性和可靠性。在主数据中心宕机或发生故障时,备份数据中心可以接管运行,并确保服务的可用性和可靠性。

（4）异地容灾数据中心通常用于应对更加严重的灾难性事件,例如地震、火灾、洪水等。在这种情况下,主数据中心和备份数据中心可能都无法正常运行,异地容灾数据中心则可以作为备选方案,以确保系统的稳定和可用性。

（5）主数据库中心和备份数据库中心则用于存储 Kubernetes 集群的数据,包括配置信

息、状态信息、日志等。如果主数据库中心发生故障，备份数据库中心则可以接管运行，并确保数据的完整性和可靠性。

总之，Kubernetes 三地五中心容灾架构是一种高可用性、高可靠性的架构设计，可以帮助企业确保在任何时间、任何情况下都能保持系统的稳定和可用性。这种架构设计需要综合考虑多种因素，包括地理位置、网络带宽、数据同步机制、数据库备份等，以保证系统的完整性和可靠性。

将 Kubernetes 两地三中心容灾架构升级到 Kubernetes 三地五中心容灾架构的实现步骤如下。

1）添加新的数据中心

在两地三中心的基础上添加新的数据中心，需要在新的数据中心部署 Kubernetes 集群，并确保在该集群中的节点都有连接到其他数据中心的网络。

2）添加新的 ETCD 集群

在新的数据中心中，需要部署一个新的 ETCD 集群，并确保这个 ETCD 集群能够与现有的 ETCD 集群进行数据同步。以下是示例命令，代码如下：

```
#kubeadm init:初始化一个 Kubernetes 集群
#phase etcd:执行初始化操作的阶段为 etcd
#local:在本地节点上运行 etcd
#--config=etcd.yaml:使用配置文件 etcd.yaml 来配置 etcd 初始化操作
kubeadm init phase etcd local --config=etcd.yaml
```

etcd.yaml 文件的配置，代码如下：

```
//第 4 章/4.5.8 etcd.yaml 文件的配置
#API 版本为 kubeadm.k8s.io/v1beta2
#集群配置类型为 ClusterConfiguration
#配置 etcd 的相关参数
apiVersion: "kubeadm.k8s.io/v1beta2"
kind: ClusterConfiguration
etcd:
#etcd 表示配置的是 ETCD 相关参数，其中 local 表示 ETCD 运行在本地，即同一个节点上
  local:
  #extraArgs 表示额外的参数
    extraArgs:
      #initial-cluster-state 表示 ETCD 的初始状态是新的
      initial-cluster-state: "new"
      #初始集群的 ETCD 令牌为 etcd-cluster-1
      initial-cluster-token: "etcd-cluster-1"
      #监听的指标 URL 为"http://127.0.0.1:2381"
      listen-metrics-urls: "http://127.0.0.1:2381"
      #监听同伴 URL 为"http://127.0.0.1:2380"
      listen-peer-urls: "http://127.0.0.1:2380"
      #公告客户机 URL 为"http://127.0.0.1:2379"
      advertise-client-urls: "http://127.0.0.1:2379"
      #初始广告同伴 URL 为"http://127.0.0.1:2380"
```

```
initial-advertise-peer-urls: "http://127.0.0.1:2380"
#发现地址为"https://discovery.etcd.io/<token>"
discovery: "https://discovery.etcd.io/<token>"
```

3) 部署新的控制平面节点

在新的数据中心中,需要部署新的控制平面节点。这些新的节点将与现有的节点形成一个新的控制平面。在部署新的节点之前,需要确保 ETCD 集群已经部署完成,并能够正常运行。以下是示例命令,代码如下:

```
#使用 kubeadm 命令初始化 Kubernetes 控制平面
#执行命令 "kubeadm init",其中 "phase control-plane" 用于指定初始化控制平面的步骤
#使用本地初始化控制平面,指定 YAML 格式的配置文件 "control-plane.yaml"
kubeadm init phase control-plane local --config=control-plane.yaml
```

control-plane.yaml 文件的配置,代码如下:

```
//第 4 章/4.5.8 control-plane.yaml 文件的配置
#这是一个 Kubernetes 集群配置文件,使用 kubeadm.k8s.io/v1beta2 API 版本
#集群配置包括了 API 服务器、控制器管理器和调度器的配置
#API 服务器配置
apiServer:
  #额外参数配置
  extraArgs:
    #绑定地址,使用新节点的 IP 地址
    bind-address: <new_node_ip>
    #广告地址,也使用新节点的 IP 地址
    advertise-address: <new_node_ip>
    #将 kubelet 首选的地址类型指定为 InternalIP、ExternalIP 和 Hostname
    kubelet-preferred-address-types: "InternalIP,ExternalIP,Hostname"
#控制器管理器配置
controllerManager:
  #额外参数配置
  extraArgs:
    #绑定地址,使用新节点的 IP 地址
    bind-address: <new_node_ip>
#调度器配置
scheduler:
  #额外参数配置
  extraArgs:
    #绑定地址,使用新节点的 IP 地址
    bind-address: <new_node_ip>
```

4) 将新的控制平面节点加入现有的 Kubernetes 集群中

在将新的控制平面节点加入现有的 Kubernetes 集群中之前,需要确保新节点的 kubeconfig 文件已经生成,并且可以访问现有的 ETCD 集群。可以使用以下命令将新节点加入集群中,代码如下:

```
#kubeadm join命令,加入已有的 Kubernetes 控制平面
#<existing_control_plane_endpoint>参数用于指定已有控制平面的 API 服务器地址
```

```
#--token <token>参数用于指定加入群集的安全令牌
#--discovery-token-ca-cert-hash <hash>参数用于指定加入群集的发现令牌的 CA 证书哈
#希值
#--control-plane 参数用于指定要加入群集中的节点是一个控制平面节点
#--certificate-key <key>参数用于指定加入节点使用的证书密钥
kubeadm join <existing_control_plane_endpoint> --token <token> --discovery-
token-ca-cert-hash <hash> --control-plane --certificate-key <key>
```

5)部署新的工作节点

在新的数据中心中,需要部署新的工作节点。这些节点将被添加到现有的工作节点池中,从而扩展 Kubernetes 集群的容量。以下是示例命令,代码如下:

```
# kubeadm join 命令用于加入一个已有的 Kubernetes 集群
#<existing_control_plane_endpoint>是 Kubernetes 集群的控制平面的地址,用于连接
#集群
#--token <token>是一个用于验证身份和授权以加入集群的令牌
#--discovery-token-ca-cert-hash <hash>是一个哈希值,用于验证集群的 CA 证书
#通过执行这条命令,可以将一个新的节点加入集群中并成为一个工作节点
kubeadm join <existing_control_plane_endpoint> --token <token> --discovery-
token-ca-cert-hash <hash>
```

6)确认新的节点已经加入 Kubernetes 集群中

可以使用以下命令确认新的节点已经成功加入 Kubernetes 集群中,代码如下:

```
#使用 kubectl 命令查询当前 Kubernetes 集群中的所有节点
kubectl get nodes
```

输出应该包含新节点的详细信息。

通过以上步骤,将 Kubernetes 两地三中心容灾架构升级到 Kubernetes 三地五中心容灾架构就可以完成。需要注意,相关配置必须根据实际情况进行调整,上述示例仅供参考。

3. 大型项目架构

Kubernetes 是一种开源的容器编排工具,可以对多个容器进行部署、管理、调度和扩展。Kubernetes 的弹性和可伸缩性使它成为微服务互联网项目的理想选择。在本节中,将详细介绍如何使用 Kubernetes 部署大型项目架构。

前置条件:在开始部署项目之前,需要先完成以下准备工作:

(1)安装和配置 Kubernetes 集群。

(2)安装和配置 Docker。

(3)选择和配置持久化存储解决方案。

架构设计:在 Kubernetes 中,一个部署可以包含多个副本,每个副本都可以运行一个或多个容器。组成服务来提供访问方式和负载均衡。

步骤一:定义 Kubernetes 的对象。

在 Kubernetes 中,对象是集群中部署、管理和调度的基本单元。常见的对象有 Pod、Service、Deployment 等。以下是一个定义 Deployment 对象的 YAML 文件的示例,代码

如下:

```
//第 4 章/4.5.8 定义 Deployment 对象的 YAML 文件
#将 API 版本定义为 apps/v1,表示使用 Kubernetes 中的应用程序 API
apiVersion: apps/v1
#将资源类型定义为 Deployment,用于管理 pod 的创建、更新和删除等操作
kind: Deployment
#元数据部分,指定 Deployment 的名称和标签
metadata:
    name: webapp-deployment          #Deployment 的名称
    labels:                          #Deployment 的标签
      app: webapp                    #标签名为 app,值为 webapp
#指定 Deployment 的详细规格
spec:
    replicas: 3                      #希望创建的 pod 副本数
    selector:                        #用于选择需要管理的 pod
      matchLabels:                   #标签选择器,选择标签中键值为 app: webapp 的 pod
        app: webapp
    template:                        #定义新创建的 pod 的模板
      metadata:
        labels:                      #pod 的标签
          app: webapp
      spec:
        containers:                  #pod 中运行的容器列表
        -name: webapp                    #容器名
          image: my-registry/webapp      #容器所使用的镜像
          ports:                         #暴露的端口列表
          -containerPort: 80             #容器中运行的应用程序监听的端口
```

该 YAML 文件定义了一个名为 webapp-deployment 的 Deployment 对象,它包含 3 个 Pod 副本。每个 Pod 都包含一个名为 webapp 的容器,使用 my-registry/webapp 镜像,并在 80 端口上监听请求。

步骤二:定义 Service 对象。

Kubernetes 的 Service 对象定义了一组 Pod 的访问方式。它可以将 Pod 的 IP 地址和端口号暴露给集群内或外的其他对象。以下是一个定义 Service 对象的 YAML 文件的示例,代码如下:

```
//第 4 章/4.5.8 定义 Service 对象的 YAML 文件
#这是一个 Kubernetes 资源的定义,用于创建一个 Service 类型的对象
apiVersion: v1
kind: Service
#元数据部分,用于描述这个 Service 的相关信息
metadata:
  name: webapp-service
#spec 部分,用于描述这个 Service 的规格和配置信息
spec:
  #选择器,用于将这个 Service 关联到某些标签匹配的 Pod 上
```

```
    selector:
      app: webapp
  #端口配置,用于指定该 Service 可以监听的端口和目标端口
  ports:
  -name: http
    port: 80
    targetPort: 80
  #类型配置,用于指定该 Service 的类型,这里是 LoadBalancer 类型
  type: LoadBalancer
```

该 YAML 文件定义了一个名为 webapp-service 的 Service 对象,它将选择所有包含 app 标签为 webapp 的 Pod,并暴露它们的 80 端口。该 Service 对象还将承载一个名为 http 的端口,将请求转发到 Pod 的 80 端口。最后,它将被定义为负载均衡器类型,以便能够在集群外访问该服务。

步骤三:定义 Ingress 对象。

Kubernetes 的 Ingress 对象定义了将来自集群外部的 HTTP(S)流量路由到内部 Service 的规则。以下是一个定义 Ingress 对象的 YAML 文件的示例,代码如下:

```
//第 4 章/4.5.8 定义 Ingress 对象的 YAML 文件
#该部分代码的 API 版本为 extensions/v1beta1
#使用 Ingress 资源类型来定义 Ingress 对象
apiVersion: extensions/v1beta1
kind: Ingress
metadata:
  #Ingress 对象的名称为 webapp-ingress
  name: webapp-ingress
  annotations:
    #使用 Nginx Ingress Controller 来重写请求路径
    nginx.ingress.kubernetes.io/rewrite-target: /
spec:
  #定义 Ingress 规则
  rules:
  -host: webapp.example.com
    http:
      #定义 HTTP 路径
      paths:
      -backend:
          #使用 webapp-service 作为后端服务
          serviceName: webapp-service
          #映射 webapp-service 上的 http 端口
          servicePort: http
```

该 YAML 文件定义了一个名为 webapp-ingress 的 Ingress 对象,它将规则定义为将来自 webapp.example.com 的流量路由到名为 webapp-service 的 Service 对象的 http 端口。它还包含一个著名的 nginx.ingress.kubernetes.io/rewrite-target 注释,它会将请求的 URI 重写为"/",以便在转发请求时保持正确的路径。

步骤四：在 Kubernetes 集群中部署对象。

在完成了上述定义之后，可以使用 kubectl 命令将这些对象部署到 Kubernetes 集群中。以下是部署 Deployment 对象的命令示例，代码如下：

```
#kubectl:Kubernetes 的命令行工具
#apply:将指定的配置应用到集群中
#-f:指定要应用的配置文件的路径
#deployment.yaml:要应用的配置文件的名称,该文件包含了部署的定义信息
kubectl apply -f deployment.yaml
```

在部署 Service 和 Ingress 对象时，可以再次使用 kubectl apply 命令。

步骤五：监控 Kubernetes 对象。

使用 Kubernetes 部署大型高并发海量数据的分布式微服务互联网项目时，监控对象的状态和性能非常重要。为此，Kubernetes 提供了许多工具和技术来监控对象，其中一种流行的方法是使用 Prometheus 和 Grafana。以下是一个 Prometheus 的 YAML 文件示例，用于监视所有容器的 CPU 使用率和内存使用率，代码如下：

```
//第 4 章/4.5.8 Prometheus 的 YAML 文件
#这是一个 Kubernetes 的 ConfigMap 配置文件对象,用于存储 Prometheus 的配置信息
apiVersion: v1
kind: ConfigMap
metadata:
  name: prometheus-config   #配置对象的名称为 prometheus-config
data:
  prometheus.yml: |  #配置文件的名称为 prometheus.yml,文件内容从这里开始
    global:
      scrape_interval: 15s   #将全局采集指标的时间间隔定义为 15s
    scrape_configs:  #定义 Prometheus 的采集配置信息
    -job_name: 'kubernetes-pods'   #采集类型为 Kubernetes 上的 Pod 对象
      scheme: https   #使用 HTTPS 协议进行采集
      tls_config:
        ca_file: /var/run/secrets/kubernetes.io/serviceaccount/ca.crt
        #配置 CA 证书
        insecure_skip_verify: true   #设置为不校验 SSL 证书
      kubernetes_sd_configs:
      -role: pod   #将采集的角色定义为 pod
      relabel_configs:   #定义标签的替换策略
      -source_labels: [__meta_kubernetes_pod_container_port_number]
      #原标签名
        action: keep   #保留原标签
        regex: '80$'   #匹配正则表达式,保留以 80 结尾的端口
      -source_labels: [__meta_kubernetes_pod_container_name]
        action: replace   #替换原标签
        target_label: container   #新标签名
      -source_labels: [__meta_kubernetes_namespace]
        action: replace   #替换原标签
        target_label: namespace   #新标签名
```

```
      -source_labels: [__meta_kubernetes_pod_name]
        action: replace    #替换原标签
        target_label: pod    #新标签名
  -job_name: 'kubernetes-nodes'    #采集类型为 Kubernetes 上的 Node 对象
    scheme: https
    tls_config:
        ca_file: /var/run/secrets/kubernetes.io/serviceaccount/ca.crt
        insecure_skip_verify: true
    kubernetes_sd_configs:
    -role: node    #将采集的角色定义为 node
    relabel_configs:
    -source_labels: [__address__]
        action: replace    #替换原标签
        target_label: instance    #新标签名
```

该 YAML 文件定义了一个名为 prometheus-config 的 ConfigMap 对象,它包含 Prometheus 的配置文件。该配置定义了如何从 Kubernetes 集群中抓取和监视指标。在这个例子中,Prometheus 将监控所有包含 80 端口的 Pod 和所有的 Node。

步骤六：扩展 Kubernetes 对象。

在 Kubernetes 中,可以使用水平扩展器来扩展 Deployment 对象。以下是一个例子,代码如下：

```
#使用 kubectl 命令对 webapp-deployment 部署进行扩容
kubectl scale deployment webapp-deployment --replicas=10
#--replicas 参数用于指定反映到部署的副本数,此命令将 webapp-deployment 部署的副本数
#扩展到 10 个
```

该命令将 webapp-deployment 的 Pod 副本扩展到 10 个。Kubernetes 会自动在集群中创建新的 Pod 副本并更新负载均衡器以将流量分配给它们。需要注意,相关配置必须根据实际情况进行调整,上述示例仅供参考。

第 5 章

JVM 调 优

在名为"虚拟机优化"的小国中，有一位被称为"JVM 调优"的智者。他的首要任务是协助民众解决虚拟机在运行过程中出现的性能问题，以提高资源利用率，确保国家的繁荣与稳定。某日，虚拟机优化国度的一台服务器遇到性能瓶颈问题。得知此情况后，国王立刻邀请 JVM 调优前来协助。

11min

JVM 调优毫不犹豫地接受了邀请，迅速赶往现场。经过深入分析，他发现虚拟机内存和 CPU 资源消耗过高，导致程序运行缓慢。此外，还发现了一些无用的垃圾回收器，消耗了大量的系统资源。为解决这些问题，JVM 调优采取了一系列优化措施。首先，他为服务器设定了合适的内存和 CPU 资源限制，确保虚拟机能够高效运行。接着，关闭无用的垃圾回收器，减轻系统负担。在 JVM 调优的努力下，服务器性能大幅提升。程序运行速度加快，资源消耗降低，虚拟机恢复了正常运行。国王对 JVM 调优的表现深感满意，感激他为国家的虚拟机运行带来了质的飞跃。自此，JVM 调优成了虚拟机优化国度的守护者，时刻关注虚拟机的运行状况，确保国家的繁荣与稳定。他的故事激励着虚拟机优化国度的每位成员，使他们更加关注虚拟机性能调优，共同为国家的繁荣与稳定贡献力量。

5.1 JVM 调优目的原则

JVM 调优的主要目的是减少 GC 的频率和 Full GC 的次数，并降低 STW 的停顿时间和次数，以提高系统的性能和稳定性。为达到这个目的，需要进行 JVM 优化，而 JVM 优化的原则可以归纳为以下几点。

首先，尽可能地让对象都在新生代里分配和回收。由于新生代的垃圾回收速度比老年代要快得多，因此将对象尽量分配到新生代中可以减少老年代的负担，降低 GC 的频率和 Full GC 的次数。为了避免大量对象进入老年代，可以设置适当的新生代大小和比例，以确保不会频繁地进行老年代的垃圾回收。

其次，给系统充足的内存大小。为了避免频繁地对垃圾进行回收和 Full GC，可以适当地增加系统的内存大小。此外，还可以设置合理的堆空间大小，使堆空间不会快速被占满。这样可以减少 GC 的频率和 Full GC 的次数，降低 STW 的停顿时间和次数，提高系统的稳定性和性能。

最后，避免频繁地进行老年代的垃圾回收。老年代的垃圾回收通常是比较耗时的，因此应该尽量避免频繁地进行老年代的垃圾回收。可以通过合理设置新生代大小、年龄等参数及使用 CMS 等垃圾回收器来减少对老年代的垃圾回收，从而降低 GC 的频率和 Full GC 的次数，提高系统的性能和稳定性。

综上所述，JVM 调优是一个综合性的工作，需要根据具体的应用场景和系统需求进行优化。在实际操作中，需要结合以上原则，采取合理的措施和手段，不断地进行优化和调整，以提高系统的性能和稳定性。

5.2　Full GC 发生的原因

Full GC 是指对 Java 虚拟机堆内内存进行的垃圾回收，会对 Java 应用程序的性能造成很大影响。Full GC 发生的原因有很多，需要通过调优来避免或者减少其发生。

首先，应尽量避免使用 System.gc() 方法，因为调用该方法会建议 JVM 进行 Full GC，这可能会增加 Full GC 的频率，从而增加间歇性停顿的次数。为了减少该方法的使用，可以禁止 RMI 调用 System.gc()，通过-XX：＋DisableExplicitGC 参数实现。

其次，如果 Survivor 区域的对象满足晋升到老年代的条件，但是当晋升到老年代的对象大小大于老年代的可用内存时，就会触发 Full GC。为了避免这种情况，可以通过调整 JVM 参数或者设计应用程序的算法，来减少对象在老年代的数量。

从 JDK 8 开始，Metaspace 区取代了永久代（PermGen），Metaspace 使用的是本地内存。通过调整 JVM 参数限制 Metaspace 的大小。当 Metaspace 区内存达到阈值时，也会引发 Full GC。可以通过调整 JVM 参数或者设计应用程序的算法，来减少 Metaspace 区内存的使用。

当 Survivor 区域的对象满足晋升到老年代的条件时，也可能会引起 Full GC。可以通过调整 JVM 参数来控制对象的晋升行为，从而减少 Full GC 的发生。

此外，如果堆中产生的大对象超过阈值，则会引发 Full GC。可以通过调整 JVM 参数或者优化应用程序算法，来减少大对象的产生。

最后，老年代连续空间不足或者 CMS GC 时出现 promotion failed 和 concurrent mode failure 所致的 Full GC，也可以通过调整 JVM 参数或者设计应用程序算法来减少其发生。

总之，对于 Full GC 的频繁发生，需要分析具体原因，通过调整 JVM 参数或者优化应用程序的算法，来减少其发生，提高 Java 应用程序的性能。

以下是可能引起内存泄漏并导致 Full GC 的一些情况。

（1）对象的长期存活：如果某些对象在 JVM 中存活了很长时间，则可能会导致内存泄漏，并在堆积积累的过程中触发 Full GC。

（2）大对象：如果程序中创建了大的对象，但这些对象无法被回收，则可能会导致内存泄漏，并触发 Full GC。

（3）永久代内存溢出：当应用程序使用大量字符串或其他可序列化的类时，可能会导致永久代内存耗尽，并触发 Full GC。

（4）字符串：如果在程序中频繁创建字符串，并且它们不被清除，则可能会导致内存泄漏，并触发 Full GC。

（5）无用的类和对象：如果程序中存在许多无用的类和对象，则可能会导致内存泄漏，并触发 Full GC。

（6）ThreadLocal：如果程序中使用了 ThreadLocal，但没有正确地清除线程本地存储，则可能会导致内存泄漏，并触发 Full GC。

（7）频繁创建对象：如果程序中频繁地创建对象，但没有正确地清除这些对象，则可能会导致内存泄漏，并触发 Full GC。

综上所述，内存泄漏可能会导致 Full GC，从而降低应用程序的性能，因此，在开发和调试过程中需要注意内存的使用情况，以及时发现和解决潜在的内存泄漏问题。

5.3　常用的工具

本节介绍几种常用的工具。

5.3.1　Jstack

Jstack 是用于获取 Java 线程转储的工具，适用于在程序出现死锁、线程挂起等问题时，通过获取线程转储，更好地诊断和解决问题。在找出占用 CPU 最高的线程堆栈信息时，可以按以下步骤操作：

（1）打开命令行窗口，并进入 Java 应用程序所在的目录。

（2）在命令行中输入以下命令，查询 Java 应用程序的进程 id(PID)，代码如下：

```
ps -ef | grep java
```

该命令将返回所有正在运行的 Java 应用程序进程的详细信息，需要查找要分析的 Java 应用程序进程的 PID。

（3）输入以下命令，使用 Jstack 导出 Java 应用程序的线程堆栈信息（将 PID 替换为前面查询到的 Java 应用程序进程的 PID）：

```
jstack PID >thread_dump.txt
```

该命令将会把当前时间点 Java 应用程序的线程堆栈信息导出到 thread_dump.txt 文件。

（4）打开 thread_dump.txt 文件，查找占用 CPU 最高的线程。在文件中，可以查找到每个线程的 ID、状态和堆栈信息。找到 CPU 使用率最高的线程，查看其堆栈信息，尝试从中找到问题所在。可以使用线程 ID 在文件中搜索线程的堆栈信息，代码如下：

```
grep "nid=0x1234" thread_dump.txt
```

（5）根据线程堆栈信息，定位并解决问题。根据线程堆栈信息，可以判断线程是否处于阻塞状态，以及是否存在死锁等问题，从而定位并解决问题。

通过上述步骤，可以很好地使用 Jstack 工具找出 CPU 使用率最高的线程堆栈信息，并定位和解决问题。

5.3.2　Jmap

Jmap 是一款 JDK 自带的命令行工具，用于获取 Java 进程的内存使用情况。通过 Jmap，可以获取 Java 进程中每个对象的内存使用情况，帮助定位可能存在的内存泄漏问题。使用 Jmap 获取内存快照的步骤如下：

（1）在命令行窗口中进入 JDK 的 bin 目录下。

（2）输入 jps 命令，获取 Java 进程的进程 ID，该命令会显示当前系统中所有正在运行的 Java 进程的进程 ID。

（3）输入 jmap-dump：format＝b，file＝＜文件名＞.bin＜进程 ID＞命令生成 Java 进程的内存快照，其中，-dump：format＝b 表示以二进制格式生成内存快照文件，＜文件名＞.bin 表示生成的文件名，而＜进程 ID＞则为第（2）步中获取的 Java 进程的进程 ID。

（4）使用 Java 内存分析工具（如 Eclipse Memory Analyzer（MAT）、jProfiler 或 YourKit 等）对 Jmap 生成的内存快照文件进行分析。通过分析，可以识别 Java 进程中的内存泄漏问题，找出占用内存过多的对象并及时进行清理，提高系统的性能和稳定性。

使用 Jmap 获取内存快照还有助于优化程序的设计和实现，减少内存的使用，提高程序效率，因此，Jmap 是一款非常有用的工具，对于 Java 开发人员来讲是不可或缺的。

5.3.3　Jstat

Jstat 是一款由 Java 虚拟机提供的命令行工具，可以用于监控 Java 应用程序的性能指标。Jstat 可以提供多种性能指标，包括堆内存使用情况、类加载情况、垃圾回收情况、JIT 编译情况和线程情况等。使用 Jstat，可以实时观察 Java 应用程序的性能指标，以便及时识别出性能瓶颈。同时，可以根据具体需求调整数据采集的频率。

举例来讲，Jstat 可以通过以下格式来监控 Java 进程的各项性能指标：jstat -option pid interval，其中 option 表示需要监测的性能指标，pid 是 Java 进程的进程 ID，interval 是每隔多长时间（单位为毫秒）收集一次性能数据。例如，要监控 Java 进程的堆内存使用情况，可以使用 jstat -gcutil pid 1000 命令。同理，要监测类加载情况，可以使用 jstat -class pid 1000 命令；要监测垃圾回收情况，可以使用 jstat -gc pid 1000 命令；要监测 JIT 编译情况，可以使用 jstat -compiler pid 1000 命令；要监测线程情况，可以使用 jstat -thread pid 1000 命令。

总之，Jstat 是一款非常实用的工具，可以更好地了解 Java 应用程序的性能状况，以便及时诊断和解决性能问题，提高 Java 应用程序的性能表现。

5.3.4 JConsole

JConsole 是 Java Development Kit(JDK)自带的监控和管理工具,它能够连接到正在运行的 Java 应用程序,并通过 Java Management Extensions(JMX)协议来实时监控应用程序的各种状态和性能指标,例如线程数、内存使用情况、GC 情况等,以便更好地发现和解决问题。

使用 JConsole 可以获得以下功能:

(1) 监控 Java 应用程序的基本信息,包括内存使用情况、线程数、CPU 使用情况和类加载情况等,以便更好地了解应用程序的整体运行状况。

(2) 查看 Java 虚拟机的垃圾回收情况,包括 GC 时间、频率和类型等信息,以便更好地了解 GC 对应用程序的影响。

(3) 利用 JConsole 的线程和死锁检测工具,检测和解决应用程序中的线程问题。

(4) 通过 JConsole 的 MBean 查看应用程序的特定指标,例如数据库连接池的使用情况、消息队列处理速度等。

(5) 使用 JConsole 进行故障排除。如果 Java 应用程序出现故障,则可以使用 JConsole 进行排除。在 JConsole 中可以查看 Java 应用程序的线程状态,找出导致故障的线程。可以使用 JConsole 的线程调试功能,设置断点并调试线程代码,找出导致故障的原因。在内存选项卡中可以查看 Java 应用程序的内存使用情况,如果发现内存泄漏,则可以使用 JConsole 的内存分析功能,分析内存快照并找出内存泄漏的原因。

(6) 通过 JConsole 的可视化界面,可以实时监控应用程序的性能指标,以及分析和调试应用程序的性能瓶颈。在 JConsole 中打开概述选项卡,可以查看 Java 应用程序的概览信息,如堆使用情况、线程数、类加载数等。在线程选项卡中,可以查看 Java 应用程序的线程状态,如线程数、线程状态、死锁情况等。在内存选项卡中,可以查看 Java 应用程序的内存使用情况,如堆内存、非堆内存、Eden 空间、Survivor 空间、老年代等。在 GC 选项卡中,可以查看 Java 应用程序的 GC 情况,如 GC 时间、GC 频率、GC 类型等。

要使用 JConsole 来监控 Java 应用程序,首先需要在启动目标应用程序时指定 JMX 参数。例如,可以通过命令行参数-Dcom.sun.management.jmxremote.port=909 将 JMX 端口设置为 9090,通过-Dcom.sun.management.jmxremote.ssl=false 关闭 JMX SSL 验证,以及通过-Dcom.sun.management.jmxremote.authenticate=false 关闭身份验证功能,然后在 JConsole 中连接到该应用程序,即可开始监控和管理它。

总体来讲,JConsole 是一个非常实用的 Java 应用程序监控和管理工具,它可以帮助开发人员更好地了解和调试 Java 应用程序的各种问题。

5.3.5 VisualVM

VisualVM 是一款 Java 虚拟机(JVM)监视和分析工具,可用于监控和分析 Java 应用程序的性能和内存使用情况。它可以获取 Java 应用程序的堆转储、线程转储、性能指标和内存使用情况等信息,以便更好地诊断和解决问题。同时,VisualVM也是一款独立的工具,与Java开发工具包(JDK)相结合,可形成JVisualVM。实际上,JVisualVM就是在VisualVM名称前添加了一个J的版本,以体现它与Java密切相关。

使用JVisualVM进行故障排除,可以通过导入dump文件来分析Java应用程序的详细信息和分析视图。使用JVisualVM的步骤如下:

(1)下载并安装JVisualVM,打开https://visualvm.github.io/网址,下载最新版本的JVisualVM并启动该工具。

(2)打开导入dump文件的选项,单击File选项卡,并选择Load,然后导航到dump文件所在的目录并选择该文件,最后单击Open按钮打开文件。

(3)导入dump文件后,JVisualVM将在屏幕左侧的Applications选项卡中显示Java应用程序。单击Java应用程序,将显示应用程序的详细信息和分析视图,可以从概述视图(Overview)、监视视图(Monitor)、线程视图(Threads)等多个视图中选择以查看应用程序的不同方面。

(4)如果需要分析Java应用程序的堆内存,则可以单击Java应用程序的名称,并单击HeapDump按钮,以打开一个新的窗口,其中包含在堆中使用的所有对象的详细信息。通过这些信息可以分析内存泄漏和其他相关问题。

总之,使用JVisualVM可以帮助开发者快速定位Java应用程序的性能和内存问题,提高开发效率。

5.3.6　Arthas

Arthas是一款非常实用的Java诊断工具,它可以帮助开发和运维人员在线上快速定位问题,提高效率。Arthas支持丰富的命令和界面,易于使用,而且非常灵活,可以满足不同场景下的需求。在使用Arthas时,需要注意一些细节,例如不能直接在生产环境中进行调试,需要在测试环境中模拟相应的情况进行调试。只有在必要的情况下才能使用Arthas,以避免对系统的影响。Arthas具有无侵入式和全方位诊断的特点,可以监控方法执行时间、线程状态、GC情况等,对于内存泄漏和死锁等问题也能够进行针对性诊断。此外,Arthas还集成了丰富的命令和界面,易于使用。由于Arthas是在JVM层面进行诊断,因此不适用于诊断一些操作系统级别的问题,例如I/O和网络等。在高并发情况下,Arthas会对JVM产生一定的影响,因此在使用时需要注意。

安装Arthas非常简单,只需下载并解压缩。下载链接为https://alibaba.github.io/arthas/arthas-boot.jar。

解压缩后会看到以下几个文件。

(1)arthas-boot.jar:Arthas的启动程序,也是使用Arthas的主入口。

(2)arthas-client.jar:Arthas的客户端程序,用于和Arthas服务器端进行通信。

(3)arthas-demo.jar:Arthas的示例代码,内部包含了大量使用示例。

(4)asm-all-5.0.3.jar:Arthas所依赖的asm库。

（5）fastjson-1.2.29.jar：Arthas 所依赖的 fastjson 库。

（6）netty-all-4.1.48.Final.jar：Arthas 所依赖的 netty 库。

（7）watch-logback.xml：Arthas 的日志配置文件。

启动 Arthas 只需在命令行中输入 java-jararthas-boot.jar 命令。成功启动后，可以使用 ps 命令查看当前系统中的 Java 进程，并使用 JVM 命令连接到指定的 Java 进程。连接成功后，可以通过 trace 命令监控方法的执行时间和调用链，通过 thread 命令监控线程的状态，通过 gc 命令监控 JVM 的 GC 状态，通过 heapdump 命令查看 JVM 的内存信息等。除此之外，Arthas 还支持其他许多命令，例如 dashboard（显示 JVM 的运行状态，包括 CPU 使用率、内存使用情况、线程状态等）、反编译 Java 类（jad）、查看类加载器信息（classloader）、监控变量的值变化（watch）和查看当前类加载器的 classpath（sc）等。

总之，Arthas 是一款非常实用的 Java 诊断工具，它能够帮助开发和运维人员在线上快速定位问题，提高效率。使用 Arthas 时要注意一些细节，例如需要在测试环境中模拟相应的情况进行调试，避免直接在生产环境中进行调试。只有在必要的情况下才能使用 Arthas，以避免对系统的影响。

5.4 JVM 排查

本节介绍 JVM 排查问题的详细步骤。

5.4.1 收集问题信息

在软件开发和维护过程中，出现问题是非常常见的。为了解决问题，首先需要收集足够的信息，以便更好地理解问题。在收集信息的过程中，可以使用工具（如 Jstack、Jmap、Jstat、JConsole、VisualVM 等）收集日志文件、异常堆栈跟踪、线程转储、内存使用情况、GC 日志等信息。这些信息可以帮助确定问题的性质、影响范围及可能的解决方案。

具体来讲，日志文件用于记录系统在运行过程中的信息，如错误日志、调试日志等，可快速定位问题所在。异常堆栈跟踪可获取相关的堆栈跟踪信息，如异常发生的位置、类型和调用堆栈等。线程转储可获取系统中各个线程的状态、调用堆栈等信息。内存使用情况可告知系统中各个对象的大小、数量等信息。GC 日志可获取相关的垃圾回收信息，如垃圾回收的频率、耗时等。

在收集信息时，需要注意信息应具有代表性且及时、全面、准确，避免因信息不足或不准确而导致难以解决问题。同时，收集的信息应进行整理和分析，以便更好地诊断和解决问题。

综上，收集足够的信息是解决问题的第 1 步，而合理使用工具和技术可以帮助更好地获取和分析信息，从而更好地解决问题。

5.4.2　确定问题的类型

为了进行 JVM 调优，需要根据收集到的信息来确定问题类型，如线程死锁、内存泄漏、垃圾回收性能等。在了解问题类型之后，可以选择相应的解决方案进行调优，如通过调整堆内存大小、垃圾回收算法、线程优化等手段来解决问题。调优后还需要对系统进行测试，以验证是否达到了预期效果。JVM 是一个虚拟机，包含垃圾回收器、类加载器、解释器、即时编译器等组成部分，其工作原理是将 Java 代码编译成字节码，在运行时通过 JIT 即时编译器将其转换为本地机器码，再由解释器执行。同时，JVM 通过垃圾回收器来管理内存，避免内存泄漏和 OutOfMemoryError 等问题的发生。在进行 JVM 调优时，需要先确定问题类型，如线程死锁、内存泄漏、垃圾回收性能等。解决线程死锁需要了解哪些线程互相持有哪些资源，并考虑采取什么方式来避免死锁。解决内存泄漏问题需要了解哪些对象无法被回收，以及这些对象的引用链是怎样的，从而采取相应的措施来避免内存泄漏。解决垃圾回收性能问题可以通过调整堆内存大小、垃圾回收算法、GC 线程数等手段来解决。在进行 JVM 调优时，需要深入了解 JVM 内部的工作原理，并掌握收集信息的技术实现步骤，以实现系统的最佳性能。

5.4.3　检查 JVM 配置

JVM 可能出现问题的原因不仅限于代码本身，还包括一些配置问题。例如，堆大小设置过小、PermGen 空间设置过小、CPU 核心数过少、文件描述符数设置过小等。这些问题需要得到重视，尤其是在生产环境中。

首先，堆大小对 JVM 运行非常重要。由于 Java 堆是存储对象实例的地方，因此堆大小设置过小会导致 JVM 无法为应用程序分配足够的内存，最终会导致出现 OutOfMemoryError 异常。因此，在检查堆大小设置时，应根据应用程序的实际内存使用情况进行设置，大型应用程序需要更大的 Java 堆，而小型应用程序则可以使用较小的 Java 堆。

其次，PermGen 空间也是 JVM 运行的关键因素。PermGen 空间用来存储类信息和常量池等信息，因此，如果应用程序需要加载大量的类或者使用大量常量，则 PermGen 空间就应该设置得更大。如果 PermGen 空间被设置得过小，JVM 则将无法为应用程序分配足够的内存，最终导致出现 OutOfMemoryError 异常。

再次，CPU 核心数的设置也会对应用程序的性能产生直接影响。多核处理器可以同时执行多个线程，提高应用程序的并发处理能力。如果应用程序需要处理大量并发操作，则 CPU 核心数就应该设置得更多，以提高应用程序的性能。如果 CPU 核心数被设置得过少，JVM 则将无法充分利用 CPU 的多核处理能力，最终导致应用程序的性能受到影响。

最后，文件描述符数的设置也是一个重要的配置问题。在 Linux 系统下，文件描述符是指为了访问文件而打开的文件句柄。如果应用程序需要处理大量文件或者网络连接，则文件描述符数就应该被设置得更多，以提高应用程序的性能。如果文件描述符数被设置得过小,JVM则将无法打开足够的文件句柄,最终导致应用程序的错误或者异常,因此,在生产环境中,需要对这些配置问题进行仔细检查和优化。

5.4.4　分析堆转储

堆转储(HeapDump)是一种将JVM堆内存中的所有对象信息以二进制形式输出到文件的操作,可视为捕捉当前JVM堆内存状态的一种快照。它被广泛用于Java应用程序的内存分析和调试中,在开发和运维中常常用于解决Java应用程序占用内存过高、内存泄漏等问题。Jmap工具是用于生成JVM的堆转储的常用工具,其命令格式为jmap-dump:file=heapdump.bin<pid>,其中pid表示Java应用程序的进程ID。执行该命令后,就会生成一个名为heapdump.bin的文件,该文件就是JVM的堆转储。MAT(Memory Analyzer Tool)是一个开源的Java内存分析工具,它可以快速定位内存问题,以及查看对象数量、类型、占用内存大小等信息,用于分析堆转储文件。使用MAT分析堆转储需要注意,需要在64位JVM上执行MAT工具,并分配足够的内存空间,同时分析大型堆转储文件可能需要耐心等待。总之,堆转储和MAT工具是Java应用程序开发和运维中不可或缺的工具,能够帮助开发者快速定位和解决内存问题。

5.4.5　分析GC日志

GC日志是分析垃圾回收的关键。使用Jstat工具可以生成GC日志并进行分析,以便找出内存使用的问题。GC日志包含垃圾回收器在运行过程中的各种信息,可以得出堆内存的使用情况及对应的垃圾回收器运行的效率等信息。Jstat工具是JDK中自带的命令行工具,用于查看应用程序中的JVM统计信息,其中也包括GC相关信息。

在使用Jstat工具生成GC日志时,需要指定参数,例如-S、-T、-h、-gc等。这些参数用于在每次垃圾回收后指定Survivor空间中对象的大小、堆中各个区域的总大小、堆中已分配和可用的内存大小及要输出的GC相关信息。

在分析GC日志时,需要根据不同的垃圾回收器进行分析。例如,对于G1垃圾回收器,需要关注其分区情况,以便优化垃圾回收器的运行效率。对于CMS垃圾回收器,则需要关注停止时间的数量和长度等信息,以便评估垃圾回收器的性能表现。

在进行GC日志分析时,还需要关注一些常见的问题类型,例如内存泄漏、内存浪费、Full GC太多等。通过GC日志中的信息,可以寻找这些问题的原因和解决方案。例如,对于Full GC太多的问题,可以考虑对代码进行优化,减少对象的创建和销毁,从而减少Full GC的次数。

总之,分析GC日志是优化Java应用程序性能的重要一环,需要熟练掌握相关工具和技术,以便更好地进行问题排查和解决。

5.4.6　分析线程转储

通过Jstack工具,可以生成应用程序的线程转储,用于分析线程的状态、死锁等情况。

生成线程转储有两种方式，一种是在命令行中直接输入 Jstack 命令，另一种是在 JVM 的管理界面中进行操作。线程转储是指将当前 JVM 的所有线程在一个瞬间的状态保存到一个文件中。可以在这个文件中看到所有线程的状态信息，包括线程的 ID、状态、调用栈等。Jstack 的工作原理是通过向 JVM 发送 SIGQUIT 信号触发 JVM 进行线程转储操作，这个信号不会结束进程，但会导致 JVM 在指定的文件路径生成一个线程转储文件。

通过 Jstack 生成线程转储，可以分析出现的线程死锁、线程阻塞、内存泄漏等问题。工具的使用可以通过命令行方式、JVisualVM、EclipseMAT 等方式进行。当应用程序出现死锁或阻塞等问题时，可以使用 Jstack 生成线程转储并进行分析。解决问题的步骤需要通过 jps 命令查看 Java 进程的 PID，以生成线程转储文件，并使用工具打开线程转储文件，分析线程的调用栈和状态信息。最后，找到问题的根本原因并进行解决，可以采用调整代码、修改配置等方式解决问题。

总之，通过 Jstack 生成线程转储，可以帮助开发人员分析问题的根本原因，解决线程死锁、线程阻塞、内存泄漏等问题。需要结合工具进行分析，并且要有一定的分析思路。

5.4.7　进行代码审查

在应用程序中，代码也可能存在导致 JVM 问题的情况，因此，通过检查代码段可以找到一些潜在的问题所在，例如可能会发现一些可能死锁的同步块。为了找到可能导致问题的代码段，可以通过应用日志分析工具进行分析，并对其进行优化。此外，还可以使用调试工具来跟踪问题，并修复问题代码。

在代码分析过程中，需要对 JVM 工作原理有一定的了解，例如了解 JVM 在运行过程中内存的分配、对象的创建和销毁等细节有助于更好地分析代码中可能存在的问题。同时，还需要识别出可能引起问题的类型，如死锁、内存泄漏、线程安全问题等。在分析时还需考虑到不同情况的特殊性，例如可能存在多个线程同时访问同一资源的情况，可能存在不同的环境变量对程序性能的影响等，因此，需要针对不同情况采取不同的分析和解决方法。

对于不同的问题类型，通常可以使用一些工具来辅助分析和解决，例如性能分析工具可以定位应用程序的瓶颈，内存分析工具可以检测内存泄漏等，日志分析工具可以分析应用程序在运行时的信息等。在分析时应采用分层次、逐步深入的方法，逐渐收敛到可能导致问题的代码段，然后进行针对性优化。

5.4.8　实验和更改

为解决问题，可以考虑进行一些配置调整和代码调整，然而，这个过程可能需要进行多次实验和不断地更改，以找到最佳的解决方案。除了可以手动调整，还可以使用一些工具来分析和解决问题。例如，调试工具可以定位问题的根本原因，版本控制工具可以管理和控制源代码的变更，性能测试工具可以评估软件在不同负载情况下的表现。为了成功地解决问题，需要具备一定的技术能力和实践经验，需要建立清晰的分析思路和方法，并反复进行实验和验证。最终，才能找到最佳的解决方案。

5.5　GC 场景

JVM 调优过程非常复杂,各种情况均可能导致垃圾回收无法达到预期效果。针对特定场景问题,可以从 5 个大方向进行设计。

5.5.1　大访问压力下频繁进行 Minor GC

这个是正常现象,只要 Minor GC 延迟不导致较长的停顿时间或触发 Full GC,就可以适当增大 Eden 空间,降低 Minor GC 的频率。同时,确保空间增大对垃圾回收产生的停顿时间增长在可接受范围内。

5.5.2　Minor GC 过于频繁引发 Full GC

(1)每次 Minor GC 存活的对象大小,是否能全部移至 S1 区。若 S1 区大小小于 Minor GC 存活的对象大小,部分对象将直接进入老年代。需要注意,这些对象年龄仅 1 岁,很可能再经历一次 Minor GC 就会被回收,但进入了老年代,只能等待 Full GC 进行回收,非常恐怖。在系统压测过程中,需实时监控 Minor GC 存活的对象大小,并合理调整 Eden 和 S 区的大小及比例。

(2)另一种情况是,S1 区的相同年龄对象所占总空间大于 S1 区空间的一半,导致某些对象在未达 15 岁前就直接进入老年代,因此,调整 S 区大小时需考虑:尽量确保峰值状态下,S1 区的对象所占空间在 Minor GC 过程中,相同对象年龄所占空间不大于 S1 区空间的一半,因此,对 S1 区大小的调整也至关重要。

5.5.3　大对象创建频繁导致 Full GC 频繁出现

针对大对象,JVM 提供了参数以进行控制,即-XX:PretenureSizeThreshold。若对象大小超过此参数值,则会直接进入老年代,只能等待 Full GC 进行回收。在系统压测过程中,需重点监测大对象的产生。

若代码层面可优化大对象大小,则进行相应调整。例如根据业务需求将大对象设置为单例模式下的对象、对大对象进行拆分使用或在使用完成后将其赋值为 null,以便垃圾回收器能顺利回收。

若代码层面无法优化,则可考虑以下方法。

(1)调高-XX:PretenureSizeThreshold 参数大小,使对象有机会在 Eden 区创建并经历 Minor GC 以回收,然而,调整此参数需结合 Eden 区的大小及 S1 区的承载能力。

(2)这是最坏的情况,若对象必须进入老年代,则应尽量确保其为长期使用的对象,避免过多创建的大对象使老年代内存空间迅速耗尽,引发 Full GC。在这种情况下,可通过定时脚本在业务系统不繁忙时主动触发 Full GC,以降低对系统性能的影响。

5.5.4　Minor GC 和 Full GC 长时间停顿

这种情况会严重影响用户体验。对于较长的停顿问题，主要有以下两种原因：

（1）真实的 GC 回收时间较长，即 real time 较长。这种情况主要是由于内存过大而导致的，在标记和清理过程中，需要对大量内存空间进行操作，从而导致停顿时间较长。为解决此问题，可以考虑减小堆内存大小，包括新生代和老年代。例如从使用 16GB 堆内存改为使用 4 个 4GB 的堆内存区域。这样可以部署多台机器以组成 JVM 逻辑集群，或使用 4 节点分布式部署，以缩短 GC 回收时间。

（2）真实的 GC 回收时间并不长，但用户态执行时间（user time）和核心态执行时间（sys time）较长，导致从用户角度来看，停顿时间较长。为解决此问题，需要检查线程是否及时到达安全点。通过设置参数-XX：＋PrintSafepointStatistics 和-XX：PrintSafepointStatisticsCount＝1 以查看安全点日志，找出长时间未到达安全点的线程。再设置参数-XX：＋SafepointTimeout 和-XX：SafepointTimeoutDelay＝2000，以找出超过 2000ms 到达安全点的线程。这里的 2000ms 可根据具体情况进行调整，并针对代码进行调整。

同时，还需检查操作系统的运行状况，以排除操作系统负载较高导致线程达到安全点时间较长的可能。

5.5.5　由内存泄漏导致的 MGC 和 FGC 频繁发生而后出现 OOM

如果问题源自纯代码级别的 MGC 和 FGC 频繁，则需要对代码进行大规模调整。这种情况通常涉及多种场景，处理起来可能会非常困难。例如在大循环体中创建过多对象、未使用合适的容器管理对象创建、不合理的数据结构使用等。

总之，JVM 调优的目的是在保证系统可接受的性能的前提下，优化 MGC 和 FGC 的频率及回收时间。在实际操作中，需要分析问题的根源，针对具体场景进行代码调整和优化。

MySQL 调 优

20min

在一个名为"数据库优化"的神秘国度中,一位智者被尊称为"MySQL 调优"。他的主要职责是帮助国度的居民解决数据库在运行过程中出现的性能问题,提高资源利用率,确保国家的繁荣与稳定。

某日,这个国度的一座城市面临数据库系统性能瓶颈问题。国王得知此事后,立即邀请"MySQL 调优"前来支援。"MySQL 调优"毫不犹豫地接受了国王的邀请,踏上了这段充满悬疑与挑战的旅程。经过一段漫长的跋涉,他终于来到了这座充满神秘气息的城市。深入调查后,"MySQL 调优"发现了一个惊人的秘密:这座城市的数据库系统中潜伏着一个强大的敌人——"数据幽灵"。这个邪恶力量正在侵蚀着城市的每个角落,导致数据库系统变得越来越慢。

为了战胜这个邪恶的敌人,"MySQL 调优"决心展开一场艰苦的战斗。他仔细地分析了数据库系统的各个角落,终于发现了"数据幽灵"的弱点。通过一系列精心设计的优化策略,"MySQL 调优"逐步削弱了"数据幽灵"的力量。他优化了查询语句,消除了数据冗余,重新设计了索引结构,甚至调整了服务器配置。在"MySQL 调优"的努力下,Hope 之城的数据库系统性能大幅提升。查询速度加快,资源消耗降低,城市逐渐恢复了正常运转。

国王对"MySQL 调优"的表现深感满意,感激他为国家的数据库运行带来了质的飞跃。自此,"MySQL 调优"成为数据库优化国度的守护者,时刻关注着数据库的运行状况,确保国家的繁荣与稳定。"MySQL 调优"的故事激励着数据库优化国度的每位成员,共同关注数据库性能调优,为国家的繁荣与稳定贡献力量。这个神秘国度的命运,也因为"MySQL 调优"的勇敢与智慧,迎来了新的曙光。

6.1 表结构设计

在进行数据库设计时,开发者需要关注表的规划。首先,开发者要了解 MySQL 数据库的页大小。当表中的单行数据达到 16KB 时,意味着表中只能存储一条数据,这对于数据库来讲是不合理的。MySQL 数据库将数据从磁盘读取到内存,它使用磁盘块作为基本单位进行读取。如果一个数据块中的数据一次性被读取,则查询效率将会提高。

以 InnoDB 存储引擎为例，它使用页作为数据读取单位。页是磁盘管理的最小单位，默认大小为 16KB。由于系统的磁盘块存储空间通常没有这么大，所以 InnoDB 在申请磁盘空间时会使用多个地址连续的磁盘块使页的大小达到 16KB。

查询数据时，一页中的每条数据都能帮助定位到数据记录的位置，从而减少磁盘 I/O 操作，提高查询效率。InnoDB 存储引擎在设计时会将根节点常驻内存，尽量使树的深度不超过 3。这意味着在查询过程中，I/O 操作不超过 3 次。树状结构的数据可以让系统高效地找到数据所在的磁盘块。

在这里讨论一下 B 树和 B＋树的区别。B 树的结构是每个节点既包含 key 值也包含 value 值，而每页的存储空间是 16KB。如果数据较大，则将会导致一页能存储数据量的数量很小。相比之下，B＋树的结构是将所有数据记录节点按照键值的大小顺序存放在同一层的叶节点上，而非叶节点上只存储 key 值信息。这样可以大大加大每个节点存储的 key 值数量，从而降低 B＋树的高度。

通过了解 MySQL 数据库底层存储的原理和数据结构，开发者在设计表时应该尽量减少单行数据的大小，将字段宽度设置得尽可能小。

在设计表时，开发者要注意以下几点以提高查询速度和存储空间的利用率：

（1）避免使用 text、Blob、Clob 等大数据类型，它们占用的存储空间更大，读取速度较慢。

（2）尽量使用数字型字段，如性别字段用 0/1 的方式表示，而不是男女。这样可以控制数据量，增加同一高度下 B＋树容纳的数据量，提高检索速度。

（3）使用 varchar/nvarchar 代替 char/nchar。变长字段存储空间较小，可以节省存储空间。

（4）不在数据库中存储图片、文件等大数据，可以通过第三方云存储服务存储，并提供图片或文件地址。

（5）金额字段使用 decimal 类型，注意长度和精度。如果存储的数据范围超过 decimal 的范围，则建议将数据拆成整数和小数分开存储。

（6）避免给数据库留 null 值。尤其是时间、整数等类型，可以在建表时就设置非空约束。NULL 列会使用更多的存储空间，在 MySQL 中处理 NULL 值也更复杂。为 NULL 的列可能导致固定大小的索引变成可变大小的索引，例如只有整数列的索引。

6.1.1 建索引

在建立索引时，需要权衡数据的维护速度和查询性能。以下是一些关于如何确定是否为表中字段建立索引的示例：

（1）对于经常修改的数据，建立索引会降低数据的维护速度，因此不适合对这些字段建立索引，例如状态字段。

（2）对于性别字段，通常用 0 和 1 表示，但如果其区分度不高（如 100 万用户中 50 万为男性，50 万为女性），则一般不需要建立索引；然而，如果性别字段的区分度非常高（例如

90 万男性和 10 万女性),而且该字段不经常更改,则可以考虑为该字段建立索引。

(3) 可以在 where 及 order by 涉及的列上建立索引。

(4) 对于需要查询排序、分组和联合操作的字段,适合建立索引,以提高查询性能。

(5) 索引并非越多越好,一张表的索引数最好不要超过 6 个。当为多个字段创建索引时,表的更新速度会减慢,因此应选择具有较高区分度且不经常更改的字段创建索引。

(6) 尽量让字段顺序与索引顺序一致,当复合索引中的第 1 个字段作为条件时才会使用该索引。

(7) 遵循最左前缀原则,应尽量确保查询中的索引列按照最左侧的列进行匹配。例如为(a, b) 和(c, d) 创建了联合索引,查询示例,代码如下:

```
SELECT * FROM table WHERE a =? AND b =?
```

将使用索引进行以下查询,代码如下:

```
SELECT * FROM table WHERE c =? AND d =?
```

6.1.2　MySQL 的索引

在 MySQL 中,有 4 种索引类型:聚集索引、辅助索引、覆盖索引和联合索引。以下是一些关于这些索引的说明。

1. 聚集索引

聚集索引的叶节点称为数据页,它们按照主键顺序排列。每个数据页上都存储着完整的行记录;而在非数据页的索引页中,存储的仅仅是键值和指向数据页的偏移量,不是完整的行记录。如果定义了主键,InnoDB 则会自动使用主键创建聚集索引。如果没有定义主键,InnoDB 则会选择一个唯一的非空索引代替主键。如果没有唯一的非空索引,InnoDB 则会隐式地定义一个主键来作为聚集索引。

2. 辅助索引

辅助索引的叶节点中不包含行记录的全部数据。除了存储键值外,每个叶节点的索引行还包含一个书签。这个书签用于告诉 InnoDB 在哪里可以找到与索引相对应的行数据。当查询的字段值在辅助索引上就有时,可以避免遍历聚集索引,从而减少 IO 操作。

3. 覆盖索引

覆盖索引是一种特殊类型的辅助索引,它的叶节点包含查询的所有字段值。这意味着在遍历辅助索引时,可以直接获取查询所需的所有数据,而无须访问聚集索引。这种方式减少了 IO 操作,从而提高了查询性能。

4. 联合索引

联合索引在 MySQL 中具有独特优势,它对表上的多个列进行索引,并保证索引值是有序排列的。创建联合索引后,开发者可以通过叶节点顺序读取所有数据,实现"一个索引顶三个"的效果。例如创建一个(a,b,c)的复合索引,相当于创建了(a)、(a,b) 和(a,b,c)3 个索引。

虽然联合索引具有优势，但同时也存在一些挑战。首先，为多个列创建索引会增加写操作的开销和磁盘空间的开销，尤其是在大数据表上。其次，联合索引可以避免文件排序过程，因为在文件排序过程中，一行数据需要读取两次：第 1 次是根据 where 条件过滤时，第 2 次是排序完成后再读取一次。

6.2　文件排序

文件的排序过程如下：首先，根据表的索引或全表扫描读取满足条件的记录。其次，将每行排序列值和行记录指针存储到缓冲区。当缓冲区满时，运行快速排序对缓冲区中的数据进行排序，并将排序后的数据存储到一个临时文件，保存一个存储块的指针。当所有记录读取完毕时，建立相应有序的临时文件。然后，对块级进行排序，这个过程类似归并排序算法，通过两个临时文件的指针交换数据，最终实现两个文件都有序。最后，按顺序读取每行数据，将数据传给客户端。

当出现以下两种情况时，MySQL 将使用文件排序。

（1）当 order by 的条件不在索引列上时：MySQL 无法根据索引直接进行排序，因此需要对数据进行文件排序。

（2）当排序的字段不在 where 条件中时：此时，MySQL 无法通过索引进行排序，而是使用文件排序。

文件排序有两种方式：单路排序和双路排序。

单路排序：将所有需要查询的字段放入 sort buffer 进行排序。尽管速度较快，但占用更多内存。

双路排序：仅将主键和排序字段放入 sort buffer 进行排序，然后根据主键回表查询需要的字段。这种方式节省内存，但速度较慢。

MySQL 根据 max_length_for_sort_data 变量选择使用单路排序还是双路排序。如果查询列的长度超过该值，MySQL 则将使用双路排序，否则使用单路排序。

为了优化排序，可以增大 sort_buffer_size 参数，以便减少将数据分段进行排序的次数。如果 sort_buffer_size 参数较大，MySQL 则会使用内存映射（mmap）来分配内存，而不是动态分配内存（malloc），这会降低性能。

要避免多次排序和分批查询，可以尝试增大 max_length_for_sort_data 参数，以便让 MySQL 尽量一次返回更多行数据。但是，如果 max_length_for_sort_data 过大，则可能导致过多的文件排序和额外的内存消耗，因此，需要在效率和内存消耗之间找到一个平衡。

6.3　读入缓冲区大小

read_buffer_size 参数用于控制 MySQL 读入缓冲区的大小，对于顺序扫描表的请求，MySQL 会分配一个读入缓冲区。read_buffer_size 变量用于控制缓冲区的大小，默认为 1MB。

在实际情况下,如果需要频繁地对表进行顺序扫描,并且认为扫描过程太慢,则可以通过增加 read_buffer_size 变量值及缓冲区大小来提高性能。

例如,如果将 read_buffer_size 设置为 10MB,则 MySQL 在进行顺序扫描时将分配一个 10MB 的读入缓冲区。这有助于更快地处理顺序扫描请求,从而提高整体性能。

需要注意的是,read_buffer_size 的大小需要根据实际应用场景进行调整。如果设置过大,则可能导致过多的资源消耗和内存浪费;而如果设置得过小,则可能无法充分发挥顺序扫描的性能优势。因此,在优化 read_buffer_size 时,需要综合考虑应用需求、系统资源和性能表现。

6.4　SQL 优化

为了优化 SQL 语句,需要了解数据库的架构、索引、查询优化器及各种 SQL 执行引擎的机制等技术知识。

6.4.1　SQL 编写

在编写 SQL 语句时,开发者需要注意一些关键点以提高查询性能。以下是一些建议:

(1)避免在 WHERE 子句中对查询的列执行范围查询(如 NULL 值判断,!=、<>、or 作为连接条件,IN、NOT IN、LIKE 模糊查询,BETWEEN)和使用"="操作符左侧进行函数操作、算术运算或表达式运算,因为这可能导致索引失效,从而导致全表扫描。

(2)对于 JOIN 操作,如果数据量较大,则先分页再执行 JOIN 操作,这样可以避免大量逻辑读,从而提高性能。

(3)使用 COUNT(*)可能导致全表扫描,如有 WHERE 条件的 SQL,WHERE 条件字段未创建索引会进行全表扫描。COUNT(*)只统计总行数,聚集索引的叶节点用于存储整行记录,非聚集索引的叶节点用于存储行记录主键值。非聚集索引比聚集索引小,选择最小的非聚集索引扫表更高效。

(4)当数据量较大时,查询只返回必要的列和行,LIMIT 分页会限制返回的数据,减少请求的数据量,插入时建议分批次批量插入,以提高性能。

(5)对于大连接的查询 SQL,由于数据量较多,又是多表,容易出现整个事务日志较大,消耗大量资源,从而导致一些小查询阻塞。因此,优化方向是将它拆分成单表查询,在应用程序中关联结果,这样更利于高性能及可伸缩,同时由于是单表减少了锁竞争,所以效率上也有一定的提升。

(6)尽量明确只查询所需列,避免使用 SELECT *。SELECT * 会导致全表扫描,降低性能。若必须使用 SELECT *,则可以考虑使用 MySQL 5.6 及以上版本,因为这些版本提供了离散读优化(Discretized Read Optimization),将离散度高的列放在联合索引的前面,以提高性能。

索引下推(Index Condition Pushdown,ICP)优化:ICP优化将部分WHERE条件的过滤操作下推到存储引擎层,减少上层SQL层对记录的索取,从而提高性能。在某些查询场景下,ICP优化可以大大减少上层SQL层与存储引擎的交互,以提高查询速度。

多范围读取(Multi-Range Read,MRR)优化:MRR优化将磁盘随机访问转换为顺序访问,以提高查询性能。当查询辅助索引时,首先根据结果将查询得到的索引键值存放于缓存中,然后根据主键对缓存中的数据进行排序,并按照排序顺序进行书签查找。

这种顺序查找减少了对缓冲池中页的离散加载次数,可以提高批量处理对键值查询操作的性能。在编写SQL时,使用EXPLAIN语句观察索引是否失效是个好习惯。

索引失效的原因有以下几点:

(1)如果查询条件中包含OR,即使其中部分条件带有索引,也无法使用。

(2)对于复合索引,如果不使用前列,则后续列也无法使用。

(3)如果查询条件中的列类型是字符串,则在条件中将数据使用引号引用起来非常重要,否则索引可能失效。

(4)如果在查询条件中使用运算符(如+、-、*、/等)或函数(如substring、concat等),则索引将无法使用。

(5)如果MySQL认为全表扫描比使用索引更快,则可能不使用索引。在数据较少的情况下尤其如此。

6.4.2　SQL优化工具

常用的SQL优化方法包括业务层逻辑优化、SQL性能优化、索引优化。

业务层逻辑优化:开发者需要重新梳理业务逻辑,将大的业务逻辑拆分成小的逻辑块,以便并行处理。这样可以提高处理效率,降低数据库的访问压力。

SQL性能优化:除了可以编写优化的SQL语句、创建合适的索引之外,还可以使用缓存、批量操作减少数据库的访问次数,以提高查询效率。

索引优化:对于复杂的SQL语句,人工直接介入调节可能会增加工作量,并且效果不一定好。开发者的索引优化经验参差不齐,因此需要使用索引优化工具,将优化过程工具化、标准化。最好是在提供SQL语句的同时,给出索引优化建议。

6.4.3　慢SQL优化

影响程度一般的慢查询通常在中小型企业因为项目赶进度等问题常被忽略,对于大厂基本由数据库管理员通过实时分析慢查询日志,对比历史慢查询,给出优化建议。

影响程度较大的慢查询通常会导致数据库负载过高,人工故障诊断,识别具体的慢查询SQL,以及时调整,降低故障处理时长。

当前未被定义为慢查询的SQL可能随时间演化为慢查询,对于核心业务,可能引发故障,需分类接入。

(1)未上线的慢查询:需要通过发布前集成测试流水线,通常的经验是加上explain关键字识别慢查询,待解决缺陷后才能发布上线。

(2)已上线的慢查询:表数据量增加演变为慢查询,比较常见,通常会变成全表扫描,开发者可以增加慢查询配置参数 log_queries_not_using_indexes 记录到慢日志,实时跟进治理。

6.5　数据分区

在面对大量数据时,分区可以帮助提高查询性能。分区主要分为两类:表分区和分区表。

6.5.1　表分区

表分区是在创建表时定义的,需要在表建立时创建规则。如果要修改已有的有规则的表分区,则只能新增,而不能随意删除。表分区的局限性在于单个 MySQL 服务器只支持 1024 个分区。

6.5.2　分区表

当表分区达到上限时,可以考虑垂直拆分和水平拆分。垂直拆分将单表变为多表,以增加每个分区承载的数据量。水平拆分则是将数据按照某种策略拆分为多个表。

垂直分区的优点是可以减少单个分区的数据量,从而提高查询性能,但缺点是需要考虑数据的关联性,并在 SQL 查询时进行反复测试以确保性能。

对于包含大文本和 BLOB 列的表,如果这些列不经常被访问,则可以将它们划分到另一个分区,以保证数据相关性的同时提高查询速度。

6.5.3　水平分区

随着数据量的持续增长,需要考虑水平分区。水平分区有以下几种模式。

(1)范围(Range)模式:允许 DBA 将数据划分为不同的范围。例如 DBA 可以将一张表按年份划分为 3 个分区,20 世纪 80 年代的数据、20 世纪 90 年代的数据及 2000 年以后的数据。

(2)哈希(Hash)模式:允许 DBA 通过对表的一个或多个列的哈希键(Hash Key)进行计算,最后通过这个哈希码不同数值对应的数据区域进行分区。例如 DBA 可以建立一个根据主键进行分区的表。

(3)列表(List)模式:允许系统通过 DBA 定义列表的值所对应的行数据进行分割。例如 DBA 建立了一个横跨 3 个分区的表,分别根据 2021 年、2022 年和 2023 年的值对应数据。

(4)复合模式(Composite):允许将多个模式组合使用,如在初始化已经进行了 Range 范围分区的表上,可以对其中一个分区再进行哈希分区。

6.6　灾备处理

在 MySQL 中,冷备份和热备份可以帮助开发者在不影响性能的情况下确保数据的安全性。

6.6.1　冷备份

当某些数据不再需要或不常访问时,可以考虑进行冷备份。冷备份是在数据库关闭时进行的数据备份,速度更快,安全性也相对更高。例如可以将一个不再需要的月度报告数据备份到外部存储设备,以确保在需要时可以轻松地访问这些数据。

6.6.2　热备份

对于需要实时更新的数据,可以考虑热备份。热备份是在应用程序运行时进行的数据备份,备份的是数据库中的 SQL 操作语句。例如可以将用户的购物记录备份到一个在线存储服务中,以便在需要时查看这些数据。

6.6.3　冷备份与热备份的权衡

(1) 冷备份速度更快,因为它不涉及应用程序的运行,但可能需要外部存储设备。

(2) 热备份速度较慢,因为它涉及应用程序的运行和数据库操作的记录。

(3) 冷备份更安全,因为它在数据库关闭时进行,不受应用程序的影响。

(4) 热备份安全性稍低,因为它在应用程序运行时进行,需要保持设备和网络环境的稳定性。

6.6.4　备份注意事项

(1) 备份过程中要保持设备和网络环境稳定,避免因中断导致数据丢失。

(2) 备份时需要仔细小心,确保备份数据的正确性,以防止恢复过程中出现问题。

(3) 热备份操作要特别仔细,备份 SQL 操作语句时不能出错。

总之,通过对冷、热数据进行备份,可以在不影响应用程序性能的情况下确保数据的安全性。在实际应用中,应根据数据的需求和业务场景选择合适的备份策略。

6.7　高可用

在生产环境中,MySQL 的高可用性变得越来越重要,因为它是一个核心的数据存储和管理系统,任何错误或中断都可能导致严重的数据丢失和系统瘫痪,因此,建立高可用的MySQL 环境至关重要。

6.7.1　MMM

双主故障切换（MMM）用于监控和故障转移 MySQL 集群。它使用虚拟 IP（VIP）机制实现集群的高可用。集群中，主节点通过一个虚拟 IP 地址提供数据读写服务，当出现故障时，VIP 会从原主节点漂移到其他节点，由这些节点继续提供服务。MMM 的主要缺点是故障转移过程过于简单粗暴，容易丢失事务，因此建议采用半同步复制以降低失败概率。

6.7.2　MHA

高可用性与可伸缩性（MHA）是一种用于故障切换的工具，能在 30s 内完成故障切换，并在切换过程中最大程度地保证数据一致性。MHA 主要监控主节点的状态，当检测到主节点故障时，它会将具有最新数据的从节点提升为新的主节点，并通过其他从节点获取额外信息来避免数据一致性方面的问题。MHA 可以单独部署，分为 Manager 节点和 Node 节点，分别部署在单独的机器上和每台 MySQL 机器上。Node 节点负责解析 MySQL 日志，而 Manager 节点负责探测 Node 节点并判断各节点的运行状况。当检测到主节点故障时，Manager 节点会直接将一个从节点提升为新主节点，并让其他从节点挂载到新主节点上，实现完全透明。为了降低数据丢失的风险，建议使用 MHA 架构。

6.7.3　MGR

MGR 是 MySQL 官方在 5.7.17 版本中正式推出的一种组复制机制，主要用于解决异步复制和半同步复制中可能产生的数据不一致问题。组复制（MGR）由若干个节点组成一个复制组，事务提交后，必须经过超过半数节点的决议并通过后才能提交。引入组复制主要是为了解决传统异步复制和半同步复制可能出现的数据不一致问题。组复制的主要优点是基本无延迟，即延迟较异步复制小很多，并且具有数据强一致性，可以保证事务不丢失。然而，组复制也存在一些局限性：

（1）仅支持 InnoDB 存储引擎。

（2）表必须具有主键。

（3）仅支持 GTID 模式，日志格式为 row 格式。

6.8　异常发现处理

在使用 MySQL 时，可能会遇到各种异常情况，例如连接错误、查询错误、数据删除错误等。在处理这些异常情况时，开发人员需要了解异常的原因和处理方法，以便及时排除问题，保障系统的稳定性和可靠性。

6.8.1 数据库监控

及时将数据库异常通过短信、邮件、微信等形式通知管理员，并且可以将数据库运行的实时指标统计分析图表显示出来，便于更好地对数据库进行规划和评估。目前市面上比较主流的数据库监控工具有 Prometheus ＋ Grafana ＋ mysqld_exporter（比较受欢迎）、SolarWinds SQL Sentry、Database Performance Analyzer、OpenFalcon。

6.8.2 数据库日志

在 MySQL 中，有一些关键的日志可以用作异常发现并通过这些日志给出解决方案。

（1）重做日志（redo log）：记录物理级别的页修改操作，例如将页号 123、偏移量 456 写入"789"数据。可以通过 show global variables like 'innodb_log%';命令查看。主要用于事务提交时保证事务的持久性和回滚。

（2）回滚日志（undo log）：记录逻辑操作日志，例如添加一条记录时会记录一条相反的删除操作。可以通过 show variables like 'innodb_undo%';命令查看。主要用于保证事务的原子性，在需要时回滚事务。

（3）变更日志／二进制日志（bin log）：记录数据库执行的数据定义语句（DDL）和数据操作语句（DML）等操作。例如数据库意外挂机时，可以通过二进制日志文件查看用户执行的命令，并根据这些操作指令恢复数据库或将数据复制到其他数据库中。可以通过 show variables like '%log_bin%';命令查看。主要用于性能优化和复制数据。

（4）慢查询日志：记录响应时间超过指定阈值的 SQL 语句，主要用于性能优化。可以通过 show variables like '%slow_query_log%';命令查看。

（5）错误日志：记录 MySQL 服务启动、运行、停止时的诊断信息、错误信息和警告提示。主要用于排查 MySQL 服务出现异常的原因。可以通过 SHOW VARIABLES LIKE 'log_err%';命令查看。

（6）通用查询日志：记录用户的所有操作，无论是所有的 SQL 语句还是调整 MySQL 参数或者启动和关闭 MySQL 都会被记录。可以还原操作的场景。通过 SHOW VARIABLES LIKE '%general%';命令查看。

（7）中继日志（relay log）：只存在主从数据库的从数据库上，用于主从同步，可以在 xx-relaybin.index 索引文件和-relaybin.0000x 数据文件查看。

（8）数据定义语句日志（ddl.log）：记录数据定义的 SQL，例如 ALTER TABLE。

（9）processlist 日志：查看正在执行的 SQL 语句。

（10）innodb status 日志：查看事务、锁、缓冲池和日志文件，主要用于诊断数据库性能。

6.8.3 数据库巡检

巡检工作可保障系统平稳有效运行,例如飞机起飞巡检可保证飞机起飞后能够正常飞行。巡检工作主要由数据库管理员和后端开发工程师负责。

数据库管理员主要负责处理数据库基础功能/高可用/备份/中间件/报警组件、集群拓扑、核心参数等集群层面的隐患、服务器硬件层面隐患,以及对磁盘可用空间预测等。

后端开发工程师主要负责库表设计缺陷、数据库使用不规范等引起的业务故障或性能问题的隐患,定期采集整型字段值有没有超过最大值,因为整型类型的字段保存的数值有上限。对于读写情况需要定期观察表大小,找出有问题的大表进行优化调整。

6.8.4 资源评估

测试人员进行压测,观察极限环境下数据库各项指标是否正常工作,运维工程师或者数据库管理员对数据容量进行评估,服务器资源需要提前规划,同时设置预警通知,当超过阈值时安排相关人员进行扩容,从而保证数据库稳定运行。

6.9 数据服务

数据服务的主要目的是帮助用户规划和迁移数据,备份和恢复数据库及进行数据校验等功能,以确保用户的数据始终处于安全可靠的状态。

6.9.1 子表结构生成

当对一张表进行拆分时会根据业务的实际情况进行拆解。例如,用户表可以根据地区拆分 tb_user,可拆分成上海地区的用户表(tb_user_sh)、广州地区的用户表(tb_user_gz)等等。全国有很多个城市,如果每个城市都需要创建一张子表并且维护它,则会比较费时、费力。通常情况下,会开发 3 个接口进行表结构同步:根据主表创建子表,主表字段同步到子表,主表索引同步子表。下面对这 3 个接口提供思路及关键代码。

根据主表创建子表接口,代码如下:

```
//第 6 章/6.9.1 主表创建子表
/**
 * {
 *     "tableName": "tb_user",
 *     "labCodes": [
 *         "sh",//上海
 *         "gz"//广州
 *     ]
 * }
 */
public Boolean createTable(ConfigReq reqObject) {
    if (CollectionUtils.isEmpty(reqObject.getLabCodes())) {
```

```
            return false;
        }
        List<String>labCodes =reqObject.getLabCodes();
        for (String labCode: labCodes){
            //主表表名
            String tableName =reqObject.getTableName();
            //子表表名
            String newTable =String.format("%s_%s", tableName, labCode);
            //校验子表是否存在
            Integer checkMatrix =configExtMapper.checkTable(newTable);
            if(checkMatrix ==null || checkMatrix.intValue() <0){
            //创建子表结构
            configExtMapper.createConfigTable(tableName, newTable);
            }
            }
        return true;
    }
```

主表字段同步到子表，代码如下：

```
//第 6 章/6.9.1 主表字段同步到子表
/**
 * 主表字段同步到子表
 * @param masterTable 主表
 * @return
 */
private Boolean syncAlterTableColumn(String masterTable) {
    String table =masterTable +"%";
    //获取子表名
    List<String>tables =configExtMapper.getTableInfoList(table);
    if(CollectionUtils.isEmpty(tables)){
        return false;
    }//获取主表结构列信息
    List<ColumnInfo>masterColumns =configExtMapper.getColumnInfoList(masterTable);
    if (masterColumns.isEmpty()){
        return false;
    }
    String alterName =null;
    for (ColumnInfo column: masterColumns) {
        column.setAlterName(alterName);
        alterName =column.getColumnName();
    }
    for(String tableName : tables){
        if(StringUtils.equalsIgnoreCase(tableName, masterTable)){
            continue;
        }
        //获取子表结构列信息
        List<ColumnInfo>columns =configExtMapper.getColumnInfoList(tableName);
```

```
        if(CollectionUtils.isEmpty(columns)){
            continue;
        }
        for (ColumnInfo masterColumn : masterColumns) {
            ColumnInfo column = columns.stream().filter(c -> StringUtils.
equalsIgnoreCase(c.getColumnName(),
            masterColumn.getColumnName())).findFirst().orElse(null);
            if (column ==null){
                column =new ColumnInfo();
                column.setColumnName(masterColumn.getColumnName());//列名
                column.setAddColumn(true);//是否修改
            }
            if (column.hashCode() ==masterColumn.hashCode()){
                continue;
            }
            column.setTableName(tableName);//表名
            column.setColumnDef(masterColumn.getColumnDef());
                        //是否为默认值
            column.setIsNull(masterColumn.getIsNull());
                        //是否允许为空(NO:不能为空;YES:允许为空)
            column.setColumnType(masterColumn.getColumnType());//字段类型(如
//varchar(512)、text、bigint(20)、datetime)
            column.setComment(masterColumn.getComment());
                        //字段备注(如备注)
            column.setAlterName(masterColumn.getAlterName());
                        //修改的列名
                        //创建子表字段
            configExtMapper.alterTableColumn(column);
        }
    }
    return true;
}
```

主表索引同步子表,代码如下:

```
//第 6 章/6.9.1 主表索引同步子表
/**
 * 主表索引同步子表
 * @param masterTableName 主表名
 * @return
 */
private Boolean syncAlterConfigIndex(String masterTableName) {
    String table =masterTableName +"%";
    //获取子表名
    List<String>tableInfoList =configExtMapper.getTableInfoList(table);
    if (tableInfoList.isEmpty()){
        return false;
    }
    //获取所有索引
```

```
    List<String>allIndexFromTableName =
configExtMapper.getAllIndexNameFromTableName(masterTableName);
    if (CollectionUtils.isEmpty(allIndexFromTableName)) {
        return false;
    }
    for (String indexName : allIndexFromTableName) {
        //获取拥有索引的列名
        List<String>indexFromIndexName =
configExtMapper.getAllIndexFromTableName(masterTableName, indexName);
        for (String tableName : tableInfoList) {
            if (!tableName.startsWith(masterTableName)) {
                continue;
            }
            //获取索引名称
            List < String > addIndex = configExtMapper. findIndexFromTableName
(tableName, indexName);
            if (CollectionUtils.isEmpty(addIndex)) {
                //创建子表索引
                configExtMapper. commonCreatIndex  ( tableName,     indexName,
indexFromIndexName);
            }
        }
    }
    return true;
}
```

上述代码的 SQL,代码如下:

```
//第 6 章/6.9.1 子表结构生成的 SQL
<!--校验子表是否存在,这里 db_user 固定了数据库名称,后面可以根据实际情况调整-->
<select id="checkTable" resultType="java.lang.Integer" >
    SELECT 1 FROM INFORMATION_SCHEMA.`TABLES` WHERE TABLE_SCHEMA = 'db_user' AND
TABLE_NAME = #{tableName};
</select>
<!--创建子表结构-->
<update id="createConfigTable" >
    CREATE TABLE `${newTableName}` LIKE `${sourceName}`;
</update>
<!--获取子表名-->
<select id="getTableInfoList" resultType="java.lang.String">
    SELECT `TABLE_NAME`
    FROM INFORMATION_SCHEMA.`TABLES`
    WHERE `TABLE_NAME` LIKE #{tableName};
</select>
<!--获取主/子表结构列信息,这里 db_user 固定了数据库名称,后面可以根据实际情况调整-->
< select  id =" getColumnInfoList"  resultType =" com. yunxi. datascript. config.
ColumnInfo">
    SELECT `COLUMN_NAME` AS columnName
    ,COLUMN_DEFAULT AS columnDef    --是否默认值
```

```xml
        , IS_NULLABLE AS isNull          --是否允许为空
        , COLUMN_TYPE AS columnType      --字段类型
        , COLUMN_COMMENT AS comment      --字段备注
    FROM INFORMATION_SCHEMA.`COLUMNS`
    WHERE TABLE_SCHEMA = 'db_user'
    AND `TABLE_NAME` = #{tableName}
    ORDER BY ORDINAL_POSITION ASC;
</select>
<!--创建子表字段-->
<update id="alterTableColumn" parameterType="com.yunxi.datascript.config.
ColumnInfo">
    ALTER TABLE `${tableName}`
    <choose>
        <when test="addColumn">
            ADD COLUMN
        </when >
        <otherwise>
            MODIFY COLUMN
        </otherwise>
    </choose>
    ${columnName}
    ${columnType}
    <choose>
        <when test="isNull !=null and isNull == 'NO'">
            NOT NULL
        </when >
        <otherwise>
            NULL
        </otherwise>
    </choose>
    <if test="columnDef !=null and columnDef !=''">
        DEFAULT #{columnDef}
    </if>
    <if test="comment !=null and comment !=''">
        COMMENT #{comment}
    </if>
    <if test="alterName !=null and alterName !=''">
        AFTER ${alterName}
    </if>
</update>
<!--获取所有索引-->
<select id="getAllIndexNameFromTableName" resultType="java.lang.String">
    SELECT DISTINCT index_name FROM information_schema.statistics WHERE table_
name = #{tableName} AND index_name !='PRIMARY'
</select>
<!--获取拥有索引的列名-->
<select id="getAllIndexFromTableName" resultType="java.lang.String">
    SELECT COLUMN_NAME FROM information_schema.statistics WHERE table_name =
#{tableName} AND index_name = #{idxName} AND index_name !='PRIMARY'
```

```
</select>
<!--获取索引名称-->
<select id="findIndexFromTableName" resultType="java.lang.String">
    SELECT index_name FROM information_schema.statistics WHERE table_name =
#{tableName} AND index_name=#{idxName}
</select>
<!--创建子表索引-->
<update id="commonCreatIndex">
    CREATE INDEX ${idxName} ON `${tableName}`
    <foreach collection="list" item="item" open="(" close=")" separator=",">
        `${item}`
    </foreach>;
</update>
```

根据以上关键代码及实现思路结合实际情况开发出 3 个接口足以满足日常分表需求了。

6.9.2　数据迁移

数据迁移通常可分为两种情况：第 1 种是由开发人员编码，将数据从一个数据库读取出来，再将数据以异步的方式分批次批量地插入另一个数据库中；第 2 种是通过数据库迁移工具，通常使用 Navicat for MySQL 就可以实现数据迁移。

数据迁移需要注意的是不同数据库的语法和实现不同、数据库版本不同、分库分表时数据库的自增主键 ID 容易出现重复键问题，通常情况下会在最初需要自增时考虑分布式主键生成策略。

6.9.3　数据校验

数据校验有对前端传入的参数进行数据校验，有对程序插入数据库中的数据进行校验，例如非空校验、长度校验、类型校验、值的范围校验等，有对数据迁移的源数据库和目标数据库的表数据进行对比，这些都可以保证数据的完整性。

6.10　读写分离

MySQL 读写分离是数据库优化的一种手段，通过将读和写操作分离到不同的数据库服务器上，可以提高数据库的读写性能和负载能力。

6.10.1　主从数据同步

业务应用发起写请求，将数据写到主数据库，主数据库对数据进行同步，即同步地将数据复制到从数据库，当主从同步完成后才返回。主从同步的过程需要等待，而业务应用发起新的写请求需要等同步完成后才能返回，导致延迟，降低吞吐量。

6.10.2 中间件路由

业务应用发起写请求,中间件将数据发往主数据库,同时记录写请求的 key(例如操作表加主键)。当业务应用有读请求过来时,如果 key 存在,则暂时路由到主数据库,从主数据库读取数据,在一定时间过后,中间件认为主从同步完成,就会删除这个 key,后续读操作将会读从数据库。

6.10.3 缓存路由

缓存路由和中间件路由类似,业务应用发起写请求,数据发往主数据库,同时缓存记录操作的 key,将缓存的失效时间设置为主从复制完成的延时时间。如果 key 存在,则暂时路由到主数据库。如果 key 不存在且近期没发生写操作,则暂时路由到从数据库。

第 7 章

Redis 调优

10min

在遥远的国度,有一个名为 Redis 的宝库,被誉为国家信息管理的核心。这个宝库拥有强大的数据库,能高效地存储和检索海量数据。然而,随着国家的繁荣发展,Redis 宝库面临着日益增长的压力,需要进行调优以适应新的需求。

智慧的专家们认识到这一问题,召集了一批计算机科学专家,共同探讨如何优化 Redis 宝库。在研究过程中,专家们深入理解了 Redis 的基本原理,如数据结构、内存管理和持久化机制。为了提升 Redis 的性能,专家们实施了一系列策略。首先,优化了数据结构,根据不同场景使用了 String、Hash、List 和 Set 等数据类型。其次,改进了键-值对存储方式,使用散列结构以提高查询速度。为了降低内存占用,专家们引入了内存回收和过期数据清除策略,同时优化了内存分配器,采用惰性删除和定期删除策略以减少内存碎片。此外,还采用了分片技术,将数据分布在多个 Redis 实例中,以提高内存利用率。

为了确保数据的安全性和可靠性,专家们采用了两种持久化策略,包括 RDB 快照和 AOF 日志。引入了数据备份和复制机制,以应对可能出现的故障。经过一系列的优化和改进,Redis 宝库的性能得到了显著提升。然而,随着科技的发展,人们对数据存储的需求可能会发生变化,因此,专家们继续关注 Redis 的最新动态,以便在未来的挑战中保持领先地位。

在优化 Redis 的过程中,专家们开始关注高并发访问和数据的分布式存储。为了提高 Redis 的处理能力,引入了多线程和异步 I/O 技术,使 Redis 能够更高效地处理并发请求。随着 Redis 的广泛应用,连接管理和资源分配变得越来越重要。为了确保 Redis 能够适应各种场景,专家们对连接池和资源分配策略进行了优化,引入了合理的连接超时和断线重连机制,确保连接的稳定。

7.1 绑定 CPU 内核

现代计算机的 CPU 都是多核多线程的,例如 i9-12900k 有 16 个内核、24 个逻辑处理器、L1 缓存 1.4MB、L2 缓存 14MB、L3 缓存 30MB,一个内核下的逻辑处理器共用 L1 和 L2 缓存。

Redis 的主线程用于处理客户端请求,子进程用于进行数据持久化和处理 RDB/AOF rewrite,后台线程用于处理异步 lazy-free 和异步释放 fd 等。这些线程在多个逻辑处理器之间切换,所以为了降低 Redis 服务器端在多个 CPU 内核进行上下文切换带来的性能损耗,Redis 6.0 版本提供了进程绑定 CPU 的方式以提高性能。

在 Redis 6.0 版本的 redis.conf 文件中进行配置即可。

(1) server_cpulist:将 RedisServer 和 IO 线程都绑定到 CPU 内核。

(2) bio_cpulist:将后台子线程绑定到 CPU 内核。

(3) aof_rewrite_cpulist:将后台 AOF rewrite 进程绑定到 CPU 内核。

(4) bgsave_cpulist:将后台 RDB 进程绑定到 CPU 内核。

7.2　使用复杂度过高的命令

Redis 有些命令的复杂度很高,复杂度过高的命令如下:

```
MSET、MSETNX、MGET、LPUSH、RPUSH、LRANGE、LINDEX、LSET、LINSERT、HDEL、HGETALL、HKEYS/
HVALS、SMEMBERS、SUNION/SUNIONSTORE、SINTER/SINTERSTORE、SDIFF/SDIFFSTORE、ZRANGE/
ZREVRANGE、ZRANGEBYSCORE/ZREVRANGEBYSCORE、ZREMRANGEBYRANK/ZREMRANGEBYSCORE、DEL、
KEYS
```

具体原因有以下几个:

(1) 在内存操作数据的时间复杂度太高,消耗的 CPU 资源较多。

(2) 一些范围命令一次返回客户端的数据太多,在数据协议的组装和网络传输的过程就要变长,容易延时。

(3) Redis 虽然使用了多路复用技术,但是复用的还是同一个线程,这个线程同一时间只能处理一个 IO 事件,就像一个开关一样,开关拨到哪个 IO 事件上,就处理哪个 IO 事件,所以它可以单线程处理客户端请求。如果前面某个命令耗时比较长,后面的请求就会排队,对于客户端来讲,响应延迟也会变长。

解决方案:分批次,每次获取尽量少的数据,数据的聚合在客户端实现,以减少服务器端的压力。

7.3　大 key 的存储和删除

当存储一个很大的键-值对时,由于值非常大,所以 Redis 分配内存时就会很耗时,而删除这个 key 也是一样耗时,这种 key 就是大 key。开发者通过设置慢日志记录有哪些命令比较耗时,命令如下。

命令执行耗时超过 10ms,记录慢日志的命令如下:

```
CONFIG SET slowlog-log-slower-than 10000
```

只保留最近 1000 条慢日志,命令如下:

```
CONFIG SET slowlog-max-len 1000
```

后面再通过 SLOWLOG get〔n〕查看。

对于大 key 可以通过以下命令直接以类型展示出来,它只显示元素最多的 key,但不代表占用内存最多,命令如下:

```
#-h:redis 主机 IP
#-p: redis 端口号
#-i:隔几秒扫描
redis-cli -h 127.0.0.1 -p 6379 --bigkeys -i 0.01
```

对于这种大 key 的优化,开发者事先在业务实现层就需要避免存储大 key,可以在存储时将 key 简化,变成二进制后进行存储,节约 Redis 空间。例如存储上海市静安区,可以对城市和区域进行编码,将上海市标记为 0,将静安区标记为 1,组合起来就是 01,将 01 作为 key 存储起来比以"上海市静安区"作为 key 存储起来内存占用更小。

可以将大 key 拆分成多个小 key,整个大 key 通过程序控制多个小 key。例如初始阶段,业务方只需查询某乡公务员姓名,然而,后续需求拓展至县、市、省,如果开发者未预见此增长,将数据存储于单个键中,就会导致 key 变成大 key,影响系统性能。现可将大 key 拆分成多个小 key,如省、市、县、乡,使每级行政区域的公务员姓名均对应一个 key。

根据 Redis 版本的不同处理方式也不同,4.0 以上版本可以用 unlink 命令代替 del 命令,这样可以把 key 释放内存的工作交给后台线程去执行。6.0 以上版本开启 lazy-free 后,执行 del 命令会自动地在后台线程释放内存。

使用 List 集合时可通过控制列表保存元素个数,每个元素长度触发压缩列表(ziplist)编码。压缩列表是由有顺序并且连续的内存块组成的一种专门节约内存的存储结构,通过在 redis.conf(Linux 系统)或者 redis.windows.conf(Windows 系统)文件里面修改以下配置实现:

```
list-max-ziplist-entries 512
list-max-ziplist-value 64
```

7.4　数据集中过期

在某个时段,大量关键词(key)会在短时间内过期。当这些关键词过期时,访问 Redis 的速度会变慢,因为过期数据被惰性删除(被动)和定期删除(主动)策略共同管理。惰性删除是在获取关键词时检查其是否过期,一旦过期就删除。这意味着大量过期关键词在使用前并未删除,从而持续占用内存。主动删除则是在主线程执行,每隔一段时间删除一批过期关键词。若出现大量需要删除的过期关键词,则客户端访问 Redis 时必须等待删除完成才能继续访问,导致客户端访问速度变慢。这种延迟在慢日志中无法查看,经验不足的开发者可能无法定位问题,因为慢日志记录的是操作内存数据所需时间,而主动删除过期关键词发生在命令执行之前,慢日志并未记录时间消耗,因此,当开发者感知某个关键词访问变慢时,实际上并非由该关键词导致,而是 Redis 在删除大量过期关键词所花费的时间。

(1)开发者检查代码,找到导致集中过期 key 的逻辑,并设置一个自定义的随机过期时间以分散它们,从而避免在短时间内集中删除 key。

(2)在 Redis 4.0 及以上版本中,引入了 Lazy Free 机制,使删除键的操作可以在后台线程中执行,而不会阻塞主线程。

(3)使用 Redis 的 Info 命令查看 Redis 运行的各种指标,重点关注 expired_keys 指标。当这个指标在短时间内激增时,可以设置报警,通过短信、邮件、微信等方式通知运维人员。它的作用是累计删除过期 key 的数量。当指标突增时,通常表示大量过期 key 在同一时间被删除。

7.5　内存淘汰策略

当 Redis 的内存达到最大容量限制时,新的数据将先从内存中筛选一部分旧数据以腾出空间,从而导致写操作延迟。这是由内存淘汰策略所决定的。

常见的两种策略为淘汰最少访问的键(LFU)和淘汰最长时间未访问的键(LRU)。

(1)LRU 策略可能导致最近一段时间的访问数据未被访问而突然成为热点数据。

(2)LFU 策略可能导致前一段时间访问次数很多,但最近一段时间未被访问,导致冷数据无法被淘汰。

尽管 LFU 策略的性能优于 LRU 策略,但具体选择哪种策略需要根据实际业务进行调整。对于商品搜索和热门推荐等场景,通常只有少量数据被访问,大部分数据很少被访问,可以使用 LFU 策略。对于用户最近访问的页面数据可能会被二次访问的场景,则适合使用 LRU 策略。

除了选择淘汰策略外,还可以通过拆分多个实例或横向扩展来分散淘汰过期键的压力。

如果效果仍不理想,开发者则可以编写淘汰过期键功能,设置定时任务,在凌晨不繁忙的时段主动触发淘汰,以删除过期键。

7.6　碎片整理

Redis 存储在内存中必然会出现频繁修改的情况,而频繁地修改 Redis 数据会导致 Redis 出现内存碎片,从而导致 Redis 的内存使用率降低。

通常情况下,4.0 以下版本的 Redis 只能通过重启解决内存碎片问题;而 4.0 及以上版本则可以开启碎片自动整理功能解决问题,只不过碎片整理是在主线程中完成的,通常先对延时范围和时间进行评估,然后在机器负载不高且业务不繁忙时开启内存碎片整理功能,避免影响客户端请求。

开启内存自动碎片整理功能的配置如下:

```
#已启用活动碎片整理
activedefrag yes
#启动活动碎片整理所需的最小碎片浪费量
active-defrag-ignore-Bytes 100mb
#启动活动碎片整理的最小碎片百分比
active-defrag-threshold-lower 10
#使用最大努力的最大碎片百分比
active-defrag-threshold-upper 100
#以 CPU 百分比表示的碎片整理的最小工作量
active-defrag-cycle-min 5
#以 CPU 百分比表示的碎片整理的最大工作量
active-defrag-cycle-max 75
#将从主字典扫描中处理的集合/哈希/zset/列表字段的最大数目
active-defrag-max-scan-fields 1000
```

7.7　内存大页

自 Linux 内核 2.6.38 版本起，Redis 可申请以 2MB 为单位的内存，从而降低内存分配次数，提高效率。然而，由于每次分配的内存单位增大，处理时间也相应增加。在进行 RDB 和 AOF 持久化时，Redis 主进程先创建子进程，子进程将内存快照写入磁盘，而主进程继续处理写请求。当数据变动时，主进程将新数据复制到一块新内存，并修改该内存块。读写分离设计允许并发写入，无须加锁，但在主进程上进行内存复制和申请新内存会增加处理时间，影响性能。大 key 可能导致申请更大的内存和更长的处理时间。根据项目的实际情况，关闭 Redis 部署机器上的内存大页机制以提高性能是一种不错的选择。

7.8　数据持久化与 AOF 刷盘

Redis 提供了 3 种持久化方式：RDB 快照、AOF 日志和混合持久化。默认使用 RDB 快照。

（1）RDB 快照：周期性生成 dump.rdb 文件，主线程 fork 子线程，子线程处理磁盘 IO，处理 RDB 快照。主线程 fork 线程的过程可能会阻塞主线程，主线程内存越大阻塞越久，可能导致服务暂停数秒。

（2）AOF 日志：每条写入命令追加，回放日志重建数据。当文件过大时，会去除没用的指令，定期根据内存最新数据重新生成 AOF 文件。默认 1s 执行一次 fsync 操作，最多丢失 1s 数据。在 AOF 刷盘时，如果磁盘 IO 负载过高，fsync 则可能会阻塞主线程，主线程继续接收写请求，把数据写到文件内存里面，写操作需要等 fsync 执行完才可以继续执行。

（3）混合持久化：RDB 快照模式恢复速度快，但可能丢失部分数据。AOF 日志文件通常比 RDB 数据快照文件大，支持的写 QPS 较低。将两种持久化模式混合使用，AOF 保证数据不丢失，RDB 快速恢复数据，混合持久化重写时，将内存数据转换为 RESP 命令写入

AOF 文件,结合 RDB 快照和增量 AOF 修改。新文件一开始不叫 appendonly.aof,重写完成后改名,覆盖原有 AOF 文件。先加载 RDB,再重放 AOF。

3 种持久化方式都存在问题:fork 操作可能阻塞主线程;当磁盘 IO 负载过大时,fork 阻塞影响 AOF 写入文件内存。

原因:fork 创建的子进程复制父进程的空间内存页表,fork 耗时跟进程总内存量有关,OPS 越高耗时越明显。

解决方案:

(1)可以通过 info stats 命令查看 latest_fork_usec 指标,观察最近一次 fork 操作耗时以进行问题辅助定位。

(2)减少 fork 频率,根据实际情况适当地调整 AOF 触发条件。

(3)Linux 内存分配策略的默认配置是 vm.overcommit_memory=0,表示内存不足时不会分配,导致 fork 阻塞。如果改成 1,则表示允许过量使用,直到内存用完为止。

(4)评估 Redis 最大可用内存,让机器至少有 20% 的闲置内存。

(5)定位占用磁盘 IO 较大的应用程序,将该应用程序移到其他机器上去,以减少对 Redis 影响。

(6)在资金充足的情况下,更换高性能的 SSD 磁盘,从硬件层面提高磁盘 IO 处理能力。

(7)配置 no-appendfsync-on-rewrite none 表示 AOF 写入文件内存时不触发 fsync,不执行刷盘。这种调整有一定风险,如果 Redis 在 AOF 写入文件时内存刚好出现故障,则存在数据丢失的情况。

7.9　丢包/中断/CPU 亲和性

导致网络流量瓶颈的因素有以下问题:

(1)网络带宽和流量是否达到瓶颈、数据传输延迟和丢包情况、是否频繁短连接(如 TCP 创建和断开)。

(2)数据丢包情况:数据丢包通常发生在网卡设备驱动层面,网卡收到数据包后将数据包从网卡硬件缓存转移到服务器内存中,通知内核处理,经过 TCP/IP 协议校验、解析、发送给上层协议,应用程序通过读取系统调用从 Socket Buffer 将新数据从内核区复制到用户区读取数据。TCP 能动态地调整接收窗口的大小,不会出现由于 Socket Buffer 接收队列空间不足而丢包的情况。

然而在高负载压力下,网络设备的处理性能达到硬件瓶颈,网络设备和内核资源出现竞争和冲突,网络协议栈无法有效地处理和转发数据包,传输速度受限,而 Linux 使用缓冲区来缓存接收的数据包,大量数据包涌入内核缓冲区,可能导致缓冲区溢出,进而影响数据包的处理和传输,内核无法处理所有收到的数据包,处理速度跟不上收包速度,导致数据包丢失。

(3)Redis 的数据通常存储在内存中,通过网络和客户端进行交互。在这个过程中,

Redis 可能会受到中断的影响，因为中断可能会打断 Redis 的正常执行流程。当 CPU 正在处理 Redis 的调用时，如果发生了中断，则 CPU 必须停止当前的工作转而处理中断请求。在处理中断的过程中，Redis 无法继续运行，必须等待中断处理完毕后才能继续运行。这会导致 Redis 的响应速度受到影响，因为在等待中断处理的过程中，Redis 无法响应其他请求。

（4）在 NUMA 架构中，每个 CPU 内核对应一个 NUMA 节点。中断处理和网络数据包处理涉及多个 CPU 内核和 NUMA 节点。Linux 内核使用 softnet_data 数据结构跟踪网络数据包的处理状态，以实现更高效的数据处理和调度。在处理网络数据包时，内核首先在 softnet_data 中查找相关信息，然后根据这些信息执行相应操作，如发送数据包、重新排序数据包等。

网络驱动程序使用内核分配的缓冲区（sk_buffer）存储和处理网络数据包，当网络设备收到数据包时，会向驱动程序发送中断信号，通知其处理新数据包。驱动程序从设备获取数据包，并将其添加到 sk_buffer 缓冲区。内核会继续处理 sk_buffer 中的数据包，如根据协议类型进行分拣、转发或丢弃等。

softnet_data 和 sk_buffer 缓冲区都可能跨越 NUMA 节点，在数据接收过程中，当数据从 NUMA 节点的一个节点传递到另一个节点时，由于数据跨越了不同的节点，所以不仅无法利用 L2 和 L3 缓存，还需要在节点之间进行数据复制，从而导致数据在传输过程中产生额外开销，进而增加了传输时间和响应时间，使性能下降。

（5）Linux 的 CPU 亲和性特性也会影响进程的调度。当一个进程唤醒另一个进程时，被唤醒的进程可能会被放到相同的 CPU 内核或者相同的 NUMA 节点上。当多个 NUMA 节点处理中断时，可能导致 Redis 进程在 CPU 内核之间频繁迁移，造成性能损失。

解决方案：

（1）升级网络设备或增加网络设备的数量，以提高网络处理能力和带宽。

（2）适当调整 Linux 内核缓冲区的大小，以平衡网络处理能力和数据包丢失之间的关系。

（3）将中断都分配到同一 NUMA 节点中，中断处理函数和 Redis 利用同 NUMA 下的 L2、L3 缓存、同节点下的内存，以降低延迟。

（4）结合 Linux 的 CPU 亲和性特性，将任务或进程固定到同一 CPU 内核上运行，以提高系统性能和效率，保证系统稳定性和可靠性。

注意：在 Linux 系统中 NUMA 亲和性可以指定在哪个 NUMA 节点上运行，Redis 在默认情况下并不会自动将 NUMA 亲和性配置应用于实例部署，通常情况下通过 Kubernetes 等容器编排工具，调整节点亲和性策略或使用 pod 亲和性和节点亲和性规则来控制 Redis 实例在特定 NUMA 节点上运行。或者在手动部署 Redis 实例时，使用 Linux 系统中的 numactl 命令来查看和配置 NUMA 节点信息，将 Redis 实例部署在某个 NUMA 节点上。如果在虚拟化环境中，则使用 NUMA aware 虚拟机来部署 Redis 实例，让它在指定的 NUMA 节点上运行。

（5）添加网络流量阈值预警，超限时通知运维人员，以便及时扩容。

（6）编写监控脚本，正确配置和使用监控组件，使用长连接收集 Redis 状态信息，以避免短连接。

（7）为 Redis 机器分配专用资源，避免其他程序占用。

7.10　操作系统 Swap 与主从同步

Redis 突然变得很慢，需要考虑 Redis 是否使用操作系统的 Swap 以缓解内存不足的影响。Swap 允许把部分内存数据存储到磁盘上，而由于访问磁盘速度比访问内存慢很多，所以操作系统的 Swap 对 Redis 的延时是无法接受的。

解决方案：

（1）适当增加 Redis 服务器的内存。

（2）对 Redis 的内存碎片进行整理。

（3）当 Redis 内存不足或者使用了 Swap 时，通过邮件、短信、微信等渠道通知运维人员以便及时处理。

（4）主从架构的 Redis 在释放 Swap 前先将主节点切换至新主节点，旧主节点释放 Swap 后重启，待从库数据完全同步后再行主从切换，以避免影响应用程序的正常运行。

在主从架构数据同步过程中，可能因网络中断或 IO 异常导致连接中断。建议使用支持数据断点续传的 2.8 及以上版本，以避免对整份数据进行复制，从而降低性能。

7.11　监控

在 Redis 的监控中，有两种推荐的体系：ELK 和 Fluent ＋ Prometheus ＋ Grafana。

ELK 体系通常使用 metricbeat 作为指标采集，使用 logstash 作为收集管道，并通过可视化工具 kibana 来呈现数据。Elasticsearch 用于存储监控数据。

Fluent ＋ Prometheus ＋ Grafana 体系则使用 redis-eport 作为指标采集，使用 fluentd 作为采集管道，并通过可视化工具 Grafana 来展示数据。Prometheus 用于存储监控数据。

这两种监控体系都可以获取 Redis 的各项指标，并对数据进行持续化存储和对比。可视化工具使开发者和运维人员能够更清晰地观察 Redis 集群的运行状况，如内存消耗、集群信息、请求键命中率、客户端连接数、网络指标、内存监控等。此外，它们都支持预警机制，例如设置慢查询日志阈值来监控慢日志个数和最长耗时，如果超出阈值，则通过短信、微信、邮件等方式进行报警通知。这样，有了监控系统后，就可以快速发现问题、定位故障，并协助运维人员进行资源规划、性能观察等操作。

7.12 高可用

上述提到的主从同步和哨兵机制可以保证 Redis 服务的高可用,还有多级缓存、冷热分离可以保证高可用。

商品详情页在电商平台的秒杀场景中涉及商品信息的动态展示和高并发访问,需要通过一系列手段保证系统的高并发和高可用,通过采用 Nginx＋Lua 架构、CDN 缓存、本地应用缓存和分布式缓存等多种技术手段,可实现商品详情页的动态化和缓存优化,以提高用户访问商品详情页的速度和体验。同时,通过开关前置化和缓存过期机制,可确保缓存数据的有效性,从而降低了对后端数据库的访问压力。

7.12.1 主从同步和哨兵机制

主从复制通常采用异步方式,可能导致主节点数据尚未完全复制至从节点,主节点便已发生故障,从而导致数据丢失。因此,需要控制复制数据的时长和 ACK 延迟,以降低数据丢失风险。

主从切换过程通常使用哨兵机制,但在主节点正常运行时,可能因与某从节点连接中断,从而导致哨兵误判主节点已发生故障。在此情况下,哨兵可能启动选举,将某从节点升级为主节点,导致集群出现两个主节点,发生脑裂。旧主节点恢复网络后,将被升级为从节点并挂载至新主节点,可导致自身数据丢失,并需从新主节点复制数据,而新主节点并未包含后续客户端写入的数据,导致这些数据丢失。为降低数据丢失风险,可设置连接主节点最少的从节点数量和从节点连接主节点最大的延迟时间,若主节点与从节点断开连接,并且从节点超过阈值时间未收到 ACK 消息,则拒绝客户端的写请求,以便将数据丢失控制在可控范围。

7.12.2 多级缓存

Java 多级缓存是一种常见的优化策略,可以有效地提高系统的性能和响应速度。

1. 浏览器缓存

在页面间跳转时,从本地缓存获取数据;或在打开新页面时,根据 Last-Modified 头来通过 CDN 验证数据是否过期,以减少数据传输量。

当用户单击商品图片或链接时,CDN 缓存从最近的 CDN 节点获取数据,而非回源到此前较远机房,以提升访问性能。

2. 服务器端应用本地缓存

采用 Nginx＋Lua 架构,通过 HttpLuaModule 模块的 shared dict 或内存级 Proxy Cache 来减小带宽。

3. 一致性哈希

在电商场景中,使用商品编号/分类作为哈希键,以提高 URL 命中率。

4. mget 优化

根据商品的其他维度数据（如分类、面包屑、商家等），先从本地缓存读取，如不命中，则从远程缓存获取。这个优化减少了一半以上的远程缓存流量。

5. 服务器端缓存

（1）将缓存存储在内存、SSD 和 JIMDB 中，以实现读写性能和持久化的平衡。

（2）对热门商品和访问量较大的页面进行缓存，以降低数据库压力。

（3）使用 Nginx 缓存：用于存储数据量少但访问量高的热点数据，例如"双 11"或者"6·18"活动。

（4）使用 JVM 本地缓存：用于存储数据量适中但访问量高的热点数据，例如网站首页数据。

（5）使用 Redis 缓存：用于存储数据量很大、访问量较高的普通数据，例如商品信息。

6. 商品详情页数据获取

（1）当用户打开商品详情页时，先从本地缓存获取基本数据，如商品 ID、商品名称和价格等。

（2）根据用户浏览历史和搜索记录，动态地加载其他维度数据，如分类、商家信息和评论等。

7. Nginx + Lua 架构

（1）使用 Nginx 作为反向代理和负载均衡器，将请求转发给后端应用。

（2）使用 Lua 脚本实现动态页面渲染，并对商品详情页数据进行缓存。

（3）重启应用秒级化，重启速度快，并且不会丢失共享字典缓存数据。

（4）需求上线速度化，可以快速上线和重启应用，减少抖动。

（5）在 Nginx 上启动开关，设置缓存过期时间，当缓存数据过期时，强制从后端应用获取最新数据，并更新缓存。

7.12.3　冷热分离

冷热分离的具体步骤：

（1）分析现有系统的数据类型和访问模式，了解各类数据的冷热程度。

（2）确定合适的冷热分离策略和方案，以优化数据存储和管理。

（3）设计冷热分离架构，为热数据和冷数据选择合适的存储介质、存储策略及数据同步机制。

（4）将冷数据从热存储介质迁移到冷存储介质，可以采用全量迁移和增量迁移方式。

（5）对热数据进行有效管理，包括访问控制、数据安全、性能监控等，以确保数据的安全性和可用性。

（6）对冷数据进行持久化、备份、归档等操作，以防止数据丢失并确保数据的可恢复性。

（7）设计合适的故障转移和恢复策略，如主从复制、多副本存储、故障检测与恢复等，以确保系统在出现故障或恢复时的稳定运行。

（8）在冷热分离后对系统性能进行优化，包括优化热存储介质的性能监控、调整存储结构、调整缓存策略等。

（9）持续监控数据同步、性能指标、故障排查与修复，确保系统的稳定运行。

接下来以实际案例进行说明。

案例 7-1：在线购物网站的商品库存管理系统。

（1）热数据：用户频繁访问的商品信息，如商品名称、价格、库存量等，需要快速响应和低延迟。

（2）冷数据：用户访问较少的商品信息，对响应速度要求较低，但对数据安全和完整性要求较高，如商品的详细描述、评价、历史价格等。

案例 7-2：在线音乐平台的曲库管理系统。

（1）热数据：用户经常访问的热门歌曲，如排行榜前 10 名、新上架的歌曲等，存储在高速且高可靠性的 SSD 硬盘 Redis 缓存中，以确保快速地对数据进行访问和提升响应速度。

（2）冷数据：用户较少访问的歌曲，如过时的经典歌曲、小众音乐等，存储在低成本且大容量的存储介质（HDFS、Ceph、S3）中，以节省成本并存储大量历史数据。

案例 7-3：在线求职招聘网站的职位信息管理系统。

（1）热数据：用户经常访问的热门职位信息，如招聘需求高的职位、高薪职位、职位信息的基本描述、薪资范围、投递人数等。

（2）冷数据：用户较少访问的职位信息，如停招职位的详细描述、过期职位、历史招聘情况等。

小结：

在冷数据（如历史数据、归档数据等）存储场景中，使用 RocksDB 作为 Key-Value 分布式存储引擎，存储大量数据，进行数据备份和恢复，确保在出现故障或系统恢复时能够快速恢复数据，以节省成本并提高存储空间利用率。

在热数据（如实时更新的数据、用户操作日志等）存储场景中，使用 Redis 缓存支持各种高并发场景，以提升响应速度。

通过以上步骤，可以有效地对冷热数据进行分离，从而实现更高效、更安全的数据存储和管理。

7.13　缓存雪崩、穿透、击穿、热点缓存重构、缓存失效

从前，有一个叫小明的程序员，他的网站被越来越多的用户访问，于是他决定使用 Redis 缓存来提高网站性能。

一天，大雪纷飞，小明的服务器突然停机了。当服务器重新启动后，所有的缓存都失效了。这就是 Redis 缓存雪崩的场景。

为了避免 Redis 缓存雪崩，小明决定使用多级缓存和缓存预热等技术。他设置了多个 Redis 实例，同时监听同一个缓存集群。当一个实例出现问题时，其他实例可以顶替它的功

能,并且他在低访问时间段主动向缓存中写入数据,以提前预热缓存。

然而,小明并没有想到缓存穿透的问题。有些用户在请求时如果缓存不存在数据,则会频繁地向数据库查询,从而拖慢服务器的响应速度。这就是 Redis 缓存穿透的场景。

为了避免 Redis 缓存穿透,小明决定使用布隆过滤器等技术。布隆过滤器可以高效地过滤掉不存在的数据,从而减少数据库查询次数。

不久之后,小明又遇到了缓存击穿的问题。某个热门商品被多个用户同时请求,导致缓存无法承受压力,最终请求直接打到了数据库。这就是 Redis 缓存击穿的场景。

为了避免 Redis 缓存击穿,小明决定使用分布式锁等技术。分布式锁可以保证同一时间只有一个用户请求数据库,避免了缓存被高并发压垮的情况。

最后,小明遇到了热点缓存重构问题。某个商品的热度突然升高,导致缓存集中在这个商品上,其他商品的缓存无法承受压力。这就是热点缓存重构的场景。

为了避免热点缓存重构,小明决定使用数据预热等技术。他在缓存中设置过期时间,同时在低访问时间段主动重构热点商品的缓存,以避免缓存集中在某个商品上。

解决方案和手段如下。

(1)多级缓存和缓存预热:适用于缓存雪崩场景,可以提前将数据存储到缓存中,避免缓存雪崩。

(2)布隆过滤器:适用于缓存穿透场景,可以高效地过滤不存在的数据,以减少数据库查询次数。

(3)分布式锁:适用于缓存击穿场景,可以保证同一时间只有一个用户请求数据库,避免了缓存被高并发压垮的情况。

(4)数据预热:适用于缓存热点重构场景,可以在低访问时间段主动重构热点商品的缓存,避免缓存集中在某个商品上。

优缺点对比如下。

(1)多级缓存和缓存预热:优点是能够提前将数据存储到缓存中,避免缓存雪崩;缺点是需要占用更多的内存空间,同时预热时间过长可能会拖慢服务器的响应速度。

(2)布隆过滤器:优点是可以高效地过滤不存在的数据,减少数据库查询次数;缺点是无法完全避免缓存穿透,同时需要占用一定的内存空间。

(3)分布式锁:优点是可以保证同一时间只有一个用户请求数据库,避免了缓存被高并发压垮的情况;缺点是会增加系统的复杂度,可能会引入单点故障等问题。

(4)数据预热:优点是可以避免热点缓存重构问题;缺点是需要占用更多的内存空间,同时需要在低访问时间段主动重构缓存。

总之,不同的技术解决方案和手段都有其优缺点。程序员需要根据实际情况选择适合自己的方案,并且不断地优化和改进,以提高系统的性能和稳定性。

第 8 章

消息中间件调优

14min

消息中间件是现代分布式系统中必不可少的组件之一。它可以解耦系统各部分之间的依赖关系,提高整个系统的可伸缩性和弹性。但是,如果没有正确地配置和调优消息中间件,则其性能和稳定性可能会受到影响,甚至会成为系统的瓶颈。在进行消息中间件调优之前,需要先了解消息中间件的基本原理和相关性能指标。此外,还需要考虑系统所面临的具体需求和挑战,如消息的延迟、吞吐量、消息重复等问题。本章将介绍消息中间件调优的一些常见技巧和实践经验,旨在帮助读者优化系统的性能和稳定性。

8.1 消息丢失

消息丢失可能由多种原因引起,包括网络故障、消息序列化问题、消息重复消费等。消息丢失可能导致系统出现数据不一致、业务异常等问题,影响系统的稳定性和可靠性。

8.1.1 消息丢失产生的原因

在消息传递过程中,有可能会遇到消息丢失的情况。一般情况下,生产者会将消息发送到消息队列中,然后消息队列会将消息发送给消费者,但由于操作系统缓存页的存在,消息队列在存储消息时,通常会先将消息写入操作系统的缓存页中,然后异步地将消息写入硬盘。在这个过程中存在一定的时间差,可能会造成消息丢失的情况。例如,如果在消息还没来得及写入硬盘之前,服务就意外中断了,那么这些仍然存储在缓存页中的消息就会被丢失,因此,在使用消息队列时,需要注意消息丢失的可能性,并采取相应的措施来防止这种情况的发生。

8.1.2 Kafka

消息中间件不同,其对消息丢失的解决方案也不同。就消息丢失较易发生的 Kafka 而言,当生产者向 Kafka Broker 发送消息时,消息会被写入 Leader,随后 Follower 会主动与 Leader 进行同步,在完成同步后向生产者发送消息 ACK 以确认消息已经接收。Kafka 提供了一个名为 request.required.acks 的参数,用来确认消息的产生。

0 表示不进行确认,即使消息未成功接收也不会有任何回应,在网络抖动时可能会导致消息丢失。1 表示当 Leader 接收消息成功时进行确认,只要 Leader 存活就可以保证消息不丢失,并保持很高的吞吐量,然而如果 Leader 出现问题,正好选了一个没有接收到 ACK 的 Follower,则消息也会丢失。一1 或者 all 表示 Leader 和 Follower 都接收成功时进行确认,可以最大限度地保证消息不丢失,但却会降低 Kafka 的性能。

一般情况下,在不涉及金额的情况下,可以选择 1 以平衡消息发送和系统性能。Kafka Broker 具备消息同步和持久化功能,通过采用多分区多副本机制,最大程度地保证数据的完整性和可靠性。然而,如果数据已经被写入系统缓存但尚未刷入磁盘,此时发生机器宕机或断电等极端情况,则仍可能会导致消息丢失。对于消费者而言,若其配置为自动提交,当消费者在处理数据时发生宕机等意外情况,未处理完的数据也会丢失,而且下次也无法消费。为了避免此类情况的发生,应将配置改为先消费并处理数据,然后手动提交,以保证消息处理失败时不会被提交成功,从而避免消息丢失。

8.1.3　RabbitMQ

RabbitMQ 整条消息投递的路径包括生产者将消息投递至 RabbitMQ Broker、Exchange、Queue 和消费者依次接收的过程。在生产者将消息投递至 Broker 时,会产生 confirm 状态。这种状态有两种情况,一种是 ACK,表示消息已经被 Broker 签收;另一种是 NACK,表示消息被 Broker 拒绝,原因可能包括队列已满、限流或 IO 异常等。

当生产者将消息投递至 Broker,Broker 签收消息,但是没有对应的队列进行投递时,将产生 return 状态。这两种状态是 RabbitMQ 提供的消息可靠投递机制,生产者需开启确认模式和退回模式,使用 rabbitTemplate.setConfirmCallback 设置回调函数,当消息发送至 Exchange 后回调 confirm 方法。在方法中判断 ACK 的值,如果值为 true,则表示发送成功;如果值为 false,则表示发送失败,需要进行处理。同时,使用 rabbitTemplate.setReturnCallback 设置退回函数,若设置了 rabbitTemplate.setMandatory(true)参数,则当消息从 Exchange 路由至 Queue 失败后,会将消息退回生产者。

在 rabbit:listener-container 标签中,消费者可以设置 acknowledge 属性来确定消息确认的方式,有 none 和 manual 两种方式。其中,none 方式自动确认模式存在危险性,当消费者接收到一条消息时,会自动确认当前发送的消息已经被签收,如果在业务处理时出现异常情况,消费者则会认为消息已经签收处理了,而实际上队列中的消息可能并未被消费,因此,在真实开发中,一般采用手动签收的方式,可以避免消息丢失的情况。若消费者端的处理出现异常情况,则需要在 catch 中调用 basicNack 或 basicReject 来拒绝消息,让 MQ 重新发送消息,以确保消息的可靠投递。通过这些操作,可以保证消息的可靠投递,并防止消息丢失的情况发生。

8.1.4　RocketMQ

在使用 RocketMQ 时,生产者使用事务消息机制保证消息零丢失,其中,第 1 步是确保

Producer 将消息发送到 Broker 这个过程不会丢消息。将 half 消息发送给 RocketMQ,这个 half 消息是在生产者操作前发送的,对下游服务的消费者是不可见的,主要用于确认 RocketMQ 的服务是否正常。如果 half 消息写入失败,则认为 MQ 的服务是有问题的,需要对生产者的操作加上一种状态标记,等待 MQ 服务正常后再进行补偿操作,然后执行本地事务。例如下订单,在这个过程中,如果写入数据库失败,则需要将订单消息缓存起来,等待回查事务状态时再次尝试把数据写入数据库。

第 2 步是确保 Broker 接收的消息不会丢失,因为 RocketMQ 为了减少磁盘的 IO,会先将消息写入 OS 缓存中,而不是直接写入磁盘,消费者从 OS 缓存中获取消息。在这个过程中,如果消息还没有完成异步刷盘,RocketMQ 中的 Broker 宕机,就会导致消息丢失。为了解决这个问题,消息支持持久化到 CommitLog 里面,即使宕机后重启,未消费的消息也可以被加载出来。可以通过把 RocketMQ 的刷盘方式 flushDiskType 配置成同步刷盘,一旦同步刷盘返回成功,就可以保证接收的消息一定存储在本地的内存中。

RocketMQ 采用主从机构和集群部署来保证数据备份和防止单点故障。Leader 中的数据在多个 Follower 中都有备份,同步复制可以保证即使 Master 磁盘崩溃,消息仍然不会丢失。然而,主从结构只能做数据备份,没有容灾功能。当一个 Master 节点出现问题后,slave 节点无法切换成 Master 节点继续提供服务。为了解决这个问题,RocketMQ 4.5 以后版本支持 Dledger,基于 Raft 协议选举 Leader Broker。

当 Master 节点出现问题后,Dledger 会接管 Broker 的 CommitLog 消息存储,通过 Raft 协议进行多台机器的 Leader 选举,完成 Master 节点往 Slave 节点进行消息同步。数据同步会通过两个阶段实现,一个是 uncommitted 阶段,另一个是 committed 阶段。Leader Broker 收到一条数据后,会标记为 uncommitted 状态,并发送给 Follower Broker 的 DledgerServer 组件,在 Follower Broker 收到 uncommitted 消息之后,必须将一个 ACK 返给 Leader Broker 的 Dledger。如果 Leader Broker 收到超过半数的 Follower Broker 返回的 ACK,就会把消息标记为 committed 状态。Leader Broker 的 DledgerServer 会将 committed 消息发送给 Follower Broker 的 DledgerServer,让它们把消息也标记为 committed 状态。这样基于 Raft 协议完成了两阶段的数据同步。

最后,为确保消息不丢失,消费者不应该使用异步消费,而应该用同步消费方式。消费者处理本地事务后,再给 MQ 一个 ACK 响应,这时 MQ 会修改 Offset,将消息标记为已消费,不再往其他消费者推送消息。在 Broker 的重新推送机制下,消息不会在传输过程中丢失。

8.2 消息重复消费

消息重复消费是消息队列中常见的问题。在消息队列中,有 3 种情况可能导致消息重复消费。第 1 种情况是发送时消息重复,即在消息成功发送到服务器端并完成持久化后,由于网络抖动或客户端宕机等原因,服务器端对客户端的应答失败,导致生产者再次发送相同的消息。第 2 种情况是投递时消息重复,即消息已经被成功消费并完成处理,但在客户端给服务器端反馈应答的过程中,网络出现闪断,服务器端将消息再次投递给消费者,导致消费者重复收到相同的消息。第 3 种情况是负载均衡时消息重复,即在 MQ 的 Broker 或客户端重启、扩容或缩容时,会触发 Rebalance,此时消费者可能会收到重复的消息。

为了解决消息重复消费的问题,可以对消息进行幂等性处理。在消费者端的业务处理中,可以利用 MQ 的 MessageId 和业务的唯一标识进行幂等性处理。具体来讲,可以将 MessageId 和业务唯一标识进行组合,作为判断幂等性的依据。例如,可以将订单 ID 作为业务唯一标识,将该订单 ID 和 MessageId 组合起来,作为唯一的标识进行幂等性处理。此外,业务唯一标识也可以使用 Message 的 Key 进行传递。在消费者获取消息后,可以先根据唯一标识查询 Redis 或数据库,判断该消息是否已经被消费过。如果不存在,则进行正常消费,处理完成后将该消息写入 Redis 或数据库。如果存在,则证明该消息已经被消费过,可以直接丢弃。通过这种幂等性处理方式,可以有效地解决消息重复消费的问题。

8.3　消息顺序

在消息队列中,保证消息顺序是一个重要问题。如果发送端配置了重试机制,则 MQ 不会等之前那条消息完全发送成功,才去发送下一条消息。这样可能会出现发送了 1、2、3 条消息,但是第 1 条超时了,后面两条发送成功,再重试发送第 1 条消息,这时消息在 Broker 端的顺序就是 2、3、1 了,因此,RocketMQ 消息要保证最终消费到的消息是有序的,需要从 Producer、Broker 和 Consumer 这 3 个步骤都保证消息有序才行。

在 Producer 端,在默认情况下,消息发送者会采取 Round Robin 轮询方式把消息发送到不同的分区队列,而消费者消费时也会从多个 MessageQueue 上拉取消息,在这种情况下消息是不能保证顺序的。只有当一组有序的消息发送到同一个 MessageQueue 上时,才能利用 MessageQueue 先进先出的特性保证这一组消息有序,而 Broker 中一个队列内的消息是可以保证有序的。

在 Consumer 端,消费者会从多个消息队列上获取消息。这时虽然每个消息队列上的消息是有序的,但是多个队列之间的消息仍然是乱序的。消费者端要保证消息有序,就需要按队列一个一个来取消息,即取完一个队列的消息后,再去取下一个队列的消息。给 Consumer 注入的 MessageListenerOrderly 对象,在 RocketMQ 内部就会通过锁队列的方式保证消息是按一个一个队列来取的;而 MessageListenerConcurrently 这个消息监听器则不会锁队列,每次都从多个消息中取一批数据,默认不超过 32 条,因此也无法保证消息有序。

RocketMQ 在默认情况下不保证消息的顺序。要保证全局有序,需要把 Topic 的读写队列数设置为 1,然后生产者和消费者的并发设置也是 1,不能使用多线程,因此高并发、高吞吐量的功能完全用不上。全局有序就是无论发的是不是同一个分区,都可以按照生产的顺序来消费。分区有序就只针对发到同一个分区的消息可以顺序消费。

相比之下,Kafka 保证全链路消息顺序消费需从发送端开始,将所有有序消息发送到同一个分区,然后用一个消费者去消费,但是这种方式的性能比较低。可以在消费者端接收到消息后将需要保证顺序消费的几条消费发到内存队列(可以设置多个),一个内存队列开启一个线程顺序处理消息。

RabbitMQ 没有属性设置消息的顺序性,但是可以通过拆分为多个 queue,每个 queue 由一个 consumer 消费,或者一个 queue 对应一个 consumer。这个 consumer 内部用内存队列进行排队,然后分发给底层不同的 worker 来处理,以此保证消息的顺序性。

8.4 消息积压

在线上消息通信中,发送方发送消息的速度过快或消费方处理消息过慢,可能会导致 Broker 积压大量未消费消息。除此之外,消息数据格式变动或消费者程序存在 Bug 也可能导致 Broker 积压大量未消费消息。为解决此问题,可以通过修改消费端程序,将收到的消息快速地转发到不同主题的多个分区进行消费。此外,可以将消费不成功的消息转发到类似死信队列的其他队列中,并在后续对死信队列中的消息进行分析和处理。在 RocketMQ 官网中,还介绍了一种特殊情况,即从普通方式搭建主从架构切换到使用 Dledger 高可用集群时,需要先将所有消息消费完毕才能进行切换。Dledger 集群会接管 RocketMQ 原有的 CommitLog 日志,因此,如果存在未消费的消息,则会存在于旧的 CommitLog 中,无法进行消费,因此,对于这种情况,需要尽快处理积压的消息。

8.5 延迟队列

消息可以被设置为延迟消费,即消息在发送后并不立刻供消费者消费,而是经过一段时间后再进行消费。例如,如果用户在 10min 内完成订单支付,则在支付完成后的时刻通知下游服务进行进一步营销补偿。为此,可以向 MQ 发送一个延迟 1min 的消息,当消费者消费该消息时,会检查订单支付状态。如果订单已完成支付,则向下游发送下单通知。如果订单尚未支付,则可以再次发送延迟 1min 的消息。最终,当第 10 条消息被消费时,订单将被回收,而不需要扫描整个订单表,每次只需处理一个订单消息。这就是延迟队列的应用场景。

RabbitMQ 和 RocketMQ 都可以通过设置 TTL 实现延迟发送,而 Kafka 则可以将消息按照不同的延迟时间段发送到特定的队列中,通过定时器定时消费这些队列中的消息,以检查消息是否到期,并将到期的消息发送到具体的业务处理队列中。如果消息在队列中积累超过指定的过期时间,则会被 MQ 清理,从而导致消息丢失。为了解决这个问题,可以手动编写程序来从 MQ 中查找丢失的数据并重新插入 MQ 中。

8.6 高可用

对于 RocketMQ,可以使用 Dledger 主从架构来确保消息队列的高可用性。这种架构意味着 RocketMQ 节点能够在主服务器上写入数据,并将数据复制到备份服务器上,从而实现数据的备份和容错。这种架构是一种常见且有效的高可用性解决方案。

另一方面,RabbitMQ 提供了一种称为镜像集群模式的模式。在这种模式下,每个 RabbitMQ 节点上都有一个完整的 queue 镜像,包含 queue 的元数据和消息数据。每次写消息时,这些消息会自动同步到多个实例的 queue 上。RabbitMQ 还提供了一个管理控制台,可以在后台新增一个策略来指定数据同步到所有节点或指定数量的节点。对于使用镜像集群模式,消息需要同步到所有机器上,导致网络带宽压力和消耗较大。

Kafka 是一种天然的分布式消息队列,从 Kafka 0.8 开始,它提供了副本机制。在该机制中,每个 topic 有指定的 partition 数量,每个 partition 的数据都会同步到其他机器上形成多个 replica 副本,其中一个是 Leader,其他是 Follower。写入时,Leader 负责将数据同步到所有 Follower 上。如果某个 Broker 宕机了,则该 Broker 上面的 partition 在其他机器上都有副本。如果该 Broker 上有某个 partition 的 Leader,则会从 Follower 中重新选举一个新的 Leader 出来。这种机制使 Kafka 实现了高可用性和容错性。

8.7　Kafka 系统调优

8.7.1　硬件调优

在优化 Kafka 的性能和可靠性方面,建议选择高性能 SSD 磁盘和 RAID 卡,并启用磁盘清理机制以避免数据丢失。使用 XFS 文件系统并进行优化,如增加文件系统缓存大小、使用 noatime 参数等,可提高 Kafka 的性能。

考虑 CPU 核数、内存容量和硬盘容量等硬件因素,有助于优化 Kafka 的性能和可靠性。CPU 是 Kafka 性能的主要因素,增加 CPU 核心和修改 Linux 内核参数可进行 CPU 调优。同时,增加内存可更好地缓存数据。

8.7.2　网络调优

在 Kafka 中,网络带宽、网络拓扑和 TCP 参数等因素对性能具有重要影响。为了提高 Kafka 性能,可优化网络带宽、配置多个 Broker 并启用故障转移机制、使用高速网络、避免使用公共网络,以及调整 TCP 参数。需注意,当网络带宽不足时,消息传输会受到延迟影响。

8.7.3　Kafka 本身调优

1. 调整日志分段的大小

在 Kafka 中,日志分段是存储消息的基本单位。为了提高 Kafka 的性能和稳定性,可以调整日志分段大小。通常建议将其设置为 1GB 或 2GB。这样可以减少日志分段的数量,提高 Kafka 的读写性能,并降低 Kafka 消耗的内存、磁盘等资源。

2. 批处理

批处理是 Kafka 的一项重要特性,它可以将多条消息打包在一起进行处理,从而提高

Kafka 的吞吐量和延迟。根据具体的场景和硬件条件,批处理大小的设置需要慎重考虑。通常建议将批处理大小设置在 16～64KB。如果批处理大小过小,则会增加 Kafka 的网络开销和 CPU 开销;如果批处理大小过大,则会增加 Kafka 的响应延迟。

3. 控制器调优

Kafka 的控制器是一个关键组件,它负责管理所有分区的副本和状态。为了优化控制器的性能,可以采取以下措施:

(1)增加控制器的资源,例如 CPU、内存等,以提高其响应分区状态的能力。

(2)调整控制器的选举时间,避免选举时间过长导致 Kafka 集群无法及时切换控制器,影响 Kafka 的高可用性。通常建议将选举时间设置为不超过 30s。

4. 生产者调优

(1)使用唯一的消息 ID 避免发送重复的消息,这可最小化重复消息的产生,提高 Kafka 的性能和可靠性。

(2)使用异步发送模式,可提高 Producer 的效率和性能,并减少代码的复杂性。对于大量的消息发送,异步发送可提高系统的吞吐量和并发处理能力。

(3)增加 Producer 的发送缓冲区大小可减少网络延迟和提高吞吐量,建议将发送缓冲区的大小与消息大小相匹配。可使用 Kafka 的配置文件设置发送缓冲区的大小。例如在 Producer 中,可以将以下参数添加到配置文件中:

```
buffer.memory=33554432
```

该参数用于设置发送缓冲区的大小为 32MB。增加发送缓冲区的大小可以减少 Producer 的网络延迟和提高吞吐量,从而提高 Kafka 的性能和可靠性。

(4)开启消息压缩。为了降低网络带宽和磁盘使用,建议采用消息压缩技术。Kafka 提供了多种可选的压缩算法,如 gzip、snappy、lz4 和 zstd。为了达到最佳压缩效果,应当根据消息类型和大小来选择最适合的压缩算法,从而减小消息体积并降低网络带宽的占用及 Kafka Broker 的存储空间。在 Producer 中,可以使用以下代码来开启 gzip 压缩:

```
props.put("compression.type", "gzip");
```

这将启用 gzip 压缩,并将发送的消息体积减少到原来的 1/4 左右。可以根据实际情况选择最适合的压缩算法,并在 Producer 中进行配置。

5. 消费者调优

1)设置 Consumer 的 fetch 大小

在进行拉取请求时,所返回的消息数量取决于 fetch 的大小。若 fetch 的大小过小,则会导致网络 I/O 频繁,而过大的 fetch 大小则会引起内存溢出。为了平衡网络带宽和内存之间的使用,应当根据消息大小和系统的网络带宽来合理设置 fetch 的大小。在 Consumer 中,可以通过以下参数设置 fetch 的大小,代码如下:

```
fetch.min.Bytes=1000000
fetch.max.Bytes=5000000
```

fetch.min.Bytes 用于设置最小的 fetch 大小,fetch.max.Bytes 用于设置最大的 fetch 大小。这些参数将确保在每个拉取请求中返回适量的消息,并避免频繁的网络 I/O 和内存溢出。

2）设置 Consumer 的 maxpollinterval

MaxPollInterval 参数用于指定消费者在拉取消息时的最长等待时间。若等待时间过长,则可能会导致消费者被 Kafka 认为已下线,因此,合理地设置 MaxPollInterval 可提高 Kafka 的性能和可靠性。经过降重处理后,可得到简化版的语句:MaxPollInterval 参数指定消费者拉取消息的最长等待时间,合理设置可提高 Kafka 的性能和可靠性。

在 Consumer 中,可以通过以下参数设置 maxpollinterval,代码如下:

```
max.poll.interval.ms=300000
```

该参数用于设置最大的 poll 间隔为 5min。可以根据实际情况设置 maxpollinterval,并确保消费者不会被认为已经下线。

3）使用多线程消费

提高 Kafka 的性能和可靠性可以采用多线程消费。使用多线程消费时,应该注意线程数量和消费顺序。多线程消费能够将消息分配给多个线程进行处理,从而提高系统的吞吐量和并发处理能力。在 Consumer 中,可以创建多个线程来消费消息,并将消息分配给不同的线程进行处理。可以使用 Kafka 自带的负载均衡算法分配消息,也可以使用自定义的负载均衡算法。在使用多线程消费时,应该注意线程之间的协作和同步,以确保消息的有序消费和完整处理。

4）增加消费者的资源

为了提高 Kafka 的性能和可靠性,可以采取增加消费者资源的措施。例如,可以增加消费者的线程数、内存大小和 CPU 核心数等资源,从而提高消费者的处理能力。增加消费者的线程数有助于提高消费者的并发处理能力。增加消费者的内存大小可以减少内存溢出的风险。同时,增加消费者的 CPU 核心数还能够进一步提高消费者的处理能力。

5）避免使用单个消费者来消费大量消息

为了确保系统的可靠性和稳定性,应当避免单个消费者处理大量的消息,因为这可能会导致消息堆积和系统的不稳定性。相反,建议使用多个消费者来处理大量的消息,以提高系统的吞吐量和并发处理能力。为了使消息能够有效地分配到不同的消费者上进行处理,可以使用 Kafka 自带的负载均衡算法或自定义负载均衡算法。在设置消费者数量时,应该根据实际情况进行设置并使用负载均衡算法分配消息,以确保系统能够高效、稳定地处理大量的消息。

6）使用适当数量的消费者

消费者的数量应该根据分区数量和消息大小确定。如果消费者的数量太少,则可能会导致消息堆积和延迟;如果消费者的数量太多,则可能会导致消费者之间的竞争和系统的不稳定性,因此,应该根据实际情况设置适当数量的消费者,以保证系统的高吞吐量和稳定性。

在 Consumer 中,可以使用以下公式来计算消费者的数量:

```
#计算消费者数量
consumer count =partition count * Bytes per second / message size / 1024 / 1024 /
consumer capacity
#其中,partition count 表示分区数量,Bytes per second 表示每秒传输的字节数
#message size 表示消息大小,consumer capacity 表示消费者容量或一次消费的消息数量
#通过上述公式,可以得到消费者数量,即在特定的消息大小和消费者容量下
#需要多少个消费者才能使整个系统达到最优状态
```

该公式考虑了分区数量、消息大小、消费者的网络带宽和处理能力等因素,以确定最适合的消费者数量。根据计算出的消费者数量,可以在系统中分配适量的消费者,以提高系统的吞吐量和并发处理能力。

7) 启用消费者偏移量自动管理

消费者偏移量是消费者在消费消息时记录的一个重要指标。启用消费者偏移量自动管理可以确保系统能够正确处理偏移量和消费状态的变化,从而提高 Kafka 的性能和可靠性。

在 Consumer 中,可以启用消费者偏移量自动管理,以自动记录偏移量和调整消费状态。可以在 Consumer 的配置文件中设置以下参数来启用自动管理:

```
enable.auto.commit=true
auto.commit.interval.ms=5000
```

该参数将启用自动提交偏移量,并每隔 5s 自动调整消费状态。启用消费者偏移量自动管理可以减少手动维护偏移量的工作量,从而提高 Kafka 的性能和可靠性。

6. 主题设计

在 Kafka 中,主题设计是非常重要的,因为它决定了消息传递的质量和可靠性。主题应该具有有意义和可读性的名称,反映出主题所涉及的业务场景,例如"订单处理"或"日志记录"。每个主题应该与特定的业务场景相关联,避免过多地使用主题。主题的分区配置也需要仔细考虑,因为分区的数量和大小会直接影响 Kafka Broker 的分配和扩展。使用主题架构控制主题和消息结构也是非常重要的,可以确保消息的一致性,并且可以方便地进行数据解析和转换,因此,设计可扩展的主题需要遵循这些最佳实践。

7. 分区设计

在设计分区时,需要考虑到整个系统的吞吐量并发处理能力、消息的可靠性及系统的可扩展性等因素。需要避免过度分区,因为这可能导致记录处理过慢,从而影响 Kafka Broker 的性能。确定适当的分区数可以提高整个系统的吞吐量和并发处理能力,同时还可以减少消息的重复。分区平衡可以确保每个 Broker 的负载均衡,通过移动分区来平衡负载。分区复制也是分区设计的重要组成部分,可以提高系统的可靠性和容错性。需要注意复制带来的额外开销和延迟,以及如何处理因硬件故障而导致的数据不一致性问题。

8. Broker 的配置和优化

在配置和优化 Broker 时,需要确保具备足够的内存,以处理大量的消息和请求。可以采用压缩算法对数据进行压缩,以减少网络传输的数据量、降低带宽占用率、提高数据传输

效率。Kafka 支持 3 种压缩算法，可以根据实际情况选择所需的压缩算法。压缩算法会增加系统的运行负担和延迟，需要权衡利弊并选择适当的压缩算法和压缩级别。应谨慎使用过度压缩的消息，启用内存清理机制以清除过期和未使用的数据，从而提高性能并减少内存使用。为确定合适的 Broker 数量，需要评估工作负载和硬件资源并设置相应的 Broker 数量。调整日志分段的大小可以提高 Kafka 的性能和稳定性。设置机器保持连接的最大数量和超时时间，以避免连接池被占满或长时间占用连接，从而提高 Kafka 集群的可靠性和性能。

9. 参数配置优化

num.io.threads 和 num.network.threads 是 Kafka 中非常重要的参数。这些参数控制 Kafka 使用的 I/O 和网络线程的数量。如果这些值设置得太小，Kafka 就不能足够快地处理数据，从而影响其性能。反过来，如果这些值设置得太大，Kafka 可能会消耗过多的内存和 CPU 资源，从而影响系统的整体性能。因此，根据实际情况，需要调整这些参数以获得最佳的性能。

num.recovery.threads.per.data.dir 是 Kafka 用于恢复消息的线程数控制参数。如果需要恢复数据，可以适当地增加此参数的值，以便系统可以更快地恢复消息。但是，将这个参数设置得太高可能会占用太多的系统资源，因此需要根据具体情况进行调整。

message.max.Bytes 是一个非常重要的参数，控制 Kafka 可以处理的最大消息大小。如果消息大小超过这个限制，Kafka 将无法处理这些消息，因此，根据需要调整这个参数以便 Kafka 可以处理更大的消息。

replica.fetch.max.Bytes 控制 Kafka 从副本中获取数据的最大字节数。如果这个值设置得太低，则可能会影响 Kafka 的性能，并可能导致消息的延迟。因此，需要根据需要调整此参数，以便 Kafka 可以处理更大的消息。

log.segment.Bytes 控制日志段文件的大小。如果这个值设置得太小，则 Kafka 可能会频繁地创建新文件，并占据过多的磁盘空间。反过来，如果这个值设置得太大，磁盘上可能会存在很多大文件，这可能会影响文件的管理，因此，需要根据需要调整此参数，以便 Kafka 可以更好地管理磁盘空间。

10. 流量控制

流量控制是一种重要的机制，它可用于确保 Kafka 集群不会被超载。在 Kafka 中，生产者和消费者之间的数据流量可能变化非常大，而这种变化可能导致集群吞吐量下降或者出现失控的情况，因此，对生产者和消费者之间的数据流量进行平衡是非常重要的。

流量控制通过对消息发送和接收速率进行限制来控制流量。生产者和消费者可以通过设置缓冲区大小、延迟时间、消息大小等参数控制流量。例如，通过限制每个分区的消息数量或每次发送数据的大小来控制流量。当流量超过设定的阈值时，Kafka 会自动对流量进行限制，以确保集群的稳定运行。

11. 批量发送

批量发送是指在发送消息到 Kafka 服务器时，一次性将多条消息发送过去。这可以减少网络传输次数，提高生产者的性能。假设生产者需要将 100 条消息发送到 Kafka，如果使用逐条发送的方式，则需要向服务器发送 100 次请求，而使用批量发送的方式，只需发送一次请求即可。这可以减少网络传输的数据量和服务器的负担，提高整个系统的效率。

8.8 RabbitMQ 系统调优

RabbitMQ 是一种基于 AMQP 的消息队列中间件，作为一种可靠的消息传递机制，它广泛应用于分布式系统、微服务架构、异步消息处理等方面。在实际应用中，为了使 RabbitMQ 能够达到更好的性能和可靠性，需要对其进行调优。

1. 增加 TCP 连接数

RabbitMQ 的性能瓶颈之一是连接数，因此在高并发场景下需要增加 TCP 连接数。可以通过修改配置文件增加 RabbitMQ 的 TCP 连接数，例如，通过设置 tcp_backlog 参数的值增加待处理连接队列的长度，同时也可以设置最大的并行连接数及超时时间等参数。

2. 设置 QoS

使用 QoS 可以控制每次消费的消息数量，从而避免大量未处理的消息占用内存等问题。可以通过调用 channel.basic_qos 方法设置 QoS 参数，例如 channel.basic_qos(prefetch_count=1)，其中 prefetch_count 参数表示每次消费者可以获取的消息数目，如果设置为 1，则表示每次只会获取一条消息。

3. 消息确认机制

消费者获取消息后需要确认消息已被消费，以确保消息不会被重复消费。建议使用手动确认机制，即在消费者处理完消息后手动调用 channel.basic_ack 方法确认消息已被消费。

4. 消息持久化

为了确保消息的可靠性，需要将消息持久化到磁盘上。可以通过向 channel.basic_publish 方法添加 delivery_mode=2 参数来使消息持久化。

5. 合理选择 Exchange

在选择 Exchange 时需要根据实际情况进行权衡和选择，不同类型的 Exchange 对消息的路由机制和效率有不同的影响。

6. 确保集群高可用性

确保 RabbitMQ 系统的高可用性可以通过搭建 RabbitMQ 集群实现。RabbitMQ 集群可以通过多个节点共同完成消息传递和存储，从而提高系统的可靠性和容错性。同时，为了保证 RabbitMQ 集群的正确性和稳定性，需要进行集群配置和参数调优等工作。

7. 使用异步消息处理

使用异步消息处理可以提高 RabbitMQ 系统的并发性和吞吐量。可以使用线程池或协程池等技术将消息消费的过程异步化，从而实现并发处理。在使用异步消息处理时需要注意线程安全和资源管理等问题，确保系统的可靠性和稳定性。

8. 调整 Erlang 虚拟机参数

调整 Erlang 虚拟机参数可以提高 RabbitMQ 系统的性能和可靠性。Erlang 虚拟机负责管理内存、调度线程和处理 I/O 等操作，因此，修改 Erlang 虚拟机的内存限制和优化垃圾回收机制等参数可以提高系统的性能和可靠性。

1）修改 Erlang 虚拟机的内存限制

在默认情况下，Erlang 虚拟机会使用 2GB 的内存。如果 RabbitMQ 需要处理的消息量较大，则需要增加 Erlang 虚拟机的内存限制。可以通过修改 RabbitMQ 在配置文件中的 vm_memory_high_watermark 参数实现，代码如下：

```
vm_memory_high_watermark.relative = 0.6
```

这里将 vm_memory_high_watermark.relative 参数设置为 0.6，表示 Erlang 虚拟机可以使用可用内存的 60%。

2）优化 Erlang 虚拟机的垃圾回收机制

在处理大量消息时，垃圾回收机制会成为性能瓶颈。可以通过修改以下参数来优化 Erlang 虚拟机的垃圾回收机制，代码如下：

```
+stbt <num>
+sbwt <num>
+swt <num>
```

其中，+stbt 参数用于设置堆栈大小，+sbwt 参数用于设置二进制堆大小，+swt 参数用于设置私有堆大小。这些参数的值应根据实际情况进行调整。

9. 调整 RabbitMQ 队列参数

调整 RabbitMQ 队列参数可以提高消息传输效率和可靠性。队列的最大优先级、最大长度和持久化选项等参数可以通过修改 RabbitMQ 配置文件调整。

1）增加队列的最大优先级

队列的处理顺序取决于消息的优先级，而队列的最大优先级决定了哪些消息会被优先处理。在默认情况下，队列的最大优先级为 0，即所有消息的优先级都相同。如果要增加队列的最大优先级，则需要修改 RabbitMQ 的配置文件，在其中设置 x-max-priority 参数的值。例如，将 x-max-priority 参数的值设置为 10 则表示队列的最大优先级为 10。

2）增加队列的最大长度

队列的长度限制了队列可以存储的消息数量。在默认情况下，队列的长度没有限制。如果要增加队列的最大长度，则需要修改 RabbitMQ 的配置文件，在其中设置 x-max-length 参数的值。例如，将 x-max-length 参数的值设置为 10000 则表示队列的最大长度为 10000。

3）调整队列的持久化选项

队列的持久化选项决定了队列是否在 RabbitMQ 服务异常时可以恢复。在默认情况下，队列不进行持久化。如果要调整队列的持久化选项，则需要修改 RabbitMQ 的配置文件，在其中设置 durable 参数的值。例如，将 durable 参数的值设置为 true 则表示队列进行持久化。

10. 使用多个 vhost

通过多个 vhost（RabbitMQ 虚拟主机）可以提高 RabbitMQ 的可靠性和安全性。为了实现这一点，应将不同的应用程序分配到不同的 vhost 中，并将相应的队列和交换机分配到相应的 vhost 中，以避免不同应用程序之间的消息混淆，并提高应用程序的可靠性。此外，为每个 vhost 设置访问权限限制不同用户对 vhost 的访问，以提高 RabbitMQ 的安全性并防止未授权用户访问敏感数据。

8.9 RocketMQ 系统调优

RocketMQ 性能表现是否能够达到预期，取决于多个因素。

1. 消费者线程数

在考虑如何调整 RocketMQ 的性能参数时，需注意消费者线程数的影响。消费者线程的数量直接关系到 RocketMQ 消费消息的吞吐量和延迟。过多的消费者线程数量会增加 CPU 的负载，导致延迟增加；过少的线程数量则会降低吞吐量，因此，应根据具体场景确定消费者线程数，并使用适当的公式计算其数量，以确保系统的性能不受到影响。需要注意的是，消费者线程数过多会导致请求的并发量变大，增加线程切换和锁竞争，从而影响系统的性能。

2. 消息处理线程数

RocketMQ 消息处理线程数的大小也会直接影响 Broker 的吞吐量和延迟。如果消息处理线程数不足，则 Broker 会存在消息积压的问题，导致部分客户端请求失败；如果消息处理线程数过多，则会增加线程切换和锁竞争，影响 Broker 的处理能力，因此，应根据具体场景确定消息处理线程数，并使用适当的公式计算其数量，以确保系统的性能不受到影响。

3. 消息拉取间隔

RocketMQ 消息拉取间隔的大小会对消费者的吞吐量和延迟产生显著的影响。若消息拉取间隔过大，则会增加消息的延迟；如果消息拉取间隔过小，则会增加客户端的请求量，从而导致系统负载的增加。在实际应用中，为了获得最佳的性能表现，可以通过调整消息拉取间隔的大小来达到目的。通常，消息拉取间隔可以通过以下公式进行计算：

$$消息拉取间隔＝（消息处理时间/消费者线程数）* 2$$

需要注意的是，若消息拉取间隔过小，则会增加客户端请求量，导致系统的负载增加；若消息拉取间隔过大，则会增加消息的延迟。

4. 消息最大大小

RocketMQ 消息的最大大小是一个重要的参数，它对消息的传输和存储具有重要影响。如果将消息的最大大小设置得过小，将会导致部分消息无法传输和存储，从而影响系统的正常运行；反之，如果将消息的最大大小设置得过大，将会增加消息的传输和存储成本，降低系统的性能表现。

在实际应用过程中，为了准确地确定消息的最大大小，应该根据场景的具体需求进行综合考虑。通常情况下,可以通过压力测试等手段确定消息的最大大小,但需要注意的是,消息的最大大小必须考虑到消息传输和存储的成本,并且需要对消息进行压缩处理,以使消息的传输和存储效率更高。

5. 存储方式

RocketMQ 支持多种存储方式,包括本地文件存储和远程存储。这两种存储方式对于消息的传输和存储具有不同的影响。本地文件存储方式具有更快的读写性能,适用于低延迟、高吞吐量的场景,而远程存储方式则能够提供更高的可靠性和扩展性,适用于高可靠性和分布式场景。

在实际应用中,应该根据具体场景选择存储方式。通常情况下,可以通过压力测试综合考虑吞吐量、延迟、可靠性和扩展性等因素来确定存储方式。

6. 发送消息的方式

RocketMQ 支持 3 种不同的消息发送方式:同步、异步和单向发送方式,其中,同步发送方式会等待消息服务器响应,以得到发送结果,但可能会对客户端的性能产生一定的影响;异步发送方式不需要等待响应,可以提高发送性能,但无法获得发送结果;单向发送方式则不需要等待响应,也无法获得发送结果,适用于像日志收集这样无须关注发送结果的场景。在实际应用中,应根据需求和实际情况选择不同的发送方式,以平衡发送速度和可靠性之间的关系。

7. 发送超时时间

发送超时时间是指在发送消息后等待响应的最大时间,若在该时间段内未能获得响应,则将其视为发送失败。发送超时时间需要根据不同的网络环境和服务器负载情况进行调整,通常建议设置在大约 3s。

然而,若发送超时时间过短,则会导致发送失败的风险增加;若过长,则可能会占用网络带宽和服务器资源,从而影响系统性能。

8. 生产者缓存队列大小

生产者缓存队列是指在发送消息时用于本地缓存的队列。如果缓存队列已满,则会阻塞发送线程,等待缓存队列中的消息被消费。生产者缓存队列的大小应该根据发送量和服务器资源情况进行调整,以确保发送速度和内存使用率的平衡。如果缓存队列过小,则会降低发送速度;如果过大,则会占用过多的本地内存,因此,生产者缓存队列的大小应该经过认真评估和测试,以确保其最优化的性能。在进行调整时,应该考虑到服务器的硬件和软件配置、网络带宽及实时流量等因素,并综合考虑缓存队列所承载的发送任务的特性和需求。

9. 发送失败重试次数

RocketMQ 提供了一项重要的功能,即在消息发送失败时进行自动重试。其重试次数可根据实际使用场景进行灵活调整。例如,若业务对一定延迟有容忍度,则可以适当增加重试次数,以提高消息成功发送的概率。

10. 集群模式和广播模式

RocketMQ 支持两种消费模式,分别为集群模式和广播模式。在集群模式下,同一条消息会被多个消费者消费，每个消费者只消费其中的一部分消息。这种模式可以提高消息的可靠性，但对性能会有一定的影响，而在广播模式下，同一条消息会被所有的消费者都消费。这样可以提高消息的消费速度，但也会导致消息的重复消费。因此，在选择消费模式时，需要根据业务实际需要和情况进行选择，以达到最优的效果。

11. 消息压缩

RocketMQ 提供了消息压缩功能，该功能能够将待发送的消息进行压缩后再传输，从而减小网络带宽占用。具体而言，用户可以根据消息体大小及网络带宽情况决定是否启用该功能。

Elasticsearch 调优

在商业世界的璀璨星空下，有一座名叫 Elasticsearch 的宝库，它汇聚了智慧的结晶，为众多追求知识的人们提供丰富的数据资源。然而，随着时代的变迁，这座宝库也面临着愈发严峻的挑战，亟待在不断变化的需求中进行优化。

在这个关键时刻，商业领域的智者们集结在一起，他们意识到 Elasticsearch 宝库所面临的问题。为了应对这些挑战，他们决定携手进行一场规模宏大的优化行动。他们深入研究了 Elasticsearch 的核心原理，从索引结构、搜索算法到分片策略等方面进行了全面探讨。

为了提高 Elasticsearch 的性能，智者们采取了一系列优化策略。首先，调整了索引结构，使其更符合数据的存储特点，显著提升了查询速度。其次，针对搜索算法进行了优化，引入高效的全文检索技术，使用户能在广阔的数据海洋中迅速找到所需信息。此外，还采用了合适的分片策略，将 Elasticsearch 的数据分散在多个节点上，确保在高并发请求下保持稳定的响应速度。

智者们深知数据安全对 Elasticsearch 宝库的重要性，于是采取了一系列措施来保护数据。他们使用加密算法，确保数据在传输和存储过程中免受黑客侵袭。同时，设定了备份策略，即使出现故障，也能迅速恢复数据。

经过这一系列的优化和改进，Elasticsearch 宝库的性能得到了显著提升，然而，随着科技的飞速发展，人们对信息检索的需求也在不断变化。为了适应这一变化，智者们继续关注 Elasticsearch 的最新动态，以便在未来的挑战中保持领先地位。

在这场优化行动中，智者们运用他们的智慧和才华，使 Elasticsearch 宝库变得更加强大。他们深知，只有不断优化和改进，才能让这座宝库在未来的商业世界中继续熠熠生辉，为人们带来无尽的知识和力量。

在探讨 Elasticsearch 优化的重要领域时，开发者发现有许多值得关注的优化策略。这些策略涵盖了服务器资源、索引、查询、数据结构及集群等多方面。

9.1 CPU 优化

对于提升服务能力来讲，升级硬件设备配置是最快速有效的方法之一。在配置 Elasticsearch 服务器时，考虑 CPU 型号对性能的影响非常重要，因此，建议选用具有高性能

CPU 的服务器,例如 Intel Xeon 系列或 AMD Opteron 系列。此外,为了充分利用多核处理器的优势,可以将 Elasticsearch 节点放置在不同的物理 CPU 上,以增加性能。大多数 Elasticsearch 部署对 CPU 的要求不高,常见的集群使用 2~8 个核的机器。如果需要选择更快的 CPU 或更多的核数,则选择更多的核数更加优越。因为多个内核可以提供更多的并发,这比略微更快的时钟频率更加重要。

注意:CPU 的时钟频率是指 CPU 每秒能够执行的时钟周期次数。它通常以赫兹(Hz)为单位,如 1GHz(1000 兆赫)或 2.4GHz(2.4 千兆赫)。它影响 CPU 的处理能力和速度,因为更高的时钟频率意味着 CPU 能够执行更多的指令,并在更短的时间内完成任务。但是,时钟频率并不是唯一决定 CPU 性能的因素,其他因素(如架构、缓存等)也会对其性能产生影响。

9.2　内存优化

为了让 Elasticsearch 具有良好的性能,需要为其分配足够的内存。对于确定所需内存大小,需要对预期的数据量和查询负载进行估算。一般情况下,建议将内存分配给 JVM 堆,以确保 Elasticsearch 可以尽可能多地利用内存执行操作,但是,对于内存大小的设置,需要遵循以下规则:当机器内存小于 64GB 时,应将 JVM 堆大小设置为物理内存的 50% 左右,其中一半留给 Lucene,另一半留给 Elasticsearch。当机器内存大于 64GB 时,若主要使用场景是全文检索,则建议给 Elasticsearch Heap 分配 4~32GB 的内存,其余内存留给操作系统,以供 Lucene 使用。若主要使用场景是聚合或排序,并且大多数是数值、日期、地理点和非分析类型的字符数据,则建议给 Elasticsearch Heap 分配 4~32GB 的内存,其余内存留给操作系统,以提供更高的查询性能。若使用场景是聚合或排序,并且都是基于分析类型的字符数据,则需要更多的 Heap 大小,建议机器上运行多个 Elasticsearch 实例,每个实例保持不超过 50% 的 Elasticsearch Heap 设置(但不超过 32GB),50% 以上留给 Lucene。此外,禁止使用 swap,否则会导致严重的性能问题。为了保证 Elasticsearch 的性能,可以在 elasticsearch.yml 文件中设置 Bootstrap.memory_lock:true,以保持 JVM 锁定内存。值得注意的是,由于 Elasticsearch 构建基于 Lucene,Lucene 的索引文件 segments 是存储在单个文件中的,对于操作系统来讲,将索引文件保持在缓存中以提高访问速度是非常友好的。

9.3　网络优化

网络带宽是 Elasticsearch 性能的瓶颈之一,因为基于网络通信的查询和索引操作需要充分利用带宽。若带宽不足,则可能导致操作变慢或超时。在需要传输大量数据时,带宽限制也可能成为性能瓶颈,影响集群响应时间和高并发请求的处理。

除了网络带宽,网络延迟也是 Elasticsearch 性能瓶颈的重要因素之一。网络延迟可能导致请求和响应之间的延迟或超时,从而影响集群的响应能力。由于 Elasticsearch 是分布式的,需要在不同节点之间传输数据,因此网络延迟高会降低其查询和索引性能。

此外,网络故障也可能导致 Elasticsearch 节点之间通信中断,影响集群的可用性和数据一致性。网络拓扑结构也会影响集群的性能,例如,如果两个节点之间的网络距离很远,则同步数据的时间可能会增加,并且可能会增加网络故障的风险。

安全设置(例如加密和身份验证)可能会增加网络负载并影响 Elasticsearch 的性能,因此,可以通过优化网络安全设置来减少性能损失。

为了提高 Elasticsearch 集群网络的性能和稳定性,需要对以下几个方面进行优化。

(1) 带宽限制:当 Elasticsearch 集群的数据量较大或节点之间的数据交换量较大时,可能会出现带宽限制的情况。解决这个问题的方法是增加带宽,可以升级网络硬件设备或购买更高带宽的网络服务。同时,可以使用分片和副本来减少节点之间的数据交换量,从而减少带宽负载。

(2) 网络延迟:网络延迟是指在节点之间传输数据时所需要的时间,如果网络延迟过高,则会影响 Elasticsearch 集群的性能。优化网络设置可以降低网络延迟,可以使用更快的网络硬件设备,采用更优化的网络协议,以及优化 Elasticsearch 的配置参数等方式来降低网络延迟。使用高速网络设备和协议,如 Infiniband 或 RDMA,可以提高网络传输速度,降低网络延迟。

(3) 网络故障:网络故障可能会导致 Elasticsearch 集群无法正常工作,因此需要采取相应的措施来解决网络故障问题,其中的一种方法是采用冗余节点或备份节点来解决网络故障问题,当一个节点无法正常工作时,备份节点可以快速接管工作。同时,可以使用网络监控工具来及时发现并解决网络故障问题,如 Wireshark 用于网络故障排除和网络安全分析、Nagios 用于检查主机、服务和网络设备的状态并可进行网络监控、Zabbix 用于监控网络设备的状态、性能、流量和带宽的使用情况等。

(4) 网络拓扑结构:优化网络拓扑结构可以提高 Elasticsearch 集群的性能。可以采用更合理的网络拓扑结构,例如将 Elasticsearch 节点放置在相同的数据中心或物理机架上,这可以减少数据同步时间和网络故障的风险。在同一物理机架内或同一数据中心内部,可以使用多个节点来提高集群的性能和容错能力。

(5) 网络安全:网络安全是 Elasticsearch 在运行过程中必须关注的问题。可以针对网络安全问题进行优化,采用更快的加密算法,对于不同的数据流采用不同的加密等级。同时,可以使用更快的身份认证算法,例如使用公钥认证等方式来提高 Elasticsearch 的性能。采用分层的网络架构可以提高集群的安全性和性能。例如,在内部网络中使用防火墙和安全网关来保护 Elasticsearch 集群,并将公共接口放置在外部网络中,以提供对外服务。

(6) 部署负载均衡器:通过在 Elasticsearch 节点之间部署负载均衡器,可以平衡查询负载,避免单个节点负载过重导致性能下降。同时,负载均衡器还可以提高 Elasticsearch 集群的可用性,当有节点发生故障时,负载均衡器可以自动将查询请求发送到其他节点,以保证服务的连续性。

9.4　磁盘优化

Elasticsearch 的性能会受到磁盘延迟的影响，因此为了优化磁盘性能，建议使用高速存储设备，如 SSD 或 NVMe，并选择合适的 RAID 级别。尽可能选择固态硬盘（SSD），因为它比任何旋转介质机械硬盘或磁带写入数据时都会有较大的 I/O 提升，特别是在随机写和顺序写方面。同时，应确保系统 I/O 调度程序的正确配置，以优化写入数据发送到硬盘的时间，这可以提高写入速度。默认 * nix 发行版下的调度程序 cfq 是为机械硬盘优化的，而 deadline 和 noop 是为 SSD 优化的，使用它们可以提高写入性能。

如果使用机械硬盘，则可以尝试获取 15kRPM 驱动器或高性能服务器硬盘来提高磁盘速度。此外，使用 RAID0 也是提高硬盘速度的有效途径。不需要使用镜像或其他 RAID 变体，因为 Elasticsearch 本身提供了副本功能进行备份。如果在硬盘上使用备份功能，则会对写入速度有较大的影响。最后，避免使用网络附加存储（NAS），因为 NAS 通常很慢、延时大且会发生单点故障，而且不如本地驱动器更可靠，因此，建议将数据和索引分开存储，以充分利用不同类型的存储设备。

9.5　计算机系统优化

为了优化 Elasticsearch 的性能，在以下方面可以采取措施：

（1）禁用不必要的服务和进程，避免占用系统资源，确保 Elasticsearch 能够充分利用系统资源。

（2）将 Elasticsearch 节点配置为静态 IP，避免动态 IP 更改导致网络连接问题，从而保证 Elasticsearch 节点的稳定性。

（3）关闭防火墙或者调整其设置，以避免防火墙对网络流量造成延迟和影响搜索性能。

操作系统对于 Elasticsearch 的性能有着重要影响，因此为了优化操作系统设置，可以采取以下措施：

（1）可以通过调整内核参数来提高网络性能和文件系统性能，这可以通过修改/sys 文件系统下的控制参数实现。例如，可以通过调整 tcp_tw_reuse 和 tcp_tw_recycle 参数来提高 TCP 连接的处理效率。同时，也可以通过调整文件系统的读写缓存参数来提高文件系统的性能。

（2）可以将文件描述符限制设置为较高的值，以允许 Elasticsearch 使用更多的文件句柄。可以通过修改/etc/security/limits.conf 文件来设置文件描述符限制。这样可以避免因文件描述符数量不足而导致 Elasticsearch 性能下降的情况。

另外，还可以启用 TransparentHugepages 和 NUMA 支持，以提高内存访问效率。TransparentHugepages 是一种 Linux 内核特性，它可以将大页内存自动映射到进程的虚拟内存空间中，从而减少内存管理时的开销；而 NUMA 是一种多处理器系统结构，它可以将内存和处理器的访问紧密地绑定在一起,从而提高内存访问效率。

综上所述,通过对操作系统进行优化设置,可以有效提升 Elasticsearch 的性能和稳定性。

9.6　Elasticsearch 本身配置参数

为了优化 Elasticsearch 的性能,可以调整以下配置参数:

(1)分配更大的 JVM 堆内存,以允许 Elasticsearch 使用更多的内存来缓存索引和搜索结果。

(2)调整索引分片数量,以平衡查询负载和数据分布。

(3)调整索引缓存设置,以缓存查询结果并减少 IO 操作。

(4)调整搜索线程池大小,以避免搜索请求积压造成性能下降。

9.7　GC 调优

根据 Elasticsearch 官方发布的文档,JDK 8 附带的 HotSpotJVM 的早期版本存在可能导致索引损坏的问题,特别是在启用 G1GC 收集器时。这个问题影响 JDK 8u40 附带的 HotSpot 版本之前的版本。如果使用较高版本的 JDK 8 或 JDK 9+,则建议使用 G1GC,因为它对 Heap 大对象的优化效果比较明显,目前的项目也使用 G1GC 并且运行效果良好。为了启用 G1GC,需要修改 jvm.options 文件中的配置。原本的配置如下:

```
#开启使用 CMS 垃圾回收器
-XX:+UseConcMarkSweepGC
#将 CMS 垃圾回收器的初始占用阈值初始化为 75%
-XX:CMSInitiatingOccupancyFraction=75
#只使用初始化占用阈值作为 CMS 垃圾回收器的出发条件
-XX:+UseCMSInitiatingOccupancyOnly
```

修改后的配置如下:

```
#开启 G1 垃圾回收器
-XX:+UseG1GC
#将最大垃圾回收时间设置为 50ms
-XX:MaxGCPauseMillis=50
```

其中,-XX:MaxGCPauseMillis 用于控制预期的最高 GC 时长,默认值为 200ms。如果线上业务对 GC 停顿敏感,则可以适当设置得低一些,但是如果设置得过小,则可能会带来比较高的 CPU 消耗。需要注意的是,如果集群因为 GC 导致卡死,则仅仅换成 G1GC 可能无法从根本上解决问题,通常需要优化数据模型或者 Query。总之,使用 G1GC 需要慎重,需要根据具体情况进行评估和调整。

9.8 索引优化设置

索引优化是 Elasticsearch 中的一个重要方面,它主要通过优化插入过程来提升 Elasticsearch 的性能。虽然 Elasticsearch 的索引速度本身已经相当快了,但是具体数据仍可以参考官方的 benchmark 测试结果来了解。根据测试结果总结,不同的硬件和软件组合会影响 Elasticsearch 在不同场景下的性能表现,具体如下。

(1) 索引速度:单节点下,Elasticsearch 可以达到 2000 个文档每秒的索引速度;而在分布式集群中,其索引速度可以达到 3000～8000 个文档每秒。使用具有高性能硬件配置的服务器可获得更快的索引速度,而索引速度取决于机器的 CPU、内存、网络带宽和磁盘性能等因素。

(2) 搜索速度:在单节点上,Elasticsearch 的搜索速度可以达到 50 万～70 万次每秒查询;在分布式集群上,随着节点和硬件的增加,其搜索速度可以线性扩展,最高可以达到数百万次查询。使用 SSD 硬盘的服务器和更高版本的 Elasticsearch(如 5.x 和 6.x)也可以提高搜索速度。

(3) 响应时间:在所有硬件和软件组合下,Elasticsearch 的响应时间都可以控制在 1s 以内。使用高性能硬件配置的服务器可以获得更短的响应时间。

(4) 内存使用:Elasticsearch 使用内存来缓存数据,以提高读取和写入速度。虽然内存的使用与集群规模和硬件配置有关,但在所有情况下,Elasticsearch 的内存使用都可以整体控制在较低的水平。使用高性能硬件配置的服务器可以获得更低的内存使用率。

总之,硬件配置越高,性能指标就越好,但是需要注意的是,硬件配置越高,成本也会越高,因此,在实际使用中,需要根据自己的应用场景和需求,选择合适的硬件配置,以达到最优性能和成本的平衡。

9.8.1 批量提交

建议在提交大量数据时,采用批量提交(Bulk 操作)的方式来提高效率。使用 Bulk 请求时,每个请求的大小不要超过几十兆字节,因为太大会导致内存使用过大。在 ELK 过程中,例如 Logstashindexer 向 Elasticsearch 中提交数据,可以通过调整 batchsize 来优化性能。需要根据文档大小和服务器性能设置合适的大小(size)。如果 Logstash 中提交文档大小超过 20MB,Logstash 则会将一个批量请求切分为多个批量请求。如果在提交过程中,遇到 EsRejectedExecutionException 异常,则说明集群的索引性能已经达到极限。此时,可以考虑提高服务器集群的资源,或者减少数据收集速度。例如,只收集 Warn、Error 级别以上的日志,以降低数据量。需要根据业务规则来决定如何进行优化。

9.8.2 增加 Refresh 时间间隔

为了提高 Elasticsearch 的索引性能,在写入数据的过程中,采用了延迟写入的策略。

换言之,数据先写入内存中,当超过默认的1s(index.refresh_interval)后,会进行一次写入操作,将内存中的segment数据刷新到磁盘中。只有当数据刷新到磁盘中后,才能对数据进行搜索操作,因此Elasticsearch提供的是近实时搜索功能,而不是实时搜索功能。

如果系统对数据的延迟要求不高,则可以通过延长refresh时间间隔来减少segment合并压力,从而提高索引速度。例如在进行全链路跟踪时,可以将index.refresh_interval设置为30s,从而减少refresh的次数。在进行全量索引时,可以将refresh次数临时关闭,将index.refresh_interval设置为−1,数据导入成功后再变为正常模式,例如设置为30s。在加载大量数据时,也可以暂时不使用refresh和replicas功能,将index.refresh_interval设置为−1,将index.number_of_replicas设置为0。

综上所述,延迟写入策略可以提高Elasticsearch的索引性能,适当地调整refresh的时间间隔和关闭refresh和replicas功能可以更进一步地提高性能。

9.8.3 修改 index_buffer_size 的设置

索引缓冲是一个重要的性能优化工具,通过调整索引缓冲的设置,可以控制内存的分配情况,从而优化节点的索引进程的性能。在Elasticsearch中,索引缓冲的设置是一个全局配置,它会应用于一个节点上的所有不同的分片上。可以通过在Elasticsearch的配置文件中设置indices.memory.index_buffer_size参数来控制索引缓冲的大小。这个参数可以接受一个百分比或者一个表示字节大小的值,默认为10%,意味着分配给节点的总内存的10%用来做索引缓冲的大小。如果设置的是百分比,则这个百分比会被分到不同的分片上。同时,也可以通过设置indices.memory.min_index_buffer_size参数来指定最小的索引缓冲大小,这个参数的默认值为48MB。另外,还可以通过设置indices.memory.max_index_buffer_size参数来控制索引缓冲的最大值。需要注意的是,如果为索引缓冲设置了一个过大的值,则可能会导致节点的性能下降,因此,在进行索引缓冲的设置时,需要根据具体的应用场景和硬件配置进行权衡和调整。

9.8.4 修改 translog 相关的设置

为了减少硬盘的IO请求,可以采取一系列操作来优化系统的性能表现,其中一种方法是通过控制数据从内存到硬盘的操作频率实现。可以通过增加sync_interval的时间来延迟数据写入硬盘的操作。这样可以降低硬盘的负载,减少硬盘的IO请求。sync_interval的默认时间为5s,可以通过命令index.translog.sync_interval:5s进行设置。

另一种方法是控制translog数据块的大小,以减少flush到lucene索引文件的次数。这样可以进一步减少对硬盘的IO请求,提高系统性能表现。translog数据块的默认大小为512MB,可以通过命令index.translog.flush_threshold_size:512mb设置。需要根据具体的实际情况进行调整。

综上所述,以上两种方法都可以减少硬盘的IO请求,以提高系统的性能表现。需要根据系统的实际情况进行优化调整,以达到最优化的性能表现。

9.8.5　_id 字段、_all 字段、_source 字段、index 属性

在使用 Elasticsearch 的过程中，应该注意一些最佳实践的建议。首先，_id 字段不应该自定义，因为这可能会导致版本管理方面的问题。建议使用 Elasticsearch 提供的默认 ID 生成策略或使用数字类型 ID 作为主键。

其次，需要注意使用_all 字段和_source 字段的场景和实际需求。_all 字段包含所有的索引字段，可以方便地进行全文检索，但如果不需要进行全文检索，就可以禁用该字段。_source 字段存储了原始的 document 内容，如果没有获取原始文档数据的需求，则可以通过设置 includes 和 Excludes 属性来定义需要存储在_source 中的字段，避免不必要的存储开销。因此，在使用_all 字段和_source 字段时，需要根据实际需求进行权衡和选择。

此外，合理地配置及使用 index 属性。index 属性的取值有 analyzed 和 not_analyzed 两种，根据业务需求来控制字段是否分词或不分词。只有 groupby 需求的字段，应该配置成 not_analyzed，以提高查询或聚类的效率。综上所述，对于 Elasticsearch 的使用，需要根据实际情况进行配置和选择，以达到最佳实践的效果。

9.8.6　减少副本数量

Elasticsearch 默认的复制数量为 3 个，这样的配置虽然能够提高 Cluster 的可用性，增加查找次数，但是对写入索引的效率也会造成影响。在索引过程中，需要将更新的文档发送到副本节点上，等待副本节点生效后才能返回结果。在实际应用中，建议根据实际需求来调整副本数目。对于业务搜索等关键应用场景，建议仍然将副本数保留为 3 个，以确保数据的可靠性和高可用性；而对于内部 ELK 日志系统、分布式跟踪系统等应用场景，则完全可以将副本数设置为 1 个来提高写入效率。因此，在进行 Elasticsearch 集群的配置时，需要综合考虑集群的可用性、性能和数据可靠性等因素，以实现最优的性价比。

9.9　查询方面优化

当 Elasticsearch 作为业务搜索的近实时查询时，查询效率的优化显得尤为重要。

9.9.1　路由优化

当 Elasticsearch 作为业务搜索时，查询效率的优化显得尤为重要。在查询文档时，Elasticsearch 使用公式 shard＝hash(routing) ‰number_of_primary_shards 来计算文档应该存放到哪个分片中。routing 默认为文档的 ID，也可以使用用户 ID 等自定义值。通过对路由进行优化，可以提高查询效率和搜索速度。

9.9.2　routing 查询

在查询数据时，如果不带 routing 参数，则查询过程需要经过分发和聚合两个步骤。首

先,请求会被发送到协调节点,协调节点将查询请求分发到每个分片上;随后,协调节点搜集每个分片上的查询结果,进行排序,最后将结果返给用户。这种方式存在的问题是由于不知道需要查询的数据具体在哪个分片上,因此需要搜索所有分片,增加了查询的时间和资源消耗。

相比较而言,带 routing 查询可以直接根据 routing 信息定位到某个分片进行查询,而不需要查询所有的分片,经过协调节点进行排序。以用户查询为例,如果将 routing 设置为 userid,则可以直接查询出数据,从而大大提高了查询效率。

总之,带 routing 查询可以加速查询过程,减少了不必要的查询操作,从而提高了查询效率。

9.9.3　Filter 与 Query 的区别

Filter 与 Query 是 Elasticsearch 中最常用的两种查询上下文的方法,但是它们的使用方式是有所不同的。在实际使用中,应该尽可能使用过滤器上下文(Filter)进行查询,而不是使用查询上下文(Query)进行查询。

Query 上下文主要用来评估文档与查询语句之间的匹配程度,并为匹配的文档打分。相比之下,过滤器上下文主要用来检查文档是否与查询语句匹配,它所做的仅仅是返回结果为是或否的答案,无须进行打分等计算过程,从而提高查询的效率和性能。

此外,过滤器上下文的结果还可以进行缓存,即使在多次查询中使用同样的查询条件,也可以直接返回缓存中已经计算得到的结果,避免了重复计算,提高了查询效率。因此,在实际使用中,尽可能地使用过滤器上下文进行查询是非常有必要和推荐的。

9.9.4　深度翻页

在使用 Elasticsearch 的过程中,应注意尽量避免大翻页的出现,因为正常翻页查询都是从 from 开始查询 size 条数据,需要在每个分片中查询打分排名在前面的 from＋size 条数据。这样,协同节点将会收集每个分配的前 from＋size 条数据,一共会收到 N×(from＋size)条数据,然后进行排序,最终返回其中 from 到 from＋size 条数据。如果 from 或 size 很大,则参加排序的数量也会同步扩大很多,从而导致 CPU 资源消耗增大。

为了解决这一问题,可以使用 Elasticsearch 中的 scroll 和 scroll-scan 高效滚动的方式,以减小 CPU 资源消耗。

除此之外,还可以结合实际业务特点,根据文档 ID 大小和文档创建时间的一致有序性,以文档 ID 作为分页的偏移量,并将其作为分页查询的一个条件。这样可以优化查询性能,减少排序参与的数据量,提高查询效率。同时,这也需要根据具体业务情况进行实践验证。

9.9.5　脚本合理使用

在开发中,脚本(script)的合理使用至关重要。目前脚本的使用主要有 3 种形式:内联动态编译形式、_script 索引库中存储形式和文件脚本存储形式。其中,内联动态编译形式适合较小的脚本,文件脚本存储形式适合大型脚本,而_script 索引库中存储形式则是最常见的使用方式之一。

一般来讲,在实际应用中,应尽量采用第 2 种方式,先将脚本存储在_script 索引库中,从而能够提前编译脚本。通过引用脚本 ID 并结合 params 参数,可以实现模型(逻辑)和数据的分离,同时也更便于脚本模块的扩展和维护。

在使用脚本时,一定要注意场景的选择。对于较小的脚本,可以使用内联动态编译形式;对于大型脚本,则应采用文件脚本存储形式,而对于一些常见的使用场景,最好使用_script 索引库中存储形式,以达到更好的编译效果和更高的代码可读性。

总之,脚本的合理使用能够提高开发效率和代码质量,是在开发过程中非常重要的一环。

9.9.6　Cache 的设置及使用

在 Elasticsearch 中,查询性能的优化是非常重要的,其中,QueryCache 是 Elasticsearch 查询的关键性能优化之一,因为它可以减少查询的响应时间。当使用 Filter 查询时,Elasticsearch 会自动使用 QueryCache。如果业务场景中的过滤查询比较多,则建议将 QueryCache 设置得大一些,以提高查询速度。可以通过 indices.queries.cache.size 参数设置 QueryCache 的大小,它的默认值为 10%。用户可以将其设置为百分比或具体值,如 256MB。此外,用户还可以通过设置 index.queries.cache.enabled 参数来禁用 QueryCache。

除了 QueryCache 之外,Elasticsearch 还提供了另一种缓存机制,即 FieldDataCache。在聚类或排序场景下,Elasticsearch 会频繁地使用 FieldDataCache,因此,为了提高查询性能,建议用户在这些场景下设置 FieldDataCache 的大小。indices.fielddata.cache.size 参数可用于设置 FieldDataCache 的大小,用户可以将其设置为 30% 或具体值,如 10GB。但是,如果场景或数据变更比较频繁,则设置 Cache 并不是好的做法,因为缓存加载的开销也是特别大的。

在查询请求发起后,每个分片会将结果返给协调节点。为了提升查询性能,Elasticsearch 提供了一个 ShardRequestCache。用户可以通过 index.requests.cache.enable 参数来开启 ShardRequestCache。但需要注意的是,shardrequestcache 只缓存 hits.total、aggregations 和 suggestions 类型的数据,并不会缓存 hits 的内容。用户也可以通过设置 indices.requests.cache.size 参数来控制缓存空间的大小。在默认情况下,其值为 1%。

9.9.7　更多查询优化经验

(1) 针对 query_string 或 multi_match 查询,可以采用将多个字段的值索引到一个新字段的方法。在 mapping 阶段设置 copy_to 属性,将多个字段的值索引到新字段,这样在进行 multi_match 查询时可以直接使用新字段进行查询,从而提高查询速度。

(2) 对于日期字段的查询,特别是使用 now 进行查询时,由于不存在缓存,所以建议从业务需求出发,考虑是否必须使用 now 进行查询。事实上,利用 querycache 可以大大地提高查询效率，因此也需要对查询缓存进行充分利用。

（3）在设置查询结果集大小时，应根据实际情况进行设置，不能设置过大的值，如将query.setSize 设置为 Integer.MAX_VALUE。因为 Elasticsearch 内部需要建立一个数据结构来存放指定大小的结果集数据，设置过大的值会耗费大量的内存资源。

（4）对于聚合查询，需要避免层级过深的 aggregation，因为这会导致内存和 CPU 资源消耗较大。建议在服务层通过程序来组装业务，或者采用 pipeline 的方式来优化查询。

（5）对于预先聚合数据的方式，可以采用复用预索引数据的技巧来提高聚合性能。例如，如果要根据年龄进行分组，则可以预先在索引阶段设置一个 age_group 字段，对数据进行分类，而不是通过 rangeaggregations 来按年龄分组。这样可以通过 age_group 字段进行groupby 操作，从而避免层级过深的 aggregation 查询，以提高聚合性能。

（6）在编写代码时，有时需要在数据集中进行匹配查询。对于大型数据集，经常需要考虑性能问题。为了优化查询性能，一种常见的优化方式是使用 Filter 代替 match 查询。Filter 的优点在于它可以缓存，因此可以提高查询的速度。此外，由于 match 查询通常涉及模糊匹配和转换的过程（fuzzy_transpositions），所以使用 Filter 可以避免这种无意义的查询操作，进一步提高查询效率。然而，需要注意的是，使用 Filter 来代替 match 查询的优化是有限的。对于一些复杂的查询，仍需要使用 match 查询实现，因此，在优化查询性能时，需要综合考虑使用不同的查询方式，以达到最优化的效果。

（7）对于数据类型的选择需要理解 Elasticsearch 底层数据结构，在 Elasticsearch 2.x 时代，所有数字都是按照 keyword 类型进行处理的，这意味着每个数字都会建立一个倒排索引。虽然这种处理方式可以提高查询速度，但是在执行范围查询时，例如 type＞1 and type＜5，需要将查询转换为 type in (1,2,3,4,5)，这显著增加了范围查询的难度和耗时。随后，Elasticsearch 进行了优化，在处理 integer 类型数据时采用了一种类似于 B-tree 的数据结构，即 Block k-d tree，以加速范围查询。Block k-d tree 被设计用于多维数值字段，并可用于高效过滤地理位置等数据。此外，它还可用于单维度的数值类型。对于单维度的数据，Block k-d tree 的实现与传统的 B-tree 有所不同。它对所有值进行排序，并反复从中心进行切分，生成具有类似 B-tree 结构的索引。该结构的叶节点存储的不是单个值，而是一个值的集合，也就是所谓的一个 Block。每个 Block 最多包含 512～1024 个值，以确保值在 Block之间均匀分布。这种数据结构大大提高了范围查询的性能，因为在传统的索引结构中，满足查询条件的文档集合并不是按照文档 ID 顺序存储的，而是需要构造一个巨大的 bitset 来表示。而使用 Block k-d tree 索引结构，则可以直接定位满足查询条件的叶节点块在磁盘上的位置，然后按顺序读取，显著提高了范围查询的效率。

（8）在使用 Block k-d tree 的数据结构进行范围查询时，磁盘读取是按顺序进行的，因此对范围查询有很大的优势。然而在某些场景下使用 PointRangeQuery 会非常慢，因为它需要将满足查询条件的 docid 集合取出来单独处理。这个处理过程在 org.apache.lucene.search.PointRangeQuery♯createWeight 方法中可以读取到，主要逻辑是在创建 scorer 对象时，顺带先将满足查询条件的 docid 都选出来，然后构造成一个代表 docid 集合的 bitset。

在执行 advance 操作时,就会在这个 bitset 上完成。由于这个构建 bitset 的过程类似于构造 Query cache 的过程,所有的耗时都在 build_scorer 上,因此,使用 PointRangeQuery 在该场景下会非常慢。另外,对于 term 查询,如果数值型字段被转换为 PointRangeQuery,则会遇到同样的问题。在这种情况下,无法像 Postlings list 那样按照 docid 顺序存放满足查询条件的 docid 集合,因此无法实现 postings list 上借助跳表做蛙跳的操作。

(9) 对于像 isDeleted 这样只有两个可能取值(是/否)的字段,Elasticsearch 会自动根据倒排索引的文档数和 Term 的文档频率来判断是否使用倒排索引进行查询。如果该 Term 的文档频率太高,超过了一定的阈值,Elasticsearch 则会认为使用倒排索引查询的效率不如使用全表扫描,因此会放弃使用倒排索引,转而使用全表扫描。这个阈值可以通过设置 index.max_terms_count 来调整。如果该字段在查询时频繁地被使用,则可以考虑将其映射为一个不分词、不使用倒排索引的字段,这样可以避免在查询时产生额外的开销。

(10) 当进行多个 Term 查询并列时,在 Elasticsearch 中执行顺序不是由查询时写入的顺序决定的。实际上,Elasticsearch 会根据每个 filter 条件的区分度来评估执行顺序,将高区分度的 filter 条件先执行,以此可以加速后续的 filter 循环速度,从而提高查询效率。举例来讲,如果一个查询条件的结果集很小,Elasticsearch 就会优先执行这个条件。为了实现这一点,当使用 term 进行查询时,每个 term 都会记录一个词频,即这个 term 在整个文档中出现的次数。这样 Elasticsearch 就能判断每个 term 的区分度高低,从而决定执行顺序。综上所述,当使用多个 term 查询时,Elasticsearch 会根据每个 filter 条件的区分度来决定执行顺序,以此提高查询效率。

(11) 为了快速查找索引 Term 的位置,可以采用哈希表作为索引表来提高查找效率。同时,为了减少倒排链的查询和读取时间,可以采用 RoaringBitmap 数据结构来存储倒排链,并且结合 RLE Container 实现倒排链的压缩存储。这样,可以将倒排链的合并问题转换为排序问题,从而实现批量合并,大大降低了合并的性能消耗。另外,根据数据的分布,自动选择 bitmap/array/RLE 容器,可以进一步提高 RLE 倒排索引的性能。

(12) 在增量索引场景下,如果增量索引的变更量非常大,则会导致频繁更新内存 RLE 倒排索引,进而带来内存和性能的消耗。为了解决这个问题,可以将 RLE 倒排索引的结构固化到文件中,在写索引时就可以完成对倒排链的编码,避免了频繁更新内存索引的问题。这种做法可以提升索引的写入性能,同时保证了查询的高效性和稳定性。

9.9.8 通过开启慢查询配置以定位慢查询

一般而言,当 Elasticsearch 查询所花费的时间超过一定阈值时,系统会记录该查询的相关信息并将其记录在慢查询日志中以供查看。在实际的应用场景中,可以通过对慢查询日志的分析来确定哪些查询较为耗时,从而帮助进行性能优化。通过开启慢查询配置可以快速定位 Elasticsearch 查询速度缓慢的问题,并进行相应的性能调优,以提高系统的查询效率和用户体验。对于 Elasticsearch 这类搜索引擎而言,通过设置开启慢查询日志可以快速定位查询速度较慢的原因。开启慢查询日志的方式也有多种,其中最常用的方式是调用

模板 API 进行全局设置,代码如下:

```
第9章/9.9.8 调用模板 API 进行全局设置
#添加模板属性
PUT  /_template/{TEMPLATE_NAME}
{
  "template":"{INDEX_PATTERN}",  #定义模板对应的索引格式
  "settings" : {  #配置设置参数
    "index.indexing.slowlog.level": "INFO",  #索引慢日志级别为 INFO
    "index.indexing.slowlog.threshold.index.warn": "10s",
    #索引慢日志阈值警告为 10s
    "index.indexing.slowlog.threshold.index.info": "5s",
    #索引慢日志阈值信息为 5s
    "index.indexing.slowlog.threshold.index.Debug": "2s",
    #索引慢日志阈值调试为 2s
    "index.indexing.slowlog.threshold.index.trace": "500ms",
    #索引慢日志阈值跟踪为 500ms
    "index.indexing.slowlog.source": "1000",   #显示慢日志的文档数量
    "index.search.slowlog.level": "INFO",   #搜索慢日志级别为 INFO
    "index.search.slowlog.threshold.query.warn": "10s",
    #查询慢日志阈值警告为 10s
    "index.search.slowlog.threshold.query.info": "5s",    #查询慢日志阈值信息为 5s
    "index.search.slowlog.threshold.query.Debug": "2s",
    #查询慢日志阈值调试为 2s
    "index.search.slowlog.threshold.query.trace": "500ms",
    #查询慢日志阈值跟踪为 500ms
    "index.search.slowlog.threshold.fetch.warn": "1s",   #获取慢日志阈值警告为 1s
    "index.search.slowlog.threshold.fetch.info": "800ms",
    #获取慢日志阈值信息为 800ms
    "index.search.slowlog.threshold.fetch.Debug": "500ms",
    #获取慢日志阈值调试为 500ms
    "index.search.slowlog.threshold.fetch.trace": "200ms"
    #获取慢日志阈值跟踪为 200ms
  },
  "version" : 1  #版本号为 1
}
#修改索引配置参数
PUT {INDEX_PAATERN}/_settings
{
    "index.indexing.slowlog.level": "INFO",  #索引慢日志级别为 INFO
    "index.indexing.slowlog.threshold.index.warn": "10s",
    #索引慢日志阈值警告为 10s
    "index.indexing.slowlog.threshold.index.info": "5s",
    #索引慢日志阈值信息为 5s
    "index.indexing.slowlog.threshold.index.Debug": "2s",
    #索引慢日志阈值调试为 2s
    "index.indexing.slowlog.threshold.index.trace": "500ms",
    #索引慢日志阈值跟踪为 500ms
    "index.indexing.slowlog.source": "1000",   #显示慢日志的文档数量
```

```
"index.search.slowlog.level": "INFO",  #搜索慢日志级别为 INFO
"index.search.slowlog.threshold.query.warn": "10s",
#查询慢日志阈值警告为 10s
"index.search.slowlog.threshold.query.info": "5s",   #查询慢日志阈值信息为 5s
"index.search.slowlog.threshold.query.Debug": "2s",
#查询慢日志阈值调试为 2s
"index.search.slowlog.threshold.query.trace": "500ms",
#查询慢日志阈值跟踪为 500ms
"index.search.slowlog.threshold.fetch.warn": "1s",   #获取慢日志阈值警告为 1s
"index.search.slowlog.threshold.fetch.info": "800ms",
#获取慢日志阈值信息为 800ms
"index.search.slowlog.threshold.fetch.Debug": "500ms",
#获取慢日志阈值调试为 500ms
"index.search.slowlog.threshold.fetch.trace": "200ms"
#获取慢日志阈值跟踪为 200ms
}
```

这样，在日志目录下的慢查询日志文件中就会有输出记录必要的信息了。通过分析慢查询日志，可以了解到执行时间较长的 SQL 语句，进而对数据库进行优化以提高查询效率。

9.10　数据结构优化

针对 Elasticsearch 的使用场景，需要根据实际情况进行文档数据结构的设计，以便更好地发挥 Elasticsearch 的搜索和分析能力。在设计文档结构时，需要将使用场景作为主要考虑因素，去掉不必要的数据。这有助于减少索引的大小、提高搜索和分析的效率。

在实际使用 Elasticsearch 进行数据存储和检索时，应根据具体场景灵活地使用索引和文档类型，合理划分数据和定义字段。这有助于提高搜索和分析的精度和效率，并能够满足不同场景的需求。

因此，在使用 Elasticsearch 时，必须深入了解应用场景，进行合理的文档数据结构设计，去掉不必要的数据，提高搜索和分析的效率和精度，最终实现更好的业务效果和用户体验。

9.10.1　减少不需要的字段

如果 Elasticsearch 作为业务搜索服务的一部分，则应该避免将一些不需要用于搜索的字段存储到 Elasticsearch 中。这种做法能够节省空间，同时在相同的数据量下，也能提高搜索性能。此外，应该避免使用动态值作为字段，因为动态递增的 mapping 可能会导致集群崩溃。同样，需要控制字段的数量，业务中不使用的字段应该不要索引。控制索引的字段数量、mapping 深度、索引字段的类型，这是优化 Elasticsearch 性能的关键之一。

Elasticsearch 在默认情况下设置了一些关于字段数、mapping 深度的限制，即 index. mapping.nested_objects.limit、index.mapping.total_fields.limit 和 index.mapping.depth.

limit。其中,index.mapping.nested_objects.limit 限制了 Elasticsearch 中嵌套对象的数量,它的默认值为 10 000;index.mapping.total_fields.limit 限制了 Elasticsearch 中字段的数量,它的默认值为 1000;index.mapping.depth.limit 限制了 Elasticsearch 中 mapping 的嵌套深度,它的默认值为 20。在实际使用中,根据业务需求可以适当地调整这些限制值以获得更好的性能。

9.10.2　Nested Object 与 Parent/Child

建议在 mapping 设计阶段尽量避免使用 nested 或 parent/child 的字段,因为使用这些字段查询性能较差,能不用就不用。如果必须使用 nestedfields,则要保证 nestedfields 字段不能过多,因为针对 1 个 document,每个 nestedfield 都会生成一个独立的 document,将多个数据表或文档集合中的数据连接起来进行查询的操作。

默认 Elasticsearch 的限制是每个索引最多有 50 个 nestedfields,如果需要增加或减少 nestedfields 的数量,则可以修改配置文件中的 index.mapping.nested_fields.limit 参数。对于常规的文档存储和查询,使用 NestedObject 可以保证文档存储在一起,因此读取性能高;相反,对于需要独立更新父文档或子文档的情况下,可以使用 Parent/Child 结构,这样可以保证父子文档可以独立更新,互不影响,但是为了维护连接关系,需要占用部分内存,读取性能较差,因此,在选择使用 NestedObject 还是 Parent/Child 结构时,需要根据具体的场景进行选择,当子文档偶尔更新且查询频繁时可以选择 NestedObject,而当子文档更新频繁时可以选择 Parent/Child 结构。

9.10.3　静态映射

为确保集群的稳定性,在使用 Elasticsearch 的过程中,推荐选择静态映射方式。静态映射不仅能保证数据类型的一致性,还能够提高查询效率。相反,如果使用动态映射,则可能会导致集群崩溃,并带来不可控的数据类型,从而影响业务的正常运行。此外,在 Elasticsearch 中,数据的存储类型分为匹配字段和特征字段两种。匹配字段用于建立倒排索引以进行 query 匹配,而特征字段(如 ctr、单击数、评论数等)则用于粗排,因此,在设计索引时需要根据不同的功能选择不同类型的字段以建立倒排索引,以满足业务的需求和提高查询效率。综上所述,静态映射是建立 Elasticsearch 稳定、高效的必要条件,而动态映射的使用应加以限制。

9.10.4　document 模型设计

MySQL 经常需要进行一些复杂的关联查询,但是在 Elasticsearch 中并不推荐使用复杂的关联查询,因为一旦使用会影响性能。因此,最好的做法是在 Java 系统中先完成关联,将关联好的数据直接写入 Elasticsearch 中。这样,在搜索时,就不需要使用 Elasticsearch 的搜索语法来完成关联搜索了。

在设计 document 模型时,需要非常重视,因为在搜索时执行复杂的操作会影响性能。

Elasticsearch 支持的操作有限，因此需要避免考虑使用 Elasticsearch 进行一些难以操作的事情。如果确实需要使用某些操作，最好是在 document 模型设计时就完成。此外，需要尽量避免使用复杂操作，例如 join/nested/parent-child 搜索，因为它们的性能都很差。

9.11　集群架构设计

为了提高 Elasticsearch 服务的整体可用性，需要合理地部署集群架构。Elasticsearch 集群采用主节点、数据节点和协调节点分离的架构，即将主节点和数据节点分开布置，同时引入协调节点，以实现负载均衡。在 5.x 版本以后，数据节点还可进一步细分为 Hot-Warm 的架构模式。

9.11.1　主节点和数据节点

在 Elasticsearch 配置文件中，有两个非常重要的参数，分别是 node.master 和 node.data。这两个参数配合使用，可以提高服务器的性能。主节点配置 node.master：true 和 node.data：false，表示该节点只作为一个主节点，不存储任何索引数据。推荐每个集群运行 3 个专用的主节点，以提高集群的弹性。在使用时，还需将 discovery.zen.minimum_master_nodes 参数设置为 2，以避免脑裂的情况。因为 3 个主节点仅负责集群的管理，不包含数据、不进行搜索和索引操作，因此它们的 CPU、内存和磁盘配置可以比数据节点少很多。

数据节点配置 node.master：false 和 node.data：true，只作为一个数据节点，专门用于存储索引数据，实现功能单一，降低资源消耗率。Hot-Warm 架构是将数据节点分成热节点和暖节点，热节点只保存最新的数据，暖节点则保存旧的数据，以实现对不同数据的不同存储需求。

引入协调节点可以实现负载均衡，减少节点间的通信压力，提升服务的整体性能。在协调节点上可以运行诸如 Kibana、Logstash、Beats 等工具，以进行数据可视化、数据采集等操作。在配置协调节点时，还需将 discovery.zen.minimum_master_nodes 参数设置为 2，避免脑裂的情况。

总之，合理地部署 Elasticsearch 集群架构，可以提高服务的整体可用性，减少节点间的通信负担，降低资源消耗率，优化服务的整体性能。

9.11.2　Hot 节点和 Warm 节点

Hot 节点主要用于存储索引数据并保存最近频繁被查询的索引。由于索引是一项 CPU 和 IO 密集型操作，因此建议使用 SSD 磁盘类型来保障高性能的写入操作。同时，为了保证高可用性，建议至少部署 3 个最小化的 Hot 节点。如果需要增加性能，则可以增加服务器的数量。要将节点设置为 Hot 类型，elasticsearch.yml 文件中应该包含以下配置：node.attr.box_type：hot。对于针对指定索引操作，可以通过设置 index.routing.allocation.require.box_type：hot 使其将索引写入 Hot 节点。

Warm 节点主要用于处理大量不经常访问的只读索引。由于这些索引是只读的,因此 Warm 节点倾向于挂载大量普通磁盘来替代 SSD。内存和 CPU 的配置应该与 Hot 节点保持一致,节点数量一般应该大于或等于 3。要将节点设置为 Warm 类型,在 elasticsearch.yml 文件中应该包含以下配置:node.attr.box_type:warm。同时,也可以在 elasticsearch.yml 文件中设置 index.codec:best_compression 以保证 Warm 节点的压缩配置。当索引不再频繁查询时,可以使用 index.routing.allocation.require.box_type:warm 将索引标记为 Warm,从而确保索引不写入 hot 节点,以便将 SSD 磁盘资源用于处理更为关键的操作。一旦设置了该属性,Elasticsearch 会自动将索引合并到 Warm 节点。

9.11.3　协调节点

协调(Coordinating)节点是分布式系统中的一个节点,用于协调多个分片或节点返回的数据,进行整合后返回客户端。该节点不会被选作主节点,也不会存储任何索引数据。在 Elasticsearch 集群中,所有的节点都有可能成为协调节点,但可以通过将 node.master、node.data、node.ingest 都设置为 false 来专门设置协调节点。协调节点需要具备较好的 CPU 和较高的内存。在查询时,通常涉及从多个节点服务器上查询数据,并将请求分发到多个指定的节点服务器,对各个节点服务器返回的结果进行汇总处理,最终返回客户端,因此,协调节点在查询负载均衡方面发挥了重要的作用。除此之外,可以通过设置 node.master 和 node.data 的值来特别指定节点的功能类型,如 node.master:false 和 node.data:true 节点仅用于数据存储和查询,node.master:true 和 node.data:false 节点仅用于协调请求等。设置节点的功能类型可以使其功能更加单一,从而降低其资源消耗率,提高集群的性能。

9.11.4　关闭数据节点服务器中的 HTTP 功能

在 Elasticsearch 集群中,关闭数据节点服务器中的 HTTP 功能是一种有效的保障数据安全和提升服务性能的方法。具体实现方式是对所有的数据节点进行 http.enabled:false 的配置参数设置,同时不安装 head、bigdesk、marvel 等监控插件,这样数据节点服务器只需处理索引数据的创建、更新、删除和查询等操作,而 HTTP 服务可以在非数据节点服务器上开启,相关监控插件也可以安装到这些服务器上,用于监控 Elasticsearch 集群的状态和数据信息。通过这种方法,可以在保证数据安全的前提下,提升 Elasticsearch 集群的服务性能。

9.11.5　一台服务器上只部署一个节点

在一台物理服务器上,可以通过设置不同的启动端口来启动多个服务器节点。然而,由于服务器的 CPU、内存、硬盘等资源是有限的,当在同一台服务器上启动多个节点时,会导致资源的竞争和争夺,从而影响服务器性能,因此,建议在进行服务器节点部署时,将不同的节点部署在不同的物理服务器上,从而实现资源的充分利用,提高服务器性能和可靠性。同时，为了确保多个节点之间的通信和协调，可以使用负载均衡器等技术手段实现节点间的负载均衡和故障转移，从而保障应用程序的稳定运行。

9.11.6　集群分片设置

在 Elasticsearch 中，一旦创建好索引后，就不能再调整分片的设置了。由于一个分片对应于一个 Lucene 索引，而 Lucene 索引的读写会占用大量的系统资源，因此分片数不能设置过大，因此，在创建索引时，合理配置分片数是非常重要的。一般来讲，应当遵循以下原则。

（1）控制每个分片占用的硬盘容量不超过 Elasticsearch 的最大 JVM 堆空间设置，通常不应超过 32GB，因此，如果索引的总容量在 500GB 左右，则分片大小应在 16 个左右。当然，最好同时考虑原则（2）。

（2）考虑节点数量。通常情况下，每个节点对应一台物理机。如果分片数过多，即大大超过了节点数，则很可能会导致在某个节点上存在多个分片。一旦该节点发生故障，即使保持了一个以上的副本，仍然有可能导致数据丢失，从而无法恢复整个集群，因此，一般情况下设置的分片数不超过节点数的 3 倍。

9.12　慢查询优化

搜索平台的公共集群因为涉及多种业务，所以其使用的 Elasticsearch 查询语法没有相应的约束，导致查询语句的巨大负荷会使整个集群失灵。在平台人力有限的情况下，无法审核所有业务的查询语法，因此只能使用后置手段保证整个集群的稳定性。这些后置手段包括通过 Slowlog 分析等方式来检测查询语法，以便及时发现可能导致集群失灵的查询，并采取相应的措施来解决问题，从而确保集群的正常运行。

通过 Kibana 的 Profile 功能可以找出 Elasticsearch 查询的瓶颈所在，以下是具体步骤：

（1）打开 Kibana 并进入 Dev Tools。

（2）输入要分析的查询语句。

（3）在查询语句前添加 profile，使查询会返回一个详细的性能分析报告。

例如，要分析下面的查询语句，代码如下：

```
GET /my_index/_search
{
  "query": {
    "match_all": {}
  }
}
```

对代码进行修改，修改后的代码如下：

```
GET /my_index/_search?profile=true
{
```

```
    "query": {
      "match_all": {}
    }
}
```

（4）执行查询并等待结果返回。

（5）在 Dev Tools 底部的响应中找到 profile 字段，并将其复制到一个文本编辑器中。

（6）使用 Elasticsearch 提供的 pprof 工具来分析 profile 输出。

例如，可以将 profile 复制到 profile.txt 文件中，然后运行以下命令，代码如下：

```
#使用 curl 命令，向 localhost:9200 发送 GET 请求，获取"_profile"的内容，并通过 pretty 参
#数美化输出
curl -XGET 'localhost:9200/_profile?pretty'
#向 curl 命令中添加参数 -d，指定请求体的内容来自 profile.txt 文件中
-d @profile.txt
#将请求结果输出到 less 命令中，以实现分页查看
| less
```

这将显示一个以树状结构显示的完整分析报告，其中指出了查询性能的瓶颈所在。通常，可以通过查找最耗时的操作来找到瓶颈所在。

注意：在生产环境中，应该避免在查询中使用 profile＝true 参数，因为它会使查询速度变慢。只有在分析查询性能时才应该使用。

9.13 可用性优化

9.13.1 Elasticsearch 原生版本在可用性方面存在的问题

在可用性方面，Elasticsearch 原生版本存在以下 3 个问题。

（1）系统健壮性不足：系统在面对意外情况时无法保持正常运行，具体表现为系统容易导致集群雪崩和节点 OOM。这种情况在大流量的情况下尤为明显，此时系统的负载会变得非常高，容易导致节点内存耗尽，甚至导致集群崩溃。造成这种情况的主要原因是内存资源不足和负载不均。具体来讲，内存资源不足可能是由于系统中存在内存泄漏或者内存管理不当等引起的，而负载不均则可能是由于集群中的节点在处理任务时，存在一些节点负载过高，而另一些节点负载过轻的情况。为了解决这个问题，需要采取一些优化措施，以提升系统的健壮性和稳定性。具体来讲，可以优化服务限流和节点均衡策略。限流策略的作用是控制系统的访问量，防止系统因为大量请求而导致崩溃或者响应变得异常缓慢。节点均衡策略则是通过对任务进行分配，以使每个节点的负载均衡，避免一些节点负载过高，而另一些节点负载过轻的情况。这些优化措施可以有效地增强系统的健壮性，使系统更加稳定可靠。

（2）容灾方案欠缺：尽管 Elasticsearch 自身提供了副本机制，以确保数据的安全性，但

是对于涉及多个可用区的容灾策略，需要云平台额外实现。此外，即使在存在副本机制和跨集群复制的情况下，仍然需要提供低成本的备份回滚能力，以应对可能存在的误操作和数据删除的风险。针对这些问题，建议采取以下措施：首先，对于多可用区容灾方案的实现，可以考虑采用云平台提供的跨可用区副本和快照备份功能，以确保数据可靠性和可用性；其次，可以部署多个集群，实现数据的跨集群复制，以进一步提高数据的安全保障。同时，需要在数据备份和回滚方面做好充分准备，确保在发生误操作或数据删除时能够迅速恢复数据。

（3）内核 Bug：Elasticsearch 是一种开源搜索引擎，其内核存在一些 Bug，可能会影响其可用性。为了解决这些问题，Elasticsearch 修复了一系列与内核可用性相关的问题，包括Master 任务堵塞、分布式死锁、滚动重启速度慢等。此外，为了确保用户能够及时获得修复后的版本，Elasticsearch 及时提供了新版本供用户升级。这些措施充分展示了Elasticsearch 对用户可用性的关注，并且以负责任的方式解决问题。这些改进将有助于提升 Elasticsearch 的性能和可靠性，进一步满足用户在搜索领域的需求。

9.13.2　问题的分析

下面将针对用户在可用性层面常遇到的两类问题展开分析。

（1）当高并发请求过多时，会导致集群崩溃的问题。为了解决这个问题，可以采用一些方法来提升集群的吞吐能力：可以优化集群的配置，例如增加硬件资源、提升网络带宽、调整线程池大小等；可以采用异步 I/O 方式来提高请求的处理效率，从而缓解集群压力。此外，负载均衡技术也是一个值得推荐的方法，通过将请求分配到不同的节点上，可以避免某些节点过载而导致集群崩溃的情况发生。总之，需要采取多种方法综合应对高并发请求的问题，从而提升集群的稳定性和吞吐能力。

（2）当进行单个大查询时，很容易出现节点因负载过大而崩溃的情况。为了解决这个问题，可以采用一些优化措施。首先是数据分片和副本，这可以将数据分散到多个节点上，减少单个节点的负载，同时保证数据的可靠性和高可用性。其次是搜索建议，它可以根据用户输入的关键词提供相关的搜索建议，减少用户不必要的查询请求。最后是聚合结果优化，它可以对查询结果进行聚合，减少不必要的数据传输和计算，提高查询效率和稳定性。通过这些优化措施，可以有效地减轻单个查询对节点的负载，提升系统的查询效率和稳定性，达到更好的用户体验和服务质量。

9.13.3　高并发请求压垮集群

高并发请求是一种常见的场景，可能会导致集群崩溃。例如，早期内部的一个日志集群，其中写入量在一天内突然增加了 5 倍，导致集群中多个节点的 Old GC 卡住而脱离集群，集群变成了 RED 状态，写入操作停止了。这个场景可能会对集群造成很大的损失。对于无法使用的节点，进行内存分析后发现，大部分内存被反序列化前后的写入请求所占用。这些写入请求是堆积在集群的接入层位置上的。接入层是指用户的写入请求先到达其中一个数据节点，然后由该协调节点将请求转发给主分片所在节点进行写入，主分片写入完毕再由主分片转发给从分片写入,最后返回客户端写入结果。从内存分析结果看,这些堆积的位置导致了节点的崩溃,因此根本原因是协调节点的接入层内存被打爆。

经过对问题原因的分析,可制订针对高并发场景下的优化方案。这个方案包括两个关键点:加强对接入层的内存管理和实现服务限流。为了避免集群崩溃,需要确保接入层内存不会被输入请求打爆,因此需要加强内存管理。在实现服务限流方面,需要一个能够控制并发请求数量,并且能够精准地控制内存资源的方案。这个方案还要具有通用性,能够作用于各个层级实现全链限流。

1. 服务限流

一般情况下,数据库的限流策略是从业务端或者独立的代理层配置相关的业务规则,以资源预估等方式进行限流,但是这种方式适应能力较弱、运维成本较高、业务端很难准确地预估资源消耗。原生版本本身也有限流策略,但是单纯地基于请求数的限流不能控制资源使用量,而且只作用于分片级子请求的传输层,对于接入层无法起到有效的保护作用。

因此,优化方案是基于内存资源的漏桶策略。将节点 JVM 内存作为漏桶的资源,当内存资源足够时,请求可以正常处理,当内存使用量到达一定阈值时分区间阶梯式平滑限流,处理中的请求和 merge 操作都可以得到保证,从而保证节点内存的安全性。这个方案不仅可以控制并发数,还可以控制资源使用量并且具有通用性,可以应用于各个层级实现全链限流。

在限流方案中,一个重要的挑战是如何实现平滑限流。采用单一的阈值限流很容易出现请求抖动的情况。例如,请求一来就会立即触发限流,而因为内存资源不足,会出现稍微放开一点请求量就会迅速涌入,使内存资源再次极度紧张,因此,可通过设置高低限流阈值区间、基于余弦变换实现请求数和内存资源之间的平滑限流方案。在该区间中,当内存资源足够时,请求通过率达到 100%;当内存到达限流区间时,请求通过率逐步下降;当内存使用量下降时,请求通过率也会逐步上升,而不是一下子放开。经过实际测试,平滑的区间限流能够在高压力下保持稳定的写入性能。平滑限流方案是对原生版本基于请求数漏桶策略的有效补充,作用范围更广泛,能覆盖协调节点、数据节点的接入层和传输层。需要说明的是,该方案并不会替代原生的限流方案,而是对其进行有效补充。

2. 单个大查询打挂节点

在某些分析场景中,需要进行多层嵌套聚合,这可能导致返回的结果集非常大,因此可能导致某个请求将节点打挂。在这种聚合查询流程中,请求首先到达协调节点,其次被拆分为分片级子查询请求,然后发送给目标分片所在的数据节点进行子聚合,最后协调节点会收集所有分片结果并进行归并、聚合、排序等操作。在这个过程中存在以下两个主要问题:

(1)当协调节点大量汇聚结果并反序列化之后,可能会导致内存膨胀。这可能是由于结果集太大,或者节点内存不足等原因造成的。

(2)二次聚合可能会产生新的结果集,这可能导致内存爆炸。

为了解决上述单个大查询的问题,可以采用以下 5 个优化方案。

(1)针对内存开销问题,可以通过增加节点内存大小或将查询结果进行分批处理来优化。这样能够在降低内存使用率的同时，提高查询效率。

（2）针对内存浪费严重的写入场景，优化方案主要是实现弹性的内存缓冲区，并对于读写异常的请求及时进行内存回收。要注意，这里所提到的内存回收策略并不是指 GC 策略。JVMGC 债务管理主要评估 JVMOldGC 时长和正常工作时长的比例来衡量 JVM 的健康情况，特殊情况下会重启 JVM 以防止长时间 hang 死，这与内存回收策略是两个不同的方面。总体来讲，内存利用率、内存回收策略及 JVMGC 债务管理都是优化内存利用率的重要方面，它们能够提高系统吞吐量，减少节点 OOM 的发生，保障系统的稳定性和可用性。通过对这些方面的优化，能够有效地提高系统的性能表现，使系统更加健康和稳定。

（3）在进行聚合操作时，需要特别注意减少中间结果的存储和传输。对于大规模数据集的查询，应优先考虑使用分布式计算框架，如 Apache Spark 等。

（4）在数据库管理中，单个查询内存限制是一个非常有用的功能。当一个查询过于庞大时，其会占用大量的内存资源，从而影响其他所有请求的响应时间。通过设置单个查询内存限制，可以有效地控制查询的内存使用量，从而保证整个数据库系统的正常运行。除此之外，滚动重启速度优化也是一个非常实用的功能。尤其是在大规模集群环境下，单个节点的重启时间往往较长，如果要重启整个集群，则可能会导致整个系统长时间处于不可用状态。通过优化滚动重启速度，可以将单个节点的重启时间从 10min 降至 1min 以内，大幅缩短了重启时间，从而提高了系统的可用性。值得一提的是，这个优化已经在 7.5 版本中被合并了，因此用户不需要再自己手动进行配置。如果遇到大集群滚动重启效率问题，则可以关注此功能，以提高数据库系统的可靠性和稳定性。

（5）第（3）个优化方案的重点是内存膨胀预估加流式检查。该方案主要分为两个阶段：第一阶段在协调节点接收数据节点返回的响应结果反序列化之前进行内存膨胀预估，并在内存使用量超过阈值时直接熔断请求；第二阶段在协调节点 reduce 过程中，流式检查桶数，每增加固定数量的桶就检查一次内存，如果超限，则直接熔断。这样用户不再需要关心最大桶数，只要内存足够就能最大化地满足业务需求。不足之处是大请求还是被拒掉了，但是可以通过官方已有的 batch reduce 的方式缓解，即每收到部分子结果就先做一次聚合，这样能降低单次聚合的内存开销。

9.14 性能优化

性能优化的场景可以分为写入和查询两部分。在写入方面，主要包括海量时序数据场景，如日志和监控，通常能够实现千万级别的吞吐。带有 ID 的写入会导致性能衰减 50%，因为首先需要查询记录是否存在。在查询方面，主要包括搜索场景和分析场景。搜索服务需要高并发并且具有低延迟，而聚合分析主要涉及大型查询，需要大量的内存和 CPU 开销。

从性能影响面的角度来看，硬件资源和系统调优通常是直接可控的，例如资源不足时可以进行扩容，调整参数深度进行调优等。然而，存储模型和执行计划通常涉及内核优化，因此普通用户难以直接进行调整。下面将重点介绍存储模型和执行计划的优化。

存储模型的优化是一个关键问题。Elasticsearch 底层 Lucene 基于 LSM Tree 的数据文件。原生默认的合并策略是按文件大小相似性合并,一次性固定合并 10 个文件,采用近似分层合并。这种合并方式的最大优点是效率高,可以快速降低文件数。但是,文件不连续会导致查询时的文件裁剪能力较弱,例如查询最近 1h 的数据,有可能会将 1h 的文件拆分到几天前的文件中,进而增加了必须检索的文件数量。业界通常采用解决数据连续性的合并策略,例如基于时间窗口的合并策略,如以 Cassandra、HBase 为代表的策略。其优点在于数据按时间顺序合并,查询效率高,还可以支持表内 TTL。缺点是仅适用于时序场景,并且文件大小可能不一致,从而影响合并效率。另一类策略由 LevelDB、RocksDB 为代表的分层合并策略构成,一层一组有序,每次抽取部分数据向下层合并,优点在于查询高效,但如果相同的数据被合并多次,则将影响写入吞吐。

最后是优化合并策略,其目标是提高数据连续性、收敛文件数量,提升文件裁剪的能力以提高查询性能。实现策略是按时间顺序分层合并,每层文件按创建时间排序。除了第 1 层外,所有层次都按照时间顺序和目标大小进行合并,而不是固定每次合并文件数量,保证了合并效率。对于少量未合并的文件和冷分片文件,采用持续合并策略,对超过默认 5min 不再写入的分片进行持续合并,并控制合并并发和范围,以降低合并成本。

9.15　执行引擎的优化

在 Elasticsearch 中,有一种聚合叫作 Composite 聚合,它支持多字段的嵌套聚合,类似于 MySQL 的 group by 多个字段,同时也支持流式聚合,即以翻页的形式分批聚合结果。使用 Composite 聚合时,只需查询时在聚合操作下面指定 composite 关键字,并指定一次翻页的长度和 group by 的字段列表,每次获得的聚合结果会伴随着一个 after key 返回,下一次查询可以用这个 after key 查询下一页的结果。

Composite 聚合的实现原理是利用一个固定大小(size)的大顶堆,size 就是翻页的长度,全量遍历以把所有文档迭代构建这个基于大顶堆的聚合结果,最后返回这个大顶堆并将堆顶作为 after key。第 2 次聚合时,同样地全量遍历文档,但会加上过滤条件排除不符合 after key 的文档,然而,这种实现方式存在性能问题,因为每次拉取结果都需要全量遍历一遍所有文档,并未实现真正的翻页。

为了解决这个问题,提出了一种优化方案,即利用 index sorting 实现 after key 跳转及提前结束(Early Termination)。通过 index sorting,可以实现数据的有序性,从而实现真正的流式聚合,大顶堆仍然保留,只需按照文档的顺序提取指定 size 的文档数便可快速返回。下一次聚合时,可以直接根据请求携带的 after key 做跳转,直接跳转到指定位置继续向后遍历指定 size 的文档数即可返回。这种优化方案可以避免每次翻页全量遍历,大幅提升查询性能。

在 Elasticsearch 7.6 版本中,已经实现了覆盖数据顺序和请求顺序不一致的优化场景。该版本在性能层面进行了全面优化,从底层的存储模型、执行引擎、优化器到上层的缓存策略都有相应的提升。具体来讲,该版本在存储模型方面采用了更加高效的数据结构和算法,以减少磁盘 I/O、内存消耗等问题,提高读写性能。在执行引擎方面,优化了查询和聚合操作的执行过程,使其能快速响应请求并返回数据,而在优化器方面,针对不同的查询场景进行了优化,以减少计算量,提高查询效率。最后,在缓存策略方面,采用了更加智能的缓存机制,以加速常用请求的响应速度。以上这些优化措施的整合,实现了对覆盖数据顺序和请求顺序不一致的场景的优化,并带来了更高效、更可靠的 Elasticsearch 体验。

9.16　成本优化

在大规模数据场景下,优化成本是一个非常重要的问题。在此过程中,需要重点关注集群的 CPU、内存和磁盘方面。根据实际情况,这 3 个方面的成本占比一般为 1∶4∶8。也就是说,磁盘和内存成本占比相对较高,需要着重考虑。举个例子,一般的 16 核 64GB,2～5TB 磁盘节点的成本占比也大致如此,因此,在成本优化过程中,主要的瓶颈就在于磁盘和内存的使用。在实际操作中,可通过对磁盘和内存的使用进行优化,以降低成本,提高效率。

成本优化的主要目标是存储成本和内存成本。

9.16.1　存储成本优化

Elasticsearch 单个集群能够处理千万级别的写入操作,但实现千万每秒的写入量需要考虑多方面因素,如硬件配置、索引设计、数据量和查询复杂度等,而业务需要保留至少半年的数据供查询。

假设单个集群平均写入速度为 1000 万 OPS,每个文档大小为 50Byte,并且基于高可用需要 2 个副本,因为半年的时间共有 $60×60×24×180=15\ 552\ 000$s,因此计算公式为 1000 万(OPS)$×15\ 552\ 000$(秒)$×50$B(平均文档大小)$×2$(副本)约等于 14PB,即此集群需要 14PB 的存储空间。假设每台物理机的内存和硬盘都能够完全用于 Elasticsearch 存储,那么 1PB=1024TB,14PB=$14×1024=14\ 336$TB。然而,一个物理机可以存储多少数据,取决于该数据的复杂度、索引方式、查询频率等因素。假设平均每台物理机可以存储 800GB 数据,则此集群需要的物理机数量为 14 336TB ÷ 0.8TB/台=17 920 台。这么多的物理机数量的成本远远超出了业务成本预算,因此,需要采用其他方式,在不牺牲性能的情况下减少存储需求,以满足业务预算的要求。

为了提高对 Elasticsearch 系统的效率和成本效益,可以采取多种优化措施。首先,可以通过调研业务数据访问频率,对历史数据进行冷热分离,将冷数据放入 HDD 中来降低存储成本。同时,索引生命周期管理可用于数据搬迁,将冷数据盘利用多盘策略提高吞吐和数据容灾能力。此外,超冷数据可以通过冷备到腾讯云对象存储 COS 中来降低成本。其次,通过分析数据访问特征,可以采用 Rollup 方案降低历史数据的精度并降低存储成本。Rollup 方案利用预计算来释放原始细粒度数据,例如将秒级数据聚合成小时级和天级,以方便展示跨度较长的跨度报表。Rollup 方案可显著降低存储成本并可提高查询性能。

Rollup优化方案主要基于流式聚合加查询剪枝结合分片级并发实现高效性。分片级并发可以通过添加routing实现,让相同的对象落到相同的分片内,并能实现分片级并发。此外,通过对Rollup任务资源预估,并感知集群的负载压力来自动控制并发度,从而避免对集群整体的影响。综上所述,通过冷热分离、索引生命周期管理、多盘策略、对象存储和Rollup方案等手段,可以从架构层对Elasticsearch进行优化,实现同时满足业务需求和成本效益的要求。

9.16.2　内存成本优化

目前,很多情况下堆内存使用率过高,而磁盘使用率相对较低。FST是一种倒排索引,它通常常驻内存且占用较大的内存比例。为了节省内存空间并保持快速访问,FST使用了自适应前缀编码技术,但这也导致了在查询时需要解压缩FST,从而占用大量的堆内存空间,因此,将FST移至堆外(off-heap)并按需加载FST可以显著提高堆内内存利用率并降低垃圾回收开销,从而提高单个节点对磁盘的管理能力。

具体来讲,在每10TB的磁盘中,FST需要10GB~15GB的内存来存储索引。为了减小内存占用,可以将FST从堆内存中移至堆外,这种方式可以单独管理并减轻对JVM垃圾回收的影响。除此之外,这种优化方案还可以显著降低堆内内存中FST的占用比例,提高堆内内存利用率,并降低GC开销。同时,使用off-heap内存还可以降低GC的次数和持续时间,从而提高整个系统的性能和稳定性。

因此,需要在使用FST索引时考虑内存占用的问题,并将FST移至堆外并按需加载FST,以提高系统的性能和稳定性。这个优化方案可以显著提高堆内内存利用率,降低GC开销,并提升单个节点管理磁盘的能力。

原生版本实现off-heap的方式:将FST对象放到MMAP中管理。虽然这种方式实现简单,但是有可能会被系统回收,导致读盘操作,进而带来性能的损耗。HBase 2.0版本中off-heap的实现方式则是在堆外建立了cache,但是索引仍然在堆内,而且淘汰策略完全依赖于LRU策略,冷数据不能及时清理,而在堆外建立cache,可以保证FST的空间不受系统影响,实现更精确的淘汰策略,提高内存使用率,同时采用多级cache的管理模式来提升性能。虽然这种方式实现起来比较复杂,但是收益很明显,因此,读者可以根据实际需求选择合适的off-heap方案。

为了优化访问FST的效率,可以考虑采用一种综合方案,即LRUcache+零复制+两级cache。在这种方案中,LRUcache被建立在堆外,并且当堆内需要访问FST时,会从磁盘加载到LRUcache中。由于Lucene默认的访问FST的方式使用一个堆内的缓存,直接从堆外复制到堆内的缓存会占用大量的时间和资源,因此,对Lucene访问FST的方式进行了改造,将缓存不直接存放FST,而是存放指向堆外对象的指针,这样就实现了堆内和堆外之间的零复制。

需要注意的是,这里的零复制和操作系统中的用户态和内核态的零复制是两个不同的概念。根据key去查找堆外对象的过程也会损耗一部分性能,例如计算哈希、数据校验等。为了进一步优化性能,可以利用Java的弱引用建立第2层轻量级缓存。弱引用指向堆外的地址,只要有请求使用,这个 key 就不会被回收,可以重复利用而无须重新获取。一旦不再使用,这个 key 就会被 GC 回收,并回收堆外对象指针,但堆外对象指针回收之后需要清理堆外内存,不能浪费一部分内存空间。为了解决这个问题,最好的办法是在堆内对象地址回收时直接回收堆外对象。然而,Java 没有析构的概念,可以利用弱引用的 ReferenceQueue,在对象要被 GC 回收时将对象指向的堆外内存清理掉,这样就可以完美地解决堆外内存析构的问题,并提高内存利用率。

为了帮助读者更好地理解上述内容,本节将采用故事的形式对上述内容进行再次解析。

曾经有一个叫作小明的程序员,他在开发一个搜索引擎的项目中遇到了一个问题:搜索引擎的堆内存占用率过高,而磁盘的使用率却相对较低。他研究了一番后发现,这是由于搜索引擎中使用的倒排索引(FST)需要很大的内存比例才能常驻内存,而在查询时需要解压缩 FST,占用了大量的堆内存空间。

小明急于解决这个问题,因此他开始了一段冒险之旅。他发现,将 FST 移至堆外并按需加载 FST 可以显著地提高堆内内存利用率并降低垃圾回收开销,从而提高单个节点对磁盘的管理能力。他做了一些实验后,发现将 FST 放到 MMAP 中管理的方式实现相对简单,但是有可能会被系统回收,导致读盘操作,进而带来性能的损耗;而在堆外建立 cache,可以保证 FST 的空间不受系统影响,实现更精准的淘汰策略,提高内存使用率,同时采用多级 cache 的管理模式来提升性能。

在这个过程中,小明还研究了一种综合方案:LRUcache＋零复制＋两级 cache。他把 LRUcache 建立在堆外,并且当堆内需要访问 FST 时,会从磁盘加载到 LRUcache 中。同时,他利用 Java 的弱引用建立第 2 层轻量级缓存,指向堆外的地址,只要有请求使用,这个 key 就不会被回收,可以重复利用而无须重新获取。一旦不再使用,这个 key 就会被 GC 回收,并回收掉堆外对象指针。最后,小明成功地实现了从堆内将 FST 移动到堆外的优化方案,并大幅提高了系统的性能和稳定性。他心满意足地把这个方案分享给了同事,为搜索引擎的开发做出了重大贡献。

9.17　扩展性优化

Elasticsearch 中的元数据管理模型是由 Master 节点来管理元数据的,并同步给其他节点。以建索引流程为例,首先 Master 节点会分配分片,并产生差异的元数据,这些元数据会被发送到其他节点上。当大多数 Master 节点返回元数据后,Master 节点会发送元数据应用请求,其他节点开始应用元数据,并根据新旧元数据推导出各自节点的分片创建任务。在这个过程中有一些瓶颈点,主要有以下几点:

（1）Mater 节点在分配分片时需要进行正反向转换。由于路由信息是由分片到节点的映射,而在做分片分配时需要节点到分片的映射,因此需要知道每个节点上的分片分布,分片分配完毕后还需要将节点到分片的映射转换回来。这个转换过程涉及多次全量遍历,这在大规模分片的情况下会存在性能瓶颈。

（2）在每次索引创建的过程中，涉及多次元数据同步。在大规模的节点数场景下，会出现同步瓶颈，由于节点数量过多，可能会出现某些节点出现网络抖动或 Old GC 等问题，导致同步失败。为了解决以上问题，可以从 3 个方面进行优化：首先，采用任务下发的方式，定向下发分片创建任务，避免了多次全节点元数据同步，从而优化分片创建导致的元数据同步瓶颈；其次，针对分配分片过程中多次正反向遍历的问题，采用增量化的数据结构维护的方式，避免了全量的遍历，从而优化分配分片的性能问题；最后，为了优化统计接口的性能，采用缓存策略避免多次重复的统计计算，大幅降低资源开销。

为了帮助读者更好地理解上述内容，本节将采用故事的形式对上述内容进行再次解析。

在一个遥远的星系中，有一个由许多机器人组成的世界。这些机器人可以相互通信，执行各种任务，其中，有一个机器人被选为主节点，负责管理所有机器人的信息。这个主节点的职责很重要，因为它需要协调所有机器人的工作，尤其是在建立索引流程中。每当有任务需要建立索引时，主节点会分配分片，并产生差异的元数据，这些元数据会发送到其他机器人上，但是，这个过程并不总是顺利的。主节点需要在分配分片时进行正反向转换，这样每个机器人才能知道自己需要建立哪些索引。这个转换过程需要多次进行全量遍历，如果分片数量很多，则这个过程会非常耗时。另外，每次索引在创建的过程中，也涉及多次元数据同步，而在大规模的机器人场景下，可能会出现同步瓶颈，从而导致同步失败。

为了解决这些问题，机器人们开始探索各种优化方案。首先尝试了任务下发的方式，定向下发分片创建任务，避免了多次全节点元数据同步，从而优化了分片创建导致的元数据同步瓶颈。其次，采用增量化的数据结构维护的方式，避免了全量遍历，从而优化了分配分片的性能问题。最后采用了缓存策略来优化统计接口的性能，避免多次重复的统计计算，大幅降低了资源开销。这些优化措施让机器人们的工作更加顺利，可以更快地完成任务，并且不再遇到瓶颈问题。同时，这些措施也为未来的工作提供了一个优化的思路，让机器人们可以不断地改进和进步。

9.18　分析性能问题

分析性能问题的路径可以遵循以下步骤：首先，明确性能问题后，进行流量录制，以获取一个用于后续基准压测的测试集合。随后，使用相关的性能分析工具，明确是否存在 CPU 热点或 IO 问题。对于 Java 技术栈，可以使用 Scaple、JProfiler、Java Flight Recorder、Async Profiler、Arthas、perf 等工具进行性能分析。

利用火焰图进行分析，配合源代码进行数据分析和验证。此外，在 Elasticsearch 中，也可以使用 Kibana 的 Search Profiler 协助定位问题。接下来，进行录制大量的流量，抽样分析后，以场景为例，通过 Profiler 分析，通常会发现 TermInSetQuery 占用了一半以上的耗时。明确问题后，从索引和检索链路两侧进行分析，评估问题并设计多种解决方案，并利用 Java Microbenchmark Harness（JMH）代码基准测试工具验证解决方案的有效性。最后，集成验证解决方案的最终效果。

图书推荐

书　名	作　者
深度探索 Vue.js——原理剖析与实战应用	张云鹏
剑指大前端全栈工程师	贾志杰、史广、赵东彦
Flink 原理深入与编程实战——Scala＋Java(微课视频版)	辛立伟
Spark 原理深入与编程实战(微课视频版)	辛立伟、张帆、张会娟
PySpark 原理深入与编程实战(微课视频版)	辛立伟、辛雨桐
HarmonyOS 移动应用开发(ArkTS 版)	刘安战、余雨萍、陈争艳 等
HarmonyOS 应用开发实战(JavaScript 版)	徐礼文
HarmonyOS 原子化服务卡片原理与实战	李洋
鸿蒙操作系统开发入门经典	徐礼文
鸿蒙应用程序开发	董昱
鸿蒙操作系统应用开发实践	陈美汝、郑森文、武延军、吴敬征
HarmonyOS 移动应用开发	刘安战、余雨萍、李勇军 等
HarmonyOS App 开发从 0 到 1	张诏添、李凯杰
HarmonyOS 从入门到精通 40 例	戈帅
JavaScript 基础语法详解	张旭乾
华为方舟编译器之美——基于开源代码的架构分析与实现	史宁宁
Android Runtime 源码解析	史宁宁
数字 IC 设计入门(微课视频版)	白栎旸
数字电路设计与验证快速入门——Verilog＋SystemVerilog	马骁
鲲鹏架构入门与实战	张磊
鲲鹏开发套件应用快速入门	张磊
华为 HCIA 路由与交换技术实战	江礼教
华为 HCIP 路由与交换技术实战	江礼教
openEuler 操作系统管理入门	陈争艳、刘安战、贾玉祥 等
5G 核心网原理与实践	易飞、何宇、刘子琦
恶意代码逆向分析基础详解	刘晓阳
深度探索 Go 语言——对象模型与 runtime 的原理、特性及应用	封幼林
深入理解 Go 语言	刘丹冰
Spring Boot 3.0 开发实战	李西明、陈立为
Flutter 组件精讲与实战	赵龙
Flutter 组件详解与实战	［加］王浩然(Bradley Wang)
Flutter 跨平台移动开发实战	董运成
Dart 语言实战——基于 Flutter 框架的程序开发(第 2 版)	亢少军
Dart 语言实战——基于 Angular 框架的 Web 开发	刘仕文
IntelliJ IDEA 软件开发与应用	乔国辉
Vue＋Spring Boot 前后端分离开发实战	贾志杰
Python 量化交易实战——使用 vn.py 构建交易系统	欧阳鹏程
Python 从入门到全栈开发	钱超
Python 全栈开发——基础入门	夏正东
Python 全栈开发——高阶编程	夏正东
Python 全栈开发——数据分析	夏正东
Python 编程与科学计算(微课视频版)	李志远、黄化人、姚明菊 等
Python 游戏编程项目开发实战	李志远
编程改变生活——用 Python 提升你的能力(基础篇·微课视频版)	邢世通
编程改变生活——用 Python 提升你的能力(进阶篇·微课视频版)	邢世通

书　名	作　者
Python 数据分析实战——从 Excel 轻松入门 Pandas	曾贤志
Python 人工智能——原理、实践及应用	杨博雄 主编，于营、肖衡、潘玉霞、高华玲、梁志勇 副主编
Python 概率统计	李爽
Python 数据分析从 0 到 1	邓立文、俞心宇、牛瑶
从数据科学看懂数字化转型——数据如何改变世界	刘通
FFmpeg 入门详解——音视频原理及应用	梅会东
FFmpeg 入门详解——SDK 二次开发与直播美颜原理及应用	梅会东
FFmpeg 入门详解——流媒体直播原理及应用	梅会东
FFmpeg 入门详解——命令行与音视频特效原理及应用	梅会东
FFmpeg 入门详解——音视频流媒体播放器原理及应用	梅会东
Python Web 数据分析可视化——基于 Django 框架的开发实战	韩伟、赵盼
Python 玩转数学问题——轻松学习 NumPy、SciPy 和 Matplotlib	张骞
Pandas 通关实战	黄福星
深入浅出 Power Query M 语言	黄福星
深入浅出 DAX——Excel Power Pivot 和 Power BI 高效数据分析	黄福星
云原生开发实践	高尚衡
云计算管理配置与实战	杨昌家
虚拟化 KVM 极速入门	陈涛
虚拟化 KVM 进阶实践	陈涛
边缘计算	方娟、陆帅冰
LiteOS 轻量级物联网操作系统实战（微课视频版）	魏杰
物联网——嵌入式开发实战	连志安
动手学推荐系统——基于 PyTorch 的算法实现（微课视频版）	於方仁
人工智能算法——原理、技巧及应用	韩龙、张娜、汝洪芳
跟我一起学机器学习	王成、黄晓辉
深度强化学习理论与实践	龙强、章胜
自然语言处理——原理、方法与应用	王志立、雷鹏斌、吴宇凡
TensorFlow 计算机视觉原理与实战	欧阳鹏程、任浩然
计算机视觉——基于 OpenCV 与 TensorFlow 的深度学习方法	余海林、翟中华
深度学习——理论、方法与 PyTorch 实践	翟中华、孟翔宇
HuggingFace 自然语言处理详解——基于 BERT 中文模型的任务实战	李福林
Java＋OpenCV 高效入门	姚利民
AR Foundation 增强现实开发实战（ARKit 版）	汪祥春
AR Foundation 增强现实开发实战（ARCore 版）	汪祥春
ARKit 原生开发入门精粹——RealityKit ＋ Swift ＋ SwiftUI	汪祥春
HoloLens 2 开发入门精要——基于 Unity 和 MRTK	汪祥春
巧学易用单片机——从零基础入门到项目实战	王良升
Altium Designer 20 PCB 设计实战（视频微课版）	白军杰
Cadence 高速 PCB 设计——基于手机高阶板的案例分析与实现	李卫国、张彬、林超文
Octave 程序设计	于红博
Octave GUI 开发实战	于红博
ANSYS 19.0 实例详解	李大勇、周宝
ANSYS Workbench 结构有限元分析详解	汤晖
全栈 UI 自动化测试实战	胡胜强、单镜石、李睿
pytest 框架与自动化测试应用	房荔枝、梁丽丽